U0548192

喷墨打印技术专利分析

瞿晓峰　丁　燕◎主编

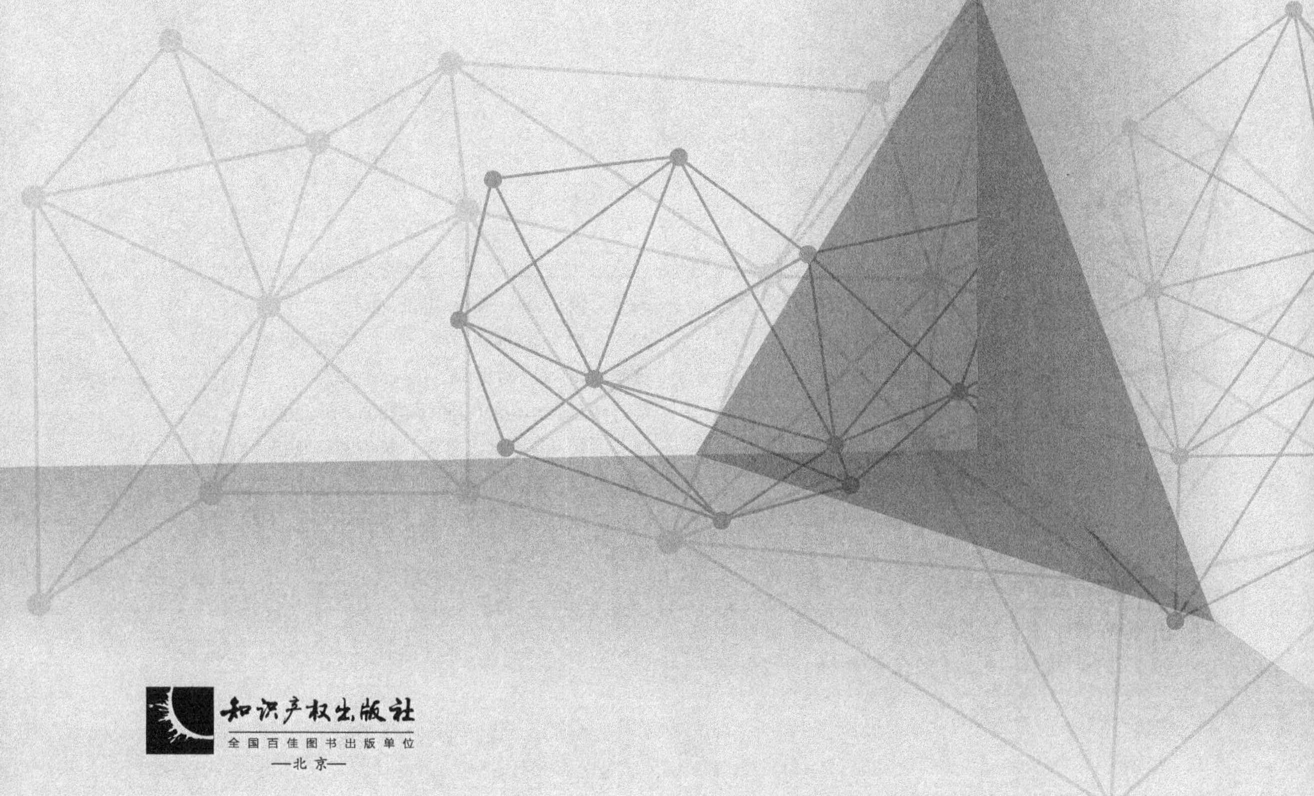

知识产权出版社
全国百佳图书出版单位
—北京—

图书在版编目（CIP）数据

喷墨打印技术专利分析/瞿晓峰，丁燕主编．—北京：知识产权出版社，2021.8
ISBN 978-7-5130-7606-7

Ⅰ.①喷… Ⅱ.①瞿… ②丁… Ⅲ.①喷墨打印—专利—分析 Ⅳ.①G306 ②TP334.8

中国版本图书馆 CIP 数据核字（2021）第 132518 号

责任编辑：张利萍　　**责任校对**：王　岩
封面设计：博华创意·张冀　　**责任印制**：刘译文

喷墨打印技术专利分析

瞿晓峰　丁燕　主编

出版发行：知识产权出版社有限责任公司　　**网　址**：http://www.ipph.cn
社　址：北京市海淀区气象路 50 号院　　**邮　编**：100081
责编电话：010-82000860 转 8387　　**责编邮箱**：65109211@qq.com
发行电话：010-82000860 转 8101/8102　　**发行传真**：010-82000893/82005070/82000270
印　刷：北京九州迅驰传媒文化有限公司　　**经　销**：各大网上书店、新华书店及相关专业书店
开　本：787mm×1092mm　1/16　　**印　张**：17.25
版　次：2021 年 8 月第 1 版　　**印　次**：2021 年 8 月第 1 次印刷
字　数：375 千字　　**定　价**：89.00 元

ISBN 978-7-5130-7606-7

编　写　组

一、主编

瞿晓峰　丁　燕

二、编委

王恒印　陈剑锋　任杰飞　章增锋

李思慧　张　伟

三、统稿

王恒印　陈剑锋

四、审稿

瞿晓峰　丁　燕　王恒印　陈剑锋　任杰飞

五、数据加工分工

(一) 数据检索

陈剑锋　章增锋　任杰飞　李思慧　张　伟

翁　益　李继蕾　金　华　任丛丛　吴　辉

吴双岭

(二) 数据标引

陈剑锋　章增锋　任杰飞　李思慧　张　伟

翁　益　李继蕾　金　华　任丛丛　吴　辉

吴双岭

六、撰写分工

瞿晓峰：第 1~2 章、第 4 章、第 5 章第 5.1~5.2 节；

丁　燕：序、后记、第 3 章；

王恒印：第 7~8 章、第 9 章第 9.3 节；

陈剑锋：第 5 章第 5.3 节、第 6 章；

任杰飞：第 9 章第 9.1.1 节；

章增锋：第 9 章第 9.1.2~9.1.3 节；

李思慧：第 9 章第 9.2.1 节；

张　伟：第 9 章第 9.2.2~9.2.4 节。

序

喷墨打印技术作为一种先进的数字化图文印刷或增材制造技术，涉及材料、光学、高精密加工、机电一体化等多学科，被广泛应用于印刷、纺织、电子、新能源、生物医疗和3D打印等领域。目前，全球喷墨打印技术主要掌握在美国、日本、欧洲等国家/地区的相关企业手中，我国喷墨打印设备的核心部件——喷墨打印头长期依赖于进口，是制约我国喷墨打印领域发展的“卡脖子”技术。近年来，虽然相关企业在喷墨打印领域开展了一定的研究工作，但由于技术门槛和专利壁垒高，目前产业规模仍然较小，且缺乏核心技术。

2020年全国两会期间，新闻出版业的政协委员提出了《关于推进解决数字印刷设备喷墨打印头国产化问题》的提案，指出了当前我国每年使用的喷墨打印头价值接近30亿元，占据全球市场份额的48%，未来10年内更有望突破100亿元。喷墨打印头是我国实现印刷大国到印刷强国征程中的“高精尖”技术，是推进印刷产业转型升级、高质量发展的重要方面。

《中共中央关于制定国民经济和社会发展第十四个五年规划和二〇三五年远景目标的建议》中指出要“补齐产业链供应链短板，实施产业基础再造工程，加大重要产品和关键核心技术攻关力度，发展先进适用技术，推动产业链供应链多元化”。专利制度是鼓励发明创造、推动经济社会发展的重要制度，其技术内容涵盖了行业最为前沿和尖端的技术。在知识产权助力创新驱动发展的积极探索中，编者聚焦行业发展，从专利的角度对喷墨打印技术深入研究分析，从压电式喷墨打印技术和热气泡式喷墨打印技术两方面，梳理了喷墨打印技术的喷墨原理、喷墨打印头的材料结构和驱动控制、整体专利技术状况、重点企业的专利技术状况等内容，形成了一系列有助于明晰行业发展方向、找准行业发展定位的研究成果，期望能够为补齐喷墨打印技术的短板、实现喷墨打印核心技术的攻关、推动印刷产业的转型升级和高质量发展提供参考与指导。

目　录

·第1篇　概　述·

·第2篇　压电式喷墨打印技术·

· 第3篇 热气泡式喷墨打印技术 ·

第1篇

概　述

第1章 喷墨打印技术简介

喷墨打印技术是一种通过控制墨滴从打印头的喷嘴喷出，将墨滴喷射到目标承印物上形成图文的技术，是一种非接触式图文印刷技术。相较于传统印刷技术，喷墨打印技术具有不需要印版、无压力、可变信息印刷、高效率、低功耗等特点。由于不需要与承印物接触，因此除了能在平面承印物上进行打印之外，还能在复杂曲面上实现精确打印。近年来，随着喷墨打印技术的高速发展，除了传统的图文印刷行业外，喷墨打印技术在诸如电子产品制造、生物组织制造、微系统制造等行业也有着广泛的应用。

1.1 喷墨打印技术的简史

喷墨打印技术的发展史经历了早期的雏形阶段、技术的逐步形成阶段以及后期的发展与成熟阶段，下面分别进行介绍。

1.1.1 喷墨打印技术的雏形

1858年，威廉·汤姆森（William Thomson，又名洛德·开尔文-Lord Kelvin）发明了世界上第一台类似喷墨打印设备，该设备的样式如图1-1所示。该设备利用静电力驱动墨滴移动，通过一根虹吸管产生连续的墨滴并喷射到正在移动的卷纸上，并通过驱动信号使虹吸管在水平面上前后往复移动，该运动与卷筒纸的运动组合起来便形成了预期的记录结果。该类打印设备被称为Siphon设备，用于电报消息的自动记录。

图1-1 世界上第一台类似喷墨打印设备

虽然该类打印设备运作并不稳定，但其对喷墨打印技术的发展却有着不可磨灭的贡献。一方面，它采用的墨滴充电偏转技术，是连续喷墨系统墨滴偏转控制的关键技术；

另一方面，该设备作为喷墨打印机的原型，为后续的研究奠定了基础。

1951 年，西门子推出了首台成功应用喷墨打印原理的类喷墨打印机设备，该设备的结构如图 1-2 所示，由瑞典医生和工程师儒尼·艾尔姆奎斯特（Rune Elmqvist）于 1948 年研制成功，也称为 ECG（Electrocardiography）或 Mingograph。该类喷墨打印机的喷嘴由精细的玻璃毛细管组成，与微型磁铁相连接，微型磁铁设置于对电磁铁之间。玻璃毛细管和微型磁铁构成类似于喷头的结构，玻璃毛细管口起到喷嘴的功能。该类打印机用于对示波器的波形进行记录，通过将波形施加到电磁铁上，使得电磁铁产生与驱动波形同步的电磁信号，电磁信号作用于位于电磁铁之间的微型磁铁上，使得微型磁铁带动玻璃毛细管在磁场力的作用下偏转运动，玻璃毛细管的管口能喷出墨水，从而在运动的纸张上产生与驱动波形对应的记录图案。

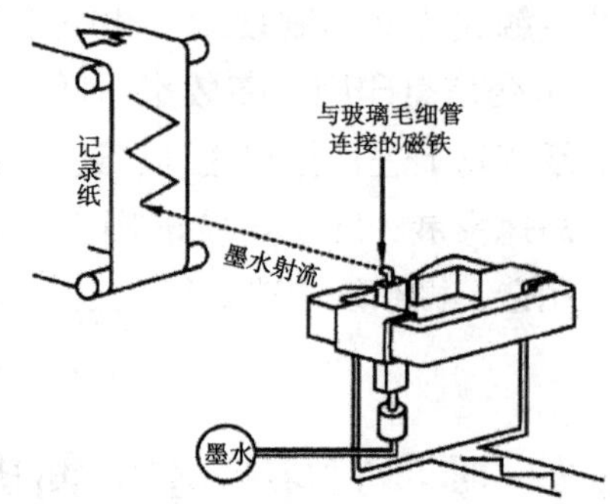

图1-2 西门子首台应用喷墨打印原理的类喷墨打印机设备

1.1.2 喷墨打印技术的形成

（1）Sweet 连续式喷墨打印技术

1963 年，美国斯坦福大学的理查德·斯威特（Richard G. Sweet）博士对喷墨打印技术进行了研究，于 1964 年提出了采用静电偏转法控制墨滴偏转到纸张的原理，利用电场分离墨滴，使带电的液滴分离并回收而不带电的液滴下落形成图案，1964—1965 年实验成功，形成“Sweet 连续式喷墨打印技术”，这种技术也被称作二元偏转连续喷墨打印技术。Sweet 基于该技术最早于 1964 年 3 月 25 日提交了申请号为 US35472164 的专利申请，后该专利申请作为 1967 年 8 月 1 日申请的公开号为 US3373437A、发明名称为“Fluid droplet recorder with a plurality of jets”的专利申请的优先权基础，于 1968 年 3 月 12 日在美国专利中被公开。该专利文献中结构图如图 1-3 所示。

结合图 1-3 可知，Sweet 等申请的公开号为 US3373437A 的具有多喷嘴的连续式喷墨打印机通过油墨供给管 2 将油墨供给到储墨室 4，储墨室 4 具有面向打印介质 8 的喷嘴孔 6，磁致伸缩器 10 设置在储墨室 4 上背离喷嘴孔 6 的一侧上，用于向储墨室 4 施加压力，实现墨滴经由储墨室 4 的喷嘴孔 6 流出，电极板 16 和电极板 18 提供了两个方向的偏转电压，用于控制墨滴在打印介质 8 上的位置，便于精确成像。

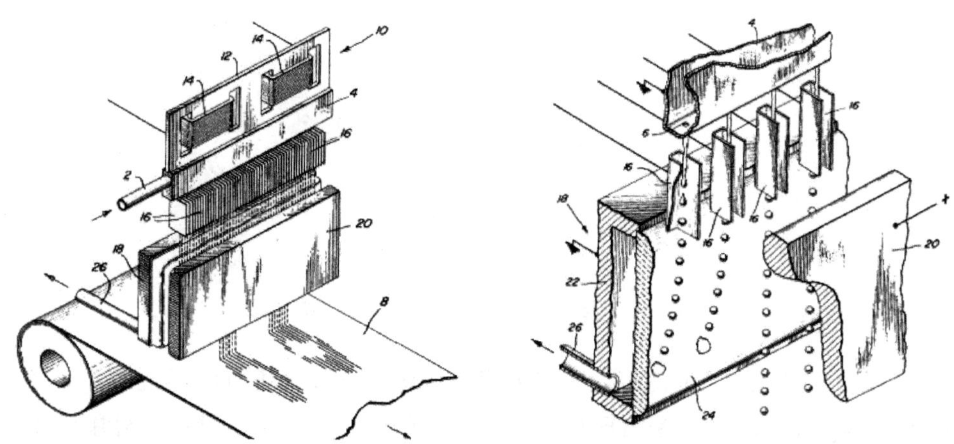

图1-3 公开号为US3373437A的具有多喷嘴的连续式喷墨打印机

随后A. B. Dick公司对Sweet的理论进行了完善，推出了世界上第一台商业连续式喷墨打印机。

（2）Hertz连续式喷墨打印技术

20世纪50年代起，以瑞典隆德理工大学的卡尔·赫尔穆特·赫兹（Carl H. Hertz）教授为首的工作组开始了对连续喷墨方法的研究，他们提出了利用充电微滴流的静电分散作用实现连续喷墨打印中打印点的可变光密度，以调节贯穿小孔的微滴数量，创立了“Hertz连续式喷墨打印技术”。“Hertz连续式喷墨打印技术”也是一种连续式喷墨打印技术。1965年10月8日，Hertz基于该技术在瑞典提交了申请号为SE1305765和SE1305865的专利申请，后又以上述两个专利申请作为优先权基础，于1966年10月4日申请了公开号为GB1143079A的英国专利和公开号为FR1495825A的法国专利，于1966年10月6日申请了公开号为US3416153A的美国专利和公开号为NL6614075A的荷兰专利，于1966年10月7日申请了公开号为DE1271754B的德国专利，于1967年1月30日申请了公开号为CH468630A的瑞士专利。以上专利均获得了授权。

Hertz在公开号为US3416153A的专利中提出的方案如图1-4所示，喷嘴1附近的射流2经过环形电极6时，当从电极7传递给射流2的电荷克服了液滴的表面张力后，射流2将随后扩散为液滴，每个液滴带有相同的电荷，从而产生相互排斥；随后，扩散射流形成的液滴撞击在承印物3的表面上，形成图文。

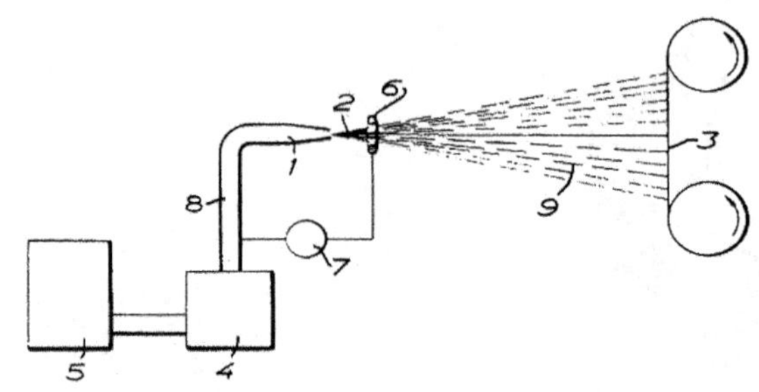

图1-4 US3416153A 专利申请中的结构图

1976 年，PC 巨头 IBM 公司将连续喷墨技术应用于计算机打印系统中，喷墨打印机 IBM4640 诞生。IBM4640 喷墨打印机主要用来打印磁带这一类的硬存储外围设备的文字内容，但打印效果并不好。

Richards 和 Winston 致力于静电牵引力产生墨滴的喷墨打印技术。其中 Richards 作为静电牵引力喷墨打印技术的奠基者，于 1952 年取得美国专利；Winston 对静电牵引力喷墨打印技术进行了完善，于 1962 年形成了完整的静电牵引力喷墨打印技术，并取得美国专利。静电牵引力喷墨打印技术属于按需喷墨打印技术。

（3）压电式按需喷墨打印技术

1970 年 6 月 29 日，Kyser 和 Sears 在公开号为 US3946398A 的美国专利申请中提出了利用压电材料弯曲变形的弯曲式压电喷头，开创了利用压电材料实现喷墨打印的历史，但技术直到 1974 年 4 月 24 日才在公开号为 GB1350836A 的英国同族专利中被公开，因此，Kyser 和 Sears 的弯曲式压电技术并不是最早为世人所知的压电技术。

1970 年 9 月 9 日，美国 Zoltan 研发成功了利用压电材料进行喷墨的挤压式压电喷墨头，并申请了公开号为 US3683212A 的美国专利，该技术最早于 1972 年 5 月 5 日在公开号为 FR2107409A5 的法国同族专利中被公开，成为最早为世人所知的压电式喷墨打印技术。

1976 年，西门子公司将压电式喷墨打印技术成功运用在 Siemens Pt-80 上，此款打印机在 1978 年量产销售，成为世界上第一台具有商业价值的喷墨打印机。该喷墨打印机的研发成功，标志着压电式喷墨打印机的问世，压电式喷墨打印机正式成为按需式喷墨打印技术家族的成员。

（4）热气泡式按需喷墨打印技术

对于热气泡喷墨打印技术，美国纽约 SperryRandy 公司的研究人员 Mark Naiman 于 1962 年发明了突发性蒸气打印技术（Sudden Steam Printing），其工作原理为：在墨水容器中经过预热的墨水供给至墨腔，喷嘴与墨腔连通，并在喷嘴两侧设置加热电极，喷嘴处的墨水在加热电极的突发性加热作用下迅速蒸发形成蒸气，该蒸气从喷嘴喷出并移动附着在纸张上从而形成图文。该技术即为现今的热气泡喷墨打印技术的最早原型。但是很可惜，Mark Naiman 的上述发明没有引起公司的重视，突发性蒸气打印技术的构思未能进一步发展并转化成商业产品。直到 20 世纪 70 年代末 80 年代初，这种充满想象力的加热喷墨技术才被重新研究，分别由惠普和佳能公司独立研究并商品化。

1977 年 7 月，东京目黑区的佳能产品技术研究所的第 22 研究室的远藤一部，在实验室进行实验时，偶然将加热的烙铁放在注射针的附件上时，从注射针上迅速飞出了墨水。受此启发，两年后，也即 1979 年，Bubble Jet 气泡式喷墨技术面世，该技术利用加热组件在喷头中将墨水瞬间加热产生气泡形成压力从而使墨水自喷嘴喷出，接着再利用墨水本身的物理性质冷却加热组件的热点使气泡消退，借此控制墨点喷出与墨滴大小。

与此同时，惠普也发明了驱动原理相同的喷墨技术，惠普将此命名为 Thermal Ink-Jet。1984 年，惠普推出了热气泡式喷墨打印技术，并推出了惠普热气泡喷墨打印机——Thermal inkjet。

1985 年，佳能公司第一次将其热气泡喷墨技术应用到其喷墨打印机 BJ-80 上，推出了热气泡式喷墨打印机，从此开始了佳能热气泡式喷墨打印机的历史。

1.1.3　喷墨打印技术的发展与成熟

1987 年，惠普的 PrintJet 喷墨打印机进入市场，使惠普成为台式彩色喷墨打印技术的先驱者。PrintJet 喷墨打印机的记录分辨率为 180DPI，包括具有 30 个喷嘴的黑色喷头和各具有 10 个喷嘴的青、品红、黄三色喷头，旨在利用色料减色法原理形成彩色图案。该 PrintJet 喷墨打印机用于在特殊涂布的纸张和投影薄膜上打印。黑色和彩色打印头各自独立地组合在一起使用。

1991 年，惠普推出了 HP DeskJet 500C 热喷墨打印机，该喷墨打印机具有 300DPI 的记录分辨率，可以采用普通纸张打印。HP DeskJet 500C 热喷墨打印机问世后广受市场认可，取得了巨大的成功。当然，除了更高记录分辨率、更小喷墨墨滴以及更快速喷墨能力的实现外，色彩学的研究、图像处理技术的发展、彩色数据交换标准的发展以及色彩管理软件的发展对于彩色打印技术的发展也功不可没。1994 年 6 月，国内才出现经本土改造过的产品 HP DeskJet 525Q。

HP DesignJet 是惠普公司首次将其热喷墨打印技术应用到大幅面打印的世界上第一台单色大幅面喷墨打印机。彩色喷墨打印机、大幅面打印的出现都是喷墨打印机史上最重要的里程碑。

1994 年，爱普生历经将近 20 年的研究，终于成功地将微压电打印技术应用于喷墨打印机领域，并实现了产品化，至此，微压电打印技术问世。微压电技术的基本原理是将许多微小的压电陶瓷放置到喷墨打印机的打印头喷嘴附近，利用墨水在电压作用下会发生形变的原理，使喷嘴中的墨汁喷出，在输出介质表面形成图案。

此后，爱普生进一步在智能墨滴变换技术、自然色彩还原技术、超精微墨滴技术等方面进行了研究；佳能将喷墨打印机技术进行了数码印刷领域的商用，并在专业照片优化技术、四重色控制术等方面进行了研究；惠普在“富丽图”分层技术、智能色彩增强技术等方面进行了研究。相关公司的研究均进一步提升了喷墨打印机的打印质量，具体的改进将在后续部分进行详细的描述。

1.2 喷墨打印技术的常见类型

喷墨打印技术通常分为连续式喷墨打印技术和按需式喷墨打印技术两个大类，下面分别进行描述。

1.2.1 连续式喷墨打印技术

美国斯坦福大学的 Richard G. Sweet 研发成功的连续式喷墨打印技术被命名为 Sweet 连续式喷墨打印技术。Sweet 连续式喷墨打印技术和 Hertz 连续喷墨打印技术是目前已知的两种最为重要的连续式喷墨打印技术。

（1）Sweet 连续式喷墨打印技术

图 1-5 示出 Sweet 连续式喷墨打印技术，该技术通过两个电场来实现对墨滴喷射的控制，由墨滴喷射装置如压电振荡装置或超声波振荡装置使液体振荡细化而产生喷射的小墨滴，喷射的墨滴经过充电电场后被充电，被充电的液滴经过高压偏转电场后喷射到目标衬底形成图文，不形成图文的液滴由回收装置回收。Sweet 连续式喷墨打印技术存在整体结构比较复杂、墨水消耗量大、打印精度不高等缺点。

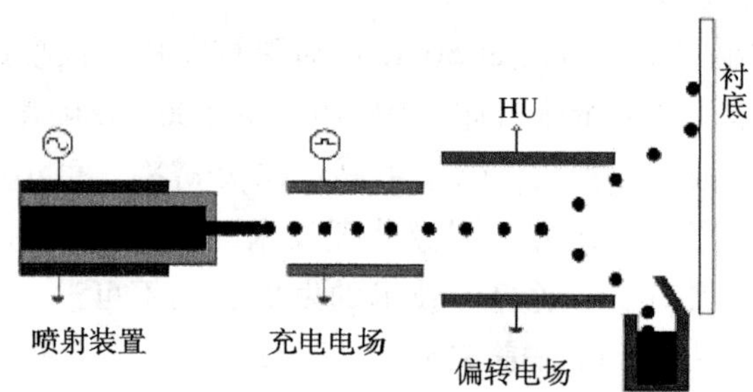

图1-5 Sweet 连续式喷墨打印技术

（2）Hertz 连续式喷墨打印技术

瑞典隆德理工大学研制成功的连续式喷墨技术被命名为 Hertz 连续式喷墨打印技术，又称无扰动因素作用的连续喷墨技术。该喷墨打印技术利用充电微滴流的静电分散作用实现连续喷墨打印中打印点的可变光密度，以调节贯穿小孔的微滴数量。具体样式如图 1-6 所示（具体详见公开号为 US4346387A 的美国专利申请），它是通过对导管 5 中的液体施加机械振动，并通过调制器 24 来控制在承印物 11 中液滴的最终形态。调制器 24 的控制方法具体如下：调制器 24 根据信号源 25 的信号电压来确定激励晶体 10 的交流电压的幅度，此外振荡器 26 以接近激励晶体 10 的谐振频率和液体射流 1 的液滴形成的自发频率的频率产生交流电压。因而，通过对信号源 25 的信号进行适当整形，以将液滴引导到承印物 11 上的预定点或液滴拦截器 21 中。当承印物 11 以垂直于液体射流方向的恒定速度移动时，液滴射流可在表面上绘制任意曲线，如锯齿曲线或打印字母数字字符等。Hertz 连续式喷墨打印技术无须像 Sweet 连续式喷墨那样利用外部干扰源的方法加快墨滴断裂。

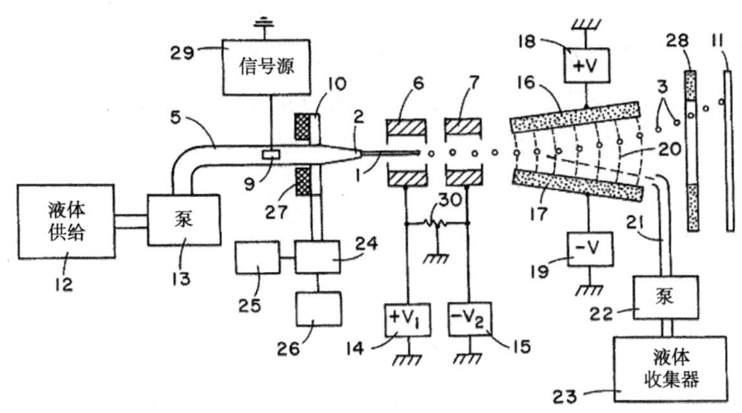

图1-6　Hertz 连续喷墨打印技术具体样式

（3）Sweet 连续式喷墨打印技术和 Hertz 连续式喷墨打印技术的不同点

Sweet 喷墨与 Hertz 喷墨的重要区别在于：Sweet 连续式喷墨打印技术中为确保墨滴偏转的位置精度，对多值偏转控制的要求极高，即使很小的墨滴喷射误差也会影响印刷质量。Hertz 连续式喷墨打印技术中由于墨滴偏转是为了引导不参与记录墨滴的飞行方向，对墨滴偏转的位置精度并无要求，墨滴偏转位置的准确性并不重要。Sweet 喷墨中偏移板的电压是可变的，而 Hertz 喷墨中偏移板的电压可以是恒定的。

1.2.2　按需式喷墨打印技术

按需式喷墨打印技术在对设备施加驱动信号时才会产生液滴喷射，也就是在需要的时刻才施加驱动信号进行喷射，所以称为按需喷射。对按需式喷墨打印技术最早的探索可以追溯到 20 世纪 40 年代，当时美国无线电公司的研究人员 Hansell 研发出了世界上第一台按需式喷墨打印设备。但该设备仅在内部应用，未能实现商业化。随着技术发展，按需式喷墨打印技术有了长足的进步，按照驱动方式的不同可以分为压电式喷墨打印技术和热气泡式喷墨打印技术。

（1）压电式喷墨打印技术

压电式喷墨打印技术是以压电元件为致动元件，当施加驱动信号时，逆压电效应使压电元件产生变形，引起墨水压力室内的压力产生变化，通过该压力变化使压力室内的液体从喷嘴以液滴的形式喷射出去。压电式喷墨技术的工作原理早在 20 世纪 30 年代就已经出现，但是受到材料、加工等技术限制，未能形成可大规模商用的稳定可靠技术，直到 20 世纪 70 年代三大压电式喷墨打印技术专利的问世，压电式喷墨打印技术才逐渐走向市场，并在之后得到快速发展，目前压电式喷墨打印技术已经成为打印市场的主要技术。

（2）热气泡式喷墨打印技术

热气泡式喷墨打印技术的基本原理是在瞬间通电的情况下，加热器表面温度在1μs左右即可升至数百摄氏度，墨水发生爆发式汽化，使得墨水压力室内压力骤然增大，墨滴以爆发式的冲击力喷出。热气泡式喷头具有可高密度排列喷墨、可降低成本、可使用多种加工材料和高精度加工技术、不易出现因气泡造成的流路堵塞等优点，当然，热气泡式喷墨头也存在一些缺点，包括只可喷射水系的墨水、加热器的耐久性（耐冲击性、焦煳、电化学的稳定性）差以及需要优化散热设计等。

第2章 按需式喷墨打印技术

2.1 压电式喷墨打印技术

压电式喷墨技术主要利用压电材料的压电效应引发墨水通道壁（腔体壁）的机械变形或位移引起的体积变化生成和喷射墨滴。

2.1.1 压电效应

压电效应是实现压电式喷墨打印的理论基础，因此，提到压电式喷墨打印，不得不提压电效应。压电效应是指，某些电介质在沿一定方向受到外力的作用而变形时，其内部会产生极化现象，同时在它的两个相对表面上出现正负相反的电荷。当外力去掉后，它又会恢复到不带电的状态，这种现象称为正压电效应。当作用力的方向改变时，电荷的极性也随之改变。相反，在电介质的极化方向上施加电场，这些电介质也会发生变形，电场去掉后，电介质的变形随之消失，这种现象称为逆压电效应。

1880 年，皮埃尔·居里和雅克·居里兄弟发现电气石具有压电效应。1881 年，他们通过实验验证了逆压电效应，并得出了正逆压电常数。1984 年，德国物理学家沃德马·沃伊特（Woldemar Voigt）推论出只有无对称中心的 20 中点群的晶体才可能具有压电效应。

2.1.2 压电材料在喷墨打印技术中的应用

1970 年 6 月 29 日，Kyser 和 Sears 提出利用压电材料的弯曲变形开发弯曲式压电喷头，于 1974 年 4 月 24 日在公开号为 GB1350836A 的英国专利中被公开，开创了利用压电材料实现喷墨打印的历史。1970 年 9 月 9 日，美国 Zoltan 研发成功了利用压电材料进行喷墨的挤压式压电喷墨头，该技术于 1972 年 5 月 5 日在公开号为 FR2107409A5 的法国专利中被公开，成为最早为世人所知的压电式喷墨打印技术。1971 年 1 月 11 日，瑞典 Chalmers 大学的 Stemme 教授研发成功了利用压电材料进行喷墨的弯曲式压电喷墨头，于 1972 年 10 月 2 日在公开号为 SE349676B 的专利中被公开。1982 年 12 月 27 日，美国 Exxon Research & Engineering 公司的 Stuart 和 Ridgefield 提出了类似于弯曲式压电喷墨头的推压式喷墨头结构。1982 年 5 月 28 日，施乐公司（XEROX）的 Fischbeck 提出了一种利用压电材料剪切式变形的喷墨头结构。

早期的喷头结构通常直接采用压电晶体进行致动，压电晶体的加工尺寸直接影响喷头的结构尺寸，最终对记录分辨率产生影响。随着人们对优良打印画质的要求越来越高，对打印记录分辨率的要求也随之提升，喷嘴板更高的喷嘴密度和更小的喷头结构，均对压电材料提出了新的要求。目前，薄膜压电技术已成为压电致动器的主要成型方式，为喷墨头的小型化和记录分辨率的提升提供了有效的保障。

2.1.3 常见的压电式喷墨打印技术类型

基于压电材料压电变形模式的不同，压电式喷墨打印技术分为弯曲式、推压式、剪切式以及挤压式四种类型，几种形式的不同之处主要体现在压电材料的变形模式不同以及墨水腔室几何形状的不同等方面。

（1）弯曲式压电喷墨打印技术

弯曲式压电喷墨打印喷头是利用压电元件（包括压电层、压电薄膜等）通电后的弯曲变形而工作的。当给喷墨打印头的压电层/压电薄膜加载一驱动电压波形时，由于逆压电效应，压电层/压电薄膜产生变形并带动振动板层产生变形，压电致动器的变形使得腔室受到挤压，表现为腔室不断进行膨胀和收缩的交替变换，受腔室变形产生的压力变化，墨水将会从喷孔高速喷出。其工作原理如图 2-1 所示，是主流的喷头结构类型。

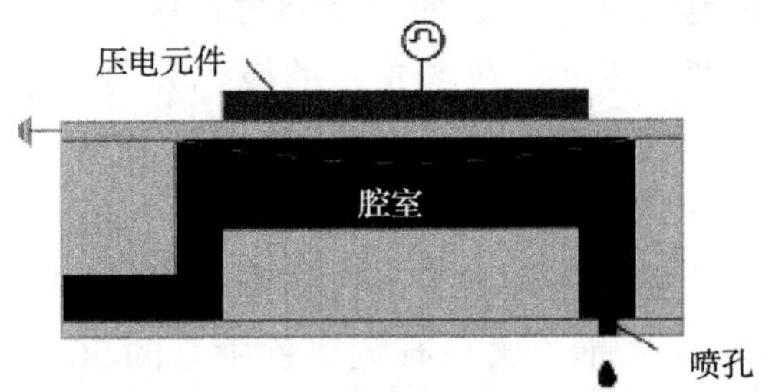

图2-1 弯曲式压电喷墨原理

（2）推压式压电喷墨打印技术

推压式压电喷墨打印喷头的压电元件的变形模式是沿着压电体的轴向方向发生变形，通过压电体的端面挤压腔室内壁来改变腔室的体积，工作时压电元件带动面向喷口方向的腔室壁变形，压迫墨水产生喷射，其典型结构如图 2-2 所示。喷射墨滴的参数依靠施加在打印设备上的驱动电压来控制。该喷头能实现高分辨率的喷墨打印，但由于需要制造梳齿状的压电材料，因此制造工艺复杂，制造成本较高。

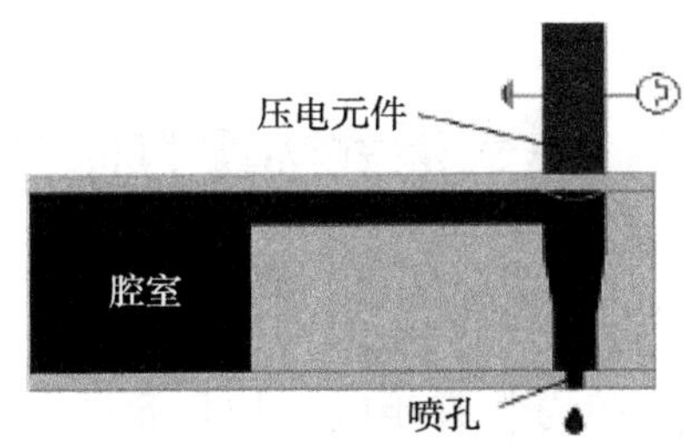

图2-2　推压式压电喷墨原理

（3）剪切式压电喷墨打印技术

剪切式压电喷墨打印喷头是基于压电元件的厚度方向上的切变振动而工作的，这种振动模式只有剪切变形没有伸缩变形，分别在腔室的左右两侧致动壁施加正向和反向电压，使左、右侧致动壁分别做顺时针、逆时针切变振动，从而导致两侧壁都向腔室内部变形运动，使腔室体积减小从而将墨水挤出，其工作原理如图 2-3 所示。

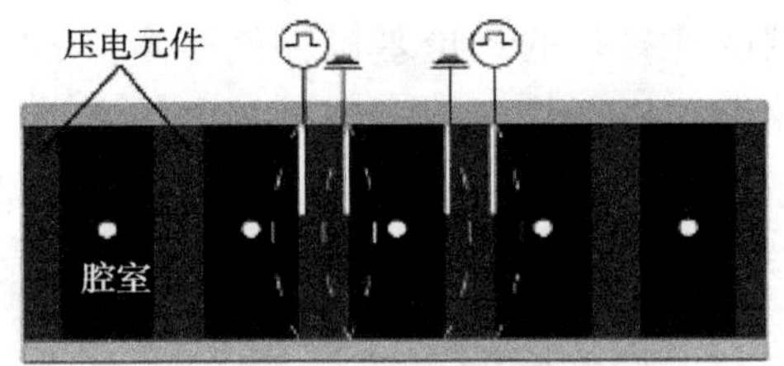

图2-3　剪切式压电喷墨原理

（4）挤压式压电喷墨打印技术

挤压式压电喷墨打印技术的工作原理如图 2-4 所示，喷头的压力腔室呈圆柱形，压电元件包裹在其外面，当对打印设备施加驱动信号时，压电元件产生变形并挤压腔室壁，迫使墨水喷射。由于打印设备的墨水腔室细而长，导致墨水流动的阻抗变大，能量损失较为严重，有时甚至影响墨滴喷出。

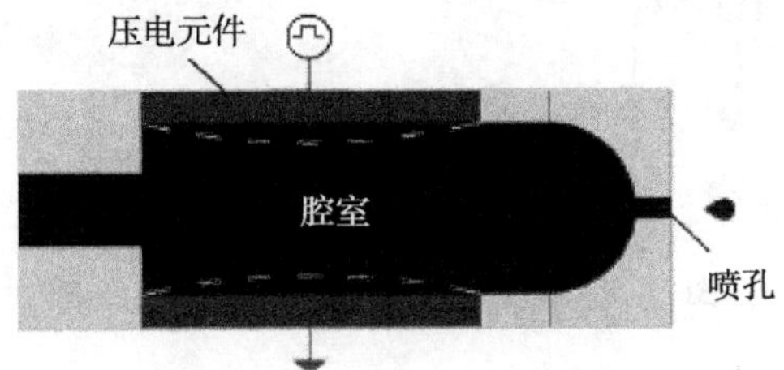

图2-4　挤压式压电喷墨原理

2.2 热气泡式喷墨打印技术

热气泡式喷墨打印技术通过墨水在短时间内的加热、膨胀、压缩，将墨水喷射到打印介质上形成墨点，其在墨腔内装有相应的加热元件，并充满了油墨，加热元件能够使部分油墨汽化，所产生的气泡会迫使油墨从喷嘴中射出而形成墨滴。热气泡式喷墨打印技术因喷射墨滴时需要对装有油墨的墨腔加热，也被称为热喷墨技术。热气泡式喷墨打印技术主要依靠作为加热元件的电阻在发热的过程中可以将电能转换成为热能，热量就能将打印机喷嘴附近的墨水汽化，并将墨水喷出，在打印纸上打印出目标图像或者文字。

2.2.1 热气泡式喷墨打印的工作方式

气泡成形是热气泡式喷墨打印的理论基础，气泡体积的膨胀是推动墨水流动在喷嘴孔处产生墨滴的动力来源。根据热气泡式喷墨打印的原理，热气泡式喷墨打印墨滴喷射的工作方式通常分解为气泡成核、气泡生长导致墨滴从喷嘴孔向外喷射、气泡破灭和墨水重注四个主要步骤。

2.2.2 热气泡式喷墨打印技术的分类

根据加热元件与喷嘴孔的位置关系，热气泡式喷墨打印技术可分为如下几种。

（1）喷嘴设置在加热元件上方的“顶喷嘴”技术，如图 2-5 所示，是指加热元件设置在与喷嘴孔相对应的顶部。

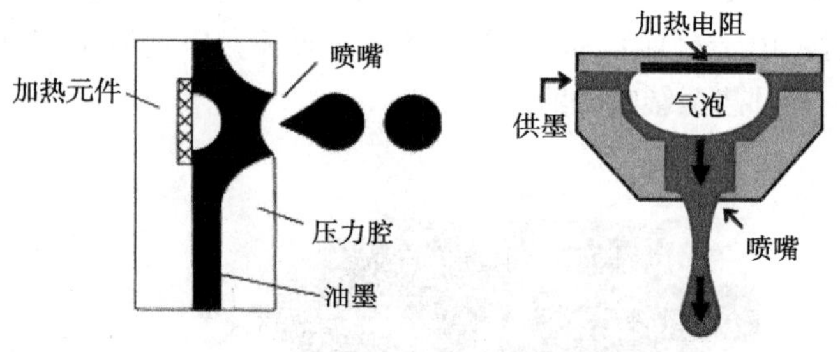

图2-5 “顶喷嘴”热气泡式喷墨原理

（2）喷嘴设置在加热元件侧边的“侧喷嘴”技术，如图 2-6 所示，是指加热元件设置在与喷嘴孔相对应的一侧的侧部。

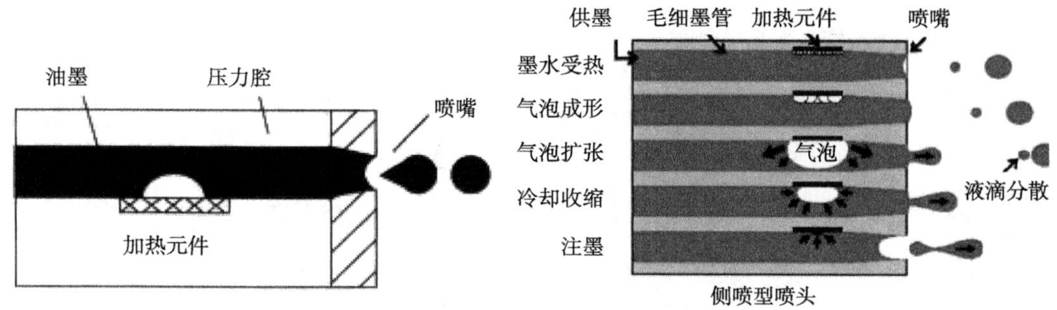

图2-6　“侧喷嘴”热气泡式喷墨原理

2.2.3　热气泡式喷墨打印技术的特点

热气泡式喷墨打印技术具有喷嘴密度高、成本低等优点。但由于墨腔在下一滴墨滴喷射出去之前，必须重新注满油墨，加热元件的工作频率不能太高，因此喷射速度受到了很大限制；打印机头长时间频繁地工作于时冷时热的动作状态，会缩短其工作寿命。且由于热气泡式喷墨打印的工作温度都很高，一般大于 300℃，往往会在加热电极上沉积上不溶物（这些沉积物有无机盐类，主要来自油墨中的无机杂质；也有有机化合物，主要来自油墨的热分解产物），从而使加热电极的汽化作用降低，会造成墨滴数量少、墨滴体积减小，严重时会造成喷墨头不能正常工作，对使用寿命造成影响。此外，高温下墨水易发生化学变化，性质不稳定，印刷质量也会受到一定程度的影响；另一方面，由于墨水是通过气泡喷出的，墨水在高温下产生的墨点方向和形状均不容易控制，墨水微粒的方向性与体积大小不容易掌握，也在一定程度上影响了印刷质量，所以高精度的墨滴控制十分重要。

2.3　压电式和热气泡式喷墨打印技术专利申请状况

通过对压电式和热气泡式喷墨打印技术的专利申请情况进行分析，可以方便地了解压电式和热气泡式喷墨打印技术在不同历史时期的发展状况，为全面了解技术发展的脉络以及各技术的研发现状提供指导。

2.3.1　压电式和热气泡式喷墨技术全球专利申请分析

图 2-7 示出了压电式和热气泡式喷墨技术全球专利历年申请量趋势，根据申请量及其增长趋势来看，压电式和热气泡式喷墨打印技术总体经历了以下四个发展阶段。

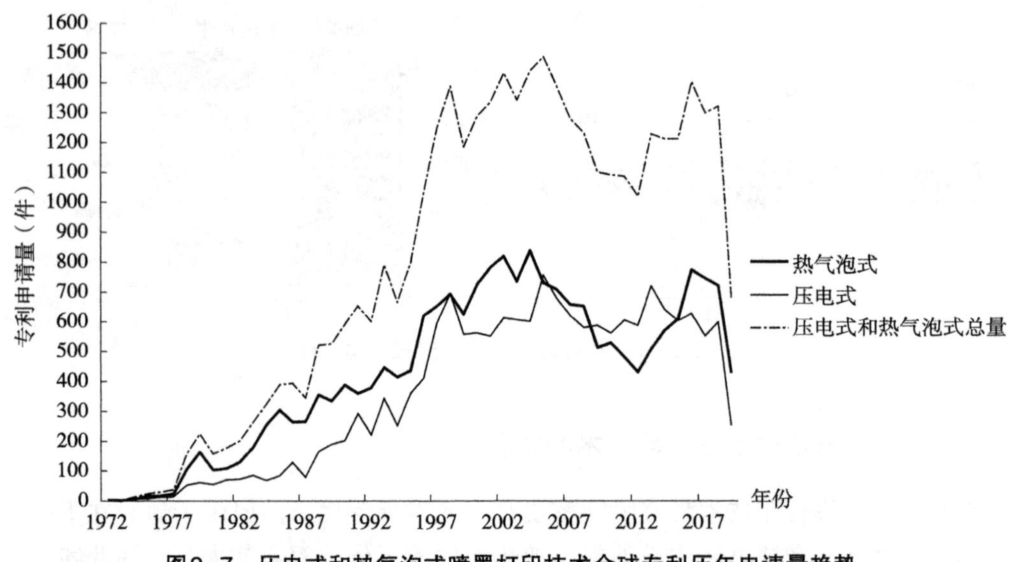

图2-7　压电式和热气泡式喷墨打印技术全球专利历年申请量趋势

第一阶段（1972—1977 年）为萌芽期。压电式和热气泡式喷墨打印技术研发还处于起步阶段，全球申请量较小，虽然逐年增长，但均在 40 件以下，最高申请量为 1977 年的 37 件，申请人集中在日本、美国。第二阶段（1978—1987 年）为平稳发展期。专利申请保持稳定增长，专利申请总量在 1986 年达到 394 件，此阶段申请人仍然全部为外国申请人，在美国、日本等最先发展喷墨打印技术的国家基础上，增加了德国、英国。第三阶段（1988—2005 年）为快速发展期。专利申请快速增长，全球专利申请量从 1988 年的 521 件到 2005 年最高 1488 件。此阶段申请人除美国、日本等传统喷墨技术研发大国外，欧洲众多国家开始陆续有压电式和热气泡式喷墨打印技术专利申请。第四阶段（2006 年至今）为成熟期。专利申请量趋于平稳，保持在年平均 1000 件以上，由于部分年份数据存在公开滞后性的原因，申请量有所下降，但从总体趋势上可以预见申请量仍然保持快速增长态势。总体来看，在压电式和热气泡式喷墨打印技术研究领域，专利申请量保持平稳，压电式按需喷墨打印技术与热气泡式压电喷墨打印技术申请量较为均衡。

2.3.2　压电式、热气泡式喷墨打印技术申请量占比

图 2-8 示出了压电式、热气泡式喷墨打印技术的申请量占比，从该图可以看出，按需式喷墨打印技术中，热气泡式喷墨打印技术与压电式喷墨打印技术全球申请量基本持平，两项技术均是按需式喷墨打印技术领域的重要分支。

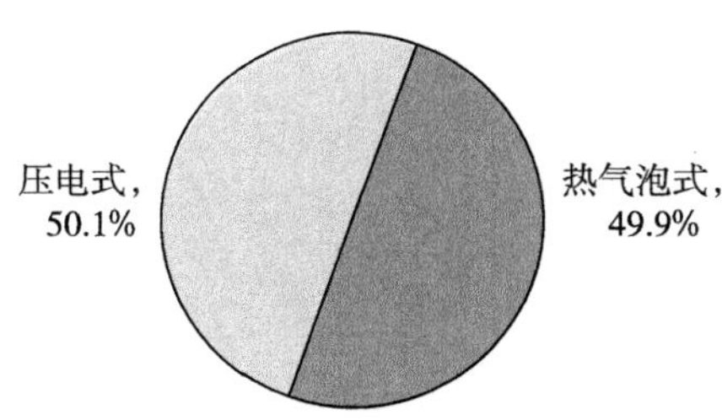

图2-8　压电式、热气泡式喷墨打印技术申请量占比

2.3.3　国内外申请量比例

图 2-9 示出了国内外压电式和热气泡式喷墨打印技术的申请量占比，由压电式、热气泡式喷墨打印技术国内外申请人占比可知，目前上述技术的主要研究依然集中在国外申请人手中，这也与该项技术主要起源于日本、美国等国家有关，21 世纪初，国内申请人才开始涉足该领域的技术研究。

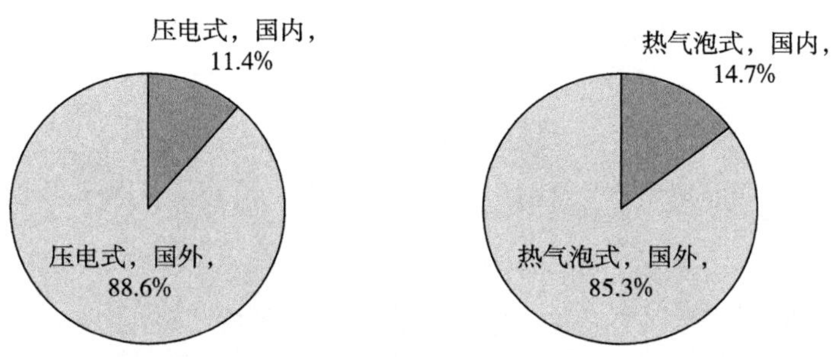

图2-9　国内外压电式和热气泡式喷墨打印技术的申请量占比

2.4　小结

压电式喷墨打印技术和热气泡式喷墨打印技术作为主流的按需式喷墨打印技术，相较于连续式喷墨打印技术，具备结构简单、成本低、可靠性高等优势，是目前主流的喷墨打印技术。本书以专利文献的技术内容为切入点，以压电式喷墨打印技术和热气泡式喷墨打印技术为主要研究内容开展了分析研究，梳理了压电式喷墨打印技术和热气泡式喷墨打印技术的技术要点、发展脉络和研究现状，希望对后续的按需式喷墨打印技术的研究工作有借鉴作用。

第2篇

压电式喷墨打印技术

第3章 压电式喷墨打印技术概述

压电式喷墨打印是市场应用最广的技术，其采用的压电式喷墨头主要包括四种类型，分别是弯曲式、推压式、剪切式及挤压式。压电式喷头工作时仅对墨水产生力学作用，故而可适用的墨水类型可选范围广，该类型喷头的应用已扩展至印刷电子学领域。

3.1 压电式喷墨打印头常见类型

压电式喷墨打印头主要包括致动元件、腔室、喷嘴板。基于不同的压电驱动原理，压电式喷墨打印头分成弯曲式、推压式、剪切式、挤压式四种，上述四种喷墨打印头的区别首先表现为压电材料的变形模式，其次是墨水腔的几何配置关系。无论采用哪种压电式喷墨打印头，压电材料的机械变形总会引起墨水腔的体积变化，体积变化转换成对墨水的压力，继而形成向喷嘴传递的压力波，从而使液滴喷射出去。

（1）弯曲式压电喷墨打印头

弯曲式压电喷墨打印头主要由压电薄膜、振动板和腔室组成。在压电薄膜的上下两侧都覆盖有电极，当在上下电极上施加一个驱动电压时，压电薄膜发生变形向腔室内部运动，瞬间使腔室体积变小，将液滴挤出。

（2）推压式压电喷墨打印头

推压式压电喷墨打印头的结构与弯曲式类似，该喷墨打印头的振动模式是沿着压电体的轴向方向发生变形，通过压电体的端面来改变腔室的体积，当施加电压时，压电体发生变形，其变形作用于振动板使腔室发生变形，将液体挤出。

（3）剪切式压电喷墨打印头

剪切式压电喷墨打印头中，当对压电致动壁施加垂直于极化方向的电场时，压电致动壁产生剪切振动，该过程导致致动器容积有规律地减小、增大，进而将墨水挤出喷孔。

（4）挤压式压电喷墨打印头

挤压式压电喷墨打印头由一个直径大约为 1mm 的压电陶瓷管组成，并且沿径向极化方向在陶瓷管的内表面和外表面分别沉积电极，当在电极上施加一个脉冲电压时，陶瓷管发生收缩使腔室体积变小，将液滴挤出。

3.2 压电式喷墨打印技术专利申请情况

图 3-1 示出了压电式喷墨打印技术专利申请情况，压电式按需喷墨打印技术的全球专利申请中，占比最高的主流技术为弯曲式压电喷墨打印技术，其次为剪切式压电喷墨打印技术、推压式压电喷墨打印技术，上述三种技术类型基本为压电式按需喷墨打印技术的全部研究方向，研究价值较高，其他类型的压电式按需喷墨打印技术，例如挤压式、悬臂梁式按需喷墨打印技术，相对占比非常小。

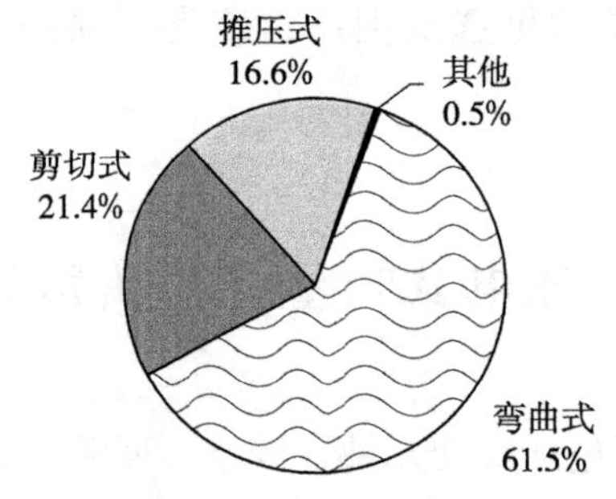

图3-1 压电式喷墨打印技术专利申请情况

第4章 弯曲式压电喷墨打印技术

弯曲式液滴喷出技术，是指通过弯曲式喷头实现液滴喷出的技术。弯曲式喷头是一种通过压电元件弯曲形成液滴喷射的喷头，其利用致动元件的弯曲形变带动压力腔室的体积变化，从而实现液滴从喷头的喷出。

4.1 弯曲式压电喷墨打印技术概述

弯曲式压电喷头由于结构相对复杂，在制造过程中面临诸多的技术问题；且为了获得更高的分辨率和更好的喷射性能，弯曲式压电喷头也在持续改进中。随着压电式喷头进化到 Precision Core 的层级，其在速度与精度上已经可以与剪切式相较高下，这为进入工业印刷领域奠定了基础。

4.1.1 弯曲式压电原理

弯曲式压电喷墨打印技术的工作原理是利用压电陶瓷的逆压电效应，将脉冲电压信号施加在带电极的压电陶瓷薄膜的致动元件上，致动元件交替弯曲变形而致使在油墨的进口与出口处之间形成的压力腔室压强发生变化，以从喷孔喷射出断裂成形的墨滴。

弯曲式压电喷墨头在压电薄膜的上下两侧都覆盖有电极，当在上下电极上施加一个驱动电压时，压电薄膜发生变形向腔室内部运动，瞬间使腔室体积变小将液滴挤出，其优点是制作工艺相对简单，缺点在于压电元件必须使用一定量的面积才能发生振动，所以难以实现高密度打印。

4.1.2 弯曲式压电喷墨打印技术的起源

Kyser 和 Sears 在公开号为 US3946398A 中的弯曲式压电喷头结构如图 4-1 所示，通过板状的压电材料 41 在脉冲信号的驱动下的变形，实现墨水从压力腔室 37 穿过喷嘴孔 39 而喷出，形成墨滴 102。

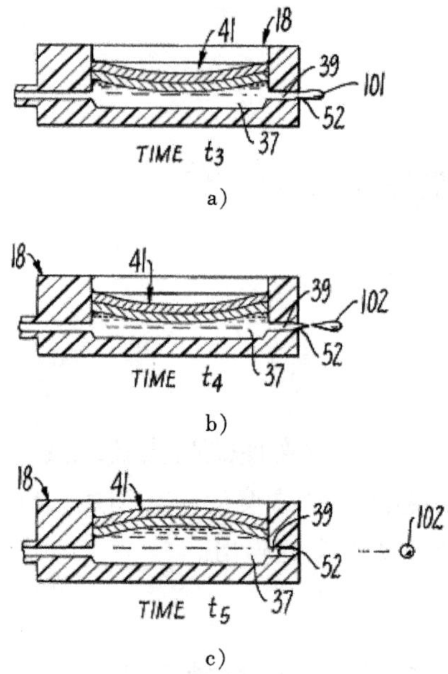

图4-1　US3946398A 公开的弯曲式压电喷头结构

瑞典 Chalmers 大学的 Stemme 教授的公开号为 SE349676B 的专利中公开了利用压电材料进行喷墨的弯曲式压电喷墨头。该喷墨头的结构如图 4-2 所示，该喷墨头的结构主要由压电晶体层 7、振动板 4 和腔室组成。在压电晶体层 7 的上下两侧都覆盖有电极 8，当在上下电极 8 上施加一个驱动电压时，压电晶体层 7 的变形带动振动板 4 发生变形向腔室内部运动，瞬间使腔室体积变小将液墨滴从喷嘴孔 3 压出。

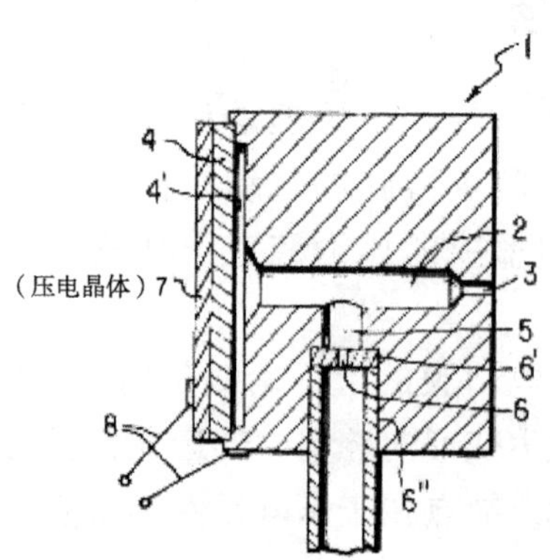

图4-2　SE349676B 公开的弯曲式压电喷头结构

上述两件专利开启了弯曲式压电喷墨打印技术的大幕。本书通过对弯曲式压电喷墨头技术文献的收集、标引和梳理，经分析可知，目前弯曲式压电喷墨头的研究重点包括：喷墨头结构中的致动元件结构、流路构件结构、驱动电路与电极连接等结构的改进，驱动信号中的电压波形改进，以及材料和成型工艺方面的改进。本书将在后面对相应的内容进行详细的描述。

4.1.3　弯曲式压电喷墨打印头

弯曲式压电喷墨头封装在 PCB 上，然后装入打印机中，压电喷头的整体尺寸较小，压电驱动器的大小与 1 元硬币大小差不多。随着市场对喷墨打印质量、制造成本等方面的要求越来越高，弯曲式压电喷墨头在提高喷射性能、增加喷头分辨率、减小喷头尺寸、降低制造成本等方面也在持续改进。

图 4-3 示出了一种典型的弯曲式压电喷墨打印头，该弯曲式压电喷头主要由多层不同性质的板层叠后分别在其上制造需要的结构，主要结构分为致动元件结构、腔室结构、电路布线结构，致动元件结构主要包括压电元件和由压电元件驱动从而变形的振动板，每个压电元件一般都包括下电极、压电层和上电极；腔室结构主要包括墨液腔室、流路通道和喷孔结构；电路布线结构主要包括电极与驱动电路之间的连接结构。经过电极布线供给能量，使得作为振动板的驱动元件进行驱动，驱使压力腔室中的墨水通过喷嘴板流出，完成喷墨，根据驱动能量的大小，可以控制喷墨液滴的大小，实现按需喷墨。改进的弯曲式压电喷墨打印头如图 4-4 所示。

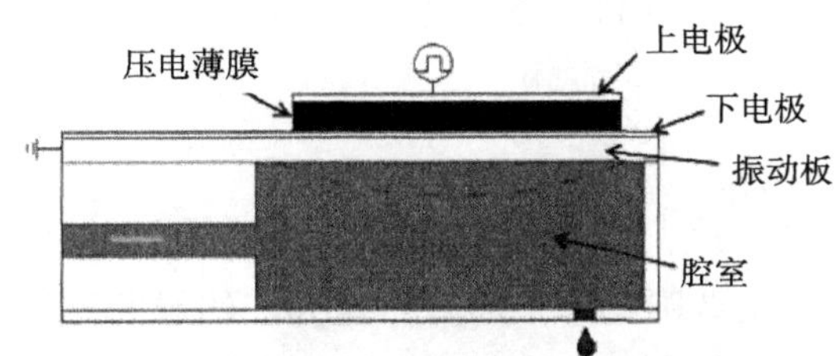

图4-3　典型的弯曲式压电喷墨打印头

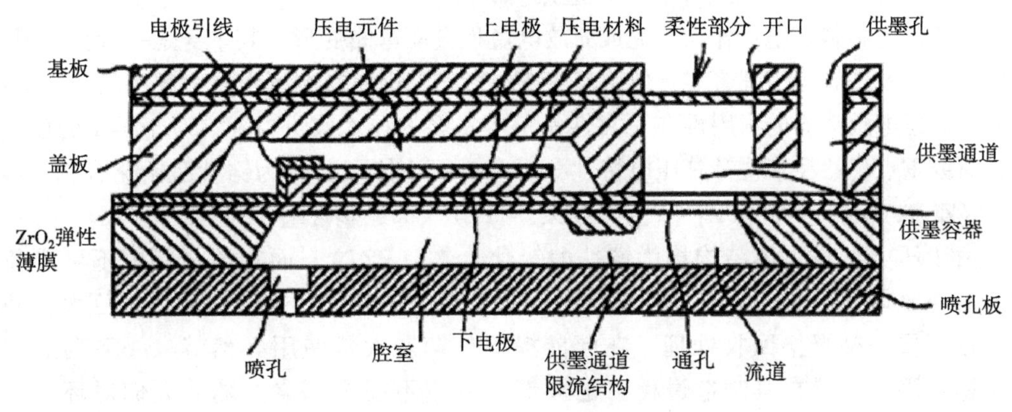

图4-4　改进的弯曲式压电喷墨打印头结构

1. 压电元件

压电元件是喷墨头中的驱动部件，是压力产生单元，通常由压电层以及夹持压电层的正负两个电极形成，通过对位于压电层两侧的正负电极施加电压而使得压电层发生弯曲变形，带动位于压电元件下方的振动板也发生弯曲变形，从而挤压振动板下方的压力腔室，使得墨滴喷出，如图 4-5 所示。

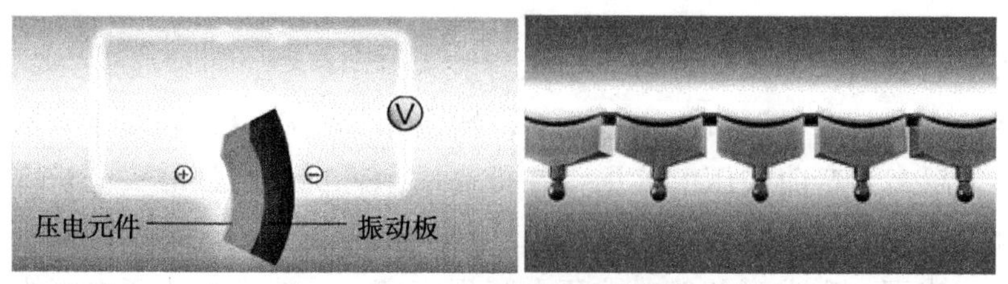

图4-5　压电元件工作原理图

压电元件的研究主要在于压电层的设置方式、电极层设置方式，二者之间相互关联，其结构的改进均是为了提升喷墨打印效果，例如提高压电致动器的耐用性和可靠性、提高压电元件的压电特性、防串扰和提高变形量、提高喷头的集成度。

压电元件由最初的压电体不断改进为压电薄膜、压电层等层状结构，还在压电元件的压电层的上下方均设置导电层，导电层包含金属、该金属的氧化物以及由该金属构成的合金当中的至少一种，这种对于压电材料及其周边导电层材料的改进均能够极大提升压电元件的压电特性，有利于进一步提升画质稳定性，同时进一步促进喷墨头的小型化、耐久性。

2. 压电材料

压电元件由压电材料制成，作为压电式喷墨头的核心元件，其性能是否良好对于喷墨头十分关键，也是压电式喷墨头中需要重点关注的研究对象。

压电材料包括无机压电材料、有机压电材料，而无机压电材料中的压电晶体因具有宏观压电性而在压电元件中被广泛应用。

由于压电材料在电场作用下完成充放电过程进而弯曲变形，其本身是一种介电材料，材料本身以及外界环境都会对其使用寿命造成影响，进而影响压电式喷墨头的使用寿命，因此提高压电致动器的耐用性和可靠性是一个重要的技术改进方面。对于早期的压电材料，研究重点仍然在于提升其压电特性，压电材料主体成分均为锆钛酸铅化合物，通式为 $Pb(Zr,Ti)O_3$，俗称“PZT”，直至今天，“PZT”都是非常重要的压电材料。

由于压电材料主体结构均为锆钛酸铅化合物（PZT），而在该材料中不可避免地含有有毒金属铅（Pb），由于喷墨打印设备具有一定的使用寿命，且市场巨大，并不能保证喷墨头被严格回收处理，在此前提下长期及大量使用必然带来一系列危害以及不稳定因素，且在其制造过程中也会带来一定不安全因素。随着人们对环保、健康的关注度提升，在压电材料的研究进程中，为了排除铅对环境、生产等各方面的恶劣影响，无铅化必然是一个重要的课题。随着研究的进一步深入，研究人员发现了更多可添加至压电材料的元素，例如 Mg、Nb、Ka、Na、镧系元素、金属材料 Bi、Ba、Fe 元素等，伴随着压电材料的改进，越来越多可作为压电材料的化学元素被使用，通过采用不同的化学元素，在解决无铅化的同时，实现了耐高温性、高介电值、环保性、耐久性。

3. 压力腔室

压力腔室又称为腔室结构。弯曲式压电喷墨头的腔室结构决定着喷墨打印头的分辨率、供墨量大小、喷墨效果和喷射墨滴的体积大小等，腔室结构主要包括墨液腔室、流路构件、喷嘴板等。压力腔室的研究主要集中在通过结构改进提升压力腔室的性能，防止各腔室之间的串扰，减少流路构件中的气泡，提升其耐久性，例如设置共通油墨室与各压力室的排列方式，使得共通油墨室内的压力脉动减少，从而使得各压力腔室的喷射性能保持稳定；通过设置流路构件结构形状以及连接方式，抑制墨水流动特性差异和喷射速度、体积差异，抑制气泡；通过改善流路结构中部件的连接稳固性以及密封性、加强对压电元件的保护等措施，提高流路结构耐用性。

通过喷嘴板上的喷嘴将墨水喷射到打印介质上，随着对于喷墨头高密度、高画质的要求，在喷嘴板上高密度化制造喷嘴成为不可缺少的技术，同时要求喷嘴板能够实现低制造成本、高强度。

喷嘴板要求高强度，通常由不锈钢（SUS）等金属、聚酰亚胺树脂这样的有机物或者单晶硅基板等制成，通过将喷嘴板与连通板的线膨胀系数设为相同值，能够抑制由被加热或冷却所造成的翘曲或由加热所造成的裂纹、剥离等的产生。

4. 布线

在弯曲式压电喷墨头中，除了部件与部件之间的物理连接外，要实现对喷墨头的控制，则必然具有电路上的电连接，也即布线。为实现对驱动元件的驱动控制，用于对驱动元件进行驱动的电力通过柔性扁平电缆等可挠性柔性配线供给，同时驱动电路需将电压信号通过压电元件与向压电元件供给电信号的驱动电路之间的布线传递给压电元件的电极。弯曲式压电喷墨头的压电元件位于上电极和下电极之间，驱动电路通过电极连接压电元件，从而使得压电元件发生弯曲变形，因此配线基板中驱动电路的布线以及与电极的连接方式关系着压电元件是否能够发生预定的弯曲变形，线路连接的复杂程度关系着压电元件发生变形的速度。

配线基板一般由单晶硅基板构成，在驱动配线基板的一面安装有输出用于驱动压电元件的信号的驱动元件，在驱动配线基板的另一面设置有独立配线和供给配线，适配于独立电极与公共电极，配线通常采用溅射形成，供给配线为用于从外部配线提供驱动电路的电源、驱动电路的控制信号、向作为压电元件的共同电极施加的偏置电压等的配线。在对压电元件进行驱动并从多个喷嘴向纸张等介质喷出油墨等的液体的喷墨头中，用于对驱动元件进行驱动的电力是通过柔性扁平电缆等具有可挠性的柔性配线来提供的，柔性配线与配线基板之间通过配线连接部连接，在基板上形成贯穿孔，在贯穿孔内形成贯穿配线，由于贯穿配线与配线基板的线膨胀系数存在差异，因此存在因温度变化而产生贯穿配线相对贯穿孔的位置偏移的情况，由于该贯穿配线的位置偏移，从而有可能发生表面配线断线。为了抑制贯穿配线的位置偏移且抑制贯穿配线的高电阻化，可将贯穿孔内表面设置为粗糙面。

目前随着技术的进一步发展，对于布线技术的改进重点集中在高画质化、高速化、高密度化、小型化，为了响应这些要求，在压电式喷墨打印头中，喷嘴的高密度化逐渐成为不可缺少的技术，为此，对于驱动与喷嘴相对应的驱动压电元件的配线基板而言，迫切地要求进行小型化、高密度安装化。且伴随着IC芯片等的高集成化，IC芯片等的外部连接端子逐渐窄小化，有被窄间距化的倾向，与之相伴，形成于电路基板上的布线图形也有被窄间距化的倾向。然而，在此前的压电式喷墨打印头中采用引线接合法，当小型化、高密度安装不断进展时，出现因引线彼此的接触而发生短路或者生产率降低等问题，且随着喷墨头数量的增多，通常需要将多个喷墨头紧密地配置为矩阵状，这时喷墨头的配置受到制约，而且当用于对柔性配线进行拆装的空间较窄时，对柔性配线进行安装会变得较为困难，例如柔性配线会倾斜地插入连接器，从而可能会发生连接不良，并且是否发生连接不良是难以得知的。因此当前对于配线基板中端子的致密化，使作为驱动IC的配线基板小型化，降低成本，同时避免短路、提升质量是主要的研究方向。

作为配线基板中的重要组成部分，电极的制作材料也是重要的研究方向，由于压电式喷墨头压电材料选用的是PZT，而PZT需在下电极上进行制备，所以对下电极材质要求很高。传统的下电极由铂、钛合金组成，Pt（铂金）是一种化学性质不活泼的金属，具有低电阻、耐高温、稳定性好等特点，并且在Pt表面上制作PZT薄膜材料时，非常有利于其晶向生长，从而获得较好的压电性能，所以选择Pt为下电极的材料。由于Pt与氧化层间的结合力较差，所以在Pt与氧化层之间加一层金属Ti，以增加电极与基底之间的结合强度来避免铂金脱落现象的发生，由于Ti的振动性能较差，所以Ti的厚度不能太大；在随后的技术研究中，研究人员关注到下电极的性能，由于Pt是相对较为柔软的材料，压电元件的反复驱动引起的应变会使下电极失去延展性而产生塑性变形，从而导致压电元件的变位特性降低，因此在暂时未找到替代材料的情况下，对其力学性能进行限定，使下电极的杨氏模量为200GPa以上，下电极的韧性大于绝缘体膜的韧性，从而增强下电极的耐久性；随着技术的不断发展，目前已有在电极含有铂的基础上添加氧化钛或氧化铱，可以防止因形成压电体层时的高温热处理而使构成压电体层的成分向电极及其基底侧扩散，提升电极材料的耐久性。

4.1.4 弯曲式压电喷墨头驱动控制

驱动电路产生驱动信号并将驱动信号传递给压电元件中的电极，当控制器发出一个或者多个控制信号时，压电元件就会在信号的激励下动作，实现按需喷墨。液滴的喷射依赖压电元件的致动，而压电元件的致动依赖施加给压电喷墨头的驱动信号。要精确控制驱动信号，通过控制信号产生可控性外力的规律作用，保证按需喷墨的成像质量，必须对压电元件的振动变形进行精准的控制。期望通过对由电压梯形波构成的驱动信号进行控制，实现提高画质、高速打印，同时延长零件的寿命、节省电力、使电路动作稳定的目的。

驱动信号以一定的波形形式表现，梯形波形驱动电压是最常见的控制压电元件驱动的波形，梯形驱动波形又分为单极性波和双极性波，双极性波由两个极性相反的单极性波组成。无论是单极性还是双极性驱动波形，都是在一个驱动周期内有电压上升时间和下降时间，电压上升的时间即充电阶段，电压下降时间即放电阶段。相对单极性波形，双极性波形可以获得更高的液滴速度和更小的液滴体积，但双极性波形无论是驱动电路的设置还是驱动电路的控制都更为复杂，目前主流技术中两种类型的波形所占的比例大致相当，双极性波形稍高于单极性波形。

基于驱动波形本身的特点，要对喷墨驱动波形进行控制调整，一方面可以对驱动波形的电压上升时间、下降时间以及电压的峰值大小进行调整，即控制以及调整驱动波形的参数；另一方面可以在喷墨过程中施加不同参数的驱动波形，但对于多种不同波形的参数进行精确控制又是一大难点。目前的技术中，为了确保能够维持波形峰值，会在波形生成电路与压电元件之间布置开关元件，通过控制开关元件的接通以及断开时间来向压电元件施加具有期望峰值的驱动波形，使压电元件充放电时间的控制精度较之前技术有很大提高。对于具有多个波形的驱动信号，分别实施精确控制是难点，需要基于期望获得液滴形状以及驱动电路参数和振动板频率等进一步模拟修正驱动波的各个参数，从而使得各喷嘴之间的液滴喷射不会相互串扰，保证控制精度。

4.1.5　弯曲式压电喷墨头性能控制

喷墨头要实现良好的工作状态，实现高速、高质量印刷，需要抑制压电元件喷射性能、防止压力室之间的串扰，从而提高喷射特性，使得气泡从流路构件中排出，同时提高喷墨头耐久性、小型化也是现代喷墨印刷技术的发展趋势。

1. 喷墨打印质量的控制

无论是何种喷墨技术，实现优良画质是最基本的诉求，喷墨头结构完整、驱动控制精确是实现优良画质的基础技术。画质的保证可以从不同的技术角度出发进行改进，可以通过设置电路连接结构提高喷墨性能；通过设置均热结构单元，使各个驱动 IC 散热均匀、温度相等，避免出现各个喷墨头喷墨不均；通过控制驱动波形，保持喷墨头供给量和吐出量的平衡；使用于驱动压电元件的脉冲的波形变得比较简单，可消除残留在墨水流路内的压力波，从而提高喷射性能；使信号保持间隔被依次输出，间隔为致动器收到信号而在压力室中所产生的压力波周期的任意整数倍，当输入压电元件的信号个数大于或等于设定值时，间隔中的至少一个为压力波周期的两倍或大于两倍的整数倍，解决现有喷墨设备中压力室内液体压力过大导致液体从喷嘴漏出而附着在喷嘴周围，影响下一次从喷嘴喷出的液滴的喷出量、喷出方向、喷出速度的问题；通过适当选择电压组的类型，能够改变致动器的变形量，由此改变施加到喷嘴内液体的能量的大小，因此，在相同液滴数的情况下改变液滴的大小和量，能相对容易地增加色调数，由此实现打印质量的改进。

在大型喷墨打印机中，设置有维持墨水的良好排出状态或者使其恢复至良好排出状态的维护单元，以保证喷墨头的工作状态，防止由残留墨水的增稠、固化导致的喷嘴堵塞，进而引起的画质下降。

2. 高速印刷

高速印刷主要受驱动控制信号的影响。由于驱动信号所产生的使得压电元件进行振动的压力波在传导过程中会不断衰减，会导致驱动信号的丢失，影响驱动效果，除了导致不良画质外，还严重影响印刷速度。但是连续式压电喷墨头的一大优势就是工作速度更快、频率更高，因此市场对于压电喷墨头的需求是实现高速印刷，而在弯曲式压电喷墨领域，研究人员致力于在驱动信号控制上通过对驱动信号的控制实现高频率驱动，从而实现高速印刷。

要实现高速化，可通过多种驱动波分段控制、抑制驱动信号的振幅降低等，实现高速打印。通过驱动信号加大压电元件的振动，实现快速出墨，进而实现高速打印。但是在后续研究过程中发现，最大限度地进行压电元件的振动会带来一系列画质不稳定的问题，例如墨滴太大产生噪点、压电元件疲劳损坏等，且在画质精度的控制上，需要通过喷出微小墨滴来实现高精度控制，这与高速打印的诉求是相反的，因而在后续的研究中，需要权衡控制高精度和高速打印。

3. 防止串扰

由于喷墨打印头中排列设置有较多的喷嘴，所以对应有多个压力室，为了能够对多个压力室同时供墨，一般在流路构件中设有共通流路作为总流路，另外还设置有多个单独流路分别用于从共通流路供墨至每个压力室。由于单独流路与共通流路是互相连通的，而每个压力室在喷墨时其压力波会先传递到单独流路，之后再经过单独流路传递到共通流路，再由共通流路传递到隔壁的单独流路，从而影响隔壁其他压力室的喷墨动作，产生串扰问题。减少各致动元件之间的串扰从而提高喷射性能，是致动元件结构的重要改进方向。

4. 消除气泡

压电式喷墨头在工作过程中，从墨源供给的墨液里会混杂一些气泡，这些气泡汇集到压力室以及喷嘴附近时就会阻碍油墨从喷嘴中正常喷射。在喷墨头的结构设置中，主要通过对流路构件结构的改进，实现流路内的气泡排出。通过确保油墨供给流路与压力室的油墨供给部之间连通，可以去除气泡；在通路单元中形成具有部分封闭的单独墨通路形状的封闭通路，从而抑制由通过封闭通路进入单独墨通路的气泡，避免引起喷墨故障；在振动板以及供给流路板上的各压力室间隔区域设置沟槽，减少压力室内残留气泡，抑制喷射性能降低。

5. 小型化及耐久性

随着喷墨打印机的不断小型化发展，喷墨头也趋于小型化。减小喷墨头的尺寸，可以从多个角度出发，例如通过对驱动电路与电极之间的连接方式进行改进以减小喷墨头尺寸；将驱动电路设置为芯片驱动电路，能防止集成电路芯片损坏，省去安装集成电路芯片所需的空间；配线基板中多个输入端子被多个输入配线连接到驱动 IC，各印刷电路的基部构件的另一端部在预定方向上布置，每个输出端子设置在对应的一个端部上，每个输入端子被设置在对应的另一个端部上，从而使配线紧凑，减小尺寸。

在小型化的同时，提高电路连接结构的连接可靠性和耐久性，是对喷墨头的另一要求。通过改善流路结构中部件的连接稳固性以及密封性、加强对压电元件的保护等措施，可提高流路结构耐用性。

4.2　弯曲式压电喷墨打印技术的专利申请情况

本节将从专利申请的角度对弯曲式压电喷墨打印技术的全球专利申请进行分析。

1. 历年专利申请量整体趋势

图 4-6 示出了弯曲式压电喷墨打印技术全球专利申请量整体趋势，根据申请量及其增长趋势来看，弯曲式压电喷墨打印技术总体经历了以下四个发展阶段：

第一阶段（1972—1985 年）为萌芽期。弯曲式压电喷墨打印技术研发还处于起步阶段，全球申请量较小，虽然随着年份逐渐增长，但均在 70 件以下，最高申请量为 1983 年的 69 件，申请人均来自美国及日本。

第二阶段（1986—1996 年）为平稳发展期。专利申请保持稳定增长，专利申请总量在 1996 年达到 212 件，此阶段申请人仍然全部为外国申请人，在美国、日本等最先发展喷墨打印技术的国家基础上，增加了德国、英国。

第三阶段（1997—2006 年）为快速发展期。专利申请快速增长，全球专利申请量从 1997 年的 385 件到 2006 年最高 1028 件。此阶段申请人除美国、日本等传统压电技术大国外，欧洲众多国家开始陆续有弯曲式压电喷墨打印技术专利申请。

第四阶段（2007 年至今）为成熟期。专利申请量趋于平稳，保持在年均 800 件以上，压电喷墨打印技术研究一直集中在国外申请人。

总体来看，在弯曲式压电喷墨打印技术研究领域，国内申请人与国外申请人差距较大，国内申请人直到 2015 年才开始涉及该领域的专利技术申请，数量较少。

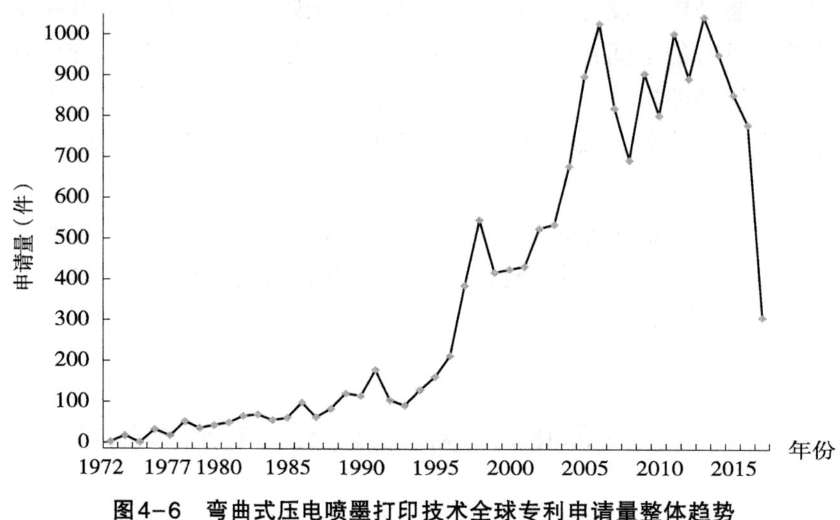

图4-6　弯曲式压电喷墨打印技术全球专利申请量整体趋势

2. 目标国家/地区分布

对于弯曲式压电喷墨打印技术的专利申请目标国，主要集中在日本（45.7%）、美国（27.0%），上述数据与喷墨打印技术地域发展水平相一致，日本、美国正是喷墨打印技术发展相对较快的国家，在全球喷墨打印技术领域始终处于领先地位，也同样占据极大市场份额，值得注意的是，对于弯曲式压电喷墨打印技术的专利申请目标国，中国所占比例为7.9%，仅次于欧洲的8.7%，这得益于各大喷墨打印技术厂商对中国消费市场的重视，由此也可得知喷墨打印技术发展在中国市场的大好前景。

3. 原创国家/地区分布

弯曲式压电喷墨打印技术原创国与目标国同样集中在压电喷墨打印技术发展最快的日本与美国两个国家，但需要注意到，弯曲式压电喷墨打印技术专利申请的原创地区中，日本几乎占据了主体力量，占比达到83.9%，美国为9.2%，韩国、德国等占据较小比例，而中国作为原创国的申请量较少，侧面反映出中国在弯曲式压电喷墨打印技术领域相对薄弱。

4. 主要申请/专利权人分析

弯曲式压电喷墨打印技术领域，前十三位的申请人除排在第八位的三星，其余十二位申请人全部为日本企业，精工爱普生排在首位，日本在弯曲式压电喷墨打印技术领域占据绝对优势，多家企业均为该领域内高精尖领军者，其技术已经发展相对成熟，尤其是精工爱普生，其在弯曲式压电喷墨打印技术领域具有绝对优势，其技术具有极大的研究价值。

4.3　弯曲式压电喷墨打印技术的专利技术发展情况

在弯曲式压电喷墨打印技术的专利申请中，精工爱普生、兄弟工业、富士均位居前列，且在国内市场所占份额极大，其技术具有极大的研究价值。

4.3.1　精工爱普生株式会社弯曲式压电喷墨打印技术发展情况

本节主要对重要申请人精工爱普生（简称爱普生）的弯曲式压电喷墨打印技术中的喷墨打印头、压电元件、驱动信号控制三个方面的技术发展脉络进行梳理和分析。

1. 喷墨头电路布线技术发展脉络

（1）布线结构

在喷墨头单元中，除了部件与部件之间的物理连接外，要实现对喷墨头的控制，则必然具有电路上的电连接以实现对驱动元件的驱动控制。用于对驱动元件进行驱动的电力通过柔性扁平电缆等可挠性的柔性配线供给，同时驱动电路需将电压信号通过压电元件与向压电元件供给电信号的驱动电路之间的布线传递给压电元件的电极。

（2）驱动电路与电极之间的布线

作为将 IC 芯片等器件配置于电路基板上并电连接的方法，以往一般使用引线接合法进行布线。1999 年，爱普生在 JP22206299 的喷墨式记录喷头中，提出了配置于台阶上部的半导体元件（驱动 IC）的连接端子，与配置在台阶下部的压电元件的配线通过引线接合法连接在一起，而且在其之后爱普生一直对该技术的改进进行研发，之后陆续提交了大量这方面技术的专利，例如专利申请 JP2002179228、JP2002252458、JP2001389742、JP2003078455、JP2003354009 等，均是在图像的形成或微型器件的制造时使用的喷墨式记录头中，压电元件由搭载于头上的驱动 IC 进行驱动，该驱动 IC 被固定在与形成空腔的流路形成基板的一个侧面接合的接合基板上，在用于进行墨液喷出动作的液滴喷头的压电元件与向压电元件供给电信号的驱动电路（IC 芯片等）的连接中也使用引线接合法等进行电连接。

然而，在喷墨打印机中，逐渐要求具有进一步的高画质化或高速化。为了响应上述要求，在喷墨式记录头中的喷嘴的高密度化逐渐成为不可缺少的技术，为此，就用于驱动压电元件的驱动 IC 而言，迫切要求进行小型化、高密度安装化。因此在后续对于布线技术的改进重点集中在高画质化、高速化、高密度化、小型化这些方面的研究。

近年来伴随着 IC 芯片的高集成化，IC 芯片的外部连接端子逐渐窄小化，有被窄间距化的倾向，与之相伴，形成于电路基板上的布线图形也有被窄间距化的倾向。另外，在基于液滴喷出法进行图像形成或微型器件制造的方法中，为了实现图像的高精细化或微型器件的微细化，最好尽可能缩小（缩窄）设于液滴喷头上的喷嘴开口部之间的距离（喷嘴间距）。压电元件由于与喷嘴开口部对应地形成多个，因此当缩小喷嘴间距时，与该喷嘴间距对应地也需要缩小压电元件之间的距离。

在 2005 年的专利申请 JP2005320609 中提出，经由 IC 芯片等器件形成的槽部、由安装器件的基板的形状引起的槽部将器件的连接端子和基板的连接部电连接的器件安装结构，即使在连接端子及连接部形成间距窄小化的情况下，也不会降低进行电连接时的操作性，之后爱普生也有一系列专利关于通过对槽部的改进实现小型化。

爱普生在布线连接上，通过压电元件经由布线与控制驱动该压电元件的驱动 IC 电连接。在 JP2004126965、JP2004327247 中公开有如下方法，即在将半导体元件配置于布线基板上之后，通过非电解镀膜法使镀膜金属从布线基板的连接端子与半导体元件的连接端子双方开始发展，然而因为镀膜金属各向同性发展，所以在镀膜金属以将相互分离的连接端子彼此之间接起来而发展时，由镀膜金属形成的布线图案的宽度方向也变大变宽。因此，为了防止短路，需要使布线基板的相邻的连接端子彼此或者半导体元件的相邻的连接端子彼此充分分离，导致不能充分提高连接端子的配设密度，布线基板、半导体元件的小型化变得困难。因此从 2005 年开始，爱普生也通过对设置的布线层进行改进以实现小型化、高密度安装化，如 2005 年爱普生在专利申请 JP2005309522 中提出在保护基板上设置使第 1 配线、第 2 配线、第 3 配线及半导体元件连接端子相互导通的镀层，从而即使配线狭小间距化也可以安装半导体元件。还例如，专利申请 JP2006296676、JP2008014265、JP2008043652 中也提出了第一电极以及第二电极与布线层连接，通过设置布线层用于与连接于驱动 IC 等的布线连接。然而上述专利中均使用镍铬合金等的黏结层作为布线层，通过湿式蚀刻对黏结层进行图案形成，由于使用酸作为对黏结层进行湿式蚀刻时所使用的蚀刻剂，因此存在使黏结层与电极之间产生电蚀，从而产生电极的剥离、布线层的剥离等问题。另外，可能存在因对黏结层进行湿式蚀刻时所使用的酸导致压电体层受到损伤从而压电特性降低的问题。并且，若通过溅镀法等气相法形成布线层，则导致高成本之类的问题。为了抑制电极、布线层的剥离且抑制压电体层的损伤来降低成本，爱普生于 2014 年对该技术进行改进，在专利申请 EP14155902 中提出，与电极连接的布线层设置为多层，其中第一层通过预处理形成于流路形成基板侧且含有钯；第二层通过非电解镀形成于第一层上且含有镍。此外，爱普生为了实现小型化，在布线图案的铺设位置也进行了改进，连接压电元件和驱动 IC 的布线图案沿被设置于流路形成基板的倾斜面铺设。例如，爱普生在 JP2005309522 的专利申请中，采用使铺设于倾斜面以及驱动 IC 的安装面的电线与驱动 IC 的连接端子对位，并将贮液器形成基板与驱动 IC 黏合，其后，采用通过非电解镀膜法在贮液器形成基板侧的电线与驱动 IC 侧的连接端子双方析出镀膜金属的方法。而且，通过在相互结合之前在双方析出镀膜金属，来电连接贮液器形成基板的电线与驱动 IC 的连接端子。JP2005366243 在形成有压力产生室的流路形成用基板一面上分别接合有压电元件和形成有贮留池的布线基板，并且驱动器 IC 被接合于布线基板的与流路形成用基板相反一侧的面上使布线基板的侧面为倾斜面，形成用于电连接驱动器 IC 和压电元件的布线。由于需要准确地使被设置于贮液器形成基板上的电线的位置与驱动 IC 的连接端子的位置一致，因此被设置于贮液器形成基板上的电线的配设密度、被设置于驱动 IC 的连接端子的配设密度越高，驱动 IC 的黏合作业越麻烦，液滴排出头的小型化变得越困难。因此，2013 年爱普生对此进行改进，在 JP2013014041 的专利申请中提出，布线结构体电连接形成于基底基板的多个端子和形成于与基底基板接合的布线基板的多条布线，使第一布线和第二布线形成于不同的倾斜面上，因此可以使第一布线彼此之间的节距以及第二布线彼此之间的节距分别大于第一端子和第二端子之间的节距。因此，即使缩小第一端子和第二端子之间的节距，也可以容易地实现布线的形成。为了实现基板间的布线的高密度化并且制造容易的布线图案从而使得喷墨头小型化，2014 年在 JP2014023736A（20140210）的专利申请中提出，第一基板设置用于进行电连接的端子部；第二基板设置端面，导电层至少一部分被设于端面，在第一基板与第二基板之间以跨越方式连接第一基板的端子部和第二基板的端子部，用端面将第一基板与第二基板电连接，所以即使在欲形成的布线的配设密度高的情况下，也能够高效且准确地形成布线。

（3）配线连接部

在对驱动元件进行驱动并从多个喷嘴向纸张等介质喷出油墨等液体的喷墨头中，用于对驱动元件进行驱动的电力是通过柔性扁平电缆等具有可挠性的柔性配线供给的。通常而言，柔性配线与电路基板之间是通过配线连接部而连接的。

爱普生在 1998 年提出，在喷头的基板上形成贯穿孔，在贯穿孔内形成贯穿配线的配线基板（如 JP22344698）。由于贯穿配线与配线基板的线膨胀系数存在差异，因此存在因温度变化而产生贯穿配线相对于贯穿孔位置偏移的情况。由于该贯穿配线的位置偏移，从而有可能发生表面配线断线。为了抑制贯穿配线的位置偏移和高电阻化，2016 年爱普生再次对该技术进行改进，在配线基板上设置贯穿孔以贯穿配线基板，并在贯穿孔中形成贯穿配线，与表面配线连接，贯穿孔的内表面为粗糙面，通过粗糙面能够抑制贯穿配线从贯穿孔发生偏移，而且贯穿配线的电阻在表面配线的电阻以下，从而能够抑制贯穿配线中的损耗电阻（如 JP2016017714）。

此外，爱普生还在喷头配线连接部的设置位置上做了改进，2006 年爱普生在专利申请 JP2006283519 中提出，在液体喷出头的侧壁上配置电路基板的配线连接器，并从侧面将柔性配线插入连接器从而进行安装。然而，将电路基板的连接器配置在液体喷出头的侧壁上时，必须在液体喷出头的侧面上确保用于对柔性配线进行拆装的空间。随着技术的进步，喷头数量的增多，通常需要将多个喷头紧密地配置为矩阵状，这时候喷头的配置受到制约。而且当用于对柔性配线进行拆装的空间设为较窄时，对柔性配线进行安装会变得较为困难，例如柔性配线会倾斜地插入连接器，从而可能会发生连接不良，并且是否发生连接不良是难以得知的。为确保将柔性配线进行稳固的装配，2016 年爱普生提出一种喷墨头结构，该喷墨头中在致动元件处配置了电路基板，且在该电路基板上固定有电路基板侧连接器；此外，还配置了柔性配线侧连接器，并将柔性配线装配于该柔性配线侧连接器。该电路基板侧连接器与柔性配线侧连接器设置有相互作用的锁止机构，且该锁止机构在电路基板侧连接器与柔性配线侧连接器被连接的状态下锁止。通过两个连接器以及锁止结构，确保了柔性配线能够稳固地装配，从而使得从柔性配线供给至电路基板的电信号持续稳定传递。

2. 压电元件材料技术发展脉络

压电元件主体结构包括压电材料以及电极，爱普生针对压电元件材料进行了一系列技术研发及专利申请。

作为在液体喷射头中使用的压电元件，包含有用两个电极夹持呈现电机械变换功能的压电材料，在弯曲式压电喷墨打印技术中，压电元件作为弯曲振动模式的致动器装置搭载在液体喷射头中，振动板构成与喷出墨滴的喷嘴开口连通的压力发生室的一部分并通过压电元件使振动板变形来对压力发生室的墨水加压，从而实现从喷嘴开口喷出墨滴。

爱普生首次提出关于压电材料的专利申请是在 1992 年（JP33749592），发明名称为层级式压电元件及使用该压电元件的喷墨头，该技术方案中压电元件具有良好的压电特性，耐久性强，因而使用该压电元件可有效提升画质的稳定性，该专利文献中所记载的压电材料使用具有包含钛酸铅（$PbTiO_3$，称为“PT”）和锆酸铅（$PbZrO_3$，称为“PZ”）的双组分体系的钙钛矿结构的复合氧化物（钙钛矿型复合氧化物），该锆钛酸铅化合物通式为 Pb（Zr，Ti）O_3，俗称“PZT”，而在随后很长一段时间直至今天，PZT 都是非常重要的压电材料，该专利文献应该是关于压电材料最早的专利申请，可以视为压电材料的技术起点。Pb（Zr，Ti）O_3 即能够表达为 ABO_3 的钙钛矿型晶体结构，该结构也是爱普生研究的压电材料一直以来的主体结构表达式，当压电材料被施加外作用力产生形变时，钙钛矿结构晶体产生变形，使晶体原子的位置发生位移而产生感应电荷，最终材料基体呈现带电状态，即产生正压电效应；当压电材料被施加外电场力时，钙钛矿结构晶体中原子受到内电场作用产生电偶极矩，压电材料基体产生机械变形，即产生逆压电效应。

1992—2005 年，爱普生一直致力于不断提升压电材料的压电特性、耐久性，对压电材料进行了深入研究，这一时期的代表性专利如申请号为 EP96105356、JP4989299、CN200510134075、CN200610066825，除了锆钛酸铅化合物之外，研究人员发现了更多可添加至压电材料的元素，例如 Mg、Nb、Ka、Na、镧系元素等，同时将压电材料由最初的压电体改进为压电薄膜、压电体层等层状结构，还可以在压电元件的压电体层上下方设置导电层，导电层包含金属、该金属的氧化物以及由该金属构成的合金当中的至少一种，金属例如 Pt、Ir、Ru、Ag、Au、Cu、Al 和 Ni 中的至少一种，导电性氧化物包含 $CaRuO_3$、$SrRuO_3$、$BaRuO_3$、$SrVO_3$、（La，Sr）MnO_3、（La，Sr）CrO_3、（La，Sr）CoO_3 和 $LaNiO_3$，上述对于压电材料及其周边导电层材料的改进均能够极大地提升压电元件的压电特性，有利于进一步提升画质稳定性，同时进一步促进了喷墨头的小型化、耐久性。

由上述分析不难看出，对于早期的压电材料，研究重点仍然在于提升其压电特性，关于压电材料的专利文献技术要点均集中在通过添加元素及相应设置元素的用量来制造出具有良好压电特性的材料，压电材料主体成分均为 PZT 化合物。但同时我们可以毫无疑义地得知，压电材料主体结构均为锆钛酸铅化合物（PZT），在该材料中不可避免地含有材料铅（Pb），而铅属于有毒金属，由于喷墨打印设备具有一定的使用寿命期，且市场巨大，因而并不能保证喷墨头的严格回收处理，在此前提下长期及大量使用 PZT 构成的压电材料必然带来一系列危害以及不稳定因素，且在其制造过程中也会带来一定不安全因素，随着人们对环保、健康的关注度提升，在压电材料的研究进程中，为了排除铅对环境、生产等各方面的恶劣影响，无铅化必然是一个重要的课题。

而爱普生同样灵敏地抓住了这一改进要点，于 2006 年率先提出了研究无铅化压电材料，在专利文献 JP2006110033 中最早提出了无铅化压电材料，该压电材料由通式为 $(Bi_{1-x}Ba_x)(Fe_{1-x}Ti_x)O_3$ 的晶体化合物组成，$0<x<0.5$，其要解决的技术问题即以 PZT 为代表的压电材料对环境污染的问题，提供一种对环境友好、压电特性良好的压电材料，使用金属材料 Bi、Ba、Fe 元素替代铅元素，制成结构同样为 ABO_3 表示的钙钛矿构造晶体化合物，并通过数个实验验证了该压电材料的优良压电特性，该文献中提出的 $BiFeO_3$ 类钙钛矿型化合物的压电材料有效解决了环保问题。该专利文献是无铅化压电材料的最早的专利申请，可以视为无铅化压电材料的技术起点，其被其他专利文献引用的次数高达 93 次，也侧面证明该文献在压电材料无铅化进程中具有极为重要的意义，是里程碑式的技术改进节点。

此后，对于压电材料的研究正式进入了无铅化进程，但是由于无铅化压电材料存在相对介电常数小、会导致压电特性（应变量）小、绝缘性差而存在有时发生漏电流等问题，2006 年之后，精工爱普生致力于无铅化压电材料的压电特性提升研究。在以 $BiFeO_3$ 为基础的化合物构成的压电材料中，除了常见的 Bi、Ba、Fe、Ti 等元素，进一步研究添加 Mn、Cu、Li、Ta 等元素，研发成功例如通式为 $(1-x)Bi(Fe_{1-y}Mn_y)O_3-xBa(Zr_zTi_{1-z})O_3$ 的由铁酸锰酸铋和钛酸钡组成的钙钛矿型化合物的压电材料、铌酸钾钠 $(K,Na)NbO_3$，且将压电膜的膜厚控制在 3μm 以下，在提升压电特性的基础上进一步提升其耐高温性，并且使得压电材料具有可靠的低铅化、相对介电常数高且绝缘性优异的压电体层。

在精工爱普生后来关于压电材料的技术研发中，仍然持续关注无铅化压电材料的耐高温性，致力于解决环境高温、使用过程中的发热导致的压电特性降低，以及压电材料介电特性降低导致的压电特性降低的问题，用 ABO_3 表示钙钛矿型压电材料，A 为包含 Ba、Sr、Ca、Li、K、Na、Bi 中的至少一种，B 为包含 Zr、Ti、Nb、Ta、Fe、Mn、Co 中的至少一种，例如，由 $(K,Na)NbO_3$ 与 $Li(Nb,Ta)O_3$ 制成的混晶材料的技术研究已经进入在化合物构造为 ABO_3 的基础上将多种材料组合来提升压电材料压电特性的研究阶段。

在关注压电材料的同时，精工爱普生同时关注到压电元件另一重要部件电极的制作材料，由于压电式喷头的致动板材料选用的是 PZT，而 PZT 需在下电极上进行制备，所以对下电极材质要求很高，从 1999 年开始，精工爱普生陆续申请了有关电极材料的专利，在 JP4989299 中首次提出下电极由铂、钛合金组成，Pt（铂金）是一种化学性质不活泼的金属，具有低电阻、耐高温、稳定性好等特点，并且在 Pt 表面上制作 PZT 薄膜材料时，非常有利于其晶向生长，从而获得较好的压电性能，所以选择 Pt 为下电极的材料，由于 Pt 与氧化层间的结合力较差，所以在 Pt 与氧化层之间加一层金属 Ti，以增加电极与基底之间的结合强度来避免铂金脱落现象的发生，由于 Ti 的振动性能较差，所以 Ti 的厚度不能太厚；在随后的技术研究中，精工爱普生进一步关注到下电极的性能，由于 Pt 是相对较为柔软的材料，压电元件的反复驱动引起的应变会使下电极失去延展性而塑性变形，从而导致压电元件的变位特性降低，因此在暂时未找到替代材料的情况下，对其力学性能进行限定，使下电极的杨氏模量为 200GPa 以上，下电极的韧性在绝缘体膜的韧性以上且为 $6MN/m^{2/3}$ 以上，从而增强下电极的耐久性；随着技术的不断发展，精工爱普生对电极材料有了进一步的新发现，在电极含有铂的基础上添加氧化钛或氧化铱，可以防止因形成压电体层时的高温热处理而使构成压电体层的成分向电极及其基底侧扩散，很好地提升了电极材料的耐久性。

精工爱普生的压电材料技术发展从最初简单的锆钛酸铅化合物（PZT），到后来的各类元素的添加，发展到无铅化压电材料的出现，再发展到不断对压电特性提升的研究，在 ABO_3 型化合物的基础上对多种材料组合；电极材料从最初的 Pt，到对其力学性能的限定，再到添加物氧化钛或氧化铱的研究，不断提升压电元件的压电特性。从整个技术发展的路线来看，其也是科学技术进步的一个缩影，也即新技术的出现一般都是在克服现有技术不足的基础上，通过一点一点改进而实现的。

3. 压电喷墨驱动信号技术发展脉络

要保证按需喷墨的成像质量，必须对压电元件的振动变形进行精准的控制，而压电元件的电信号施加依赖于压电喷墨头中的驱动信号。

驱动信号对应形成的驱动电压，可以控制墨滴喷射的大小、时间、间隔、位置，因而驱动信号的控制对画质的精良度、画质的稳定度、打印速度的控制、压电喷墨头的耐久性等均起到十分重要的作用。

由于驱动信号控制涉及大量电路结构，此处仅针对驱动信号控制与压电喷墨成像关系之间的关联做研究，对驱动信号控制电路本身不做深究。

在现有压电喷墨打印技术发展过程中，提高画质、实现高速打印，同时延长零件的寿命、节省电力、使电路动作稳定等，一直是本领域技术人员期望通过对由电压梯形波构成的驱动信号进行控制所达到的目的。在对驱动信号的控制中，其技术脉络主要集中在两大类：优良的画质以及实现高速打印。

（1）优良画质技术发展脉络

针对优良画质的控制，其中一个重要的研究点是解决墨液黏度增加导致的画质下降问题。在压电喷墨记录装置中，如果装置在不进行打印的状态下长时间放置，介入喷墨头喷嘴中的墨液溶剂会产生水分蒸发现象，随着水分蒸发会导致墨液黏度增加，长时间之后，就会造成喷嘴堵塞，从而严重影响画质精度，对于由这种原因引起的喷出不良，现有技术中会通过覆盖记录喷头喷出孔面的加盖处理、用泵等从喷出孔中吸引墨液或者将墨液喷出等一系列清洗处理来实现喷嘴恢复，但上述处理均会增加成本，且堵塞的发现具有滞后性，另外，墨液在低温干燥时容易增黏，相反在高温润湿时难以增黏，因此恢复处理的墨液需要量因环境而差异很大，本领域技术人员期望从控制技术入手，通过驱动信号的控制，从源头来避免喷嘴堵塞。

关于避免墨液增稠引起喷嘴堵塞的技术研究，精工爱普生于 1993 年开始进行并申请首个专利（DE69315380），且关于该项技术的研究一直持续到现在，提出了一些相关专利申请，例如 1999 年申请的 DE69917146、CN201310048355 均具有一定代表性，这一系列技术均是通过在驱动信号驱动喷墨过程中实现不喷出墨液的信号的驱动，从而使得墨液在不喷射的阶段进行振动，有效地避免其自身黏度增加。在不断追求避免堵塞的同时，也致力于研究防止打印速度的降低、实现驱动元件的耐久性等更高的其他性能要求。具体实现该目的的技术手段包括：最初将驱动信号分为脉冲信号和转换信号，转换信号输出喷射信号，脉冲信号仅实现压电元件的振动但不喷射墨滴，在下一个驱动信号（驱动电压）输入后到再次喷出墨滴之间进行衰减振动；接着在该项技术研究中加大了对喷射墨滴以及不喷射墨滴的相应驱动信号更细致的区分以及控制，将驱动信号分为第一驱动信号、第二驱动信号，其中第一驱动信号使得液滴喷射，第二驱动信号不进行液滴喷射，根据印刷图像，在每一个印刷周期内产生第一驱动信号和第二驱动信号，第二驱动信号仅使得墨液产生弯液面，但不足以使液滴喷出，从而防止墨液的黏度增加，但不降低打印速度；目前主流技术还包括喷出异常检测/恢复处理，其至少在电源接入时检测振动板的残余振动，基于该被检测的振动板残余振动的振动模式，检测出液滴喷头的喷出异常，并且确定消除该喷出异常的恢复处理，从而更进一步节约时间，提高打印效率。

2000 年开始，精工爱普生在改进驱动信号实现优良画质的技术研究中，增加了关于微小墨滴精确控制、防止驱动信号失真、抑制驱动元件发热、调节驱动信号抑制噪点产生等多个研究点，在提升驱动电路本身性能的基础上，从多维度出发提升画质。随着喷墨打印技术的不断发展，越来越期望通过精确生成的驱动信号实现微小墨滴的控制，以期提高画质的精度，这就要求对生成驱动信号的各个部件以及电路进行精准控制，但在这一过程中，驱动元件长时间大负荷的工作会造成元件发热，从而导致其老化，为了保证其耐久性及驱动信号的精确度，精工爱普生相应针对抑制压电元件发热进行了相关研究，通过平滑滤波器使功率放大后的功率放大调制信号平滑化，并作为驱动信号提供给压电元件，不仅能够实现压电元件的驱动信号的早期上升、下降，而且数字功率放大器能够高效地放大驱动信号的功率，所以不需要冷却用散热板等冷却单元，在不增加电路规模、成本的前提下有效抑制了发热。

关于压电元件工作过程中的残留振动以及噪点问题也做了相关研究，例如将驱动信号设置为包含第一种信号区间和第二种信号区间这两种区间的信号，控制第一种信号和第二种信号的区间长度，从而有效地降低了压电元件残留振动，提高了画质精度；在驱动信号产生步骤中，先进行错误检查，随后根据相应结果生成驱动信号，有效避免了噪点产生。

可以看出，随着喷墨打印技术的不断发展，市场对于画质的精度要求不断提升，同时对于驱动电路的稳定性、耐久性也有了更高的要求，精工爱普生一直致力于从多维度提升驱动信号本身性能，在追求优良画质的道路上坚持不懈，不断研发出高新技术，在提升画质精度的同时，相应提升驱动电路的性能。

（2）高速印刷技术发展脉络

由于驱动信号所产生的使得压电元件进行振动的压力波在传导过程中会不断衰减，造成了驱动信号的丢失，除了导致不良画质外，还严重影响印刷速度。但是众所周知，市场对于压电喷墨头的需求是实现高速印刷。

在对高精度画质研究的同时，精工爱普生也同时关注到了高速打印的问题，并于1992年申请了第一件关于高速打印的专利申请（DE69206772），主要通过驱动信号加大压电元件的振动，从而实现快速出墨，进而实现高速打印。

但是最大限度地进行压电元件的振动会带来一系列画质不稳定的问题，例如墨滴太大产生噪点、压电元件疲劳损坏等，且在画质精度的控制上，需要通过喷出微小墨滴来实现高精度控制，这与高速打印的诉求是相反的，因而在后续一系列技术中，精工爱普生非常敏锐地关注到驱动信号在高精度和高速打印二者之间的权衡控制。精工爱普生提出了多项技术，在实现高速打印的同时始终关注到高精度画质的要求，对驱动信号的控制做多维度的调整。

至此，从上述分析可知，精工爱普生的驱动信号技术发展研究包括画质精度以及高速印刷两个主要内容，且高速印刷与高精度画质在技术研究过程中一直处于相互权衡的情况，精工爱普生通过多年的技术研究，已经实现了同时实现高精度画质和高速印刷，在驱动控制技术研究中不断追求更好的技术效果。

4.3.2 富士胶片、施乐、富士施乐弯曲式压电喷墨打印技术发展情况

通过对富士胶片、施乐、富士施乐公司有关弯曲式压电喷墨头技术的专利文献的收集、标引和梳理，对涉及的弯曲式压电喷墨头的专利文献样本进行分析得到技术分支，包括三个主要方面：压电式喷头的结构改进、驱动电压波形选择和控制以及材料和成型工艺方面的改进。

1. 喷头结构技术

喷头结构包括压电致动器、流路通道以及驱动电路布线，其中，驱动控制器通过驱动电路布线连接压电致动器，并使得压电致动器发生弯曲变形，进而挤压墨水流路通道中的墨水从喷嘴喷出。

（1）压电致动器结构技术

在具体的压电致动器的结构改进方面，包括三个分支：提高压电致动器的耐用性

和可靠性，提高压电致动器的压电特性如防串扰和提高变形量，提高喷头的集成度。

1）提高耐用性和可靠性。提高压电致动器的耐用性和可靠性是一个重要的技术改进方面。例如富士施乐公司于 2004 年申请的 JP2004267349 将金属氧化物层设置在电场的低电位侧，另一金属氧化物层设置在施加到主体的电场的较高电位侧，其中通过在与电场相反的方向上施加电场来补偿在主体中累积的氧空位。

之后富士胶片公司申请的 JP2007250715 中提供一种压电元件，其在压电膜上形成水蒸气透过率在 1g/（m^2·day）以下的上部电极，保护膜覆盖上部电极及压电膜的周缘部，具有良好的耐湿性，可有效防止水分进入压电膜；JP2011239245A 提出在第一压电膜和金属膜之间形成金属氧化物膜，提高了层积体中的膜的附着性以防止剥离，并且具有高耐用性和可靠性；JP2015189071 中公开了压电致动器通过黏合层以及覆晶薄膜的双重设置，也大大提高了压电元件的耐用性和致动可靠性。

2）提高压电特性。当给压电薄膜加载驱动电压时，压电薄膜会产生机械变形。在一定范围内压电薄膜的压电性能越好，其机电耦合系数越大，压电薄膜的变形幅度就越大，则墨水腔室的挤压变形越大、越容易促使液滴从喷嘴处喷出，但是在这个过程中，由于各个致动元件在各自致动时会相互影响，此时可能会有不需要的墨滴从喷孔处喷出。因此提高压电特性是三个分支中发展最早的，在 2000 年之前的专利申请中大多涉及提高压电材料的变位效率，例如施乐公司于 1999 年申请的 JP12450899 中提出了采用双压电晶片结构的复合压电元件来提高压电材料的变形量；之后 JP2004009077 中提出将压电元件组布置成水平，在一级压电层上包含多个压电层，使得墨滴通过不同水平的压电元件组在水平方向和竖直方向喷射液滴；JP2007536908 中在压电材料主体的第一表面内形成凹形，之后将压电材料主体的第一表面附着到装置主体，从压电材料主体的第二表面除去材料直到凹形暴露，如此方法形成的压电换能器结构可以消除驱动器之间的压电材料突出，由此降低结构之间的串扰；JP2011239246 中公开的压电器件包括两层压电膜，在第一压电膜上方沉积金属氧化物膜，第一压电膜的极化方向与第二压电膜的极化方向彼此不同，且层积在第一压电膜上方的金属氧化物膜可用作扩散阻挡层，并且从压电膜向金属膜的氧原子和压电材料成分的扩散被抑制，因此其位移驱动效率大大提高；US201514662451 中公开的致动器电极在致动器空气室内附连到衬底组件并且插入间隙隔离层的第一部段和间隙隔离层的第二部段之间，致动器薄膜附连到间隙隔离层的第一部段和间隙隔离层的第二部段，主体层附连到致动器薄膜，降低了发生串扰的可能性。

3）提高集成度。该技术分支主要是由 MEMS 技术的发展导致的，MEMS 技术制造的整个打印头尺寸在微米级，因此要求致动元件具有高密度、高集成度的排布。富士施乐公司于 2007 年申请的 JP2007546946 中将喷嘴板的厚度减少区域的内表面形成增压室的内表面，压电材料设在第一和第二电极之间，第一电极设置在压电材料和喷嘴板的厚度减少的区域中的一个区域的外表面之间，通过喷嘴板厚度的减少以及压电和电极的设置位置的选择使得压电致动器所占的体积减小；US2012490053 中将两种粉末材料选择性地烧结在打印头隔膜层上，将致动器连接到隔膜上，并将振动板连接到打印头结构的远离隔膜层的表面上，如此通过粉末材料的烧结将致动器结构连接，大大提高了致动器的排布密度；施乐公司于 2017 年申请的专利 CN201710245942 中的压电打印头包括喷嘴、油墨腔室、至少一个主体腔室、至少一个隔膜材料和顶部电极，隔膜材料由具有构建的压电材料的箔组成，隔膜在主体腔室上的偏转有助于产生用于从喷嘴喷射液滴的压力脉冲，且薄膜压电打印头使用利用聚合物和金属箔层处理的现有低成本的基于黏结剂的喷射堆叠制造，提高了压电致动器的高密度排布。

（2）流路通道技术

富士胶片公司、富士施乐公司在流体通道技术改进方面多围绕如何消除气泡、防止串扰以及提高喷嘴密度三个方面进行。

1）消除气泡。富士胶片公司于 2001 年申请的 JP2001186948 中提出了在压力发生室中形成新的供墨口，使得墨流的停滞点不位于压力发生室的角部，从而防止气泡的产生，之后，US20050084895 中在液体通道中设置了多个隔开的突起以及孔，突起从壁延伸至通道中，基本上可防止液体侵入，孔限定在延伸处突起的壁上，孔与泵流体连通，操作泵使得孔周围的压力小于大气压力，真空源与壁和突起末端间的区域连通通道邻近具有加压致动器的泵送室，其可降低通道中的流体流动阻力，排除通道中液体中的气体，从液体中除去气泡，US20090635134 中直接在共同流路中设置了过滤器，以此来消除气泡，进一步地，JP2016136728 改进了过滤器的位置，其将过滤器设置在连接口与液体室之间，并且从该过滤器向上游侧设置路径分支的旁路流路，在该旁路流路的末端设置辅助喷嘴，进一步提高了异物和气泡的排除效果。

2）防止串扰。富士施乐公司于 1994 年提出申请 JP27237194，该申请在每个墨水喷射腔体的侧壁上开有大气连通孔，当喷射腔体中的液体受到喷射压力时，一部分喷射压力被该大气连通孔所吸收，从而降低喷射压力传播到相邻喷嘴的可能以减少串扰。此后，JP2004265987 中在墨水主流道的端部设置多个墨水次流道，并使得墨水次流道的端部进一步设置缓冲流道，从而使得压力波的传递发生在墨水次流道处，避免了墨水主流道之间的串扰。JP2010149788 中与此前的申请构思类似，其在第 1 和第 2 共同流路中形成大气连通孔，并利用大气连通孔内液体形成的弯液面来吸收残余振动，从而抑制串扰的产生。CN201110080474 中通过延长流路之间的路径长度以减少串扰，且进一步规定了路径长度的计算公式。

3）提高喷嘴密度。富士施乐公司于 2001 年提出申请 JP2001112501，该申请中公共墨水分支通道布置于压力室上部，这种结构与此前将公共墨水分支通道和压力室布置于同一个平面中的结构相比，其公共墨水分支通道的宽度能够加宽，由此可以实现小尺寸的喷墨记录头，从而提高喷嘴的排列密度。US20070899201 为解决喷墨头密度增加后所带来流动路径阻力变大的问题，使得压力腔的多个连通路径的阻力之和与两侧的公共流动路径的流动路径阻力的比设定为 10 或更大。US20090391446 中设置墨水腔室使得其横向截面大体为平行四边形，并进一步限定了入口通道、出口通道等的长度及厚度，上述结构能够提高喷射频率而不会减少喷墨头的组装密度。US201314095127 中使得通向主液体室的液体进入端口和流出端口使用相同的通道，这样减少了每个喷口元件的堆叠空间，提高了整个喷墨头的封装密度。

2. 电极与布线连接技术

驱动电路的布线以及与电极的连接关系着压电薄膜是否发生弯曲变形，线路连接的复杂程度关系着压电薄膜发生变形的速度以及喷头的结构。

（1）促使喷头结构紧凑

富士胶片公司于 2006 年提出的专利申请 JP2006102133 中将布线板设置在压电元件上方，在布线板设置有用于使压电元件变形的电线；压电元件相对的一侧处设置液体储存腔，布线板夹在液体储存腔和压电元件之间，压力腔设置在与布线板相对的一侧处，振动板夹在压力腔和布线板之间，并使电连接部穿过布线板并且通过液体供应口电连接压电元件和电线，从而解决现有液滴喷射头结构不紧凑的问题，随后 US20070951521 中进一步对电连接部、布线板相对于压电元件的位置做了改进，减少了绕线连接长度，JP2012194709 中提出利用挠性电路制造技术来提供较高密度的印刷头压电元件，其分别将每个元件通过挠性电路的焊盘电连接，使得第一挠性电路的至少部分介于第二挠性电路和压电元件阵列之间，从而提供了高密度的印刷头压电元件，之后富士胶片公司在 JP2015026597 中，公开了一种打印头结构，该打印头结构每个致动器系统具有多个间隔驱动电极、多个隔膜、一个主体室及一个喷嘴，多个间隔驱动电极的每个驱动电极与多个隔膜的一个隔膜唯一地配对，主体室由多个隔膜及物理地接触多个隔膜的主体室内的多个节点部分地限定，一个致动器系统的每个间隔驱动电极单独可寻址，如此制造的打印头喷嘴间隔小、密度高，且制造成本低。

（2）提高驱动可靠性、驱动效率

施乐公司于 2001 年申请的 US20010022938 中，通过由压力腔的平面壁组成的隔膜，设在压力腔上面的驱动器，并与隔膜一起变形，以及设在压力腔侧壁的电极垫片部分，其与信号源电连接，和桥接部分，其使驱动部分和电极垫片部分电连接，隔膜在桥接部分与驱动部分连接处变形小，使得喷墨头在单位面积内具有较高的驱动效率，即使在压电致动器的位置有偏移时也能够避免驱动效率的变化；US20070820919 中使用了高熔点金属布线，高熔点金属布线设置在压电层与压电层之间，电极之间也设置了高熔点金属布线，从而使得布线可靠不易老化；US201113097182 中提供了一种更易于制造的电触点，以解决电互连区域减小的问题，从而使得电路连接的可靠性大大增加，其将一个压电元件阵列附接到一个膜，将一个柔性印刷电路的多个导电柔性印刷电路电极电连接到多个导电压电元件，以在膜和柔性印刷电路之间形成至少一个空间；JP2014032140 中在上电极未覆盖的压电层的区域配置湿气阻挡层，其存在基本消除了压电层因湿气导致的损伤问题；US201615062502 中通过设置多个电连接部以及布线，用以控制致动器的布线被布置在集成电路插入层中，集成电路插入层可包括多个集成的开关元件，从而使得驱动效率大大提高。

3. 驱动电路控制技术

（1）驱动波类型

梯形驱动波形是最常见的控制压电元件驱动的波形，梯形驱动波形又分为单极性波和双极性波，其中双极性波由两个极性相反的单极性波组成。无论是单极性还是双极性驱动波形，在一个驱动周期内都分为电压上升阶段（即充电阶段）和电压下降阶段（即放电阶段），充电阶段时压电元件缩短，墨水在喷嘴处形成弯液面，一定量的墨水进入压力腔，控制停留时间能使弯液面处于某种平衡状态，此后压电元件放电，挤压墨水腔使弯液面外凸并将墨滴从喷嘴中喷射出来。双极性波形可以获得更高的液滴速度和更小的液滴体积，但无论是驱动电路的设置还是驱动电路的控制，双极性波都更为复杂，因此通过文献标引发现，两种类型的波形所占的比例大致相当，分别是54%和46%，双极性波形稍高于单极性波形，且两者的发展都贯穿于整个时间轴。

（2）驱动波控制过程调整技术

无论是单极性波还是双极性波，通过对专利文献的分析，大致梳理出驱动电路控制技术的发展路线，其中整个驱动电路控制技术分为两大块：一个是驱动波的参数控制以及调整，主要就是电压上升时间、下降时间以及电压的峰值大小；另一个就是在喷墨过程中施加不同的驱动波形。以下分别通过重点专利说明这两个技术分支的发展路线。

1）驱动波形参数的调整。施乐公司 1998 年申请的 JP23779199 专利中提出，由于所述多个特性在充电和放电过程中基本上相同，因此通过仅仅控制放电时间和充电时间，难以控制灰度或校正各液滴喷射器中的液滴喷射量，尽管通过压电元件来控制压力生成定时是容易的，但是难以控制驱动波形的峰值，因此存在液滴喷射量调节范围窄的问题，于是在 2000 年左右提交的专利 JP3211918 中提供了一种波形生成电路，解决了如何调整峰值以生成带有缓坡电压变化的区域的电压波形的问题，在该波形生成电路与压电元件之间布置有开关元件，并通过控制开关元件的接通/断开定时来向压电元件施加具有期望峰值的驱动波形，2005 年施乐公司申请的 JP2005292539 中提出驱动电路中包括电源、放电元件和开关元件，放电元件与压电元件并联连接，开关元件设置在电源与并联连接的压电元件和放电元件之间，开关元件根据向其输入的第一操作信号而断开或闭合，从而使得压电元件的充放电时间的控制精度较之前的技术得到很大提高，随后关于开关元件的设置方式，又做出了一些改进以期简化控制电路并获得更高的控制精确度，如 US20060503696 中提出了设置多个开关元件以分别控制不同的喷嘴的充放电时间。

2）施加多级的驱动波形。2000 年之前的技术重点在于选择何种适合的波形以获得速度较快、体积较小的液滴，如 JP202209246 公开不同模拟驱动波形对振动板的影响，发现矩形波相较于梯形波而言其对振动板的响应速度快，但是残余振荡也大，2000 年之后的技术中对于不同的驱动波与喷嘴的结构以及不同的驱动波（主要是参数）与液滴的形状、大小都做了研究，实际上还是根据喷嘴来调整驱动电压的大小以及驱动周期中各个时间的长短。2005 年之后的技术主要是就极化脉冲波以及对消脉冲波，施加的极化脉冲和对消脉冲主要用于解决振动板的残余振动问题，如富士公司于 2011 年申请的 JP2011510730 使用脱离脉冲而在不形成子滴剂的情况下促进形成在喷嘴处的滴剂的脱离，其驱动脉冲波包括至少一个驱动脉冲和在至少一个驱动脉冲后的脱离脉冲，利用至少一个驱动脉冲创建液体滴剂，使用脱离脉冲而在不形成子滴剂的情况下促进形成在喷嘴处的滴剂的脱离；JP2011510582A1 中将具有两个或更多个驱动脉冲和对消脉冲的多脉冲波形施加到执行器，利用与对消脉冲相关的压力响应波来消除与驱动脉冲相关的压力响应波，从而消除残余振动，2013 年申请的 JP2013014809A，液滴发生器在液滴喷射期间接收液滴触发波形，液滴触发波形含至少一个液滴触发电压脉冲，极化波形可在液滴喷射之前发生的极化周期期间施加到液滴发生器，极化波形具有比至少一个液滴触发电压脉冲的持续时间长的极化电压脉冲，从而可提高打印头的驱动效率；基于以上研究，富士公司于 2015 年的专利申请 JP2015555376A 中基于不同喷墨装置形成不同的模拟修正波形包括驱动脉冲波以及对消脉冲波，并施加到相应喷墨装置，基于所获得液滴形状以及驱动电路参数和振动板频率等进一步模拟修正了各驱动波、对消脉冲波的各个参数，从而使得各喷嘴之间的液滴喷射不会相互串扰，其控制精度更高。

4. 压电材料

压电材料主要包括压电陶瓷、压电晶体以及压电复合材料，从对环境的贡献方面可将压电材料分为两类，一类是含铅的压电材料如锆钛酸铅（PZT），一类是不含铅的压电材料如钛酸钡。单就材料特性来讲，PZT 压电材料的压电特性优于钛酸钡，仍然是目前应用最为广泛的压电材料之一。

4.3.3　兄弟工业弯曲式压电喷墨打印技术发展情况

通过对兄弟工业有关弯曲式压电喷墨头技术的专利文献的收集、标引和梳理，对涉及的弯曲式压电喷墨头的专利文献样本进行分析得到技术分支，包括两个方面：压电式喷头的结构改进、驱动信号控制。

1. 喷墨头结构

（1）致动元件结构

致动元件的变位效率能够决定喷墨头的喷墨特性，各压电元件之间的串扰也影响着喷墨头的喷墨特性。如何提高致动元件的变位特性、减少串扰、提高集成度以及提高耐久性、降低成本，这些都是致动元件结构改进的主要方向。

1）提高致动元件变位特性。兄弟株式会社的早期申请主要是确保致动元件能够正常工作，例如 1998 年申请的专利 JP29843698 主要通过设置压电层之间的正负电极排布位置使得正负电极之间不会形成电气短路，从而保证致动元件能够正常工作；2000 年申请的专利 US20010897394 主要通过设置压电元件沉积方向上的正负电极排布，避免电气短路以及致动元件弯曲变形。在确保了致动元件能够正常工作后，其改进点转变为提高压电结构的变位效率以及具有稳定的喷墨性能，例如 2002 年申请的专利 JP2002042054 主要通过设置压电层的活性层和驱动电极的区域和厚度以提高压电元件的变位特性。2002 年申请的专利 CN02124615 中，具有个体电极的压电片和具有一公共电极的压电片交替层叠而形成的压电致动器，在层叠的压电片里形成通孔并涂敷了导电材料，沿压电片的层叠方向电气连接个体电极和公共电极，在这种配置中，压电致动器不易弯曲或有波纹，并且平整度足以提高压电元件的变位性能。对于保持稳定的喷墨性能，例如 2002 年申请的专利 JP2001315846 中，共用电极和驱动电极交替设置，并在它们中间设置有压电片，在驱动电极与共用电极之间形成致动部分，共用电极和腔室单元通过一导电材料彼此连接，以将共用电极维持在与腔室单元相同的电位，因此可避免各电极的电位差异，使喷墨性能保持均匀，并可防止油墨从不希望的喷嘴喷出，实现稳定喷墨。2005 年申请的专利 CN200510083165，在作为振动板的金属板和压电层之间设置有兼作扩散防止层的内侧电极，采用这种结构，制造工序简单，可以降低制造成本，此外，若电极和扩散防止层设置为两个层的结构，则这些层的物理特性对金属板的弯曲特性存在较大影响，由于只使用电极兼扩散防止层的一个层，所以能够使压电致动器的动作稳定。在 2006 年申请的 JP2006214892 中，通过设置驱动电极的形状以抑制致动元件弯曲量。

2）减少各致动元件之间的串扰。减少各致动元件之间的串扰从而提高喷射性能，是致动元件结构的重要改进方向。例如，2003 年申请的专利 JP2003065100 通过压电元件中的电极位置结构设置避免多个压电元件之间产生干涉。2003 年申请的专利 JP2003039234，致动单元在与相邻的压力室之间相对应的区域中形成凹部，因此能够抑制由压电效应所产生的活性层的变形对相邻的压力室产生影响的交叉干扰。2004 年申请的专利 CN200410061984，共同电极设置成在多个压力腔室上延伸并且具有每个都至少形成在与单独电极相对的一部分区域处的孔道，压电层在孔道及其附近中的变形量变得小于在共同电极中没有形成孔道的情况中的变形量，因此喷墨时振动对与位于这个压力腔室附近的压力腔室连接的喷嘴的喷墨特性的影响受到抑制，从而降低了串扰。2004 年申请的专利 CN200410057719，喷墨头沿着空腔板表面在一方向上伸出的部分形成在每个压力腔室的侧壁中，每个焊盘至少部分与位于空腔板和促动器单元的接触表面的高度处的相应伸出部分部分地重叠，使得焊盘部分变得更加远离另一个单独电极，从而可以抑制串扰。2005 年申请的专利 JP2005096791 中，多个压电变位元件被纵向排列 N 行，横向的压电元件密度为 300dpi 以上，横向的驱动电极的配置间隔 A 与纵向的驱动电极的配置间隔 B 之比为 0.95~1.5，并且在相邻的驱动电极间的最小距离设为 D 时，满足 $D \geq 0.15A$，从而抑制压电元件之间的串扰。

3）提高致动元件集成度。随着市场对小尺寸喷墨头以及高打印分辨率的需求增大，其改进方向也向具有高度集成的喷射元件方向发展。例如，2001 年申请的专利 JP2001365513 中，喷墨头具有多个压力室和用于多个压力室的促动器单元，促动器单元形成连续的平面层，包括至少一层非活动层和至少一层活动层，非活动层布置在压力室的一侧，活动层布置在压力室上与非活动层相对的一侧，此促动器单元覆盖多个压力室，活动层根据压电横向效应产生变形，活动层的变形与非活动层相结合，一起产生单形效应，从而提高压电效率和面积效率，上述效率的提高能够允许减小电极尺寸，电极尺寸减小后能够使得压力室紧凑化从而提高压力室的集成度，从而提高喷墨头的集成度。2002 年申请的专利 CN02154854 是在上述基础上进行的细节改进，也是为了获得具有高集成度的压力室。2007 年申请的专利 JP2007187659 中，液体导电材料将压电层的一表面和供电电极电连接；接触区域与压力腔室重叠，压电层和液体导电材料通过接触区域电接触，采用液体导电材料用于电连接，可以使压电层和供电电极电连接，而不会妨碍在压电层的区域中的形状变化，除此之外，由于压电层和液体导电材料之间的接触区域定位成和压力腔室重叠，所以可以实现压力腔室的高集成度。

4）提高致动元件耐久性。在满足喷射性能的情况下，提高喷墨头的耐久性以及降低成本，也是重要改进方向。例如 2005 年申请的专利 JP2005179415 中，致动元件包括压电层、与压电层的正面连接的第一电极、与压电层的背面连接的第二电极、位于第二电极和通道单元之间的第一绝缘层；导电黏性层黏附到通道单元的正面和促动器单元的背面上，导电黏性层还与第二电极电连接，防止第二电极和通道单元之间的连接中断，从而提高喷墨头的耐久性。JP2005179416A 为在上述基础上进行的改进，其最终目的也是使第二电极与通道单元之间连接稳固，从而提高喷墨头的耐久性。在 2005 年申请的专利 JP2005345087 中，致动元件具有压电振动板、内部电极、压电层和表面电极，内部电极、压电层和表面电极依此顺序层压在压电振动板的表面上，当内部电极接地，并且将预定电压施加到与压电振动板的第二表面接触的液体上时，在液体和内部电极之间流动的电流值不大于特定值，则抑制了内部电极和压电振动板相互分离，从而提高了喷墨头的耐久性。

（2）流路构件结构

克服串扰、利于气泡从流路构件中排出、提高喷墨头耐久性等，是流路构件改进的主要方向。

1）减少各压力室之间的串扰。通过设置流路构件的结构，减少各压力室之间的压力波串扰，从而稳定喷射性能。2001 年申请的专利 JP2001164666 中，设置共通油墨室与各压力室的排列方式，且共通油墨室具有较压力室机械刚度低的区域，使得共通油墨室内的压力脉动减少，从而使得各压力室的喷射性能保持稳定。2003 年申请的 CN03201532 将对压力室的墨水供给量起限制作用的流路和吸收共用墨水室的压力变动的缓冲室制作在平板部件内，同时可简化制造工序。2005 年申请的 JP2005311671 中，在流路构件中设置缓冲室作为阻尼器，以简单的结构有效衰减压力波，防止串扰。2006 年申请的 JP2006149703 在共通油墨室内设置隔断壁，从而减少压力波的串扰。2007 年申请的 CN200780011362 将连接压力室和喷嘴的连通路从与压力室的边界位置朝向喷嘴的方向的一定长度的区域设为狭隘部，狭隘部的开口面积小于靠近喷嘴侧区域的开口面积，能将在连通路内产生的微小振动进行衰减，使具有预先设计的体积或飞翔速度的液滴从基板上的全部喷嘴喷出。2007 年申请的专利 CN200710091946，形成在流动通道构件中的墨流动通道，墨流动通道从第一孔口延伸到第二孔口，柔性薄膜连接到流动通道构件上，并且柔性薄膜密封墨流动通道，通过柔性薄膜的减震作用从而减少串扰。

2）利于排出流路内气泡。通过设置流路构件结构，利于流路内的气泡排出。2002 年申请的 JP2002024923 中，在空腔板上设置压力室列从而形成喷出性能均一的长条状的流路构件单元。2002 年申请的 JP2002060248，油墨供给流路与压力室的油墨供给部之间能够确保连通，且上述两者之间流路长度短，使得气泡容易去除。2006 年申请的 JP2006002699，喷墨打印头中在通路单元中形成封闭通路，封闭通路具有部分封闭的单独墨通路形状，从而抑制单独墨通路的取决于该单独墨通路所处地方的喷墨性能的变化，同时，能够防止出现可能由通过封闭通路进入单独墨通路的气泡引起的喷墨故障。2006 年申请的 JP2006233161 中，在振动板、空腔板以及供给流路板上的各压力室间隔区域设置沟槽，减少压力室内残留气泡，抑制喷射性能降低。

3）提高流路结构喷墨特性。通过设置流路构件结构，抑制墨水流动特性差异和喷射速度、体积差异，抑制供给和喷出的墨水量不相等，从而提高打印质量。2003 年申请的专利 CN03148441 中，通过沿压力室的布置方向将多块板层叠以根据所需喷嘴数量层叠相应数量的板形成压力室和共用墨室，从而对喷嘴数量的增加或减少立即做出响应，并使墨水流动特性不因层叠操作而变化。2003 年申请的 JP2003188610，其中在流路通道的侧壁具有加强结构，以减少喷射偏差。2004 年申请的 JP2004053411，其中流路歧管由两组交叉的流路单元构成，各交叉区域互相连通，使得压力室的压力波容易向各流路单元传播，从而使得喷出速度保持一致。2004 年申请的专利 CN200410063202，流动路径单元包括：一个具有多个出口的公共墨水腔室；多个单独墨水流动路径，这些路径具有多个容积可通过致动器单元改变的压力腔室，单独墨水流动路径用于将墨水从公共墨水腔室的相应出口经相应的压力腔室导引至相应的喷嘴，压力腔室以矩阵形式沿平面设置并且每一压力腔室均与相应的喷嘴相连；以及多个调节部分，这些调节部分相对于压力腔室设置在与致动器单元相对的一侧处并且用于调节每一压力腔室的流动惯量达到均等，从而解决流动惯量差异引起的喷射速度差异问题。2005 年申请的专利 CN200520143007，喷墨头具有多个压力室、调节器和过滤器；调节器允许共用墨水贮存空间中的填充墨水的容积增减，调节器为密闭空气的空间（阻尼器），解决现有喷墨头中供给和喷出的墨水量难以相等、易导致墨水从喷嘴中渗出、打印质量下降的问题。2006 年申请的专利 JP2006065215 中，致动器和压力腔室的一体变形产生的振动的固有振动周期、填充单独墨通路中的从压力腔室的出口通向喷墨口的第一部分通路的墨的固有振动周期之间满足一定规律，每个墨滴的末端部分难以从墨滴主体分离，从而能以良好的再现性打印图像。2006 年申请的专利 JP2006095661 中，其从压力腔室的出口到喷射口区域对应部分通路的容积与单独墨通路的容积之比在一定范围内，使得不同喷射墨滴之间速度和体积差异小，从而提高打印质量。2013 年申请的专利

CN201310018196，提供一种喷墨头，通过设置喷嘴组的位置，实现对多个划分喷嘴组公共的墨供应以便简化流动通道结构，使在一个点行中由于划分喷嘴组的喷射定时的差异造成的任何浓淡不明显。2013 年申请的专利 CN201310087524，当通过使液滴经过所述多个喷射开口组喷射而形成两条直线时，即使形成的两条直线中的一条直线在第一交叉方向上延伸而形成的两条直线中的另一条直线在第二交叉方向上延伸，形成的两条直线的宽度值也彼此大致相等，因此能够抑制图像质量的降低。2017 年申请的 CN201710187886，朝向第一流动通道突出的突起设置在第二流动通道的与第一流动通道面对的内壁表面上，用于使液体从第一流动通道流动到第一段中比从第一流动通道流动到第二段中较容易，使得液体能在两个相反方向上均匀地或均等地流动到通道中，使得墨被充分供应到集管。

4）提高流路构件耐久性。通过改善流路结构中部件的连接稳固以及密封性、加强对压电元件的保护等措施，提高流路结构耐用性。2003 年申请的 CN03149096A，其涉及喷嘴板的制造工艺，在衬底的内表面上涂敷作为绝缘材料的抗蚀剂并用抗蚀剂填充每个喷墨孔，能形成不浸润涂层，在不降低喷墨孔内表面浸润性的情况下使喷墨孔被堵塞的危险最小化，避免破坏喷墨精确度。2007 年申请的 CN200710138401A，将凹部形成在流路板的第一板中，突起从凹部的底壁突出，突起的前端与第二板接触，解决当堆叠多个板形成相对较大空间的公共液体腔室时，多个板彼此接合，压力很难施加到多个板和公共液体腔室重叠的部分，板不充分地彼此黏附，板之间易形成间隙，从而液体可能从间隙中泄漏的问题。2015 年申请的专利 CN201510134981，其压力室与喷嘴连通；层积体含压电元件，层积体覆盖压力室，层积体限定的连通开口穿过层积体；储存器经由连通开口与压力室连通；壁从层积体延伸，从而在连通开口的周围延伸，壁具有导电部；驱动触点借助于壁具有的导电部的导体电连接到压电元件，从而改善了连通开口的周围的区域的密封性或密封有效性，并确保从压电元件引绕或延伸的布线的区域。2015 年申请的 CN201510135037，其中层积体的第二部分包括包围所述连通开口的金属层，并且其中金属层不暴露于连通开口，防止或减少在周向面对部上的损坏，该周向面对部设置在层积体的在连通开口的周围的部分处，且与形成在带通道结构中的通道面对或对置。2016 年申请的 CN201610187067，环形导体被连接到端子，端子被构造成被赋予预定恒定电位，并且环形导体对由通孔限定的流动通道暴露，如果喷墨头设有任何专用于将液体电位保持在恒定水平的结构，头的尺寸不可避免地增加，在不增加装置尺寸的情况下，液体的电位被维持在恒定水平，防止液体与压电体之间出现电位差而出现液体渗漏。2017 年申请的 CN201710168789，当供应部件在流动通道部件和保护部件上延伸或跨过的同时黏结供应部件时，抑制挤压力经由保护部件作用于压电元件上，通过黏结保护部件和供应部件的第一黏结剂层的厚度不同于黏结流动通道部件和供应部件的第二黏结剂层的厚度，从而抑制挤压力经由保护部件作用于压电元件上。

（3）驱动电路与电极连接结构

在保证驱动电路以及与驱动电路连接的印刷电路板的各项功能的情况下，使配线紧凑、减小喷墨头尺寸，也是驱动电路的改进方向。

1）通过对驱动电路与电极之间的连接方式进行设置以减小喷墨头尺寸。在专利CN200610005449中，记录设备的软性印刷电路板包括软性绝缘体、馈线、第一公共电压线、通过馈线驱动记录头的驱动电路；第一公共电压线将各记录单元的其他接线端接点连接到一个公共电势上；驱动电路为单芯片驱动电路，其能防止集成电路芯片损坏，省去安装集成电路芯片所需的空间。2003年申请的JP2003187865，通过利用流路单元对驱动电路进行冷却，从而降低喷墨头的结构尺寸。2010年申请的JP2010207841，配线结构中柔性基部构件在纵向方向上弯曲；多个输出端子接触表面上的多个接触部分；多个输入端子被多个输入配线连接到驱动IC，各印刷电路的基部构件的另一端部在预定方向上布置，每个输出端子设置在对应的一个端部上，每个输入端子被设置在对应的另一个端部上，从而提供一种用于致动器的配线结构，配线紧凑，多个印刷电路连接到单个致动器。2013年申请的JP2013034287，多个驱动元件与多个压力腔室对应设于板上；多个接触端子与相应驱动元件电连接，设于端子放置表面处，端子放置表面不与板表面平行且具有从板表面偏移的至少一部分；柔性布线板电连接到多个接触端子，从而在维持用于每个连接端子的区域的同时，实现尺寸的减小。2016年申请的JP2016069116，提供一种既能使电源电路小型化而抑制装置的大型化，又能设置多个电源电路的打印装置。

2）提高电路连接结构的连接可靠性和耐久性，提高喷墨头工作可靠性以及延长喷墨头的工作寿命。2003年申请的JP2003038779，由于与多个独立电极电连接的信号线被支持部件和流路部件或执行单元直接夹持，即使在从外部对信号线加力，将其从执行单元剥离的情况下，也能抑制直接把较大的力施加在执行单元和信号线的连接部。从而，因为不易把信号线从执行单元上剥离，所以可以提高执行单元和电源部电连接的可靠性。2006年申请的JP2006176399，通过设置驱动电路的安装方式，防止驱动控制的误操作以及减少电路元件的剥离。2006年申请的CN200610159599，压电执行器包括多个独立电极，每一个独立电极包括驱动电极和布置在驱动电极的一端的连接端，连接端之间的最大高度差为4μm或者更小，从而即使当独立电极以高密度排列在压电陶瓷层的表面上时，也能增强连接端和外部电路板之间的连接可靠性，减少连接故障。

3）通过设置电路连接结构提高喷墨性能。2004年申请的JP2004209848，提供一种喷墨头单元，其介电薄膜形成在致动器单元与流动通道单元相对的表面上，其介电常数低于压电片的介电常数，每个第一布线的整体都设置在第一区域内，从而在向与一个特定压力室对应的一个单独电极施加电压时，避免了在与该单独电极相连的第一布线周围产生的电场对压电片的与另一个压力室对应的部分产生影响，能够更可靠地避免串扰。2014年申请的JP2014265265，设置导电布线的布置方式，通过增加用于电流的、电流在共用电极中流动经由的路径的数目而抑制电压降低，从而抑制施加到多个压电元件的电压变化。2016年申请的JP2016147226中，通过设置均热结构单元，使各个驱动IC散热均匀，温度相等，避免出现各个喷头喷墨不均。

2. 驱动信号控制

对驱动信号进行控制，抑制压电元件喷射性能降低、防止压力室之间的串扰从而提高喷射特性，这是驱动信号控制所要改进的方向。

（1）通过控制驱动信号抑制喷射性能降低

对驱动信号的控制能够抑制喷射性能降低。1997年申请的JP19088497中，其通过控制驱动波形信号，避免压电元件变形特性劣化。1997年申请的JP20111697中，通过控制驱动波形，使得供给量和吐出量保持平衡。1998年申请的JP20900898，通过驱动回数的增加来抑制喷射性能降低。2003年申请的JP2003331620中，提供一种喷墨记录装置，其可使用于驱动执行机构的脉冲波形变得比较简单，可消除残留在墨水流路内的压力波，从而提高喷射性能。2005年申请的JP2005046639中，信号保持间隔地被依次输出，间隔为致动器收到信号而在压力室中所产生的压力波周期的任意整数倍；当输入致动器的信号个数大于或等于设定值时，间隔中的至少一个为压力波周期的两倍或大于两倍的整数倍，解决现有喷墨设备中压力室内液体压力过大导致液体从喷嘴漏出而附着在喷嘴周围，影响下一次从喷嘴喷出的液滴的喷出量、喷出方向、喷出速度的问题。2006年申请的CN200610172108中，控制器对压电致动器供应驱动脉冲信号，驱动脉冲信号被控制为使得转变和返回的定时满足特定关系，即使当从一个喷嘴接连地喷射多个墨滴以形成像素的同时进行打印也能够保持墨滴的喷射特性。

（2）通过控制驱动信号以抑制串扰现象

通过对驱动信号的控制也能够抑制各喷射元件之间的串扰现象。2004年申请的CN200410057745中，向某一电极提供第一喷射脉冲图形时，向相邻电极中的至少一个提供与第一喷射脉冲图形不同的喷射脉冲图形，提供一种喷墨头，其能抑止串扰现象。2005年申请的CN200510118574中，控制器以压电元件列为单位控制使提供到各压电元件上的电压发生变化的时序，且控制器使提供到相邻两个元件列中的电压的时序不同，解决现有喷墨打印机中，当相邻的两个压电元件同时向同方向发生变形时，由于结构干扰现象的影响，压电元件的变形量减小的问题。2008年申请的JP2008094150中，电压施加机构对活性部分施加电压时，其在朝向压力腔室的方向上扩展且在与前述方向垂直的方向上收缩；对第一活性部分施加电压时不对第二活性部分施加电压；反之则对第二活性部分施加电压，能在不增加单独电极数量且高密度构造电极时抑制串扰。

第5章 推压式压电喷墨打印技术

推压式液滴喷出技术，是指通过推压式喷头实现液滴喷出的技术。推压式喷头是一种通过推压的方式形成液滴喷射的喷头，其利用致动元件的伸缩形变带动压力腔室的体积变化，从而实现液滴从喷头的喷出。

5.1 推压式压电喷墨技术概述

目前，主流的推压式喷头的致动元件是层积式压电元件，其利用压电元件在不同电压下的不同体积变化，由压电元件的端面来改变腔室的体积。当施加电压时压电元件会发生变形，这种变形作用于位于压电元件与压力腔室之间的振动板，使压力腔室的内部空间发生变化，这种压力腔室体积的变化形成液滴从压力腔室喷出的动力，从而将液滴喷射出去。目前，爱普生、理光及兄弟等公司都具有该结构的产品线。推压式喷墨打印技术显著的优点在于打印速度快，且能够利用压电元件的特性进行墨点大小的调整，墨水的适应性广等。

5.1.1 推压式液滴喷出技术的发展

压电式推压喷头是当前主流的推压式喷头结构之一。然而，在压电式推压喷头得到广泛应用之前，相关企业也曾对其他类型的推压方式进行过探索，先后经历了间接推压、磁场致推压，还曾出现了一种独特的磁场致伸缩式驱动结构。

图 5-1 示出了一种典型的间接推压式喷头结构。该喷墨头仅在一端以悬臂的方式支撑致动单元 3，并且通过致动单元 3 连接振动传递构件 5 来驱动振动板 2 发生振动，进而改变墨水压力腔室的容积，从而将墨滴从喷嘴 1 中喷出。该喷射技术出现于 1984 年左右。

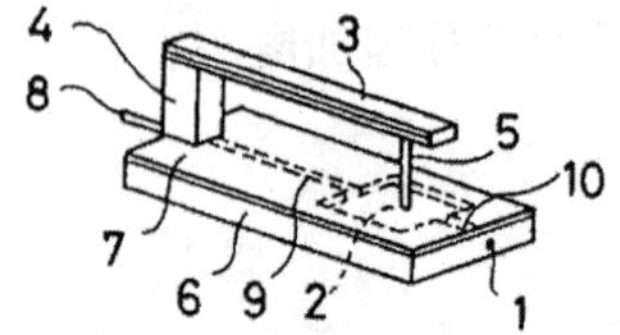

图5-1 间接推压式喷头

该类型的推压式液滴喷出技术由于间接地传递振动，使得振动不易控制，喷射精度不高，且间接传递振动的方式不可避免地使得制造出的喷头体积较大，因此间接推压式液滴喷出技术在 1986 年之后不再使用。

图 5-2 所示是申请号为 JP24058383 的专利申请，其公开了一种磁场致移动式推压喷头，具有喷嘴 11、墨水压力腔室 12、喷头基板 13、弹性振动板 14、永磁体 15、电磁线圈 16、导线 18、供墨管 17。其中，弹性振动板 14 形成墨水压力腔室 12 的一部分，并通过接收来自驱动永磁体 15 的位移而改变墨水压力腔室 12 的容积，进而实现墨水从喷嘴 11 喷出。当电磁线圈 16 通过导线 18 接收 AC 信号时，磁场的 N、S 极被往复地改变，驱动永磁体 15 往复移动，进而驱动弹性振动板 14 垂直移动，该技术也由于喷射精度等方面的缺陷在短暂的发展之后不再进行研究。

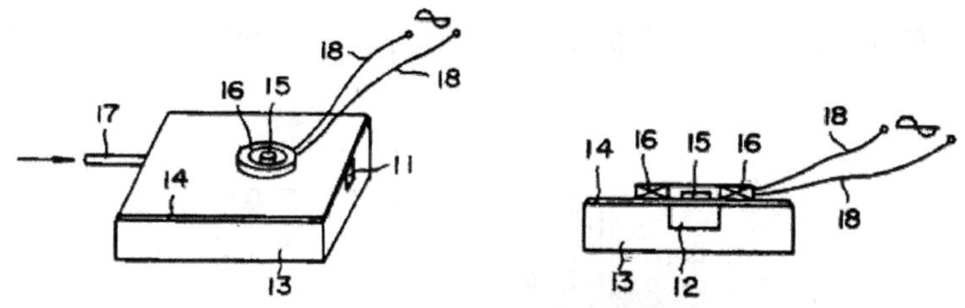

图5-2　磁场致移动式推压喷头

图 5-3 示出了典型的磁场致伸缩式推压喷头。该技术最早由株式会社理光于 1998 年 3 月 7 日在申请号为 JP7340498 的日本专利申请中提出。磁场致伸缩式推压液滴喷出技术的工作原理为，喷头具有墨水盒 11、墨水腔室 12、喷嘴孔 13、振动膜 14 及磁场致伸缩薄膜 21 和励磁薄膜 22，励磁薄膜 22 被通电时，产生磁场，将彼此层叠的磁场致伸缩薄膜 21 励磁，并在励磁薄膜 22 的表面上对励磁薄膜 22 进行通电，进而实现振动膜 14 的振动，致使墨水腔室 12 的容积改变，从而将墨水从喷嘴孔 13 喷出。该结构不仅可以以较小的体积形成磁场致伸缩薄膜 21 部分，而且可以形成用于产生驱动磁场致伸缩薄膜 21 的磁场的励磁薄膜 22 部分，并且可以使喷墨头 20 小型化和集成化。

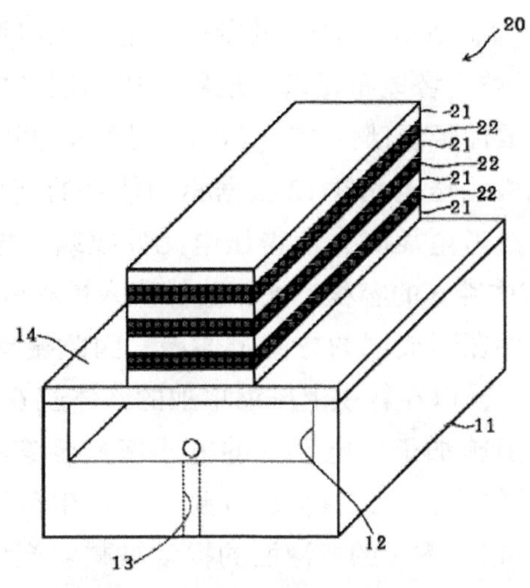

图5-3　磁场致伸缩式推压喷头

压电推压式是目前最为常见的推压结构，它将电极与压电材料交替层叠设置。推压式压电喷墨技术的设计采用大块 PZT 材料做成压电致动器与墨室复合，当施加一脉冲电压信号时，压电材料产生的形变直接作用于振动板，推挤振动板变形挤压墨水腔形成液滴喷射。

5.1.2 典型的推压式喷头结构

目前主流的推压式压电喷头的常见构件如图 5-4 所示，在制造压电元件时，需要将压电元件切分为梳齿状以便与喷嘴开口的排列间距相一致，目前推压式喷墨技术广泛采用的驱动结构是压电材料与电极交替堆叠方式形成的层积式压电元件。

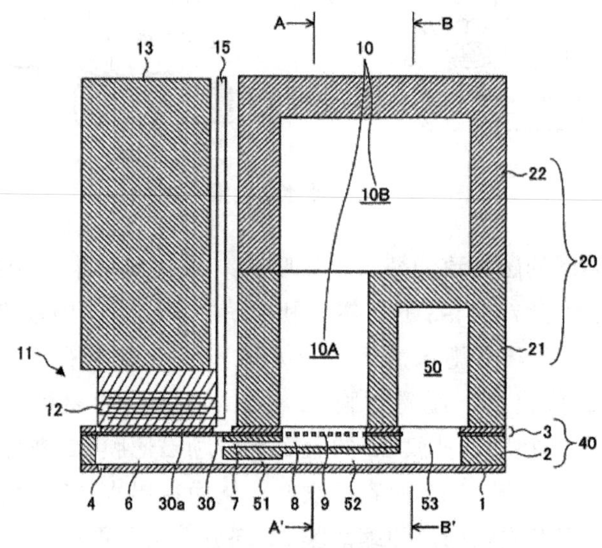

图5-4 推压式压电喷头的常见结构

图 5-4 所示为申请号为 JP2018206464 的专利申请，该申请提出的推压式压电元件结构中，压电元件 12 包括被交替地布置以形成层的压电层和内部电极，内部电极被拉出端面以形成外部电极，柔性配线部件 15（驱动信号经柔性配线部件 15 被输送至压电元件处）被连接至外部电极，压电元件 12 根据驱动信号的施加而被驱动，当施加于压电元件的电压降低至低于参考电压时，使得压电元件收缩，振动板部件 3 的振动区域 30 被升高，以致单独的液体腔 6 的容积扩大，液体流入单独的液体腔 6；施加于压电元件的电压升高时，压电元件在形成层的方向上伸展，因此振动板部件 3 的振动区域 30 在朝向喷嘴 4 的方向上变形，以在容积上压缩单独的液体腔 6，液体腔 6 内部的液体被加压并且从喷嘴 4 排出；当施加于压电元件的电压恢复至参考电压时，振动板部件 3 的振动区域 30 恢复至原始位置，以致液体腔 6 膨胀以产生负压，液体腔 6 重新充满来自公共液体腔 10 的液体，在喷嘴 4 的弯液面的振动被减弱至稳定状态之后，对于下一个液体排放的操作开始。

简单来说，在推压式压电喷头中，驱动电路 IC 产生的驱动信号（包含驱动波形、驱动电压等）经柔性电路板被输送至压电元件，压电元件产生收缩（图中向上）、伸展（图中向下）、恢复的状态，从而使得压力室（液体室）产生容积扩大、压缩、恢复的状态，在压力室容积处于压缩状态时将液滴喷射出去。

图 5-4 中还示出了推压式压电喷头的其他部件，例如振动板 3、喷嘴板 1、过滤部 9、流路板 2 等。上述部件在推压式压电喷头中起到重要作用，其均是相关企业进行专利布局的重要部件。当然，喷头制造过程中黏合技术、组装定位等制造工艺也是各企业关注的课题。

与其他类型的压电式喷头对于喷射性能的关注类似，防止各个喷射腔室之间的串扰（cross-talk）、对于残余振动（residual vibration）的管控、气泡（bubble）的管控、喷射液滴的稳定性一致性以及分辨率的提高，显然也是推压式喷头需要研究的课题。此外，对于驱动波形的研究一直贯穿于整个压电喷头的研发历史中。由于喷射性能的提升，2015 年左右推压式喷头中出现了配置冷却单元的结构。

5.1.3　推压式喷头重点研究技术

如前所述的推压式喷墨头的主要部件、制造工艺、喷射性能、驱动控制、喷射适性等均是推压式喷头的重点研究技术。本节在实证研读与分析了大量文献的基础上，试从上述角度对推压式喷头进行了技术分类，如图 5-5 所示。

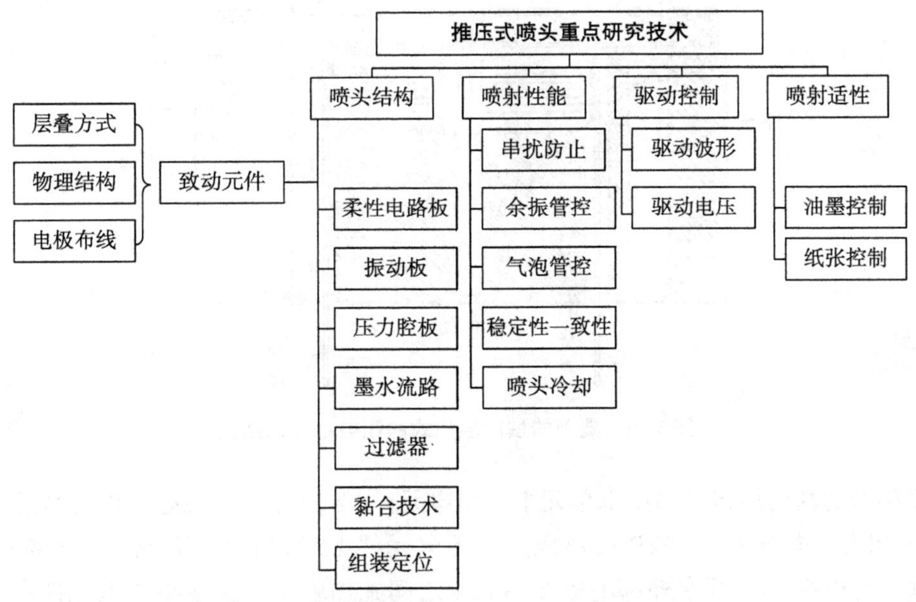

图 5-5　推压式喷墨头的技术分类

5.1.4　喷头的主要组成部件

喷墨头主要包括致动元件、柔性电路板、振动板、压力腔板、墨水流路、过滤器等，在加工过程中还包括了黏合技术、组装定位等。

1. 致动元件

致动元件在压电式喷头中也称为压电元件，区别于采用上电极、压电材料、下电极的三层结构的弯曲式压电元件，推压式压电元件是采用压电材料和电极彼此多层地层叠的方式。因而在推压式压电元件中，压电元件的物理结构和电极布线对于压电元件的性能都具有重要的作用。目前，市场主要企业中，爱普生压电元件的层叠方向主要是水平方向，即沿水平方向将压电材料和电极一层叠一层地重叠，而理光公司的压电元件的层叠方向主要是垂直方向，即沿垂直方向将压电材料和电极一层叠一层地重叠。

（1）层叠方式

压电材料的层叠方式主要包括两种：第一种是沿水平方向将压电材料和电极一层叠一层地重叠，该种类型称为纵向（压电材料的延伸方向）层积式，也称束式；第二种是沿垂直方向将压电材料和电极一层叠一层地重叠，该种类型称为横向（压电材料的延伸方向）层积式，也称夹心式或三明治式。

如图 5-6 所示，下面以日本专利申请 JP2011200525 中公布的典型的横向层积式的压电单元的结构为例，介绍横向层积式的推压式压电喷头的结构。

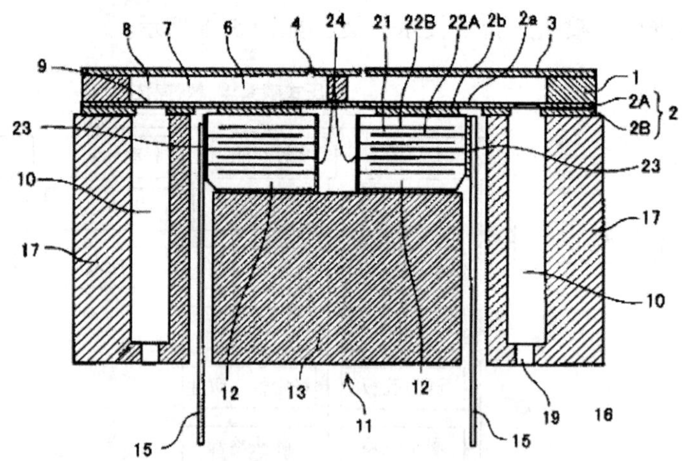

图5-6　典型的横向层积式的压电单元的结构

该典型的横向层积式的压电单元中，压电元件 12 通过交替层叠压电材料层（压电层）21 和内部电极 22A、22B 而形成。在压电元件 12 的侧面上形成单个外部电极 23 和公共外部电极 24，即在外部电极 23 和 24 之间施加电压，这使得压电元件在堆叠方向（图 5-6 中所示上下方向）上产生位移。

如图 5-7 所示，以 JP2013172041 中公布的结构为示例，展示典型的纵向层积式压电单元的结构。

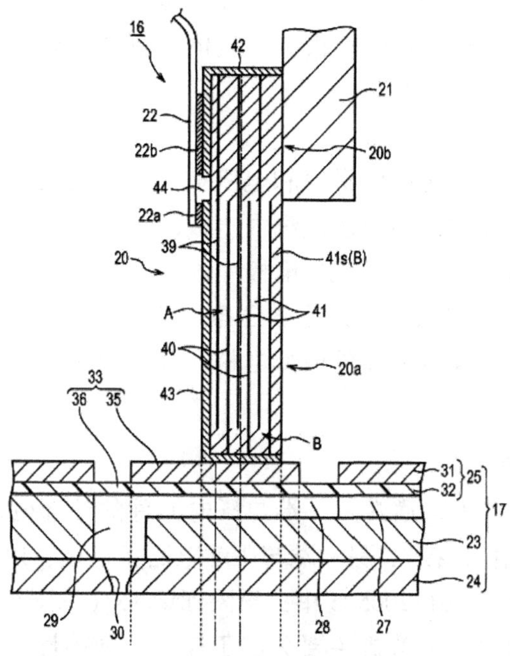

图5-7　典型的纵向层积式压电单元

该典型的纵向层积式压电单元中，压电振子 20 经由下述工序而被制造，所述工序为：将在二氧化锆、锆钛酸铅等压电体 41 的表面上形成（印刷）了内部电极材料 39、40 的结构，以压电体 41 与电极 39、40 交替地被配置为层状的方式层叠多层的工序；对层叠结构的压电板进行烧成的工序；通过阴极真空喷镀等在烧成后的压电板的外表面上形成外部电极 42、43 的工序；将形成有外部电极 42、43 的压电板切割成梳齿状的工序。此外，被切割而成的梳齿中的各个梳齿作为与每个压力室 28 分别连接的压电振子 20 而发挥功能。

正是由于推压式喷头的多层层叠的结构，因而在专利的分类体系中，推压式压电喷头通常会分类在涉及层压压电元件的分类号，例如 2C057/AG47（层压压电元件）、B41J/14274（堆积结构类型，通过压缩/拉伸及隔膜处理来变形）中。经检索及反复比较，有关推压式压电喷头的主要分类号包括 CPC（联合专利分类体系）：B41J2/14274、B41J2/1612，FT（日本专利分类体系）：2C057/AG47、AG48、AG49；EC（欧洲专利分类体系）：B41J2/14D3。

（2）物理结构

压电元件的物理结构的改进涉及多个方面，例如不含电极的改进、喷头排布方式、连接方式等。在不含电极的改进中，例如通过基座切割出凹槽后黏合压电元件再进行压电元件的切割以提高压电元件与基座的黏合的耐久性，或通过使压电元件配置为圆台形以增大压电柱与位移材料之间的结合面积从而提高喷射性能。在喷头排布方式中，致力于在一定的喷头宽度内排列尽可能多的压电元件，例如使压电元件被固定到固定板的两个表面以分别从固定板的一端突出。在连接方式中，关注压电元件准确地向相对应的压力室传递振动，例如在振动板与压电体接触的部分附近形成凹部使得振动板可以容易地响应压电振动器的振动。

（3）电极布线

在推压式压电元件中，将压电材料和电极彼此多层地层叠，因而电极对于压电元件的性能有至关重要的作用，例如通过将内电极的宽度设置为在中心部分比在末端部分窄来抑制内电极区域的波动，或在内电极中配置金属键合部分以提高电极覆盖率从而增加压电元件的位移的结合力。总之，压电元件的改进除了压电材料本身改进外，在推压式压电喷头中，涉及压电元件内部电极布线的改进，其贯穿于整个压电元件改进的整个周期中。

2. 柔性印刷电路板

柔性印刷电路板（FPC）通常是一端与压电元件的外部电极相连接（外部电极再与压电元件中的内部电极连接），另一端与驱动电路相连接，用于向压电元件提供驱动信号。上述提及的申请 JP2011200525 中，附图标记 15（见图 5-6）对应的即为柔性印刷电路板。柔性印刷电路板的改进主要关注于连接的准确性、耐久度等，例如在外部电极和相应的连接电极之间的连接部分设置有与各个连接电极在同一方向上的轴线以提高连接的准确性，或使得柔性印刷电路板的焊接圆角呈三角形以提高焊接后的耐久度。

如图 5-8 所示，2008 年，理光提出在多个压电元件部件 2 之间形成间隙 10，在直接连接至压电元件列的柔性印刷电路板 3 的末端（接合部分）处形成楔形切口 5。通过上述配置，能够减少由压电元件构件之间的高度差引起的不良结合。

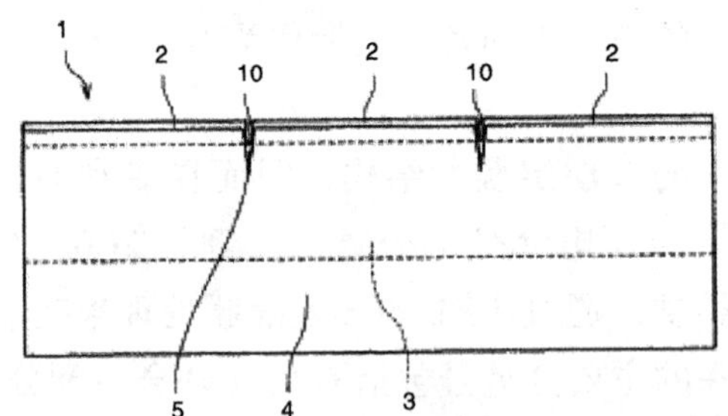

图5-8　带间隙的柔性印刷电路板

如图 5-9 所示，2011 年，理光提出使得柔性印刷电路板 15 的电极 302 和柔性扁平电缆（FFC）16 的电极 312 通过焊接连接，并使得焊料圆角基本上呈三角形，以柔性扁平电缆 16 的电极 312 的顶面 312a 上的最顶端锐边 312b 为顶点，以柔性印刷电路板 15 的电极 302 的前后方向为基部，并在焊接时覆盖柔性扁平电缆 16 的电极 312 的顶面 312a。通过上述焊接方式，避免了柔性印刷电路板和柔性扁平电缆的连接端处发生断开或产生裂纹。

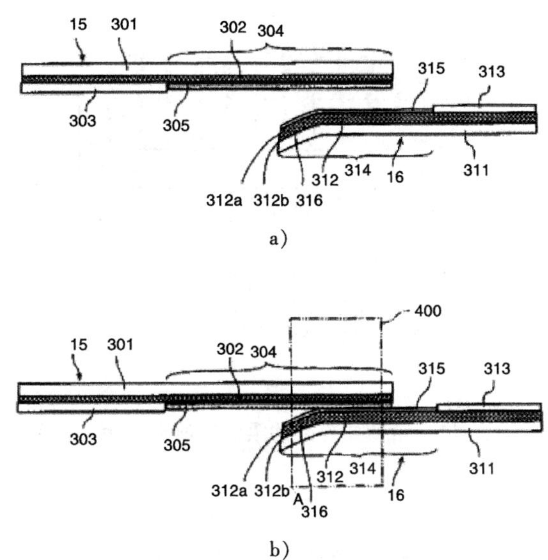

图5-9　焊接圆角呈三角形的柔性印刷电路板

如图 5-10 所示，2011 年，理光提出了在柔性印刷电路板 4 中提供多个连接电极 9，使得连接电极 9 焊接在设置于压电元件 3 对应的多个外部电极 6 上，在柔性印刷电路板 4 中还具备弯曲部分 16，弯曲部分 16 与对应的连接电极 9 在同一轴线上，焊接时使得弯曲部分弯折以焊接到压电元件对应的位置处，从而改善了柔性印刷电路板的连接电极与压电元件的外部电极的黏附性和焊接性能。

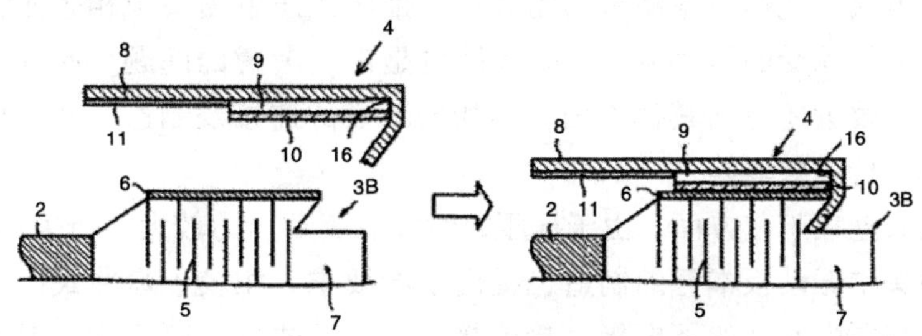

图5-10　带弯曲部分的柔性印刷电路板（一）

如图 5-11 所示，2011 年，理光提出在柔性布线构件中，在柔性印刷电路板 15 和柔性扁平电缆 16 的连接端子 68 的延长线 70 上设置用于加强柔性印刷电路板 15 的加强构件 71，从而减少柔性布线构件的连接部分中的开裂损伤的发生。

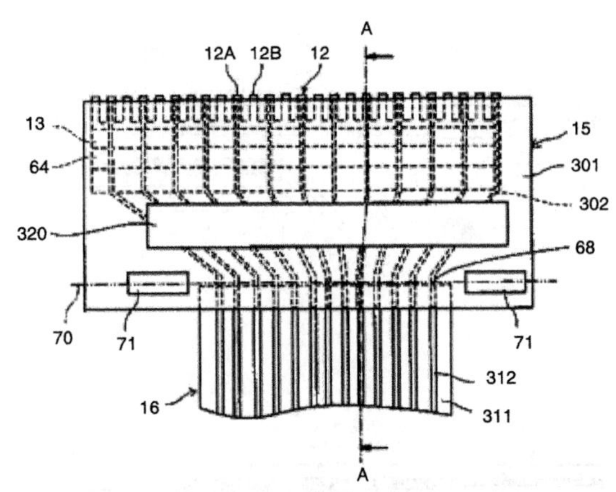

图5-11　带弯曲部分的柔性印刷电路板（二）

3. 振动板

在推压式压电喷头中，振动板、喷嘴板、压力腔板、墨水流路、过滤器等都显著地区别于弯曲式压电喷头中的结构。例如振动板不再是一块“平板”，而需要配置岛部结构；喷嘴板也需要考虑更多的刮擦需求。

振动板用于传递压电元件伸缩变形的力，并使得液体腔室的体积产生变化，从而将液滴从喷嘴板上的喷嘴喷射出去，振动板配置于压电元件与压力室（液体室）之间。上述提及的申请 JP2011200525 中，附图（见图 5-6）标记 2 对应的即为振动板。弯曲式压电喷头中的振动板更多的改进在于提高喷嘴板的耐久性，例如涂布二氧化硅层、锆层等或通过退火工艺提高振动板的耐久性。推压式压电喷头中相较而言推挤的压力较大，因而振动板承受的压力也大，耐久性也是需要考虑的问题。此外，推压式压电喷头中振动板的改进还包括其他方面，例如振动板的连接及制造工艺、振动板的耐久性、高分辨率、传递效率等。

振动板及其连接工艺方面，由于推压式喷头的驱动压力较大、所采用的墨水特点，对于推压式喷头中振动板本身的制造也提出新的要求。相较于弯曲式压电喷头中振动板通常是直接与压电元件的下电极直接连接，在推压式压电喷头中，振动板可直接与压电层连接，也可与电极连接。

对于振动板本身的制造方面，1998 年，理光提出通过热固在金属元件 61 上形成膜片 36，在该膜片上直接形成热塑性聚酰亚胺膜 62（见图 5-12），通过上述方式制得振动板，从而能够制造更稳定的喷墨头。

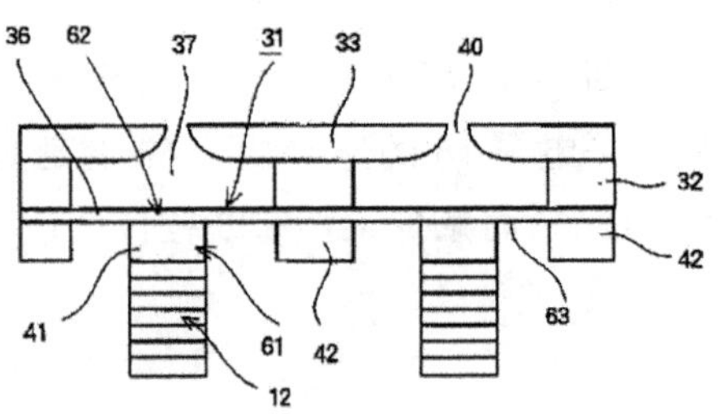

图5-12　热塑性聚酰亚胺膜支撑的振动板

2013 年，理光提出一种振动板的形成方法，该方法包括以下步骤：形成电极层上的疏水膜；向疏水膜区域的一部分照射激光，以使该疏水膜相对于该区域的一部分的前体层的接触角分布，并在疏水膜区域的一部分中形成前体层。该方法可以通过调节激光束的强度来获得所需的膜厚和图案化成形膜。

“岛部”是推压式喷墨头所特有的一个结构，其是与压电元件的顶端部相接合的部分，通常由被形成为大致长方体状的金属制的块构成。该岛部周围的挠性薄膜作为弹性膜部而发挥功能。此外，当压电元件进行伸缩位移时，岛部将向离开压力室的一侧进行位移，或者岛部将向接近压力室内的一侧进行位移，从而压力室的容积将发生变动。

对于“岛部”的改进如图 5-13 所示，2012 年，理光提出一种喷头，振动板部件 2 的凸部 2B 与第一级悬垂形状部 101 连接部定义为第一连接部，凸部 2B 与第二级悬垂成形部 102 的连接部分定义为第二连接部，使得第一连接部的沿液室的长度方向的宽度大于第二连接部的沿液室的长度方向的长度。上述结构更紧凑，更利于液滴的喷射。

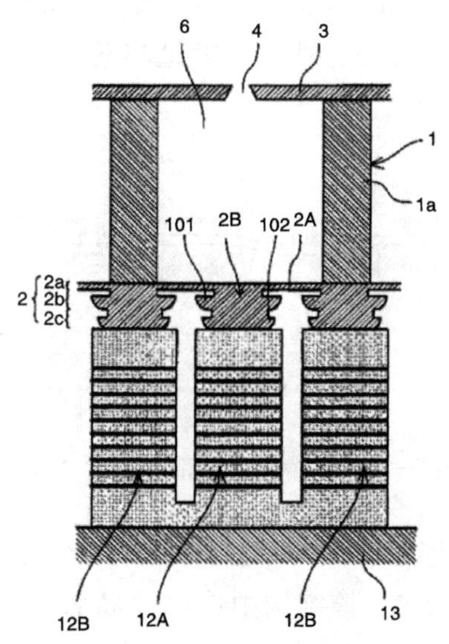

图5-13　改进振动板“岛部”的结构

如图 5-14 所示，2012 年，理光提出一种喷墨头，使得每个振动板包括用于通过邻接压电元件向增压室传递能量的岛部，每个岛部中设有狭缝部，该狭缝部在液滴喷射方向延伸。该结构通过扩大振动板的位移，并抑制压力室内的串扰和残留振动，从而提高放电效率和画质。

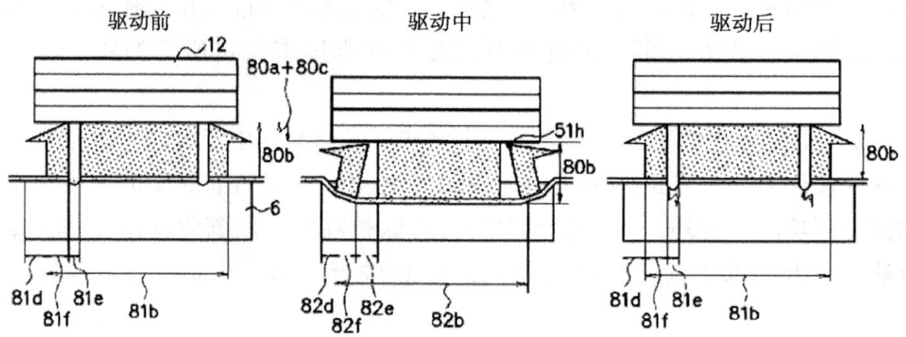

图5-14　振动板“岛部”带间隙的结构

如图 5-15 所示，2016 年，理光提出一种喷墨头，该喷头中，振动板 3 上具备凸部（“岛部”）31，该凸部 31 与压电元件 12A 通过黏结剂接合。凸部 31 包括三个凸部 31a、31b 和 31c，并且中央部的凸部 31b 的高度比其余的突出部分 31a 和 31c 高。上述结构保证了振动板的位移传递效率，能够有效地将液滴排出。

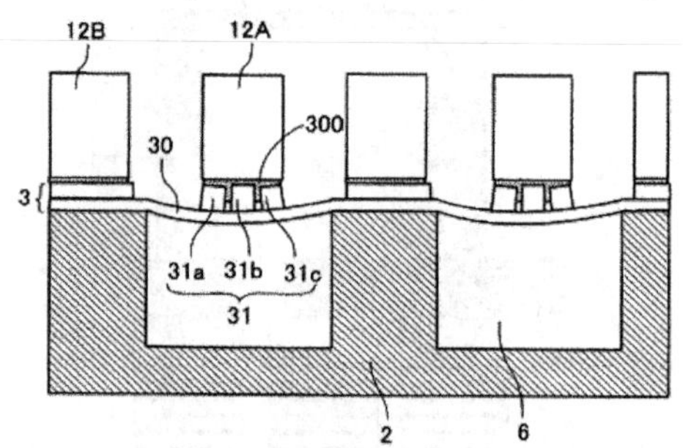

图5-15　多个分隔的部件构成“岛部”

对于振动板与其他结构连接的结构，如图 5-16 所示，1993 年，理光提出使得振动板 4 连接压电元件的公共电极 9，该结构中使得“岛部”与公共电极直接连接，声称可以轻松地进行加工和组装。

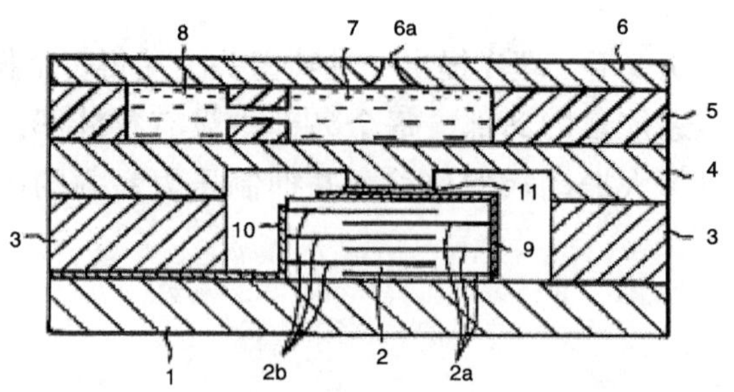

图5-16　“岛部”与公共电极连接的结构

如图 5-17 所示，1996 年，理光提出使得压电元件的面 3a 从框架面 4a 突出，从而改善了压电元件的面 3a 与振动板 6 的快速接触性，通过上述构造能够获得优异的排出效率。

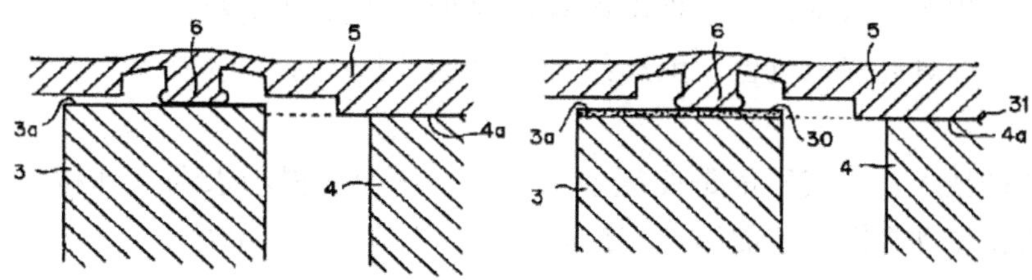

图5-17　"岛部"突出框架面的结构

如图5-18所示，2011年，理光提出在振动板3的振动区域31上形成第一突起32、第二突起33。第一突起32与驱动柱142a连接，第二突起33连接到非驱动柱142b。该振动板的结构设置能够提高振动板的振动区域与压电元件的连接可靠性，并且能够实现液滴喷射特性的稳定化。

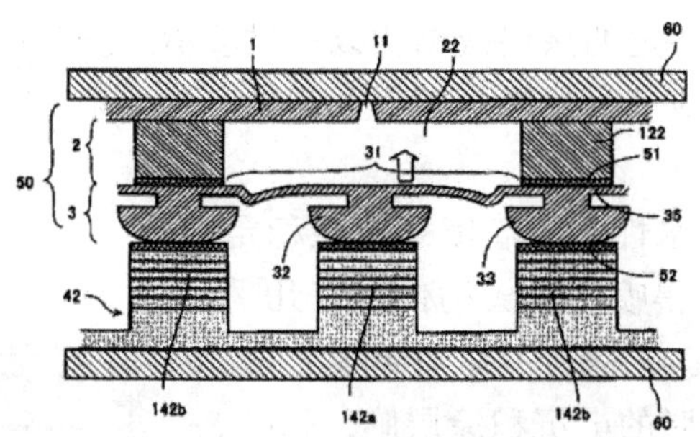

图5-18　用于振动"岛部"突出的结构

振动板的腐蚀方面，推压式喷墨头中，由于墨水和振动板之间可能存在电流流动，振动板会因此产生电解腐蚀，为了解决上述问题，如图5-19所示，2001年，理光提出使设置在振动板4上的突起9与压电元件1的公共电极接触，使振动板4具有与公共电极13相同的电位，将公共电极接地或使其对墨水产生负电位，可防止振动板4的腐蚀。

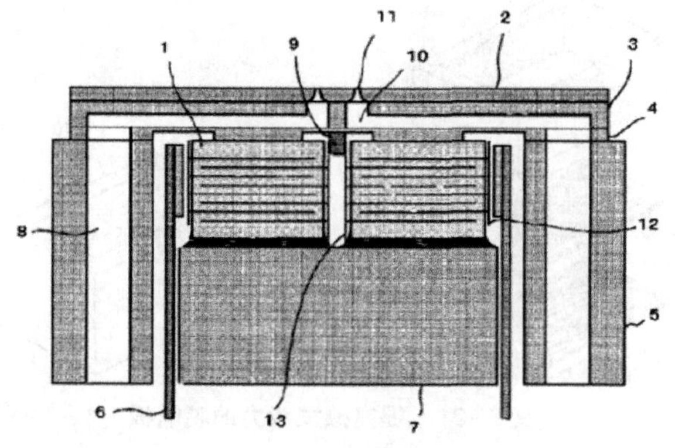

图5-19　振动板接地的结构

2003年，理光提出在振动板和槽板相互黏合后，将前述两者形成的黏合体黏合到压电元件上，再将压电元件黏结到柔性电路板上，然后黏结到框架上，由此获得具有墨水通道的喷墨头。振动板和柔性电路板的接地端子通过设置在框架外部的导电板连接，使得振动板具有接地电位。上述结构中借助连接关系，也使得振动板接地，从而防止腐蚀。

上述两种技术，其实质都是使振动板接地，从而使得墨水和振动板之间无电流流动，可以防止振动板因电解而腐蚀，提高了振动板的长期可靠性。

4. 喷嘴板

喷嘴板是用于形成喷射液滴的喷嘴的板状部件，通常设置于压力腔室朝向被喷射介质的一侧，用于液体室内的液体在受压后将液滴从喷嘴孔喷射出去，形成喷嘴的方式通常以蚀刻的方式为主。上述提及的申请 JP2011200525 中，附图标记 3（见图 5-6）对应的即为喷嘴板，附图标记 4 对应的为喷嘴孔。在推压式喷头的喷嘴板中，常在喷嘴板的表面涂敷疏水膜，围绕涂敷疏水膜的改进涉及涂敷材料、涂敷工艺、涂敷的结构层等。另有，形成特定的涂层或结构以提供喷嘴维护时便捷与耐久的可能性，或通过涂敷特定涂层以适应高黏度流体喷射的需要。接下来，就喷嘴板的具体改进进行说明。

为了获得优异的疏水性且墨滴喷射特性稳定的喷墨头，JP641896 中使得喷嘴形成构件具有几乎锥形的喷嘴孔 41，疏水膜 43 是通过在喷嘴板 42 表面上通过烘烤形成含氟树脂的电沉积涂层膜，如图 5-20 所示。

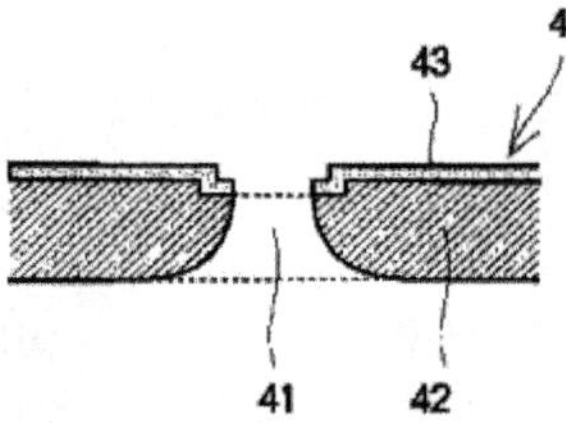

图5-20 带疏水膜的喷嘴板

为了防止墨水残留在记录介质的相对表面上以及增强擦拭能力，JP6587596 中喷嘴板 15 的外周围侧被喷嘴罩 39 覆盖，并在喷嘴罩 39 的面向喷射介质的表面 40 做了疏水处理，如图 5-21 所示。

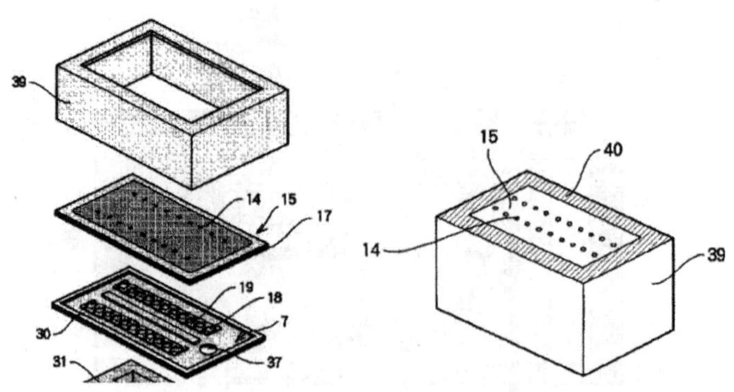

图5-21 提高擦拭能力的喷嘴板

为了获得具有更强疏水性的疏水膜，JP9694696 中提出将聚四氟乙烯（PTFE）微粒分散在镍镀层中，并使该镍镀层形成在喷嘴形成部件的表面上。

为了形成一种擦拭耐久性强的表面处理膜，同时防止膜进入喷嘴孔并且不损害喷嘴孔的直径精度，JP6969097 中提出了一种涂敷处理膜的方法，负干膜抗蚀剂层压在喷嘴孔形成部件的背面，并对其进行加热和加压，抗蚀剂通过喷嘴孔挤出到前面，挤出部分再次被加热并软化，然后曝光。由此，形成从喷嘴孔向前面突出的遮蔽部件，之后形成表面处理膜。

为了使喷射方向稳定，实现均匀的墨滴排出，如图 5-22 所示，JP344498 中首先在喷嘴板的排墨表面上，形成薄膜状的疏水表面处理层 47；此外，通过电铸工程方法在喷嘴孔形成部件 61 处形成镀镍膜。并使得表面处理层 47 的孔径 $\phi2$ 为喷嘴孔形成部件 61 的喷嘴孔 61a 的孔径 $\phi1$ 的 85%～97%。

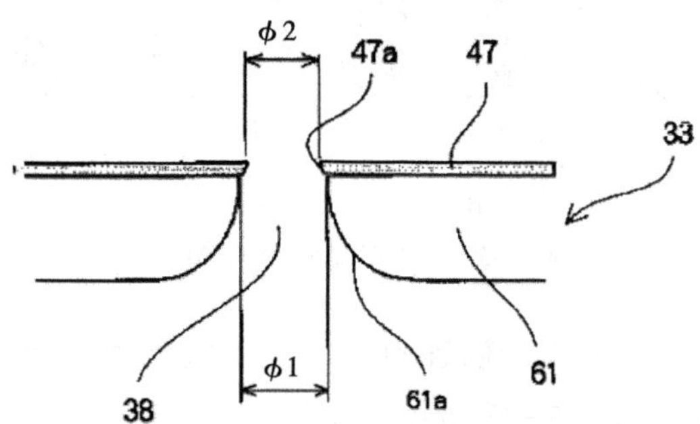

图5-22　使得喷射方向稳定的喷嘴板

为了提供一种能够长时间保持疏水性的液滴喷头，JP2008067539 中使得喷嘴基板的喷嘴形成表面上形成二氧化硅层，再在二氧化硅层上形成疏水层，并使得疏水层包含具有至少一个全氟烷基和至少一个烷氧基甲硅烷基的化合物。

为了提高喷嘴孔的填充性质以及喷射的稳定性与可靠性，JP2008125950 中提出了如下方案。用于液体喷射器头的喷嘴板：包含喷嘴孔；喷嘴孔用于喷射由喷射液体组成的小液滴，其中在温度为 25℃时，喷嘴孔内壁的表面能低于其所喷射液体的表面能，且该温度下喷嘴孔的内壁的表面能与喷嘴孔的边缘的表面能相同。

为了提高喷嘴板疏液的耐久性，如图 5-23 所示，JP2009085614 中使得喷头具有在喷嘴基板 31 的液滴喷射面上形成有疏液层的喷嘴形成部件，在喷嘴基板 31 上形成有一个以上的喷嘴孔以喷射液滴。疏液层具有子层，其中一个子层比另一个子层包含更高比例的低分子量分子。后面的子层比前面的子层包含更高比例的高分子量分子，使得这些子层暴露在喷嘴形成构件的表面上。

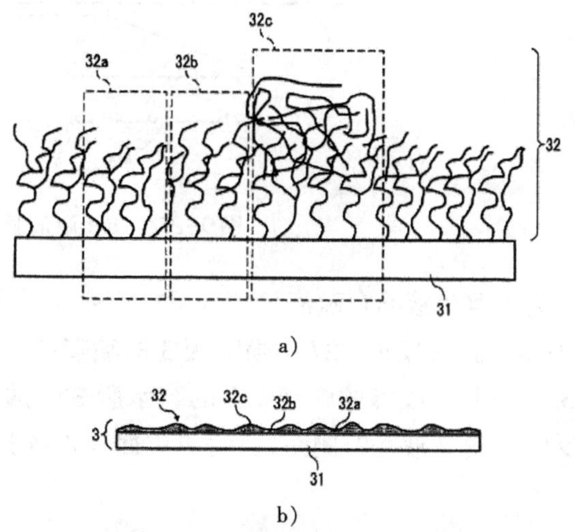

图5-23　提高喷嘴板的疏液的耐久性

如图 5-24 所示，JP2010205104

中结合喷嘴板提供了一种液体喷头，其中使得喷嘴板 3 具有位于喷头两侧延伸部分 101，并在延伸部分 101 折叠之后在其内侧形成凹部 104。

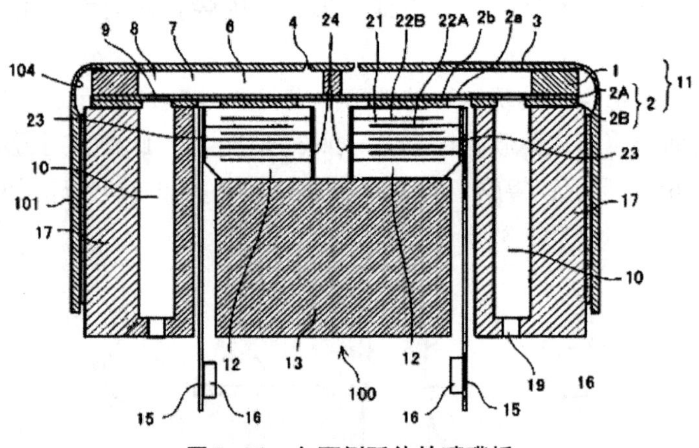

图5-24 向两侧延伸的喷嘴板

提供一种喷嘴板，该喷嘴板能够通过防止疏液膜附着在接合面上而获得优异的液体填充性能和接合状态。如图 5-25 所示，JP2012061587 中喷嘴板具有沿设置有喷嘴 4 的喷嘴板 3 的外周 3a 形成的多个通孔 41、41a。通孔 41、41a 的最大开口宽度小于喷嘴的直径。在喷嘴基材上形成喷嘴的同时，在喷嘴基材的一个表面上形成疏液膜。通过将通孔的最大开口宽度设定为小于或等于喷嘴的直径，疏液材料向通孔的渗透程度变得小于向喷嘴的渗透程度。

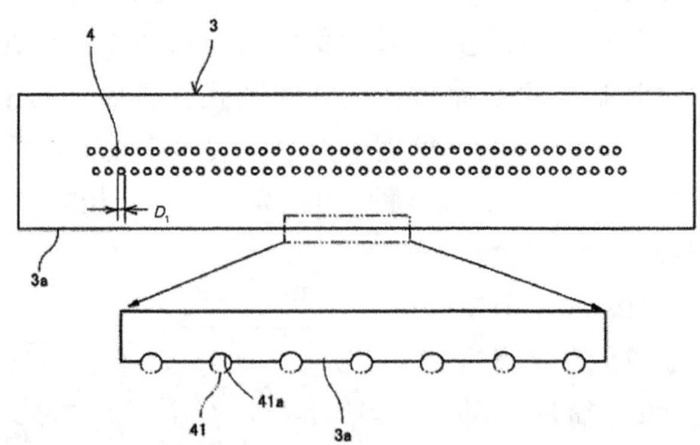

图5-25 防止疏液膜附着在接合面

为了解决液滴在疏液膜端部可能产生阻停从而引起的喷射弯曲和不喷射，如图 5-26 所示，JP2012201327 中喷嘴板 3 的喷嘴基板 31 的液滴排出面侧面 31a 上形成有疏液膜 32。并且，喷嘴的内壁面上的疏水膜 32a 的表面从液滴喷出面侧至与液滴喷出面侧相反的一侧（液室的侧面），每单位面积连续具有逐渐增加的亲液基（亲水基）。

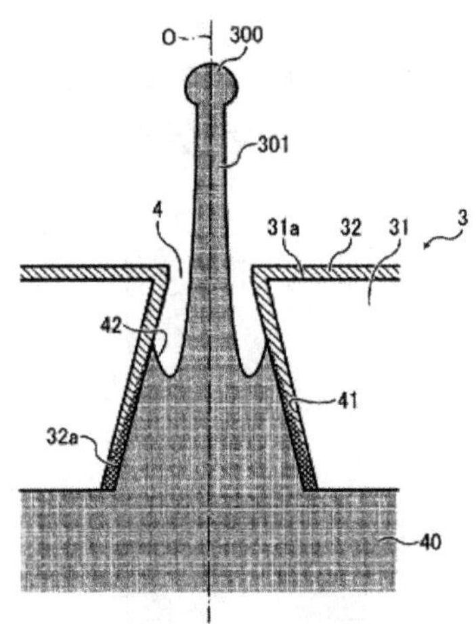

图5-26　防止喷射弯曲的喷嘴板

为了提高液滴喷头的喷射一致性，如图 5-27 所示，JP2012225182 中多个虚拟点部件 21 形成在对准孔板 1 的喷嘴孔排的两端部件侧的喷嘴孔 2 的开口方向。对比现有技术，可以将从位移开始点 A 到最外面的喷嘴孔 2a 的距离拉长两倍。因此，喷嘴孔形成区域 20 能够被制成落在保持在孔板 1 的两端部处的弯曲部分之间的水平部分内，使得边缘处的喷嘴孔 2a 也能够准确地进行喷射。

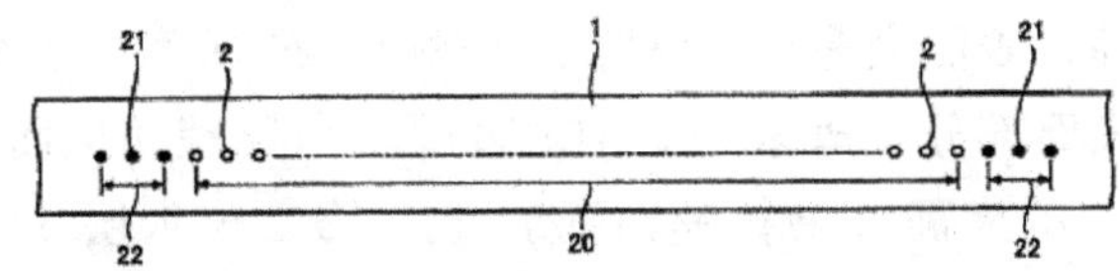

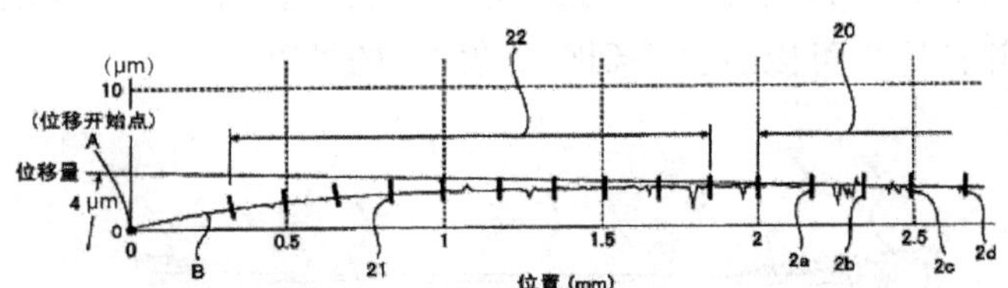

图5-27　提高喷射一致性的喷嘴板

为了提供一种即使在喷嘴表面经过长时间也可在短时间内除去附着在喷嘴表面的剩余油墨的喷嘴板，且该喷嘴板具有高度的耐久性，JP2014026157 中喷嘴基板包括在化合物的分子中具有全氟聚醚骨架的化合物的层。该层形成在喷嘴基板上的液滴被喷射的一侧，并且喷嘴板的表面具有归因于氧原子的 X 射线光电子能谱，使得峰 1 的面积与峰 2 的面积之比为 0. 35~0. 45，其中峰 1 代表在 534~540 eV 处观察到的峰，峰 2 代表在 528~534 eV 处观察到的峰。

为了提供一种具有高防水性和优异擦拭耐久性的防水膜的喷嘴板，如图 5-28 所示，JP2014237022 中在金属喷嘴基板 8 上提供一种氟树脂层 4，该氟树脂层 4 在常温下为固体，包括紫外线吸收剂和在骨架中具有醚键的氟树脂。通过冲孔在喷嘴基底 8 中形成喷嘴孔 1，通过准分子激光照射在氟树脂层 4 中形成喷嘴孔。

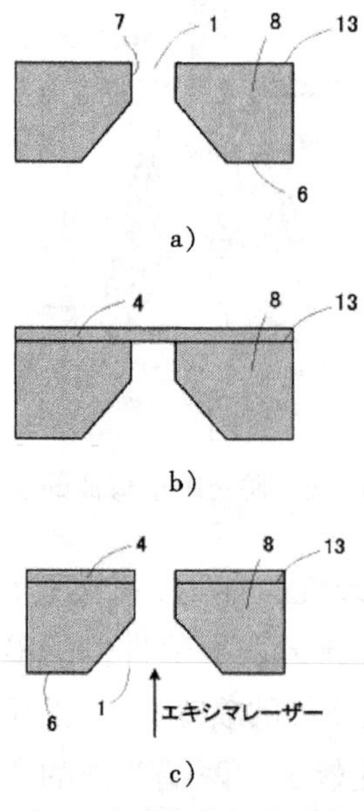

图5-28　便于喷嘴板表面的废墨滴的清除

为了便于喷嘴板表面废墨滴的清除，如图 5-29 所示，至少将喷嘴盖 51 的与记录材料表面相对的表面部分（外表面）51a 通过疏水处理，从而形成第二疏水层 42。在喷嘴 4 的喷嘴板 2 的表面（液体喷射面）上，第二疏水层 42 与第一疏水层 41 不同。通过以这种方式在喷嘴盖 51 的外表面 51a 上形成疏水层 42，不仅喷嘴板 2 的液体可排出表面，而且喷嘴盖 51 的外表面都可以获得疏水效果。从而使得喷嘴板 2 和喷嘴盖 51 都可以被清洁，并且墨水可以被去除到喷嘴盖 51 的外部。

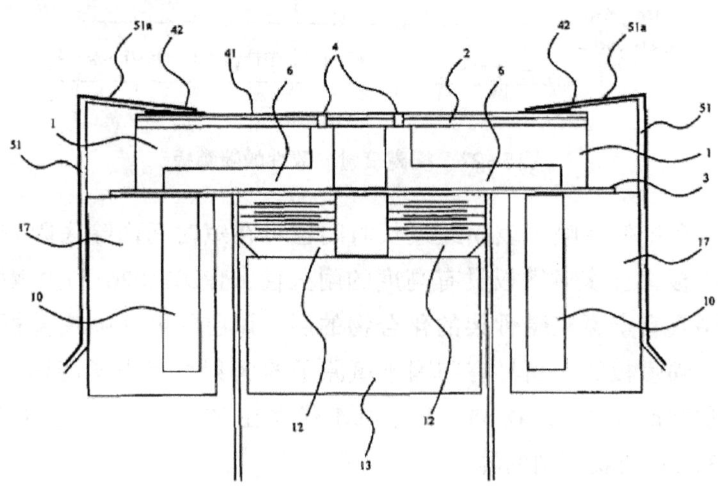

图5-29　疏水处理的外表面

为了提供一种具有优异擦拭耐久性和优异喷射稳定性的防水膜的喷嘴板，如图 5-30 所示，JP2015157525 中喷嘴基板的液体排出面 13 上形成有防剥离孔（液体排出面 13 上的锯齿形的孔），并在该防剥离孔上设置有疏水膜 4；并进一步地，对该防剥离孔的尺寸进行了优化。

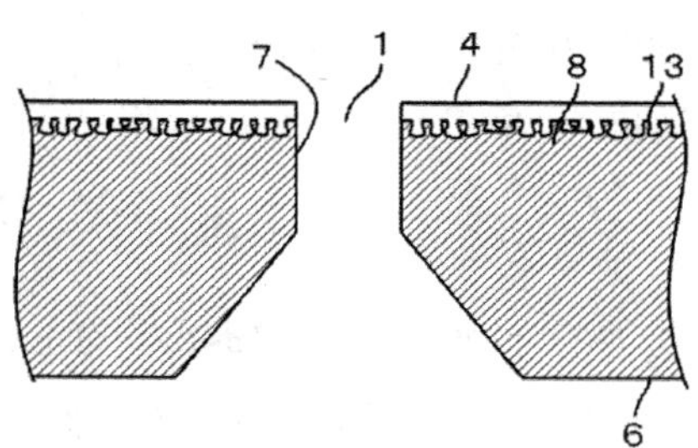

图5-30 优异的擦拭耐久性的喷嘴板

为了有助于检查喷嘴孔直段的长度并形成具有精确尺寸的喷嘴孔，如图 5-31 所示，JP2015203841 中提供一种喷嘴基板的制造方法，在制造过程中，要形成的喷嘴孔 2 的形状根据将冲头夹具 30 驱动到板状构件 1 中的深度而不同。具体地，随着冲头夹具 30 被更深地驱动到板状构件 1 中，笔直部分 3 的长度变短并且渐缩部分 4 的数量增加，使得出现在喷嘴孔 2 的内壁上的台阶（凸起）5、6 的数量增加。在检查过程中，检查喷嘴孔内台阶 5、6 的形成次数，以检测笔直部分 3 的长度。关于检查的喷嘴孔的形状的信息被存储在液滴排出头中的存储单元等中，并且被提供给喷墨头的控制单元。从而在使用开始时可以在选择驱动波形时反映出喷嘴孔的形状。

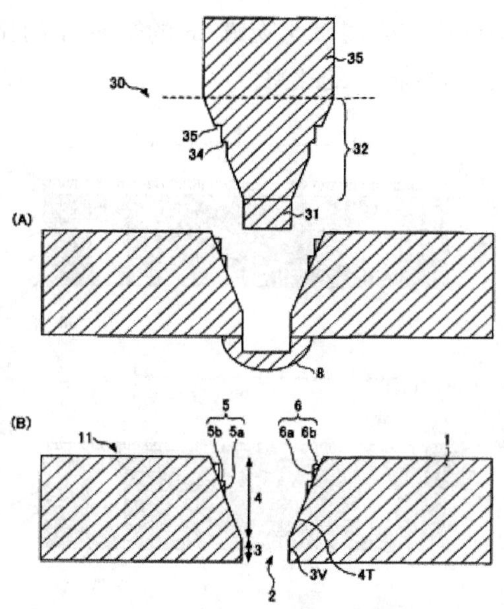

图5-31 方便检查喷嘴孔直段的长度的喷嘴板

为了防止由于疏液性膜的老化流动而使疏液基团穿透喷嘴内部而引起的液滴排放特性的波动，如图 5-32 所示，JP2015146971 中基部构件 48 包括喷嘴基部构件 40 和至少形成在喷嘴基部构件 40 的液滴排出表面 40a 和内部喷嘴壁 41a 上的基膜 49。基膜 49 是增加防液膜 42 和喷嘴基部构件 40（包括在基部构件 48 中）之间的黏合性的膜。基膜 49 的示例包括 SiO_2 膜，Ti 膜和包含 Hf、Ta 或 Zr 的膜。喷嘴孔 41 包括直部分 43，该直部分 43 是从液滴排出表面 40a 延伸并具有恒定直径的直孔。防液膜 42 中所含的防液基团（在这种情况下为氟原子 42a）黏合到包括喷嘴孔 41 的直部分 43 的内部喷嘴壁 41a。当喷嘴被供给纯水时，纯水的弯液面停留在直部分 43 中。在内部喷嘴壁 41a 上调整其中与纯水的静态接触角 θ 为 90°或更大的区域，使得该区域仅存在于直部分 43（直孔）的壁部分 43a 上，并且没有存在于直部分 43 以外的部分上。

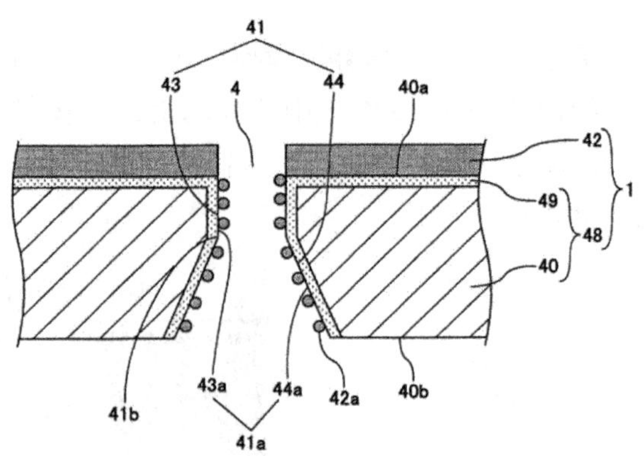

图5-32　防止疏液性膜的老化的喷嘴板

为了使喷射表面的残余液体可以容易地被清除和移除，如图 5-33 所示，JP2015218631 中形成在液体排出单元 2 液体排出区域 5a 中的金属氧化物膜 6a 和液体排出构件 22 的排出表面 5 上的非液体排出区域 5b，形成金属氧化物膜 6b。疏液膜 4a 和 4b 分别形成在金属氧化物膜 6a 和 6b 上，疏液膜 4a 的拒液性高于疏液膜 4b 的拒液性。在液体排出区域 5a 上，形成包含 Si 和金属 A 的金属氧化物膜 6a 以及疏液膜 4a。在非液体排出区域 5b 中形成的金属氧化物膜 6b 的金属 A 的比率高于在液体排出区域 5a 中形成的金属氧化物膜的金属 A 的比率。

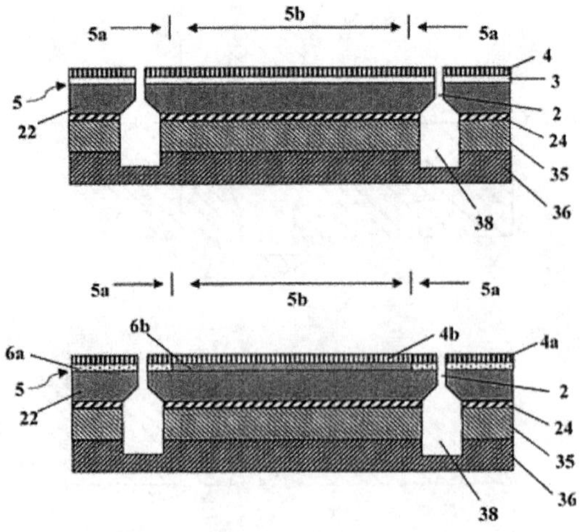

图5-33　残余液体可以容易地被清除的喷嘴板

为了防止重复擦拭操作引起的疏液膜的磨损而降低拒液性，如图 5-34 所示，JP2015191675 中在喷嘴基板 40 的表面形成多个凹陷 43，疏水材料是具有全氟聚醚（PFPE）骨架的化合物，采用上述疏水材料形成疏水膜 42，并且疏水材料以可流动的方式保持在凹陷 43 内。

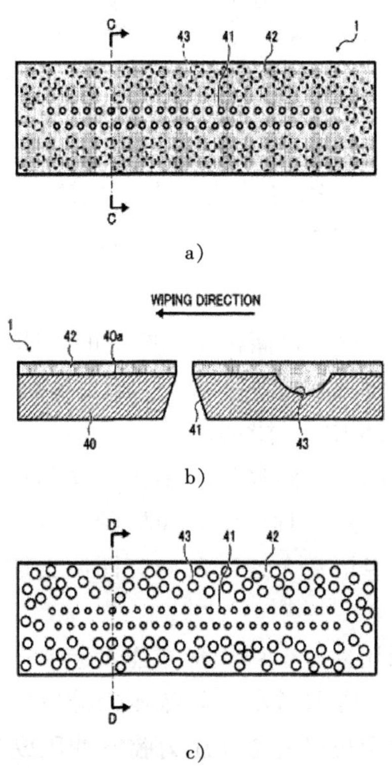

图5-34　防止疏液膜的磨损的喷嘴板

为了提供一种能够稳定地排出具有优良干燥性和低表面张力的液体的装置，JP2016121752 中喷嘴板具有喷嘴基材和至少在液体排出表面侧上的疏液膜表面，其中疏液膜是含有氟树脂的膜，氟树脂包含具有含氟杂环结构的结构单元，疏液膜设置在喷嘴 11 的内壁表面上，最大发泡压力法在 25°C 的液体表面张力和表面寿命 15ms 的动态表面张力为 25 MN/m 以上、32 MN/m 以下。

为了提供一种性能更好的疏液膜，JP2017006905 中限定了疏液膜是含有氟树脂的膜，氟树脂具有含氟杂环结构，在 PTFE 骨架中具有醚键，膜表面的马氏硬度大于 50N/mmor，弹性功率大于或等于 25%。

如图 5-35 所示，JP2016181764 中疏液膜 40 也是含有氟树脂的膜，氟树脂具有含氟杂环结构，在 PTFE 骨架中具有醚键，并且具有倾斜表面区域 41，在该倾斜表面区域 41 上形成倾斜表面 41a。

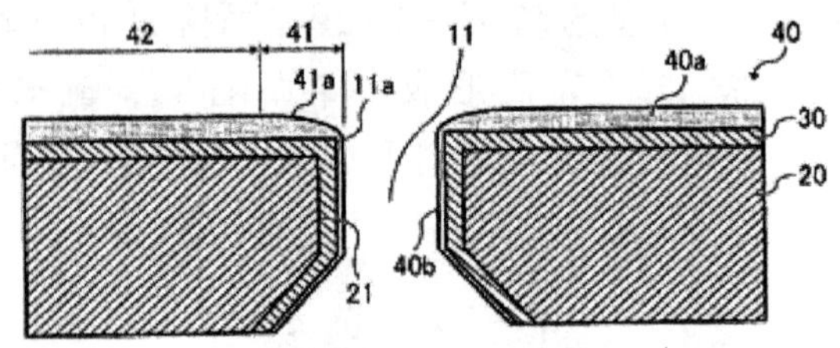

图5-35　含有氟树脂的疏液膜的喷嘴板

JP2017021907 中疏液膜包含第一氟树脂和第二氟树脂，所述第二氟树脂具有含氟杂环结构，所述含氟杂环结构在 PTFE 骨架中具有醚键，第一氟树脂具有第一温度或更高的玻璃转变点 T_g，第二氟树脂具有比第一温度低的第二温度的玻璃转变点 T_g。

5. 压力腔板

压力腔板用于形成压力腔室，存储在压力腔室的液体在受到振动板的推挤作用后，压力腔室的体积发生变化从而将液滴喷射出去，压力腔板形成于振动板与喷嘴板之间。上述提及的申请 JP2011200525 中，附图标记 1（见图 5-6）对应的即为压力腔板。压力腔板一般通过硅基板刻蚀形成，而喷嘴板多为金属制备，需要考虑两者材质不同而带来的热膨胀系数不同等。当然，对于压力腔板的材料，爱普生提出了通过金属冲压的方式形成压力腔板的专利申请；大连理工研究团队选取 SU-8 光刻胶作为腔室制作材料。

1999 年，爱普生提出采用冲压金属板形成压力腔室的制备方式。但随着分辨率的要求提高，压力腔室之间的间隔非常小，导致压力腔室壁非常薄，在喷射过程中容易出现串扰。2002 年，爱普生提出可将金属压力腔室冲压成 V 形槽的样式以提高压力腔室之间的壁厚，并具体描述了实现该形状的冲压方法。

如图 5-36 所示，2003 年，爱普生先是提出将压力腔与喷嘴的连通位置设置为两段式通孔的方案。

如图 5-37 所示，同年，针对形成该两段式通孔的具体加工过程进行研发，在不破坏 V 形压力槽形状的前提下采用多次冲压的方式准确制备该两段式通孔。

同年，爱普生提出在压力腔槽周围设置小凹坑以平衡冲击形成压力槽过程中产生的残余应力。在 2003 年，爱普生围绕压力腔室提交了多件专利申请。

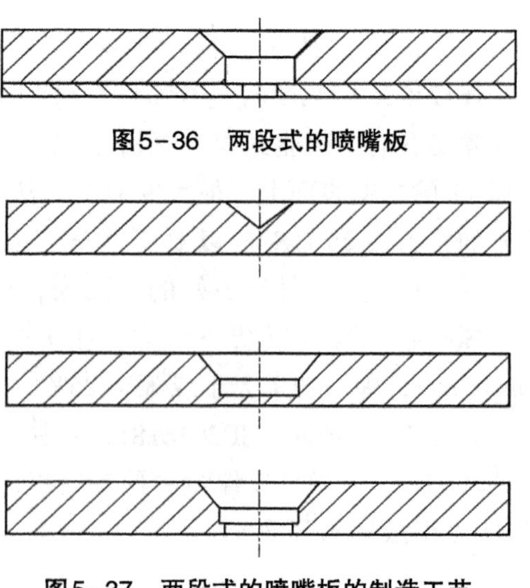
图5-36　两段式的喷嘴板

图5-37　两段式的喷嘴板的制造工艺

6. 墨水流路

墨水流路显然是一项复杂的系统工程，

其涉及了墨水从共通墨室到各个喷射的压力室，再从各个压力室喷射出去的整个墨水流路。而且，墨水流路的设计又与驱动波形息息相关，相同驱动波形在不同的墨水流路中的喷射表现可能不尽相同。因而，墨水流路的改进涉及的方面也比较多，例如为了稳定供墨将墨流设置为以直角穿过公共液体室和相应压力液体室的位置，或配置墨水阻挡机构以防止推压时墨水的回流，2010 年之后出现了循环流路结构，其使得墨水在供墨管路与喷射头之间实现循环，防止了墨水的沉降。

如图 5-38 所示，2007 年，理光考虑到过滤器的存在影响了流体的供给，其设计了新的流路结构。液体喷射头包括多个用于喷射液滴的喷嘴 4、多个与每个喷嘴 4 连通的加压液室 6，液体供应部分 10 包括与每个加压液体室 6 互连并向其供应液体的每个单独供应路径 21 和用于互连多个单独供应路径 21 的部分 22，以及过滤器 9 用于过滤供给到面向液体供给部 10 的各个供给路径 21 的加压液体室 6 的液体。该结构能够在从喷嘴附近的过滤器去除异物的同时，将液体充分地供给到加压液室。

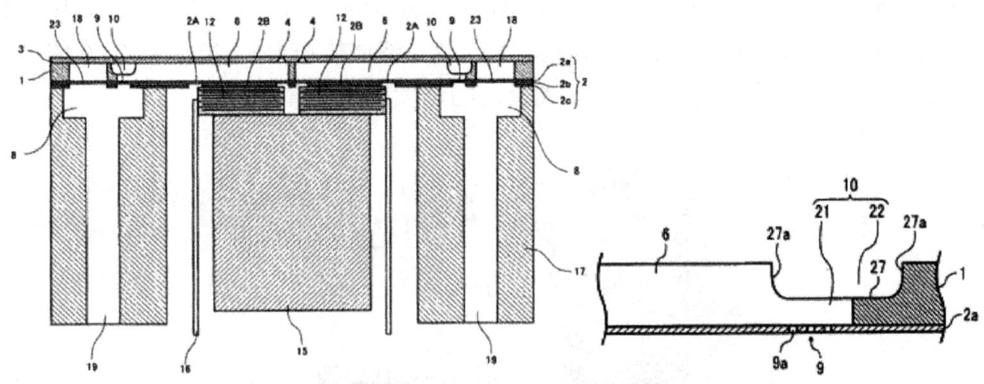

图5-38　加压液体室和供给路径构成液体供给部

如图 5-39 所示，2012 年，理光提出一种液滴喷射头，该液滴喷射头包括：具有多个喷嘴 2a 的喷嘴板；每个喷嘴与之连通的液体室 1a；具有流体阻尼器 1b 的通道板 1；对液体室中的液体加压的驱动装置 5；具有向液体室供应液体的供给口 3d 的振动板 3；具有用于存储液体的公共液体室 1c；以及设置在公共液体室 1c 和振动板 3 之间的供给口处且具有多个孔的过滤器 3f。供给口 3d 设置在不包括液体室和流体阻尼器的通道处，并且在朝向供给口的通道板处形成薄膜部 1e。在朝向薄膜部的喷嘴板处形成避免与薄膜部接触的凹陷部 2b。通过该结构的设置，使得液滴喷射头稳定地提供不混合异物的液体，并快速地抑制过大的压力波，以实现高图像质量、高速度和高质量的液滴喷射。

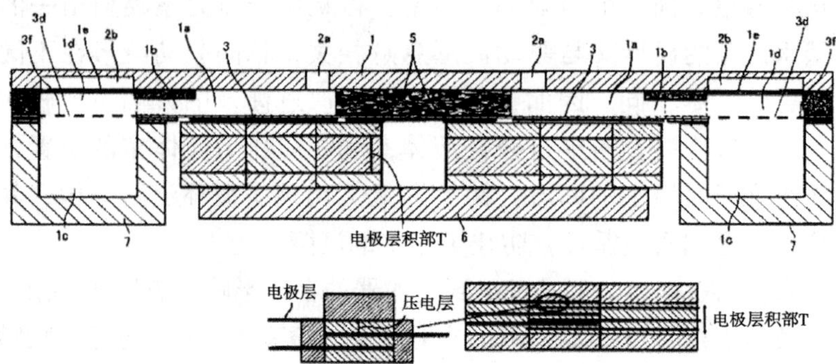

图5-39　形成避免与薄膜部接触的凹陷部的墨水流路

如图 5-40 所示，2013 年理光提出的喷墨头结构，能够减少从公共液体室到液体供给路径的液体供给延迟。具体而言，该液体喷射头使得公共液体室的壁面形成倾斜逐渐扩展的倾斜面 80，且在该倾斜面 80 上形成了从公共液体室到喷射室的液体供给路径 70。当通过过滤器部件 9 将液体从公共液体室沿着液体供应路径 70 供应到液体引入部件 8 时，沿着公共液体室的倾斜面 80 成锐角的角度产生液体 300。

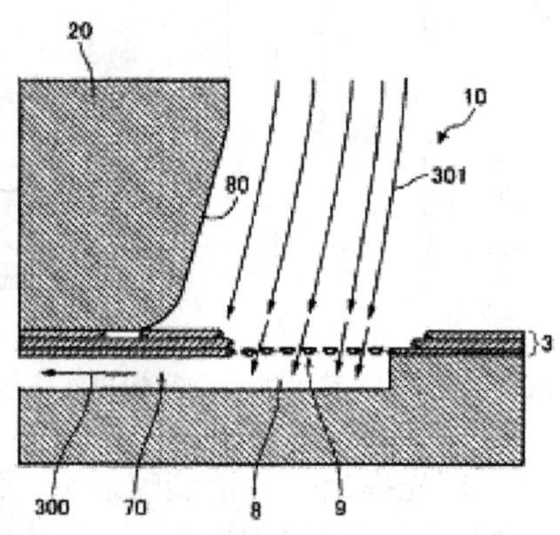

图5-40　带倾斜面的墨水流路

循环流路常见于热气泡式的喷墨头结构中，如图 5-41 所示，理光在 2014 年左右提出了用于推压式喷墨头的循环流路结构。该液滴喷墨头包括：共用的供应通道 21A、21B，其将液体分别供应到压力室 18A、18B 中；压力室 18A、18B 中的一部分液体分别返回的共用返回通道 26A、26B；压电元件 14A、14B 分别在压力室 18A、18B 中产生压力。液滴喷墨头使供给至压力室 18A、18B 的液体向共用返回通道 26A、26B 循环，并在喷嘴孔 11A、11B 中产生压力时使液体的液滴从喷嘴孔 11A、11B 中排出。共用供给通道 21A、21B 和共用返回通道 26A、26B 分别在压力室 18A、18B 的纵向上相对于压力室 18A、18B 布置在同一侧。该液滴喷射头在压力室中产生液体的循环流并防止头主体尺寸增大。

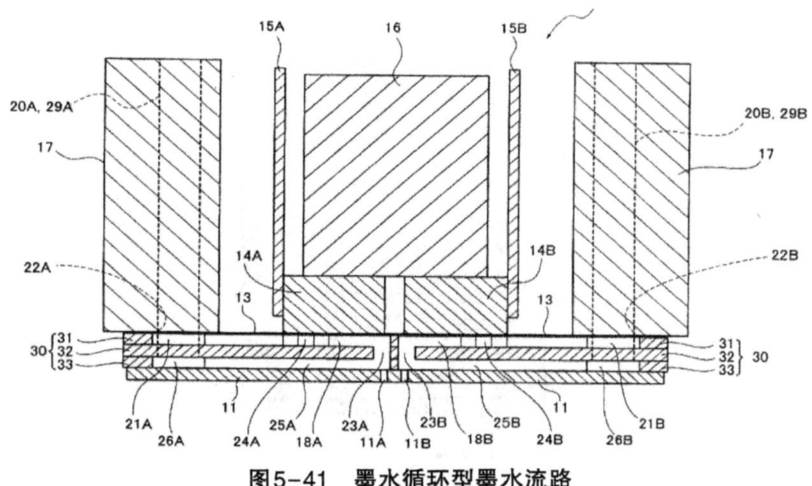

图5-41　墨水循环型墨水流路

2000 年以后，爱普生对于液体流路的研究，更偏向于整体流路，而并非单纯的流路基板，例如，通过在流路中设置阻尼器来防止长期储存期间流动路径内的墨水黏度增加。通过合理设置流路通道的方向及宽度，使其能够保留较大的气泡，能够抑制液体的填充故障并减小液体的尺寸。在流路中合理分布转换液体层，来防止油墨的沉降。为防止断电后墨室沉降，设置循环流路，使墨水在供墨管路与喷射头之间实现循环。

爱普生在 2011 年的专利申请中，在液体流路中设置了两个压电致动器，第二压电致动器主要为防止推压时墨水向返回流路溢出，从而提高第一压电致动器利用率。针对墨水向返回流路溢出的问题，爱普生于 2017 年提出两件专利申请：第一件中，配置了第二压电致动器，该第二压电致动器能够在流道的侧壁伸缩，从而可以改变流道中的阻力；第二件中，在第一件的基础上增设了另一压电致动器，其用于进一步改变流道中的阻力。

7. 过滤器

过滤器用于过滤油墨中的杂质或气泡。在热气泡式的喷头中，由于油墨的杂质对于热气泡的喷射有重大的影响，因而在热气泡式喷头中过滤器几乎成了“标配”。相对地，在同属压电的弯曲式喷头中，极少能够见到过滤器的配置。然而，在推压式喷头中，过滤器也成了一个重要的研究对象。可能由于推压式的推力较大，喷射速率也足够快，油墨中的杂质以及油墨中的气泡也成了不得不面对的课题。因此，过滤器常围绕流体的正常流动与过滤效果的平衡进行改进。

接下来，如图 5-42 所示，以 JP2012230982 为例，示例性展示过滤器的结构。

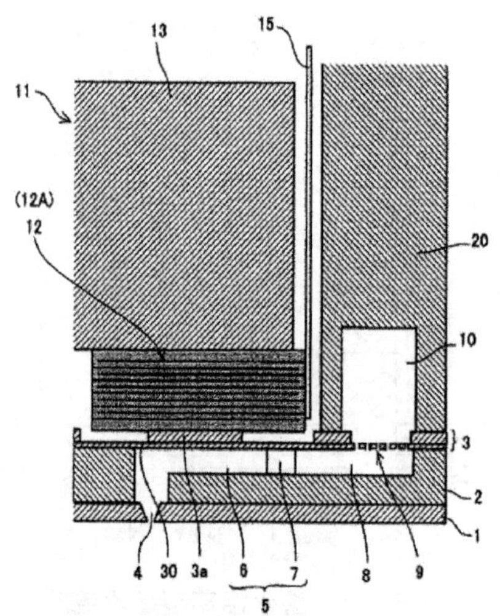

图5-42　过滤器的结构图

振动板构件 3 具有在喷嘴列方向上在各个流路 5 的整个范围上配置的用于对液体进行过滤的过滤器部 9，过滤器部 9 具有用于对液体进行过滤的多个过滤孔。

过滤器的改进大体可以分为对于过滤器件本身的改进以及对于过滤器件与其他部件共同作用的改进。

对于过滤器件本身的改进如图 5-43 所示，2006 年，理光提出一种喷墨头，喷墨头包括与排出墨的喷嘴 13 相对应的单独的液压室 20，以及将墨水供应到单独的液压室 20 以在记录介质上记录图像的公共液压室 29。在公共液压室和分离的液压室之间设有具有阻尼器部分 25 的膜厚 1～10μm 的过滤器 24，也即在过滤器 24 上布置了阻尼器部分 25。通过上述配置，使得墨水从公共液压室 29 注入单独的液压室 20 时，能够减少相互的干扰。

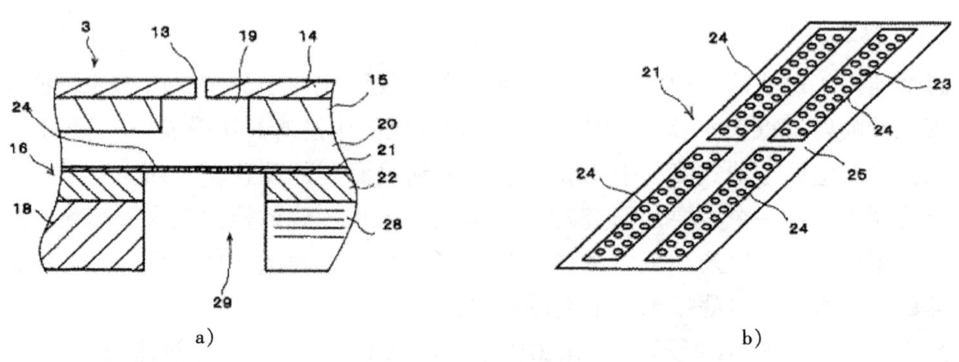

图5-43　过滤器和阻尼器结合的结构图

类似于上述构造，如图 5-44 所示，2012 年提出滤板 20 布置在公共液体腔室的液体流动路径中，滤板设置有用于过滤液体的过滤器部分 22 和用于减小公共液体腔室中的压力变化的阻尼器部分 21，并且过滤器部分 22 布置成比阻尼器部分 21 厚。上述结构由于过滤器部分被布置成比阻尼器部分厚，因此在过滤器部分中确保了足够的刚度。

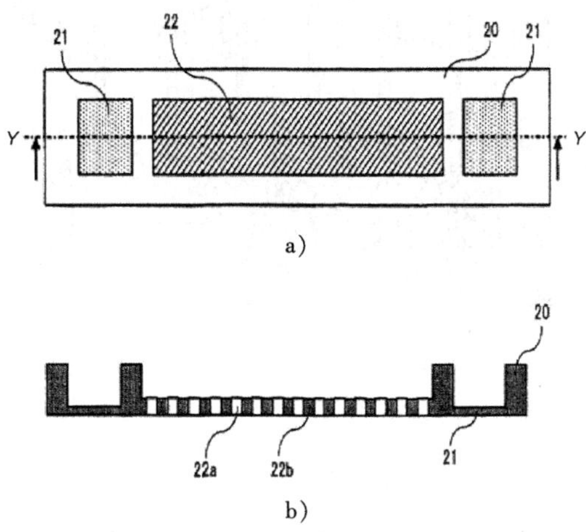

图5-44　过滤器厚度大于阻尼器的结构图

如图 5-45 所示，2012 年，理光另提出一种喷墨头，其通过将加强肋 92 部分地布置在过滤器 9 的整个宽度上，从而避免了气泡的积聚和液体的滞留，确保过滤器部分既有足够的刚度以确保稳定的过滤功能，又可以有效地改善排液头的气泡排出性能。

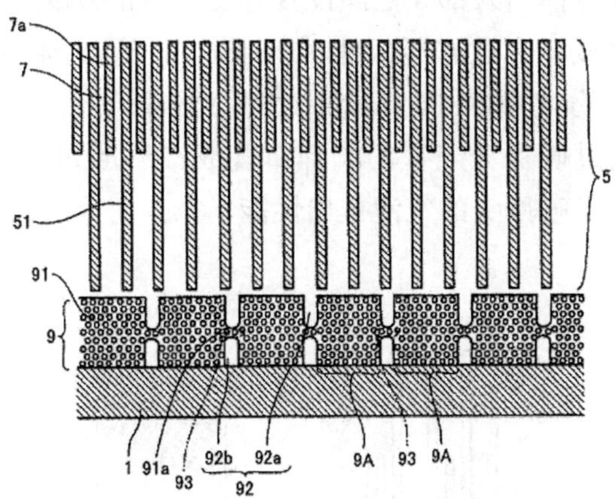

图5-45　带加强肋的过滤器

在前述结构的基础上，如图 5-46 所示，同年理光做出进一步改进，其在过滤器部分 9 中同样配置有多个加强肋 92，但加强肋 92 倾斜于单个通道 5 中液体的流动方向 300 布置。上述结构解决了在原竖直加强肋处气泡排出性能下降的问题。

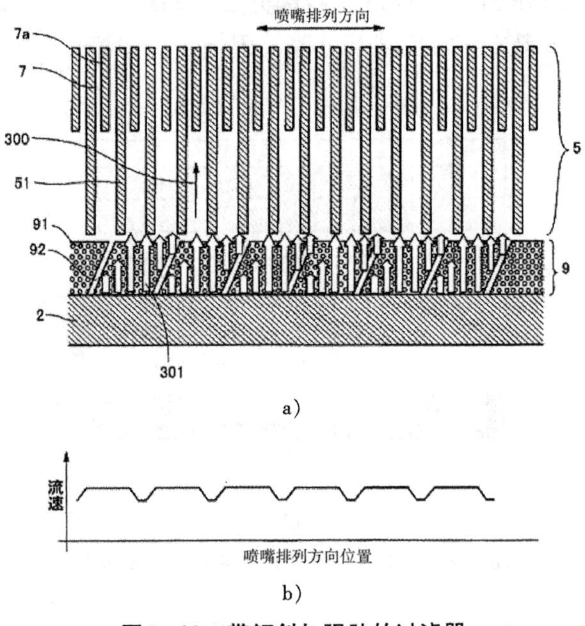

图5-46 带倾斜加强肋的过滤器

对于过滤器件与其他部件共同作用的改进如图 5-47 所示，2012 年理光提出一种喷墨头，其在普通液室和液体引入部 8 之间设置有过滤器部件 9，过滤器部件 9 被配置在喷嘴排列方向的整个区域。在过滤器部件 9 上形成用于通过液体的多个过滤孔 91，各个墨室具有分隔壁 61，分隔壁 61 布置成面对过滤器部分的一部分，且分隔壁 61 的端部 61a 是锥形形状。通过确保分隔壁的端部布置成锥形形状，可以防止端部附近的液体流动停滞，从而改善了喷墨头的气泡排出性能。

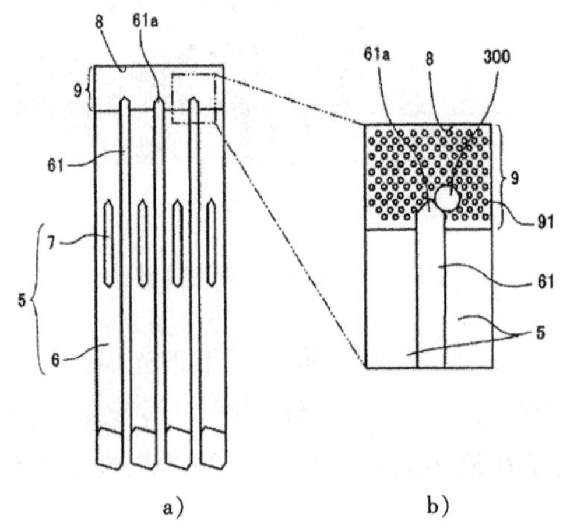

图5-47 分隔壁锥形端部配合过滤器的结构图

如图 5-48 所示，2013 年理光提出在过滤器部件 9 中，设置加强区域 92，该加强区域将过滤器部件 9 划分为与两个或更多个单独的通道 5 相对应的多个过滤器区域 9A。

在液体引入部 8 侧，设置有与之对应的分隔壁 52。分隔壁 52 在喷嘴布置方向上的宽度比在喷嘴布置方向上的加强区域 92 的宽度宽。通过上述配置可以改善液体排出头的气泡排出性。

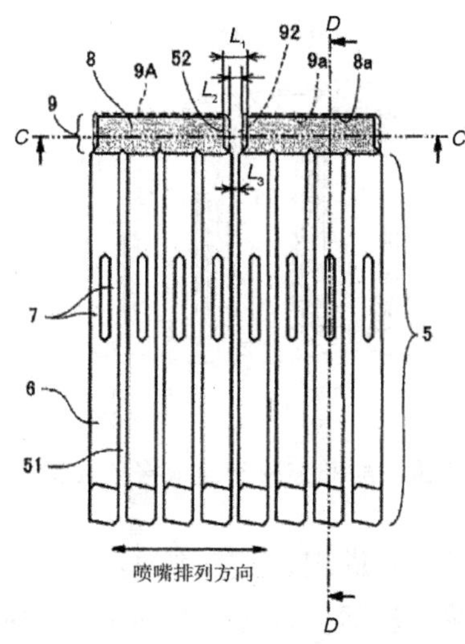

图5-48　分隔壁宽于过滤器的加强区域的结构图

此外，如图 5-49 所示，2012 年理光提出在框架主体 142 的开口部的内周端形成有倒角“R 形”黏结剂堆积区域，并且在黏结剂的突出方向上的黏结剂堆积区域的尺寸大于过滤片材的相邻的孔之间的区域的尺寸。通过该结构的配置，能够更可靠地排出附着在框架主体 142 的壁面的过滤器的上游侧的气泡。

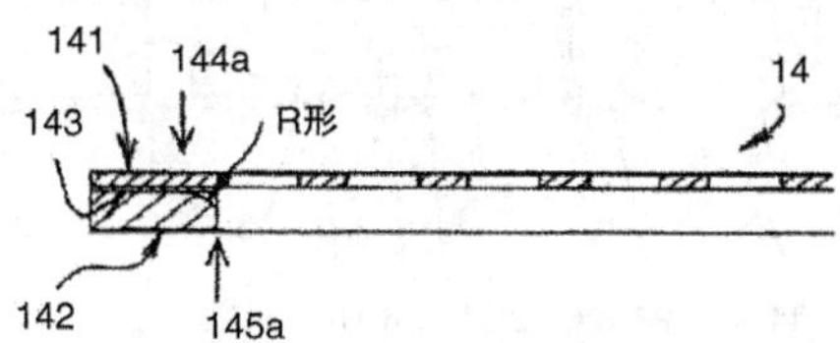

图5-49　框架有倒角“R 形”的结构图

5.1.5　推压式喷头的常见加工工艺

喷墨头的加工工艺实质上一直在不断改进，从早期的黏合技术，再到后期的光刻工艺等。

1. 黏合技术

在喷墨打印头中，各部件之间有必要采用黏结剂实现相对位置固定，其物理性能、均匀性、弹性、黏合强度、厚度等特性都会对喷墨头的性能产生影响。黏合技术更多关注于黏合之后的耐久性以及黏合后是否对喷射性能产生影响，例如形成一个由多个窄槽制成的非穿透凹槽，防止黏结剂的突起影响喷射。

1999 年，为了避免因黏结剂的突出影响喷射，如图 5-50 所示，理光提出沿着一个构件 41 的开口 42 的边缘形成一个由多个窄槽制成的非穿透凹槽 51，该凹槽 51 用于承接构件贴合时溢出的黏结剂。

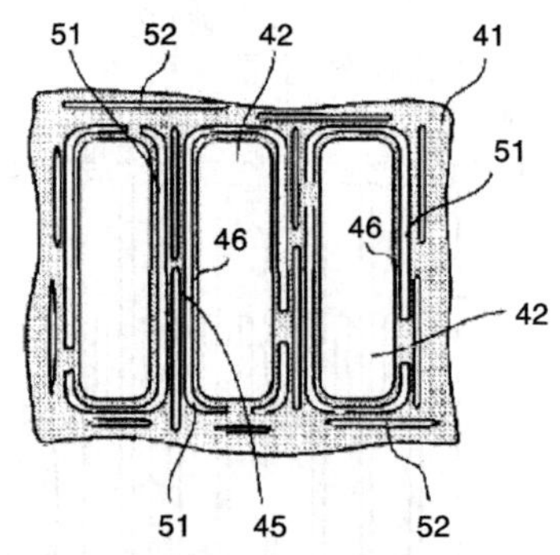

图5-50　边缘形成非穿透凹槽承接多余黏结剂的样式图

如图 5-51 所示，1999 年理光提出通过黏结剂 14 将压电元件 12 和基板 11 黏合在一起，且使得黏结剂具有弹性，从而当通过压电元件 12 移动来减小压力液体室 35 的体积时，能够使得压电元件可以有效移动。

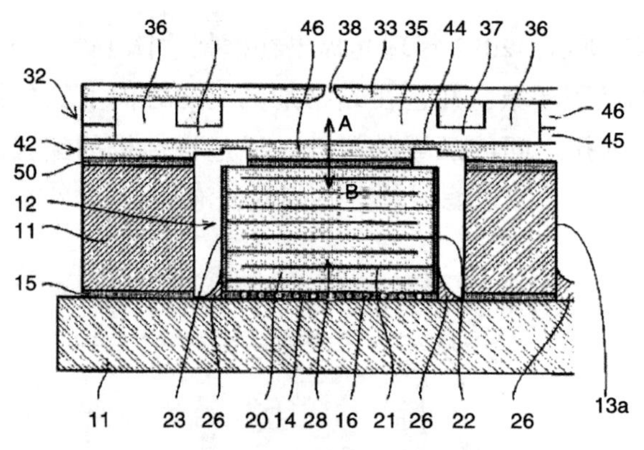

图5-51　黏结剂具有弹性的喷头结构图

如图 5-52 所示，2000 年理光提出一种使得压电元件和振动板黏合的工艺，该工艺中，首先在与每个压电元件的前端相对应的压电元件凹槽 7 中均匀地填充黏结剂 13，然后在压电元件的前端插入凹槽 7 后将前端浸入黏结剂 13 的压电元件抽出，使得前端带黏结剂 13 的压电元件粘接在振动板 2 上，从而使得黏结剂层的厚度黏附范围均匀。

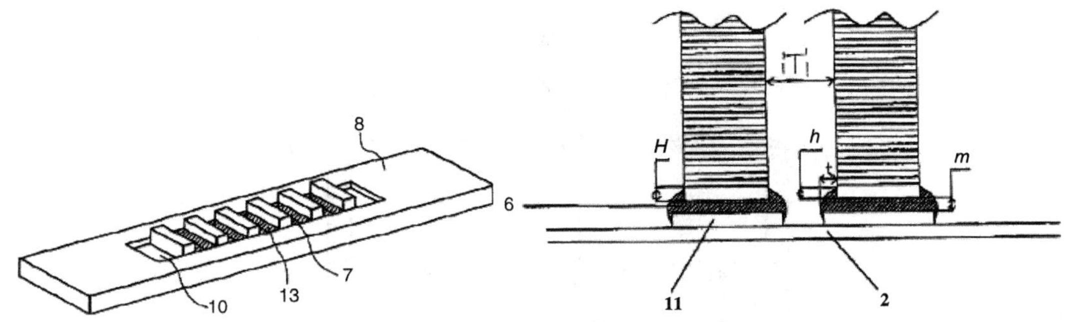

图 5-52　黏结剂置于凹槽内的喷头结构图

2001 年，理光提出通过由紫外线设定的厌氧性黏结剂将压电元件粘接固定在金属制的基板上。由于厌氧性黏结剂的固化时间短并且能够防止冲击和潮湿而导致的剥离，因而提高了压电元件和基板的黏合可靠性。2002 年，理光还进一步提出一个类似的方案，其称 UV 固化黏结剂可以缩短临时固定时间。2006 年，理光还提出采用环氧黏结剂连接而成的喷墨头结构，且通过系列配置抑制了环氧黏结剂的硬化材料中弹性模量的降低。

2002 年，理光提出设置虚设槽的结构，其大致构思与前述设置非穿透凹槽类似，都是用于承接多余的黏结剂。具体而言，在与端部通道相对应的分隔槽附近形成虚设槽，以防止在不存在分隔槽的压电元件材料的接合部分的宽区域内的黏结剂向端部通道鼓出，多余的黏结剂被虚设槽吸收，并被阻挡而不会凸出到分隔槽中。

如图 5-53 所示，2004 年理光提出利用可熔化的树脂膜充当黏结剂，具体方案如下：在压电元件 1 的表面（作为黏合表面）喷涂与流路板 4 相同材料制成的热塑性树脂的溶剂溶液形成树脂膜 5A，流路板 4 隔着树脂膜 5A 而定位，然后用超声波振动器加热并熔化薄膜。

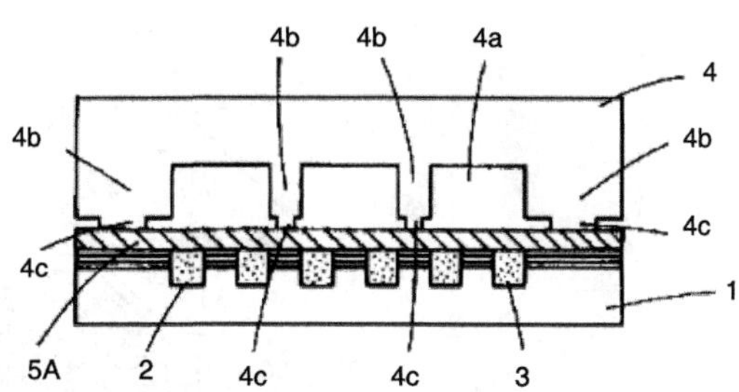

图 5-53　热塑性树脂作为黏结剂的喷头结构图

与此前关注压电元件与基板的黏合不同，如图 5-54 所示，2013 年理光提出的申请关注了过滤器与压电元件黏合时可能存在的黏结剂溢出导致的流路狭窄问题。该结构中，在喷嘴排列方向上，过滤器区域 9A 的外周部分 94 及过滤器 9A 的内部部分 93 均采用黏结剂与分隔壁 51 进行黏合，并采用过滤器区域的内部部分 93 与分隔壁 51 的接合面的间隔 L_2 比外周部分 94 的接合面的间隔 L_1 宽的方式形成。

2014 年，理光提出的申请中关注了压电元件与振动板中“岛部”的黏合，其主要构思是通过加大黏附膜的厚度来提高黏合强度且避免对“岛部”与振动板接合部产生影响。具体而言，振动板具有薄壁部分和厚壁部分（也即“岛部”），并且黏附膜覆盖在薄壁部分和厚壁部分上，且使得薄壁部分的黏附膜的膜厚度小于在厚壁部分的表面上形成的黏附膜的膜厚度。

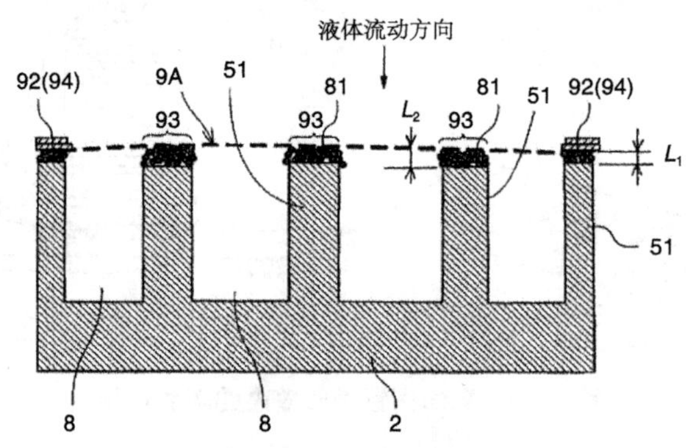

图5-54　中间黏结剂后的结构图

2. 组装定位技术

组装定位技术某种程度上紧密地关联于黏合技术，只是其更多地关注组装定位后的准确性，例如通过狭缝和销实现每个压电元件准确定位到压力腔。

为了提高喷嘴板、压力腔板、振动板等的装配精度以及容易度，如图 5-55 所示，JP28076297 中使得 V 形槽口部分 28a、30a、32a 分别形成在隔膜（振动板）28，光敏树脂层（压力腔板）29、30 和喷嘴板 32 的相对侧部。

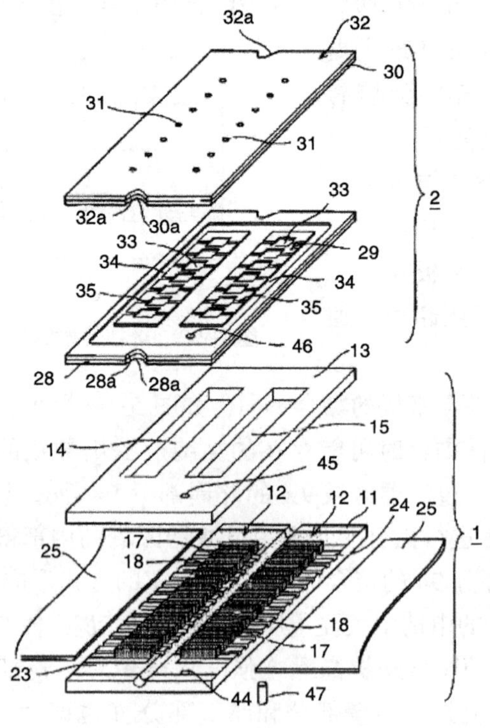

图5-55　组装定位示意

5.1.6　液滴喷射性能的控制技术

液滴的喷射性能有多个需要关注的方面，包括防串扰、余振管控、气泡管控、喷射稳定性一致性、喷射头的冷却等。这些喷射性能取决于喷头内部结构或驱动波形电压。

1. 防串扰技术

串扰是指在某一个压力室喷射时，出现了对相邻的喷射或不喷射的压力室产生了影响的现象。在具有多个喷嘴的液体喷射头中，振动板独立地作用于每个单独的压力室，针对每个喷嘴而对墨水的喷射进行控制。出于提高分辨率的需要，喷头中压力室被更紧密地移动到一起，因而串扰几乎成了不可避免的问题。为了防止串扰现象的产生，现有技术中主要采用改进喷头结构本身以及优化驱动波形。例如，两个压力室之间设置了缓冲流路，以实现对液体的缓冲进而避免串扰的发生；将压力腔室设置为 V 形，以提高压力腔壁的厚度防止压力腔室之间的串扰；根据第一驱动信号 COM1 来驱动与相邻喷嘴中的一个相对应的压电振动器，同时，根据第二驱动信号 COM2 来驱动与另一个喷嘴相对应的压电振动器，调节固定的喷射特性从而防止喷射液体时的串扰。

2. 余振管控技术

余振是指振动板存在的不必要的振动，有些余振出现在正常喷射后，有些余振出现在相邻电路板受到驱动后。当余振存在时，将导致如喷射方向跑偏、墨雾以及条纹图像等图像质量劣化的打印缺陷，因此余振管控技术对于打印质量起着至关重要的作用。类似于防止串扰，余振管控技术主要也是通过改进喷头结构本身以及优化驱动波形来实现的。例如，在隔板上切出狭缝而形成了阻尼器，因此通过阻尼器的弯曲来降低墨室内的压力来消除余振；在通过第三波形元件保持状态之后出现的第二波形元件收缩，以抑制在通过喷射产生的墨滴之后弯液面的残留振动。

3. 气泡管控技术

墨水的供给和喷射过程中会产生气泡，而气泡会导致喷出的墨滴劣化，出现斑点使得图像的质量降低，因而去除气泡在喷墨打印领域是极为重要的研究课题。在前述部分中，提及了过滤器也常用作去除气泡。当然，现有技术中除了采用过滤器部分去除气泡外，另设计了专门去除气泡的结构。例如，在通道单元的间隔件上设置具有末端逐渐变细以使其宽度基本上等于深度的容器的通道单元的间隔件，以容易地去除残留在容器末端的气泡。

4. 喷头冷却技术

驱动单元、公共电极及单个电极在频繁工作后，存在过热的可能，而驱动单元过热会直接影响喷射效果。对于喷头中构件进行冷却的专利技术起步较晚，检索的文献显示，理光公司大概在 2015 年 9 月才有相关专利申请。起步较晚的原因可能在于只有到了后期喷射速度越来越快，喷头中构件过热的问题才成为不得不面对的课题。有关冷却的申请主要集中在2015—2016年。

如图5-56所示，理光提出的冷却结构中，其不通过冷却液进行冷却，而是设置独立于单个液体室115的液体通道108，在液体通道108和公共外电极120之间插入热导体117进行冷却。

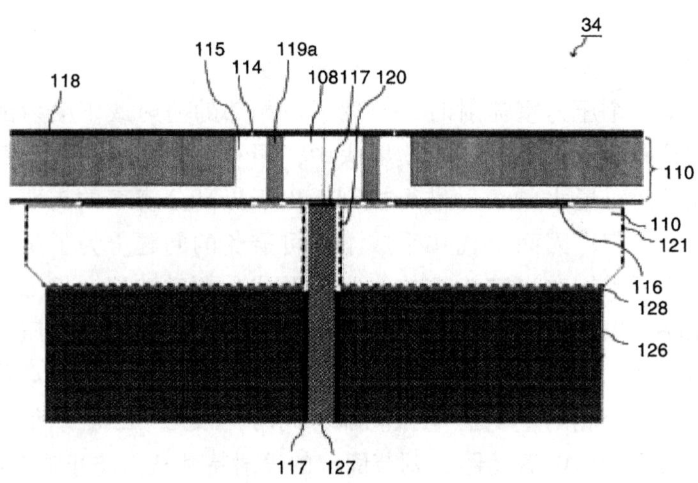

图5-56 通过热导体散热的结构

如图5-57所示，理光还提出配置一个包括将热量传递到外部的装置33a的散热器31，且该散热器31用于保持驱动电路23，同时该散热器31避免与头部主体101接触，以切断热量传递到头部主体101。

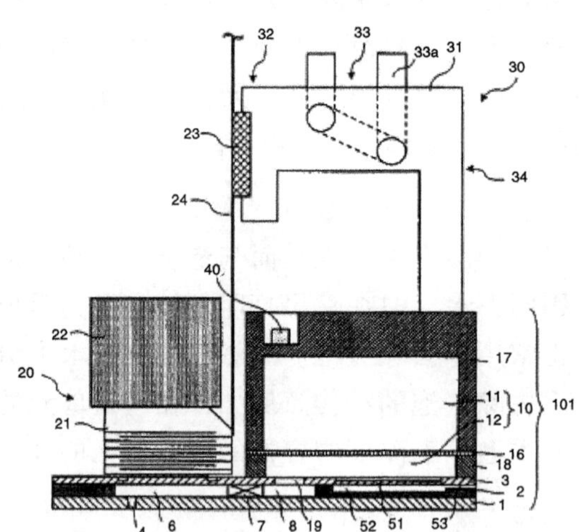

图5-57 避免将热量传递到头部主体的散热器

如图5-58所示，2016年理光提出喷墨头结构，其包括辐射部件61，用于将驱动控制部分51的发热扩散到外部。盖部件59具有插入辐射部件61的穿透孔62，并且辐射部件61的至少一部分通过穿透孔62突出，然后接触外部空气，该结构能缩小尺寸又能提高冷却效率。

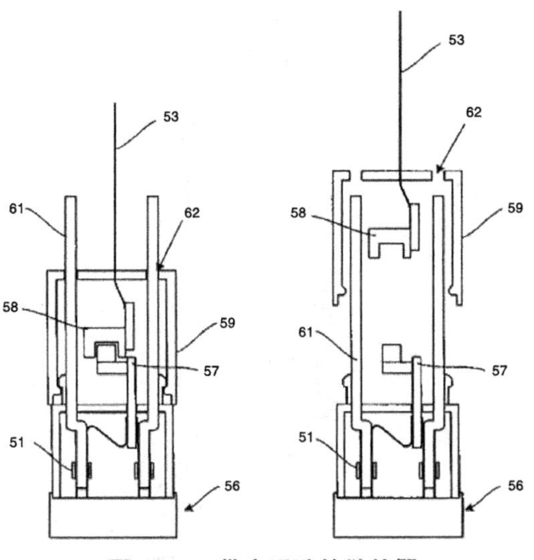

图 5-58　带穿透孔的散热器

同年，如图 5-59 所示，理光提出喷墨头的柔性电路板 8 的至少一部分中提供从覆盖柔性电路板 8 的绝缘材料暴露到外部的暴露部分 81a，该暴露部分 81a 经由导热构件 85 与喷墨记录头 10 的部分（框 1）接触。

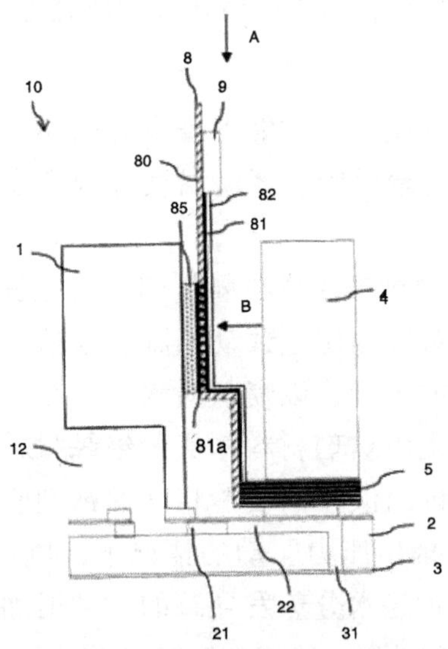

图 5-59　带暴露部分的散热器

如图 5-60 所示，JP2016202272 中提出一种喷墨头结构，其包括向液体喷墨头 2 供应液体的液体供应通道 3、第二温度控制液体通道 4 及热耦合部件 5，其将液体供应通道 3 与第二温度控制液体通道 4 热耦合。该结构实质上利用供应通道中的液体来进行散热。

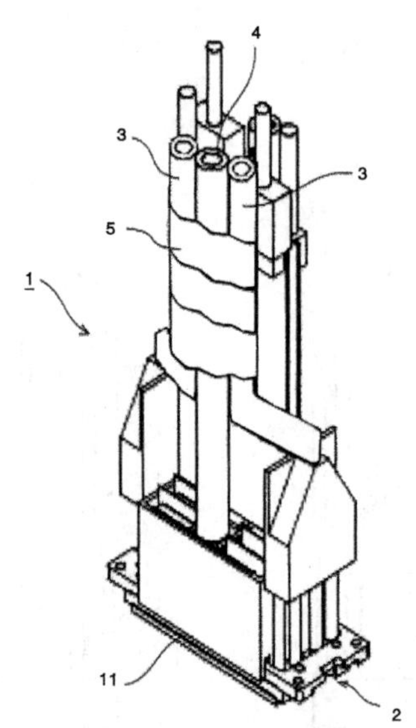

图5-60 与管道耦合的散热器

5.1.7 液滴喷射适性的控制技术

喷射适性的影响因素包括喷墨头所采用的油墨以及对应的承印材料，由于推压式喷墨速度快、油墨黏度低等特点，对于喷射适性的研究也比较重要。

1. 油墨控制技术

只有当油墨具有合适的黏度时，才能保证良好的喷射性能，从而保证了最终印刷质量，然而油墨黏度本身会随着时间、环境温度等因素发生变化，据此，株式会社理光提出了如下专利技术。

JP2005014227 通过利用加热器加热喷墨打印头而能够喷射高黏度墨，具体为：在喷墨头中，向与喷嘴开口相对应的压电致动器施加电信号，以从压电致动器的自由端侧的末端扩展和收缩压力腔的容量，以喷射墨水。支撑基板和流路形成部件具有基本相同的线性膨胀系数，并且是由玻璃材料构成的绝缘材料。JP2013152957 中精细驱动控制过程包括：分配至少与排出液体的喷嘴相邻的精细驱动喷嘴的驱动；以及在不由排出液体的喷嘴传递的液体排出压力驱动的情况下，执行精细驱动喷嘴的精细驱动。JP2015180658 提出通过抑制油墨水分蒸发导致的黏度增加，从而获得良好的抗摩擦性以及良好的放电稳定性和维护性能。JP2018028724 提出通过提高油墨的温度检测精度，从而保持残压的衰减和补墨时间的平衡，缩短转为墨滴喷射操作的时间。通过在多个温度检测元件检测到的喷管排上实现图像密度校正，抑制了温度分布变化引起的浓度变化。通过在喷嘴附近布置多个温度检测元件，实现了对喷嘴附近液体温度的高精度检测。

2. 纸张控制技术

不同纸张的渗透性能、抗摩擦性能、卷曲性能等参数会影响最终打印产品的质量，为了满足人们日益增长的高质量印刷需求，尤其是通过推压式实现喷墨打印的方式，株式会社理光提出了如下专利技术。

JP2007167130为了能够使用具有商业印刷级别的光面铜版纸等具有高图像质量记录介质，实现具有出色的图像密度、光泽度、图像质量水平和可靠性的喷墨记录方法，此喷墨记录方法记录在记录介质中同时使用黑色墨水和彩色墨水合成黑色的图像。黑色墨水包含体积平均粒径为40~100nm的炭黑，并且彩色墨水分别包含诸如青色、品红色和黄色的颜料作为记录墨水。JP2012193441为了能够在双面打印时形成高质量的图像，具有抑制卷曲的优越效果，并且能够实现高速输出，提供一种喷墨图像形成方法。该图像形成方法具有在介质上施加喷墨处理液的步骤以及喷墨记录的图像形成步骤（b），该喷墨记录将墨水排出并在应用介质上形成图像。在该方法中，处理液至少含有水和水溶性有机溶剂。喷墨记录的图像形成步骤（b）包括在一个表面上形成图像的第一图像形成步骤（b1）和作为根据需要在另一个表面上形成图像的任意图像形成步骤的第二图像形成步骤（b2）。在步骤（a）将处理液施加到介质的两侧之后，对介质执行图像形成步骤（b）中的至少第一图像形成步骤（b1）。JP2013092705A提供一种能够提高形成图像的记录介质的抗划伤性（抗擦伤性）的图像形成装置，将图像形成装置设置为具有在图像形成之前向记录介质表面施加预处理液体的预处理装置；以及在记录上排放不同于预处理液体的后处理装置图像形成后的介质。预处理装置将基于至少形成的图像的分辨率确定的预处理液量的预处理液应用于记录介质。后处理装置将根据至少形成的图像的分辨率确定的后处理液量的后处理液排放到记录介质。JP2015121031中提供一种喷墨装置，其能够在长时间内抑制非渗透性介质上的异常图像（例如点的污垢）的形成，喷墨记录装置具有存储墨水的墨水存储容器和用于喷射墨水的喷墨头，其中喷墨头具有一个具有无机氧化物层的喷嘴板和一个含氟的拒墨层，该喷嘴在喷墨形成部件的墨水的一侧的表面上喷出含氟油墨，该油墨含有至少含有水的氨基甲酸酯树脂颗粒、一种着色材料及环己烷组分和聚醚改性有机硅化合物，且喷墨记录装置还具有加热喷墨头中的墨水的加热装置。

5.2 推压式压电喷墨打印技术的专利申请情况

在CNABS、CNTXT、DWPI、SIPOABS、VEN、JPABS等主要数据库中，采用准确的F-term、CPC分类号直接进行检索，并通过重要申请人进行了补充检索及相关专利文献的追踪检索，最终确定涉及推压式压电喷墨打印技术的中外文专利文献共3776项（同族作为一项专利统计），其中理光的专利为676篇、富士的专利为205篇、爱普生的专利为1164篇、索尼的专利为150篇，以此为样本进行分析。由于专利申请延迟公开的特点，有部分申请目前可能尚没有公开。因此，数据库部分数据存在收录不完全的情况导致本文统计的专利申请量少于实际申请量。

本节将从专利申请的角度对推压式压电喷墨打印技术的全球专利申请进行分析。首先给出了推压弯曲式压电喷墨打印技术的历年专利申请整体趋势，并分别从重要申请人专利申请量、来源国、目标国分布的角度进行分析，以得到推压式压电喷墨打印技术在全球的发展状况。

（1）历年专利申请量整体趋势

图 5-61 所示为推压式压电喷墨打印技术全球专利申请历年分布趋势。在 1987 年之前，推压式压电喷墨打印技术处于初级发展阶段，申请量处于平稳上升期，但总体数量处于较低水平，这说明在 1987 年之前该技术的市场需求不是很多，且各家公司都在从不同的技术路线进行尝试，没有就某一技术路线进行深入的研发；1988—2015 年，属于蓬勃发展时期，专利申请量急速上升，并一直处于较高水平，其中在 1997—2008 年达到历年申请量的最高值，这说明在这段时间推压式压电喷墨打印技术处于创新发展的黄金时期，被人们所认可，市场需求不断增加；2015 年之后，专利申请量处于快速下降阶段，这说明在这个时期技术革新速度降低，同时也表明了推压式压电喷墨打印技术已经发展到相对成熟期。

（2）重要申请人专利申请量

图 5-62 按照申请总量进行排名，排名前 5 位的申请人分别是：①精工爱普生株式会社；②株式会社理光；③富士胶片株式会社；④索尼公司；⑤佳能株式会社。图中截取了排名前 12 位的申请人，可以看出，全部为日本企业，这表明日本在推压式压电喷墨打印领域占据着绝对的主导地位，起步较早、发展较快，其中日本的精工爱普生株式会社申请量最大，接近 1200 项，其次是理光、富士和索尼，本文着重分析爱普生和理光在推压式压电喷墨打印领域的技术发展情况。

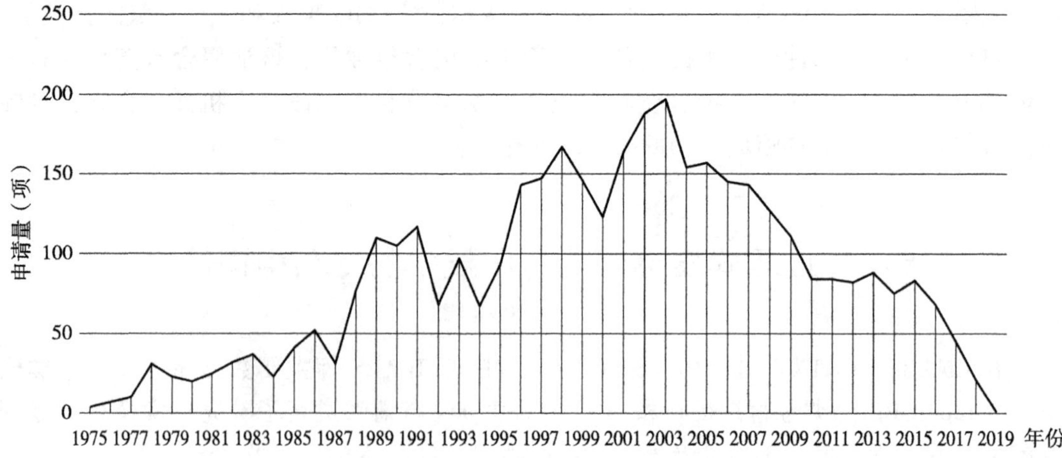

图5-61　推压式压电喷墨打印技术全球专利申请历年分布趋势

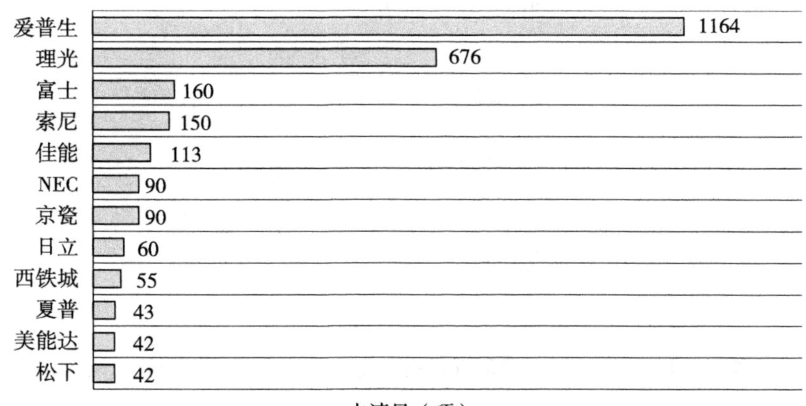

图5-62 全球重要申请人排名

（3）来源国（地区）、目标国（地区）分布

图5-63示出了推压式压电喷墨打印技术来源国（地区）专利分布情况，从中可以看出，推压式压电喷墨打印技术专利申请的来源主要集中在日本，排名前12位的公司均为日本公司，因此专利申请的最大来源国为日本也是必然的，有89%的专利申请源自日本，远超过其他来源国家（地区），其次为美国，也仅占总专利申请的7%，欧洲占比2%，而来自美国、欧洲的申请也多为上述日本企业在海外的研发基地。这也说明了推压式压电喷墨打印技术发展于日本，其相对成熟和完善的核心技术也集中在日本。

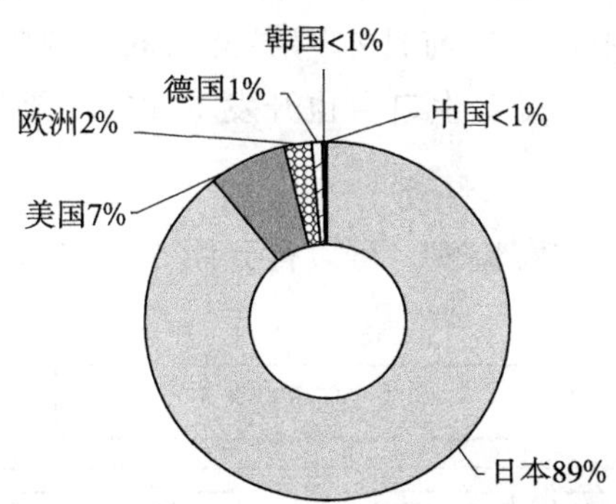

图5-63 推压式压电喷墨打印技术来源国（地区）专利分布情况

图5-64示出了推压式压电喷墨打印技术目标国（地区）专利布局情况，从中可以看出，该技术的专利申请的目标国（地区）主要集中在日本和美国，因此作为技术原创国的日本同时也是专利申请数量最多的目标国，日本本国的专利申请数量占总申请量的67%，远超在其他国家（地区）的申请量，其次为美国占总申请量的16%，另外在欧洲、中国和德国也有一定数量的申请，但远低于在美国和日本的专利申请量，这也说明了推压式压电喷墨打印技术在日本和美国的应用和发展比较领先。

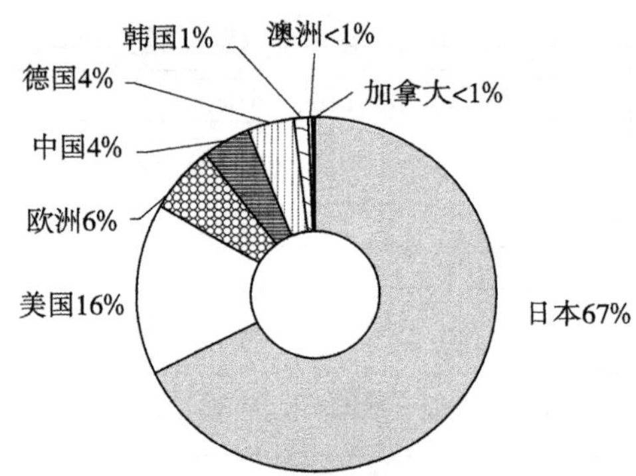

图5-64 推压式压电喷墨打印技术目标国（地区）专利分布情况

5.3 推压式压电喷墨打印技术的专利技术发展情况

本节主要关注爱普生、理光公司的推压式压电喷墨打印专利技术，并按照技术分支的方式进行了梳理。

5.3.1 爱普生公司推压式压电喷墨打印技术

日本爱普生公司是全球主要的推压式喷墨打印头及系统开发商，其产品主要用于爱普生自产自销的办公室及家庭打印机。面向工业喷墨印刷市场，爱普生也开发少量工业喷墨打印头供应其他用户。目前日本网屏公司的高速喷墨印刷机 TruePress Jet520 采用了爱普生的喷墨打印头，爱普生自身也开发了面向标签印刷领域的喷墨印刷机。

1. 技术分支

通过对相关专利的技术方案梳理，可以得到图 5-65 所示的爱普生推压式压电喷墨头技术分支。

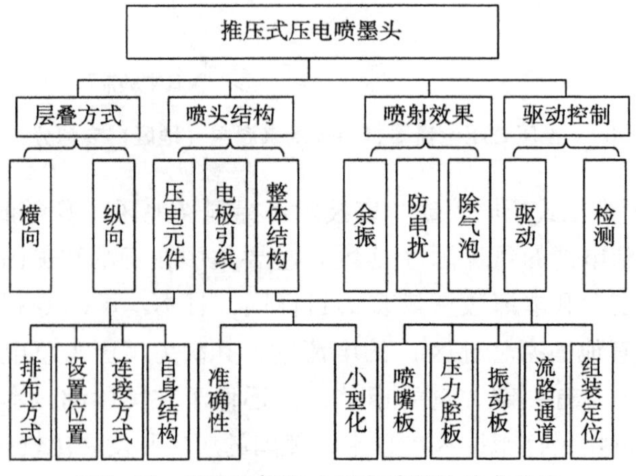

图5-65 爱普生推压式压电喷墨头技术分支

2. 压电元件层叠方式

现有的推压式压电喷墨头采用的压电元件通过在压电体层上形成电极的结构层叠多层而被形成，压电元件中压电体层与电极之间的层叠方式分为横向层叠与纵向层叠两种。被形成在压电体层之间的电极作为内部电极（独立内部电极、共用内部电极）而发挥功能。另外，在压电元件的外表面形成有与内部电极导通的外部电极（独立外部电极、共用外部电极）。当来自打印机主体侧的驱动信号经由布线部件而被施加于外部电极上时，在被夹持在内部电极彼此之间或外部电极与内部电极之间的压电体层上赋予有电场，通过该压电体层发生变形使压电元件进行伸缩。

（1）横向层叠式

横向层叠式又叫作夹心式或三明治式，如图 5-66 所示，爱普生于 1983 年 10 月 25 日提出了它的第一篇推压式压电喷墨打印技术的专利申请 JP19964583A，即为横向层积式，随后，为了谋求小型化密集化的目的，相继出现了 JP7414390A、JP21842690A 中的压电元件排布方式。在 1990 年提出的 JP21842690A 中，采用间隔壁对阵列压电元件进行间隔以防止压电元件之间的串扰，同年爱普生又对其间隔方式进行了改进，在 JP21842790A 中，将间隔壁替换为固化弹性树脂，在 JP21842890A 中，将间隔壁与弹性树脂进行了组合使用，从而在保证压电元件伸缩自由度的同时最大化地防止各压电元件之间的串扰。

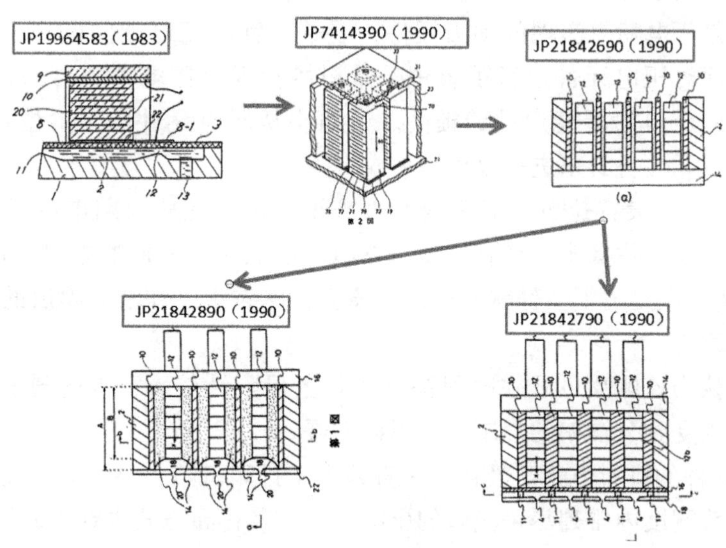

图5-66　横向层叠演示

（2）纵向层叠式

爱普生公司后期出于压电元件小型化、密集化的发展方向，多采用纵向层叠方式。纵向层叠式又称为束式，如图 5-67 所示，爱普生于 1990 年 10 月 3 日提出了专利申请 JP26562490A，首次使用纵向层叠式压电元件。由于纵向层叠式压电元件的变形是沿其纵轴伸缩，其更有利于使压电元件在与纵轴垂直的方向上（即喷嘴排布方向）密集化，因此在后面的技术演变中，束式压电元件慢慢取代横向层叠式，成为爱普生的主流压电元件设置方式。

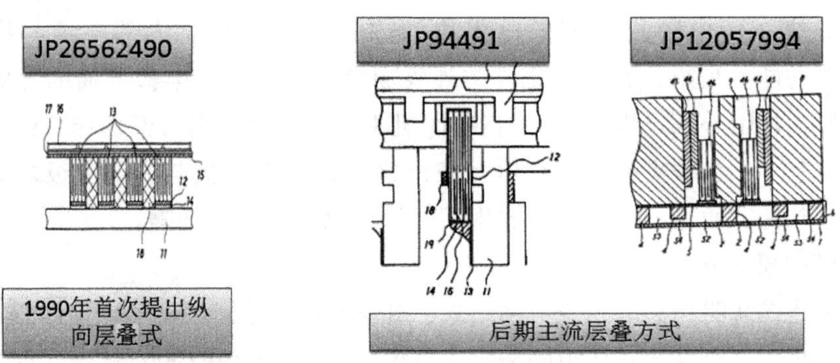

图5-67 纵向层叠演示

3. 喷头结构技术

喷墨头结构技术方面，分压电元件结构、电极引线结构、整体结构三方面进行分析，分别选取各个年代具有代表性的重要专利，通过对各个年代的专利方案进行分析，找出在上述几个方面申请人所关注的问题点和相应的解决手段。

（1）压电元件技术

压电元件是压电喷墨实现的动力元件，爱普生针对压电元件提出了大量的专利申请，从多个方面对压电元件进行了改进，希望尽量谋求压电喷墨打印技术的小型化、密集化及推压式压电喷墨稳定性的提高。下面将从压电元件的设置位置、排布方式、连接方式及压电元件自身来进行分析。

1）压电元件的设置位置。对于爱普生来说，无论是从前期申请还是后期成熟阶段，压电元件的设置位置多为液滴的喷出方向与压电元件的伸缩方向一致。但在20世纪90年代，爱普生提出了一种侧喷式推压喷墨打印技术，即液滴喷出的方向与压电元件的伸缩方向垂直。

但爱普生认为该侧喷方式在喷射头小型化上局限性较大，因此到了2000年以后，该种喷墨方式因受到分辨率的限制，已不再发展。

2）压电元件的排布方式。爱普生一直致力于打印机精、小、微的发展，因此为了在一定的喷墨头宽度内排列尽可能多的压电元件，其排布方式也在不断改变。

早期的压电元件为单列式，例如JP19964583中。随着对分辨率的要求，开始出现多列压电元件阵列排布，例如EP92112945中，基座在其一端部具有侧向延伸的突出部，从而将压电振动器固定在突出部上，在基座的上表面固定有用于分离墨水储存器和压电振动器的振动板，振动板可以容易地响应压电振动器的振动。但在该申请中，压电元件仍然是以单个的形态固定于固定板上，虽然较以前的简单排布有效提高了分辨率，但在装置小型化上仍受到一定限制。随着压电元件制备工艺的进步，压电元件的密集化分布得以实现，于是在 1992 年出现了压电元件阵列，即将制备好的层积式压电板通过切割的方式形成间隙，将其制备为梳齿形，再通过柔性电路板与压电元件中的各电极相连。在 1992 年之后，爱普生对于压电元件排布的改进，都是以压电元件阵列为单位进行的，通过变换压电元件阵列的排布方式，谋求在保证装置小型化的前提下尽可能获得更高的分辨率。例如 JP2005046597 中，使压力产生装置以一排的形状形成阵列，固定在固定板上，压电材料板被固定到固定板的两个表面以分别从固定板的一端突出；JP2005182972 中将 4 列压电元件阵列集成到一个喷头结构中。

3）压电元件的连接方式。压电元件自由端推动振动板或弹性板使压力室中的液滴喷出，由于束型压电元件多为长条形，其变形方向沿其轴向，随着压电元件排布的密集化，当压电元件变形时，如何让压电元件准确地向相对应的压力室传递振动成为一个新的课题。

JP26562490 提出的早期压电元件，将压电材料与导电材料交替叠层制成的压电元件的一端固定在基板上，另一端朝向喷嘴开口作为自由端，从而使压电装置易于压紧，压电元件其间隙用防潮材料填充，直到表面与装置的自由端相同为止，导电材料层作为公共电极形成在装置自由端的顶面上，该电极进一步涂覆有防潮绝缘材料。该申请中，公共电极与防潮绝缘材料充当振动板，容易发生压电元件在电极之间击穿，针对该问题，JP28624090 提出在压力产生元件与喷嘴板之间设置绝缘弹性材料。JP94491 提到，当将压电元件与自由端相对的一端固定到固定元件上之后，压电元件的轴向变形会受到限制，无法有效利用压电元件的轴向位移，因此在该申请中，将压电元件的侧面固定到基台上，较大地保证了压电元件变形的自由度。而为了更加精确地定位压电元件与对应压力室，在 1994 年，在侧面固定压电元件的基础上，又提出了将压电元件采用用于协助加压的前端板和用于黏结振动器的后端板固定在各个非活动部分的一个表面上的方式来有效推动振动板（JP19001294）。于 2001 年提出的 JP2001293251 中，通过设置用于压电振动器插入的第一容纳空间及固定基座插入的第二容纳空间来实现压电元件与压力腔的对准。

为了使压电元件的位移可以准确传递到压力腔室，爱普生又在压电元件自由端与压力腔室的连接上提出了大量专利申请。例如，在 EP92112945 中，在振动板与压电体接触的部分附近形成有凹部，使得振动板可以容易地响应压电振动器的振动。在 JP17790192 中提出在与突起连接的喷墨记录头中，在腔室内的隔膜上形成有与第一突起相对的第二突起，从而可以较好地保证隔膜的刚性。JP24677392 中提到在作为振动板的压力室形成板上对应压电元件位置设置为高刚性部分来较好地实现振动板的变形。

隔膜加岛部的振动板样式成为后期爱普生推压式压电喷墨头的主流样式，在此之后，爱普生又针对岛部的设置位置、设置形状及防止黏结剂溢出等方面进行了一系列改进。爱普生针对压电元件连接方式的改进，主要集中于 20 世纪 90 年代以及 21 世纪初，主要为对岛部的一系列改进，到 2004 年左右，压电元件与振动板的连接方式已基本定型，后期对该分支的申请量很少。

另外，笔者注意到，爱普生在1993年申请的JP1197093中提出了一种通过在驱动压电元件之间设置支撑压电元件的压电元件配置方式，通过支撑压电元件的设置，可以避免隔膜不必要的弯曲从而有效防止串扰，针对该种压电元件排布方式，再次进行了梳理。

爱普生在1990年申请的JP9682290中首次提出设置支撑压电元件，由于现有技术中分隔相邻压力室的分隔壁不被支撑或仅由薄板状轴承构件支撑，隔膜由于压电元件的操作而变形，特别是由于多个压电元件的同时操作而产生的不期望的压力变形，并且不能获得期望的墨滴喷射性能，因此在每三至四个驱动压电元件之间设置支撑压电元件。但该设置方式中，压电元件的设置不平均，导致由于压电元件的压力引起的分隔构件的变形是不平均的，于是在1993年提出的申请JP1197093中，将驱动压电元件与支撑压电元件间隔设置，且支撑压电元件设置在与分隔壁对应的位置，在JP2006084083中又提到，设置主副压电元件以提高振动膜的形变量，主压电元件中的从收容室侧开始奇数序号的压电体层的极化方向，与副压电元件中的从收容室侧开始奇数序号的压电体层的极化方向相反。

4）压电元件。日本东金株式会社在1987年提出了比较成熟的形成层叠式压电振动元件的方法，使用这种层叠振动器的压力产生元件，可以使电极之间的距离非常小，从而可以降低驱动信号电压，同时获得打印所需的推力，出于压电喷头分辨率及小型化的需求，爱普生后期对于压电体的改进多以此为基础。

在20世纪90年代，压电元件已开始阵列化集成，因此爱普生在1990年提出了制备阵列压电头的方法。在JP23472390中，通过使用正型抗蚀剂来定位压电板和垫片的方法来形成压电致动器阵列及间隔件，将正型抗蚀剂倒入压电板和隔片之间，然后加热固化，通过切割将固化后的块分成细小部分，再加工形成单个压电元件。随后，在JP23472290中又对该方法进行了优化，采用全树脂填充，以降低成本。

但上述压电阵列的制备方式，在小型化及密集化上仍存在较大局限。因此在1991年提出的专利申请EP92112945中，直接在基板上通过层积方式形成压电元件板，即在基板上涂布压电材料，在其表面形成第一导电层，再涂布压电材料，并在其顶面涂有导电层，将具有导电层和压电材料的涂层重复一定数量的层，干燥、加压和烘烤以形成压电装置，然后用金刚石刀对压电元件板进行切割，这样可以使相邻压电元件之间的间距非常小。因此该专利中公开的压电元件板的制备方式成为爱普生后期的主要压电元件形成方式，通过切割压电元件板来形成压电元件阵列的方法大大提高了压电元件的密集化排布。

JP12039891是对压电元件板层压构成的改进，其将压电层与高弹绝缘层交替设置，在保证压电元件自由度的前提下减小压电元件厚度，进而减小电压降低成本。在1992年申请的JP851792中，出现了将一侧电极后退一部分，仅在压电元件一部分处形成两个电极层叠的模式，形成有源部与非有源部。进而，在JP16738994中，第一电极和第二电极中的一个从压电材料的圆周表面向内缩回一定距离，因此有源区中电极的端面被压电材料包围，并且消除了通过压电材料表面的传导而产生的蠕变放电。JP4628298 中由电绝缘的聚合物弹性材料构成的连接构件在振动区域中固定到压电振动器上，使位移速度平均，并且抑制了由于压电振动器的驱动次数导致的位移特性的波动进而提高了压电元件位移的稳定性。

在梳齿状的压电元件阵列中，由于各压电元件之间的间隙非常小，为防止相邻压电元件之间发生串扰，将固定于基板上的部分设置为非有源部，可利用的压电元件就会变短，导致位移量不够，因此在 JP10214898 中，通过将变形区域扩展到基板上来有效使用压电元件。在 JP50507799 中，在有源部与非有源部区间边界设置凹槽或斜坡，防止非活性区域对活性区域的干扰。

由于在压电体层与电极的层叠方向上的两侧的面上分别形成有外部电极，如 JP2013172041 中示出的样式，这些压电元件中，位于压电体层与电极的层叠方向上的两侧的压电体层的厚度与位于层叠方向之间的压电体层的厚度相比，在各个压电元件之间偏差较大，另外，即便在同一压电元件的一端侧与另一端侧之间，偏差也较大，该厚度的偏差表现为该部位的压电元件的有效的位移量的偏差，这会给油墨的喷出特性造成负面影响。为解决该问题，爱普生在 2013 年提出的专利申请 JP2013172041 中，将固定板一侧的压电元件在纵向上整体设置为非活性部分而不是外部电极，从而获得压电元件一端从一侧向另一侧递增的位移量。

（2）电极引线技术

推压式压电喷头的公共电极与个别电极位于压电阵列的两侧，驱动电路通过引线连接压电阵列，从而使得压电阵列发生位移，因此驱动电路的布线以及与电极的连接关系着压电元件是否能够有效位移，线路连接的复杂程度关系着压电元件的反应速度以及喷头的小型化。通过对相关专利文献的标引，对于电极与布线连接技术的改进从解决的技术问题以及所取得的技术效果上分为两个分支。

1）准确性。压电元件的各边电极与公共电极通过外接端子与柔性电路板上的连接端子一一对应实现驱动信号的传送，因此压电元件的端子与柔性电路板之间的连接准确性是驱动信号能否准确传送的关键。

压电元件采用压电阵列板布置之后，公共电极与个别电极引线在压电元件纵向不同位置。对于压电元件与柔性电路板的连接，爱普生于 20 世纪 90 年代就已开始采用柔性电路板在纵向上进行连接，虽然在 1993 年的 JP10737393 中提出了将电路板横向连接到压电元件阵列的连接方式，但该连接方式受到设备小型化要求的限制，后期采用的并不多。

对于压电元件端子与柔性电路板之间的连接对准，早期是直接强行将柔性电缆与压电元件阵列的端子对位，容易因撞击造成端子损坏或对位不准，从而产生接触不良，针对该问题，JP2141198 中提出在柔性电路板两端设置倒圆的突起，每个倒圆的突起保证当柔性电缆位于换能器单元的表面上时，其高度可以防止柔性电缆的连接端子位于换能器单元的相邻压电换能元件之间的空间中。JP2141198 中还提出在压电转换元件的线性阵列的两侧设置虚拟转换元件，公共电极由虚拟转换元件导出，从而将公共电极端子与个别电极端子设置于不同的压电元件，避免了在连接时两个电极之间的误导通。

JP8963898 中提出，为更加精确地定位柔性电路板与压电阵列，在柔性电路板上设置目视窗口。JP21704598 中提出在柔性电路板上设置支撑部，方便与压电元件的对位。JP28229798 中提出在柔性电路板相应位置设置凹槽以防止焊料流到电极上。JP26319998 中提出用通孔将各导电层互联以提高导电层的可靠性。JP2000395261、JP2003114985 中提出外部公共电极与个别电极在压电元件的不同位置以避免接触不良。JP2000086579 提出虚拟压电振动器的外侧表面附近的区域仅由压电材料形成，因此，在切断虚拟压电振动器的外侧侧面时，通过内部电极的高硬度尽可能地防止了切断线的偏离。JP2006153040 中提出由于在比焊锡结合区域处于压电元件组的更靠后端的一侧设定抗蚀剂涂布区域，在将布线部件的布线端子焊锡结合在上述焊锡结合区域时，使涂布在上述抗蚀剂涂布区域的阻焊剂熔融，并将布线部件结合在布线连接面。由于布线部件和压电元件不仅通过焊锡结合，还可以通过阻焊剂结合，因此可以提高结合强度。

2）小型化。爱普生的发展理念一直是精、小、微，因此，装置的小型化一直是它十分关注的地方，同样，对于电极引线的改进方向同样也趋向于小型化。

层积是位于压电元件两侧的两个电极最早期的电连接方式，如 JP26562790 中示出，其连接方式是针对每个压电阵列分别用导线连接到驱动电路，后期随着压电元件的发展，采用阵列式排布的压电元件体，对于导线的连接，也期望得到小型化发展。JP26311998 中提到内部设置连接电极，通过减小公共内电极的电阻，尽可能减小固定区域的尺寸。JP2000607917 中提到柔性电路板的宽度一般大于压电元件的宽度，缩小柔性电路各连接端子之间的间距是使柔性电路板小型化的有效措施，因此该申请中提出了一种窄间距连接器。JP2003101874 通过减小掩膜精度的公差来降低不良率，这有利于小型化。JP2003102602 中通过使用具有两个表面的电极层与压电元件外部连接来减少有效电极材料的消耗，并获得类似于具有三个表面的电极层的效果。

（3）整体结构技术

推压式喷墨打印头主要为层压式结构，大致由喷嘴板、压力腔板、振动板、流路板层叠构成，下面针对主要涉及流体流路和组装定位技术的爱普生的申请进行梳理。

1）流体流路。JP24677392 在流道基板上对应压电元件位置设置为高刚性部分，两侧为薄部，从而提高喷射性能。JP35927592 中提到，现有技术是将层压在基板上的光固化性树脂曝光并显影以形成必要的墨室和墨流路，然后用黏结剂将喷嘴板黏合到其上，然而，以这种方式将黏结剂均匀地施加到设置有墨室和墨流动路径的接合表面上是非常困难的，并且黏结剂突出到细墨流动路径中，出现喷墨障碍，或存在黏结剂的膜厚不足的部分的黏合强度不足或压力泄漏到相邻墨室的问题。针对这些问题，该申请提出了一种新的制备流路基板的方法，即通过一次曝光使一部分光固化树脂制成半固化状态，可用于黏合的喷墨头，其另一部分通过二次曝光进行固化以增强强度，因此不使用黏结剂即可精确地形成细小通道。进一步地，JP8752493 提出通过两层不同感光树脂叠加形成通道来提高流路的稳定性。

到了 2000 年以后，爱普生对于流体流路的研究，更偏向于整体流路，而并非单纯的流路基板，例如，US20070797651 通过在流路中设置阻尼器来防止长期储存期间流动路径内的墨水黏度增加。JP2013170800 通过合理设置流路通道的方向及宽度，使其能够保留较大的气泡，从而抑制液体的填充故障并减小液体的尺寸。JP2014188767 是在流路中合理分布转换液体层，来防止油墨的沉降。同样，JP2010233746 为防止断电后墨室沉降，设置循环流路，使墨水在供墨管路与喷射头之间实现循环。JP2012051039 进一步优化了油墨循环系统。JP2012023539 提供了一种能够可靠地密封液体流道并能够缩小尺寸的液体注入头和液体注入装置。

爱普生在 2011 年的专利申请 JP2011213094 中提出，在液体流路中设置了两个压电致动器，第二压电致动器主要为防止推压时墨水向返回流路溢出，提高第一压电致动器利用率。针对该方案，爱普生于 2017 年提出了三件专利申请来改进防止推压时墨水回流的阻挡机构。在 JP2017107669 中，将第二压电致动器改进为阻力变更部，包括驱动部和阀体；JP2017062693 中，设置第一流道阻力变更部和第二流道阻力变更部。在 JP2017145024 中进一步改进了流体阻力改变装置。

2）组装定位技术。JP34534391 为了将每个压电元件准确定位到压力腔，通过狭缝和销实现准确定位。JP3061593 通过在安装压力产生装置的底座上设置方柱，并提供定位孔以与具有喷嘴的头构成部件接合，使头构成部件能够正确组装，并使每个喷嘴中的墨水排放特性均匀。JP8753593 是将压力室嵌入基板槽。JP5787697 通过在黏结表面开设黏结剂灌注槽，使得支撑构件和壳体能够容易且均匀地接合在一起。JP31452397 在固定板下部形成凹部，凹部对黏结剂有毛细作用，从而有效防止黏结剂流向压电元件。JP19549298 为确保定位精度，采用一对支承板固定夹持压电元件。JP25596999 通过将定位销插入各定位孔，实现各板件之间的准确定位。JP2002314319 为使密封件与压力腔板分离，将密封部设置为厚部和薄部。JP2011006491 提供了一种密封部件以及液体喷射头和液体喷射装置，其能够充分满足密封部件的定位精度和密封性的要求。JP2016249016 为了防止各层压板的热膨胀系数不同导致的翘曲，在保持部件上设置凹部以容纳各层压板。

由前面对喷头结构技术的分析可知，爱普生对于结构的改进，大部分集中于 20 世纪末至 21 世纪初，到 2005 年以后，推压式压电喷墨头的结构已发展得比较成熟，能改进的空间也越来越有限。

4. 喷射效果控制技术

（1）消除余振

液体喷出之后的残余振动影响了后续喷出动作的稳定性，因此消除余振是一项非常重要的技术，在精工爱普生株式会社的专利申请中，均是通过对喷头内部结构的改进，实现喷嘴内液体余振的消除。JP30785690 在隔板上切出了狭缝而形成了阻尼器，因此通过阻尼器的弯曲来降低墨室内的压力来消除余振；JP24270298 将相邻的供墨端口之间限定空间的壁设置在不存在振动板单元的一侧，从而与振动板之间形成间隙，通过间隙来保证墨供应功率，从而防止墨滴排出后储液罐的压力波动；JP2000112064A 将振动膜的非驱动区域的一部分设置为弯曲的形式，以减小压力室内液体的余振，提高液体排出的稳定性。

（2）防串扰技术

相邻喷头之间的串扰会严重影响油墨的喷出稳定性，因此抑制串扰是提高喷头打印稳定性、提高图像形成质量的关键。JP16888091 在两个压力室之间设置了缓冲流路，以实现对液体的缓冲，进而避免串扰的发生；JP9455796 将压电元件的非活性部分两侧夹在壳体与固定板之间固定，以防止产生串扰；JP2002190562 通过将压力腔室设置为 V 形，以提高压力腔壁的厚度，防止压力腔室之间的串扰；JP2008194935 在第一压力室上方的隔膜上设置驱动压电元件，在第二压力室上方的隔膜上设置非驱动压电元件，从而抑制喷头内部串扰的发生；JP2012196902 根据第一驱动信号 COM1 来驱动与相邻喷嘴中的一个相对应的压电振动器，同时根据第二驱动信号 COM2 来驱动与另一个喷嘴相对应的压电振动器，调节固定的喷射特性，从而防止喷射液体时的串扰。

（3）除气泡技术

气泡会导致喷出的墨滴劣化，出现斑点，使得图像的质量降低，去除气泡在一段时期内成为爱普生株式会社的重点改进技术。JP36364997 中提到将第一压力产生室和第二压力产生室形成在流道形成基板的两个面上，它们分别通过第一供墨口和第二供墨口与容器连通，经由供墨连通孔相互连接，第二供墨口与弹性板相对的位置处的流体阻力大于第一供墨口在流体板上的流体阻力，从而可以达到有效过滤气泡的目的；JP2330999 则在压力室内设置堰部来将气泡排入通孔；EP99110577 通过设置柔性膜来有效排出气泡；AT99116416 通过在通道单元的间隔件上设置具有末端逐渐变细以使其宽度基本上等于容器深度的容器的通道单元的间隔件，以轻松地去除残留在容器末端的气泡；JP2001270116 中，供墨通道的开口部在储墨器的端部附近被设置为比在储墨器的中央部分附近的供入通道的开口部更靠近，来可靠地去除储墨器中的气泡；JP2003334951 的压力产生室中，用于分隔供给路径的壁的前端靠近用于分隔储液室的壁的端部，从而使得喷嘴开口施加的负压受到压力的限制，并集中作用于气泡，实现侵入储液罐的气泡的去除；JP201012800 解决的问题：提供一种无须复杂的电路结构即可有效地排出内部残留的气泡的流体喷射头和流体喷射装置，在每个压力室处设置有多个振动部，用于分别改变每个压力室的压力，将特定的振动部设置为在振动部中的最大宽度，该特定的振动部是配置在距连通孔最远位置处的振动部，从而有效排出残留的气泡。

通过对爱普生推压式压电喷墨打印技术的梳理，可以看出，爱普生的推压式压电技术大约起步于 20 世纪 80 年代，20 世纪 90 年代至 21 世纪初其研发重点在结构的相关改进上，到 21 世纪初，推压式压电喷墨头的结构已趋于成熟，因此爱普生后续的研发重点逐渐向驱动、控制及喷出检测方向转变。

5.3.2　理光公司推压式压电喷墨打印技术

推压式喷墨头也是理光重要的产品线，相较于爱普生公司的束式打印头而言，理光公司主要发力于横式喷墨头。

1. 理光推压式喷墨头整体介绍

通过对相关专利的技术方案分析，可以得到图 5-68 所示的理光公司推压式压电喷墨头的重点技术分解。

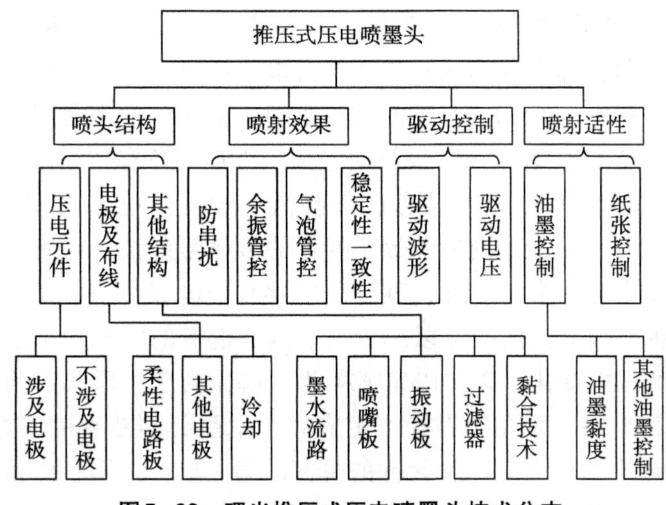

图5-68　理光推压式压电喷墨头技术分支

2. 喷墨头结构技术

喷墨头结构技术包括压电致动器、流路通道以及驱动电路布线，其中，驱动控制器通过驱动电路布线连接压电致动器，并使得压电致动器发生伸缩变形，进而挤压墨水流路通道中的墨水从喷嘴喷出。以下分别从要解决的技术问题以及达到的技术效果对压电元件结构技术和喷头其他结构技术的发展做出阐述。

(1) 压电元件结构技术

相较于弯曲式压电元件，推压式压电元件一个重要的特点在于，其压电元件的改进很大程度上依靠于电极的布置方式。

JP9696496 指出，将具有双层结构的双压电晶片型机电换能器的顶面和底面的电极设为公共电极，并将内层电极设为单个电极并施加电压时，上压电元件层和下压电元件层中的电场彼此相反。另一方面，在压电元件煅烧后，在与导电性黏结剂进行导电性连通之前，沿上下方向在同一方向上进行极化，施加电压时，在上部产生彼此相反的变形。JP3088699 中，在压电元件的内电极被丝网印刷在绿片上时，通过将内电极的中心部分宽度设置为比末端部分窄来抑制内电极区域的波动。具体而言，在绿片上形成内电极图案的金属丝网印刷时，使内电极中心的宽度小于边缘的宽度。JP29159494

中为了提高喷墨头制造过程中的成品率，采用的方法是将拉丝电极图案和端面电极分别分为对应于多个叠层压电元件的单个拉丝电极和单个端面电极。JP2001238792 提供一种驱动效率高、特性变化系数小的压电层合驱动器、压电驱动器、液滴放电头和喷墨打印装置。JP2002066290 防止由于液体对压电元件和电极的侵蚀以及液体质量的变化而导致图像质量恶化。JP2006250473 提供一种从一个可靠的排出头排出三种或三种以上液体的液体排出头和配备有该排出头的图像形成装置，由三个或三个以上压电元件的整体形式组成的压电元件构件通过连接排列，并在一个基础构件中形成一个整体。JP2009142796 解决了如下问题：当压电驱动器的特性被分开施加时，由于压电致动器的特性，未输送的压电致动器也变形，从而产生诸如从喷嘴滴落液体的麻烦。JP2009212522 中喷墨打印液体输送头包括具有多个压电元件柱的压电构件，以及向压电构件的压电元件柱供电的 FPC。构件具有驱动压电元件柱和非驱动压电元件柱。压电构件的外部电极与 FPC 的配线电极彼此连接。FPC 配备有与测量压电元件柱的外部电极连接的一对测量电极，并且具有能够测量一对测量电极之间的电阻值的端子。JP2010205176 提供一种减少液滴喷射效率变化的液体喷射头，该液体喷射头包括叠层压电元件，其中排列有多个压电柱，其中压电层和内电极交替叠层。JP2011163565 提供一种可靠性高的喷墨头，其中可以减少由于内部电极的断开而引起的电容值降低而引起的放电缺陷和放电变化。JP2012061674 为了解决由于在厚部和薄部之间的边界处不能形成感光树脂涂层，而在边界处产生应力集中引起的断裂的问题，解决方案为：由金属膜（如镍电铸膜）形成隔膜元件的薄部的第一层；由第一电铸膜形成与第一层一起形成厚部的第二层；在金属膜和第一电铸膜的每个表面上形成第二电铸膜，其覆盖形成第一层的金属膜和形成第二层的第一电铸膜之间的连接部分。JP2015056053A 为了防止由于驱动元件的驱动电路的闭环长度的差异而导致布线电阻差等而导致喷嘴排放液滴速度的变化。

推压式压电元件也存在不涉及电极的改进方式，相较于弯曲式压电元件更多地依靠压电材料本身的改进来提升压电元件的性能而言，推压式压电元件也存在诸多从压电元件本身的结构出发来改进的专利申请。

（2）电极及布线连接技术

电极及布线连接技术一直是喷墨打印头关注的重点，即在较小的器件内实现布线，且存在墨水的情况下能够保证电极布线的稳定。柔性电路板起到从驱动电路向喷头供应信号和供给电源的作用，其也是一个关键的零部件；关注电极连接的稳定性与持久性一直是压电喷头的关注点。随着打印速度的加快，如何对驱动电路进行冷却也成为必须要面对的课题。

JP2008192092A 提供一种压电致动器，当一个 FPC 结合到多个压电元件构件时，该压电致动器减少由压电元件构件之间的高度差引起的不良结合。JP2009063584A 中具有两个二极管，这些二极管布置在从控制单元的栅极延伸到墨水压力控制部件的单个电极的路径上。二极管中的任何一个都允许来自墨水压力控制部件的各个电极的电流流入布线。另一个二极管允许来自另一个布线的电流流入墨水压力控制部件的各个电极。当执行墨水压力控制部件的去极化或极化时，布置短路单元以使两条配线短路。JP2011113263 中压电元件是斜的，关注 FPC 与压电元件连接的问题，为了防止高密度磁头在诸如压电极倾斜或柔性布线板的布线电极间距存在误差时发生短路等故障。JP2012062809 为了解决快速降低驱动头引起的振动而无法稳定地喷射液滴的问题，FPC 包括公共电极布线，该公共电极布线将驱动 IC 连接到公共电极抽头外部电极，该公共电极抽头外部电极通向压电元件的公共电极侧外部电极，通过电极触点和连接到驱动柱的单个电极侧外部电极的单个电极布线，公共电极布线通过非驱动柱布线连接到非驱动柱的单个电极侧外部电极。每个非驱动柱布线具有用作电阻装置的电阻，并且电阻的电阻值大于从驱动柱的单个电极侧外部电极到驱动 IC 的单个电极布线的电阻值（互连电阻的电阻值）。

（3）喷头其他结构技术

墨水流路是个复杂的结构，少许的改动就涉及整个系统各个部件的改动，理光有关墨水流路的专利申请在早期关注于某一个元件例如过滤器对于整个流路影响的问题，到了 2010 年后可能由于模拟技术以及整个开发工艺的成熟，理光主动地设计了较多的新的流路结构。

JP11346296 通过形成供墨通道使稳定的高速记录成为可能，从而使通道将墨流设置为以直角穿过公共液体室和相应压力液体室的位置的方向，并使通道将墨流设置为与所述位置平行的方向。JP2007050886 中考虑到过滤器的存在影响了流体的供给，其设计了新的流路结构。具体而言，为了解决这样的问题，即在从喷嘴附近的过滤器去除异物的同时，不能将液体充分地供给到液体室。JP2011060318 为了解决流体阻力部分的上游液体引入部分的壁面由薄壁部分形成的问题，配置驱动压电杆使振动板构件的振动区域位移，并沿液体室的纵向通过流体阻力部分延伸至与液体引入部分相对的位置。JP2012198902 提供一种液滴喷射头，该液滴喷射头稳定地提供不混合异物的液体，并快速地抑制过大的压力波，以实现高图像质量、高速度和高质量的液滴放电头。JP2013045957 中存在一个逐渐倾斜的面。其提供一种图像形成装置，其具有液体排出头，该液体排出头减少了从公共液体室到液体供给路径的液体供给延迟。JP2014127398 提供了一种液滴喷射头，该液滴喷射头是在压力室中产生液体的循环流并防止头主体尺寸增大的类型，液滴喷射头包括：共同的供应通道，其分别将记录液体供应到压力室中；压力室中的一部分记录液体分别返回的公共返回通道；压电元件分别在压力室中产生压力。

大致从 2014 年起，出现了循环流路的结构。JP2015206460 提供了一种液体排出头，该液体排出头能够抑制由于液体室加工引起的变形以及待叠层构件的衬层膨胀系数差等而在连接该液体排出头时产生的阻力，并实现高度可靠的连接，并且在连接后能够抑制变形。液体排出头包括：喷嘴板，具有多个喷嘴，用于排出液滴；液体室基板，具有与喷嘴连通的液体室；振动板构件，其构成液体室壁面的至少一部分，并具有用于向液体室供应液体的端口；以及驱动装置，其产生用于对液体室中的液体加压的压力。振动板构件具有薄壁部和厚壁部。在厚壁部中，至少在与液体室基板相对的表面上设置有沿与喷嘴的排列方向正交的方向延伸的狭缝状槽部。JP2016568314 中喷墨打印头具有由排液喷嘴组成的喷嘴板，独立的液压腔通向喷嘴，流道元件由圆形流道组成，该流道通向单独的液压腔。共同的液压腔元件形成共同的液压腔，向单独的液压腔提供液体。提供了一个通向圆形流道的循环共用液压腔。普通液压腔元件与流道元件连接。JP2017054460 在抑制头增大的同时稳定地排出液体，供应侧公共液体腔室包括与排放侧公共液体腔室并置的部分的下游侧公共液体腔室部分，以及与排放侧公共液体腔室并置的部分的上游侧公共液体腔室部分。喷出侧共用液室在与喷嘴列方向正交的方向上并列。在供给侧公共液体腔室中的未与排放侧公共液体腔室并置的部分的上游侧公共液体腔室部分包括重叠部分，该重叠部分在排放侧公共液体室重叠。在供给侧公共液体腔室的上游侧公共液体腔室部分中，构成阻尼器的薄膜构件和形成壁的过滤器，设置有包括重叠部分的壁表面的表面。JP2018017602 中壳体元件包括通孔，以允许下游回收侧公共室的沿喷嘴阵列方向的一个端部与回收口之间的连通。由于液体排出设备包括头，因此可以稳定地形成高质量图像。从主箱向回收箱补充液体的时间由设置在回收箱内部的液位传感器的检测结果控制。液体排出头具有用于排出液体的喷嘴。多个单独的腔室与多个喷嘴连通。供给侧公共腔室与多个单独腔室中的每一个连通。回收侧公共腔室与多个单独腔室中的每一个连通。供给侧公共腔室和回收侧公共腔室的一部分在多个单独腔室的纵向上对齐，该纵向方向与多个喷嘴沿其排列的喷嘴排列方向正交。

3. 喷射效果控制技术

(1) 防串扰技术

在缩小喷墨头尺寸的尝试中，喷墨头内的油墨通道被更紧密地移动到一起。同样，按需喷墨打印向着更高生产力和品质前进，其需要在高喷射频率下喷出的小液滴尺寸。喷墨头传递的打印品质取决于喷出或喷射特性，例如液滴速度、液滴质量（或体积/直径）、喷射方向等。喷墨头的性能可能受到喷墨头内的剩余振动和串扰的阻碍。串扰是一个油墨通道中的液滴的喷射造成对其他油墨通道中不希望的影响的现象。油墨通道之间的串扰可能造成油墨通道的喷射特性的变化。例如，串扰可能导致液滴质量或液滴速度与正常的情形（即没有串扰的情形）相比降低。因此，希望减轻喷墨头中的串扰的影响以实现高品质打印。在20世纪90年代初，株式会社理光对防串扰技术进行了大量研究，并提出了很多关于防串扰技术的专利申请。

JP8975090A 中在压电材料内切割凹槽以形成突出部分，并在突出部分中设置电极，从而防止一个突出部分的变形引起另一突出部分的变形，以消除串扰。JP8670290A 将喷墨记录装置设置为能够通过改变除振动板的压电元件与分隔壁接合的部分以外的间隙部分的基本杨氏模量，来防止相邻喷嘴的相互干扰。JP8975190 中在压电元件之间的凹槽表面填充填料 A，在填料 A 填充后的凹槽中再填充填料 B，并使得填料 A 的杨氏模量小于填料 B 的杨氏模量，以这种方式减少了相邻的喷嘴相互干扰。JP28557690 通过相同的驱动动力源使加压液体腔室的变形率与普通液体腔室的变形率不同，以减少相互干扰，以同时执行所述腔室的操作，加压液体腔室接收来自具有大变形率的公共液体腔室的液体供应，并且使排出的液滴几乎不受相互干扰的影响成为可能。而且，可以通过在加压液体室部分排出液体所需的驱动电压来防止相互干扰。JP2004172016 为了防止串扰，在高刚性外壳的隔板侧面的表面上形成一个突出部分，在该突出部分上形成有要插入压电元件的梳状开口槽和梳状突出部，并将梳状突出部的端面固定在振动膜上实现防串扰。

（2）余振管控技术

喷墨打印头通常具备：使振动板振动的压电元件、在内部收置液体并通过振动板的振动使内部的压力增减的压力室；将头的喷嘴面设置为与压力室连通的多个喷嘴，通过由驱动信号驱动压电元件而使压力室的压力增减，从喷嘴排出液体。而液体的喷出有赖于振动板的振动，当振动板存在不必要的振动时，将导致如喷射方向跑偏、墨雾以及条纹图像等图像质量劣化等打印缺陷，因此，余振管控技术对于保证打印质量起着至关重要的作用。

最早在 1991 年提出的专利申请 JP16361691A 提出了将液滴喷头设置成分别与多个平行通道相连，并提供压电元件以使平行通道的体积可变。用于减小通过量的信号被恒定地提供给所述压电元件，并且在所选择的通道沿增大通过量的方向移位之后，用于在减小通过量的方向上产生位移的脉冲信号。JP21607094 公开了在振动板的振动板部与基板之间连接有两端部，并设有包围压电元件线的框部件。压电元件的振动位移区域的周围填充有具有弹性的填充物，通过弹性的填充物抑制由于压电元件的固有振动引起的影响来改善图像质量。后来，JP2002257425 为了解决残留振动的问题将电路产生的驱动信号设置为包括：第一波形元件，其由参考电压 V_{ref} 产生，用于通过使加压室收缩来喷射墨滴；以及第三波形元件，用于保持收缩状态加压室通过施加第一波形元件而收缩，并且在通过第三波形元件保持状态之后出现的第二波形元件收缩，以抑制在通过喷射产生的墨滴之后弯液面的残留振动。将第一波形元件的产生时刻 t_1 与第二波形元件的产生时刻 t_2 之间的时间间隔 T_1 与加压室的固有振动周期 T_c 之间的关系设定为 $T_1<T_c$。JP2003364294 将公共腔具有的多个壁表面中沿着预定方向的至少一个设置为具有压力吸收表面，压力吸收表面具有低于其他壁表面的刚度，压力吸收表面由具有非均一厚度的压力吸收构件构成，用于吸收压力变化。或者公共腔的至少一个壁表面具有刚度低于其他壁表面的缓冲表面；抑或公共腔的至少一个壁表面具有自由振动表面，自由振动表面具有较厚部分和较薄部分，从而实现残余振动的抑制。JP200625360 为了能够抑制流体流路板等的振动，将压电转换装置设置为包括：用于固定层叠的压电元件部件的一端的基部部件；与振动膜连接并通过施加电压而产生变形的作用区域。区域配备有流体通道板保持部分，用于在其间具有隔膜的情况下保持流体通道板。JP2006293543A 使设置在打印头上的压电元件的流体阻力部侧的端部位于不

面对流体阻力部而面对液室的位置。使另一端部位于与振动板的振动板部相对的位置，并且压电元件以使得压电元件不影响框架的方式布置在振动板上。压电元件形成较厚的部分。压电元件仅与面对振荡板的液体室的岛状突出部接触，并防止与其他部分接触。因此，防止了在与岛状突出部的接触部处的位移以外的位移传递到除液体室或液流通道板等液流通道单元之一以外的振动板，从而保证喷射性能。JP2009085180 所公开的液体喷射头包括分别与用于喷射液滴的喷嘴连通的多个单独的液体腔室，用于向多个单独的液体腔室供应墨的公共液体腔室以及减振构件。减振构件由不包括硅氧烷键的主链和通过硅氧烷交联基团偶联主链的氟化树脂形成，并被保持在框状的保持构件中以实现减振作用。

（3）气泡管控技术

株式会社理光在 1996 年提出的专利申请 JP13298596 中提出为了避免气泡混入导致不会形成连通路径而损害墨水的填充能力，连通路径的一端与公共流体腔室连通，而其另一端与大气孔连通，以使气泡排放成连通形状，当连通路径中包含气泡时，即使气泡移动到共用流体室，气泡也停留在端部处，并且被阻止移动到加压流体室并接近加压流体室和墨水排出。之后专利申请 JP29639996 提出，为了提高排出气泡的性能，并通过用多层的墨液室分隔构件分隔压力室、公共液室和供墨通道的结构来改善头的可靠性，入口壁同样由分隔构件形成并且是弯曲的，从而增强了排出气泡的性能并且提高了墨水的初始填充能力。专利申请 JP18833199 将喷墨头设置为包括具有隔膜和用于形成加压室的凹槽的加压室形成板，以及在隔膜的外表面上具有压电元件的致动器。接着，在板上依次层叠连接板、共用墨水通道形成板和喷嘴板，并形成多个加压室、共用墨水通道和墨水供给通道，在这种情况下，板在平面上形成有基本为骨形的通槽，该通槽在细槽的端部具有第一开口和第二开口，这些开口在较大的鼓出部分处形成较大的凸起部分，从而在腔室处成为流体阻力部分，防止了气泡的停留或气泡的产生，并且确保了稳定的墨滴排出。2011 年提出的专利申请 JP2011202341 在普通液体室的下游区域中设置有气泡排出室，该气泡排出室包括与普通液体室连通的流动路径和用于向外排出气泡的开口。气泡排出室用作将剩余气泡排出到外部的流动路径，以便在维护恢复操作期间通过气泡排出室排出气泡。JP2013032473 将隔膜构件形成阻尼器区域，作为第一层的薄部分作为普通液体室的壁面的一部分，通过第二层和第三层的厚部分形成阻尼器区域的外围。第二开口通过气泡排出路径与气泡排出端口连通。第二开口通过一个凹槽与阻尼器区域的侧部连通，凹槽被打开到围绕阻尼器区域周边的第二层和第三层组成的厚部形成的共同液体室的侧部以排出气泡。JP2016029243 为了解决气泡产生时不能通过循环流道排出而堵塞喷嘴连通通道的问题，将液体排出头设置为包括用于排出液体的喷嘴；与喷嘴连通的单个液体室，喷嘴连通通道将单个液体室传送到喷嘴，液体通过喷嘴流向喷嘴的一侧；循环流道经由喷嘴连通通道传送到单个液体室，用于使气泡小型化的小型化装置设置在喷嘴连通通道的单个液体室的一侧的入口部分中，且小型化装置包括多个通孔。

第6章 剪切式压电喷墨打印技术

剪切式压电喷头由于压电元件受到的机械应力较小，因此其工作寿命很长，被广泛应用于工业喷墨印刷领域，而且从压电材料的综合利用率分析，压电元件最适合的变形方式也应是剪切方式。

6.1 剪切式压电喷墨技术概述

本小节将从剪切式压电原理，剪切式压电喷墨打印技术的起源与发展，典型剪切式压电喷墨打印头的结构，剪切式压电喷墨打印头的组成部件、加工工艺、驱动控制以及性能控制方面展开。

6.1.1 剪切式压电原理

压电板在外电场的作用下发生剪切变形，对墨水产生正压力。图 6-1 为通过墨水通道后壁变形产生墨滴的示意图，说明如何通过墨水腔后壁的墨水通道产生墨滴并喷射，该例子中压电板成为墨水腔壁的一部分，而墨水腔的功能则类似于隔膜泵。由于压电材料的极化方向与电场作用方向垂直，特殊的结构安排使压电板产生近似于纯剪切的变形，形成对墨水的正压力；当墨水腔体积变小时，将克服墨水在喷孔处的表面张力，迫使墨水从喷孔中挤出，并在喷嘴出口附近形成墨滴。

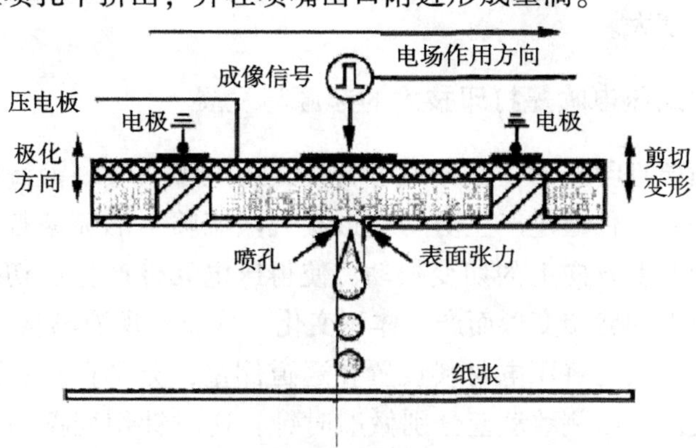

图6-1 通过墨水通道后壁变形产生墨滴

从压电材料的综合利用率分析，压电元件最合适的变形方式应该是剪切。因此，剪切式压电板可设计为墨水腔壁的一部分，直接挤压腔体中的墨水，因而压电元件与墨水的相互作用成为剪切式打印头的重要参数。剪切式压电喷墨打印头占有相当重要的地位，喷嘴或喷嘴系统的几何配置可以有多种选择，这与喷墨打印头制造商的设计思想有关。

图 6-1 的喷嘴孔开在墨水通道壁上，若压电板与墨水通道两侧的“龙骨”牢固地“焊接”到一起，则压电板只能产生近似的纯剪切变形。这种打印头以简单的结构实现剪切式压电喷墨印刷，结构简单，但打印头的工作效率不高。

剪切式形成墨滴喷射的另一种方法是使通道壁产生双向变形，为此需要在特定的距离范围内按偶数规律布置墨水通道，形成图 6-2 所示的用墨水通道的侧壁变形产生墨滴的特殊结构。

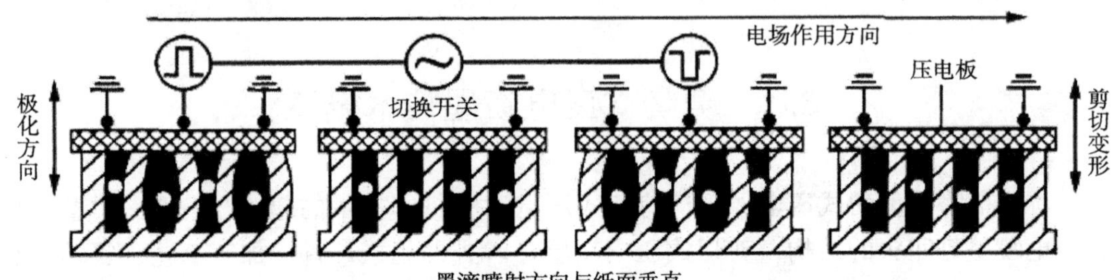

图6-2 利用墨水通道的侧壁变形产生墨滴

由于图 6-2 所示结构的特殊性，外电场作用在狭窄的范围内，因而压电材料同样产生剪切变形，这种变形传递给墨水通道后，由于通道壁高度方向尺寸小而弯曲刚度大，且两端受刚性约束，不能自由弯曲，只能产生剪切变形。一个墨水通道壁的剪切变形导致墨水通道的抽吸效应，引起相邻通道的墨水喷射，因为一个墨水通道的体积膨胀必然导致另一墨水通道的体积缩小，墨水受到挤压作用后因不可压缩效应只能从喷嘴口喷出。相邻墨水通道的体积变化刚好相反，以交互方式增加和缩小体积，这种模式的喷头制造难度大。

6.1.2 剪切式压电喷墨打印技术的起源与发展

剪切式压电喷墨打印技术，是指通过剪切式压电喷头实现液滴喷出的技术。剪切式压电喷墨打印头是一种通过产生剪切变形实现液滴喷射的喷墨打印头，其工作原理是基于压电元件的厚度方向上的切变振动，使得压电元件产生剪切变形，压力腔室内部体积由于压电元件的剪切变形而产生体积变化，从而实现液滴从喷头的喷出。目前，主流的剪切式压电喷头是将压电材料设置在通道侧壁，分别在左右两侧致动壁施加正向和反向电压，使左、右侧致动壁分别做顺时针、逆时针切变振动，使腔室两侧壁产生剪切形变，即令通道壁产生双向变形，从而导致两侧壁都向腔室内部运动，使腔室体积减小，这种压力腔室体积的变化形成液滴从压力腔室喷出的动力，从而将液滴喷射出去。

剪切式压电喷头中压电元件受到的机械应力较小，因此其工作寿命较长，被广泛应用于工业喷墨印刷领域。在剪切式压电喷头的发展过程中，先后出现了“剪切顶”以及“共享壁”两种典型的剪切式压电喷头。

“共享壁”模式（shared wall）的压电喷墨打印头，是将压电材料设置在通道两侧壁，使腔室两侧壁产生剪切形变，从而导致两侧壁都向腔室内部运动，使腔室体积减小进而将墨水挤出。“共享壁”模式的压电喷头出现于 1987 年，由英国的赛尔公司最早提出，赛尔公司首先提出了将压电材料设置在通道侧壁的一侧，实现单通道喷墨打印，进一步提出了“共享”的概念，将压电材料设置在两个通道侧壁上，使得一个压电材料侧壁同时影响两个喷射通道，即形成了“共享壁”模式压电喷头。赛尔公司作为剪切式压电喷墨技术的主要输出公司，虽然专利数量不多，但几乎每项技术皆是首创，后期这些专利都转让给其他公司做进一步研发。柯尼卡美能达、东芝、精工电子、兄弟、佳能等公司都购买了赛尔公司的专利使用权，并基于赛尔公司的“共享壁”技术开发了压电喷墨打印头。

1982 年，施乐（XEROX）公司的 Fischbeck 提出了“剪切顶”模式压电喷墨打印头，这种压电喷墨打印头基于压电陶瓷的厚度方向上的切变振动，将压电元件作为墨水腔壁的一部分，以简单的结构实现剪切模式压电喷墨印刷。这种压电喷墨打印头需要对电极施加相对高的电压差，而电极要以相对小的间距设置于压电元件上，以获得所需的压电元件剪切变形，因此难以通过大规模生产技术制造，且不能实现特别高密度的液体通道阵列。

6.1.3　共享壁式压电喷墨打印头结构

首先了解一下图 6-3 所示的单通道喷墨打印头，单通道打印头 10 包括底壁 20 和顶壁 22，在它们之间形成单个墨水通道 24，通道由一侧的刚性壁 26 和另一侧的剪切模式致动器封闭，剪切模式致动器包括压电陶瓷材料形成的壁 30，压电材料形成的壁 30 由上部 32 和下部 33 组成，它们分别以相反的方向极化，由箭头 320 和 330 所示。壁部件 32 和 33 在它们的共同表面 34 处黏合在一起并且刚性地黏合到底壁 20 和顶壁 22 上，致动器壁面 35、36 被金属化，以提供覆盖致动器壁面 35、36 的整个高度和长度的金属电极 38、39，以这种方式形成的通道 24 的一端由喷嘴板封闭，喷嘴板中形成喷嘴 40，上下壁部件 32、33 各自在受到作为薄片堆叠的电压 V 时起作用，薄片堆叠平行于底壁 20 和顶壁 22 并且在剪切模式下围绕其固定边缘处的轴线旋转，这就产生了“上下壁部件 32、33 随着它们与堆叠的固定边缘的距离而越来越大地移动增加”的效果，上下壁部件 32、33 偏转成“人”字形布置。单通道打印头 10 能够响应于向剪切模式致动器电极 38、39 施加差分电压脉冲 V 而发射墨滴，这样的脉冲在 Y 轴方向上设置电场，在部件 32、33 中垂直于极化 Z 轴，这会在压电陶瓷中产生剪切变形，并使致动器壁 30

沿 Y 轴方向偏转，进入喷墨通道 24，这种位移在墨水中形成压力，使得墨水从喷嘴 40 排出。在剪切模式中使用的压电陶瓷致动器通电后有效地使通道变形，而不会将能量耗散到周围的打印头结构中。

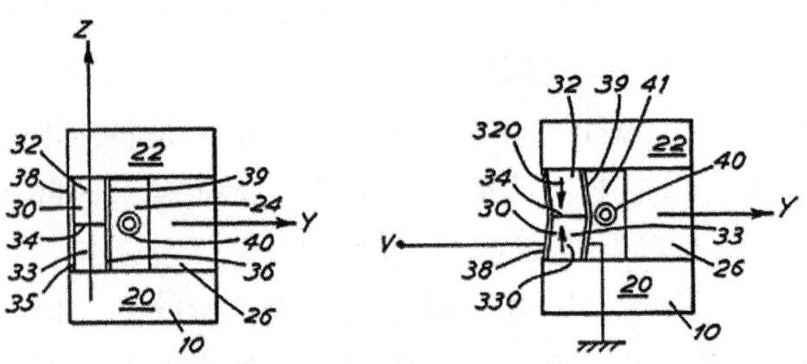

图6-3 单通道压电喷墨打印头

图 6-4 所示的“共享壁”模式压电喷头中，阵列包括可移动的侧壁，其形式为剪切模式致动器 15、17、19、21 和 23，夹在基座 25 和顶壁 27 之间，并且每个致动器都均由压电材料的上壁部分 29 和下壁部分 31 形成，如箭头 33 和 35 所示，以垂直于包含通道轴的平面的相反方向极化，电极 37、39、41、43 和 45 分别覆盖相应通道 2 的所有内壁。因此，当电压施加到特定通道的电极时，即对剪切模式致动器 19 和 21 之间的通道 2 的电极 41 施加电压，而该通道 2 两侧的电极 39 和 43 被保持接地，电场以相反的方向施加到致动器 19 和 21 上。由于每个致动器的上壁部分 29 和下壁部分 31 的相反极化，它们在剪切模式下被偏转，如虚线 47 和 49 所示，在它们之间的通道 2 中形成人字形形状，在致动器 19 和 21 之间的通道 2 中对墨水施加压力，使得墨滴被喷出。

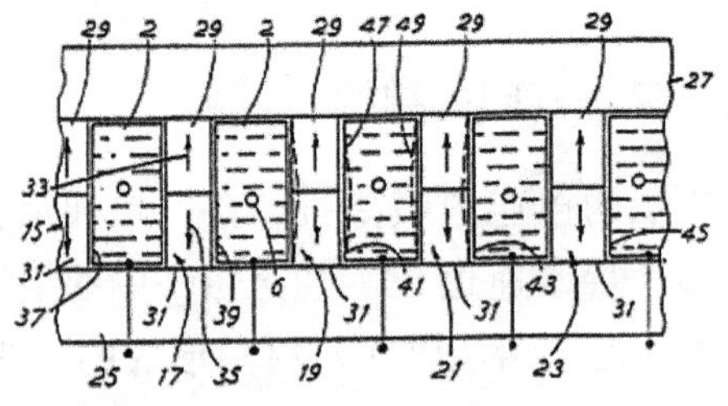

图6-4 共享壁式压电喷墨打印头

由于压电材料加工成墨水通道侧壁，压电元件变形覆盖整个通道壁面积，压电材料变形全部传递给墨水，横向变形变换成墨水垂直受压，即压电元件的变形方向与墨水通道壁方向垂直，喷嘴孔可以开在两个通道侧壁之间，因而，“共享壁”模式的压电喷头可以加工成紧凑的结构，该方法适于大规模生产，且容易以高密度多通道阵列形式制造，在产业上得以大量运用。

6.1.4 古尔德型压电喷墨打印头结构

在用于工业目的的喷墨设备中，有使用高黏性液体的需求，为了喷出高黏性液体，液体喷出头需要具有较大的喷射力，古尔德型压电喷头能够满足这一需求，古尔德型压电喷头最早出现于 1992 年，古尔德型（Gould 型）压电喷头，是“共享壁”模式压电喷头的特例，其中压力室由具有圆形或矩形截面形状的筒状压电构件形成，压力室能够以压电构件相对于压力室的中央在内–外方向（径向）上一致地变形的方式膨胀或收缩。如图 6–5 所示，在压电体 20 上形成压力室 19，压力室 19 侧壁上形成个别电极 24，形成公共电极 21、26，以实现压力室壁部全部变形。在古尔德型压电喷头中，由于压力室的所有壁面均变形并且这种变形对喷出墨的力起作用，所以与一个或两个壁面由压电元件形成的剪切模式类型相比能够获得较大的液体喷射力。

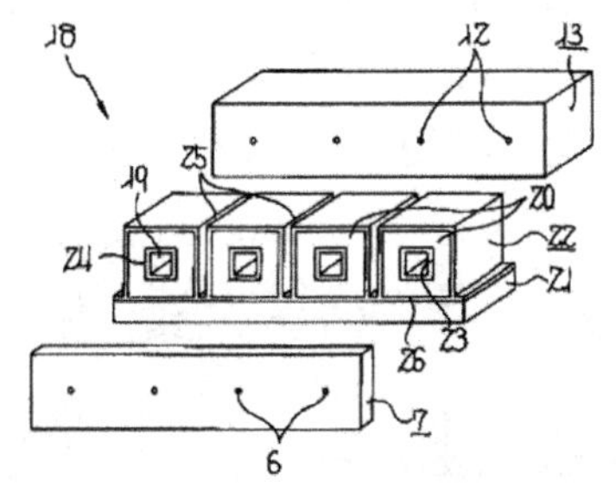

图6–5　古尔德型压电喷墨打印头

6.1.5　剪切顶式压电喷墨打印头结构

施乐公司的 Fischbeck 提出的剪切顶式压电喷头，是将压电元件设置于通道顶部，使得顶部压电元件产生剪切变形，实现液滴喷射的。图 6–6 示出了剪切顶式压电喷墨打印头，该喷墨打印头为了实现单独驱动喷射，在压电元件 3 上设置多个单独电极 9a（11a）、9b（11b）、9c（11c）以及电极 5、7，每个单独电极对应一个墨水腔 21a、21b、21c，单独电极 9 和 11 制成正极，电极 5、7 制成负极，极化方向由 P 表示，电场矢量由 E 表示，压电元件 3 在极化方向 P 和电场矢量 E 的叉积方向上剪切，电极 5、7 和单独电极 9a（11a）、9b（11b）、9c（11c）之间的电位差使得电极 9 和 11 附近的压电元件 3 变形，压缩墨水腔 21，从而实现液体喷射。剪切顶式压电喷头需要对电极施加相对高的电压差，而电极要以相对小的间距设置于压电元件上，以获得所需的压电元件剪切变形，因此其难以通过大规模生产技术制造，且不能实现特别高密度的液体通道阵列，因而应用较少。

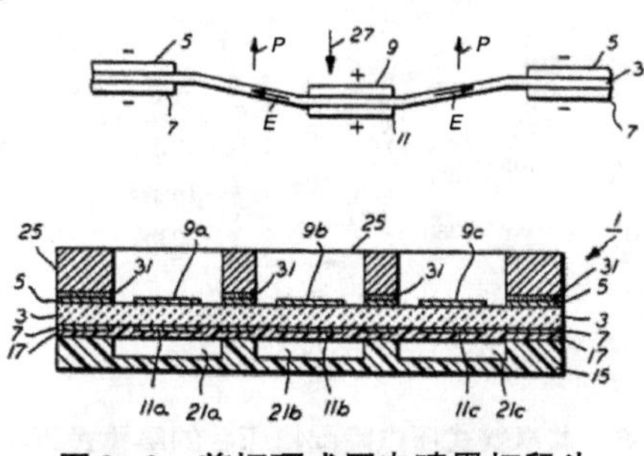

图6–6　剪切顶式压电喷墨打印头

后来美国的 Spectra 公司继承了上述致动器结构，当对压电致动壁施加垂直于极化方向的电场时，压电致动壁产生了剪切振动，该过程导致了致动器容积有规律地减小-增大，进而将墨水挤出了喷孔。如图 6-7 所示的 Spectra 压电喷墨打印头，压电元件是与极化方向平行的压电板 18，在压电板 18 的相对表面上安装电极 21，使电场与极化方向正交，导电电极 20 设置在压电板 18 朝向压力腔室 11 的一面，所产生的剪切运动减少了压力腔室 11 的体积，从与压力腔室 11 连通的孔 15 喷出墨水。压电板 18 形成压力腔室 11 的上壁，导电电极 20 和电极 21 被绝缘压电板 18 隔开，因此它们之间不存在电压泄漏短路的风险，剪切作用沿着传感器的平面，在降低了电位要求的情况下，大大消除了短路和电压泄漏的可能性，相应减少了保护和绝缘的必要性。后期其他公司在剪切顶式压电喷头的发展中，大多沿用 Spectra 公司的这种喷头。

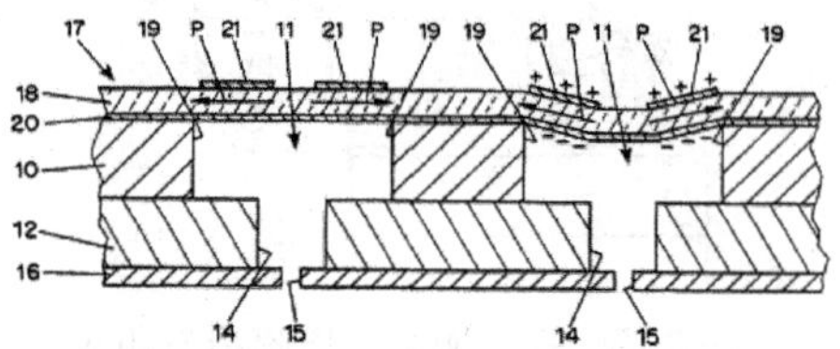

图6-7　Spectra 压电喷墨打印头

6.1.6　剪切式压电喷墨打印头的组成部件

本节将从剪切式压电喷墨打印头的压电元件、电极、墨水喷出通道、墨水流路以及喷嘴的布置方面展开，进一步介绍剪切式压电喷墨打印头的组成。

1. 压电元件

（1）共享壁式压电喷墨打印头的层叠式压电元件

在设置共享壁式剪切式压电喷墨打印头时，通过改变压电板的厚度、层数，对电极施加电压使油墨腔变形，以获得需要的喷射效果，在执行高速高质量喷射时，获得高精度。如图 6-8 所示，压电基板 103 由多层压电板（103k~103h 等）层叠而成，非压电基板 104 和压电基板 103 形成油墨腔 102。共享壁式压电喷墨打印头是主流的剪切式压电喷墨打印头结构。

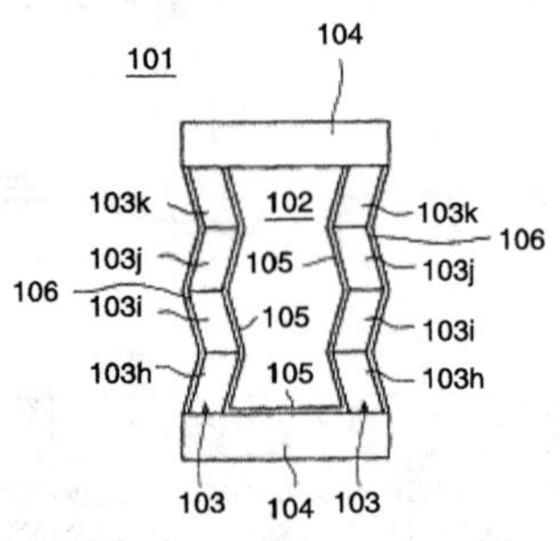

图6-8　共享壁式压电喷墨打印头的层叠式压电元件

（2）剪切顶式压电喷墨打印头的层叠式压电元件

剪切顶式压电喷墨打印头的层叠式压电元件结构如图 6-9 所示，层状压电元件 18 通过黏合层 16 黏合到主体 4 上，其中层状压电元件 18 由四个压电陶瓷层 20a ~ 20d 和五个电极层组成，它们在垂直于厚度方向的方向上交替层叠或叠置。有选择地对电极层 22 施加电压，使至少一个压电陶瓷 20 在极化方向上发生位移，从而改变墨腔的体积，其结构简单易于制造。

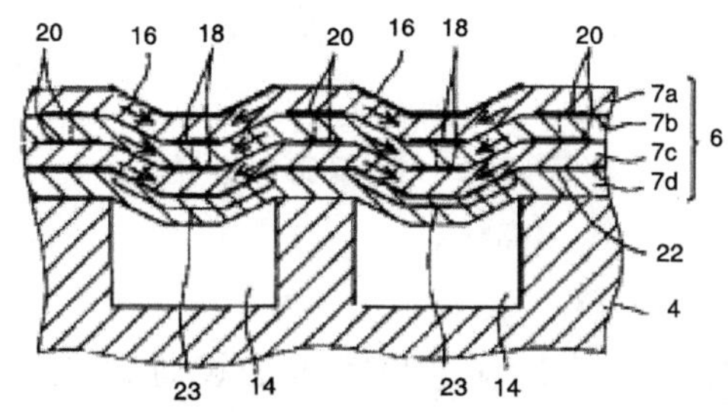

图6-9　剪切顶式压电喷墨打印头的层叠式压电元件

2. 电极

剪切式压电喷墨打印头中，电极布置于压电元件侧壁，暴露于墨液中，墨液具有导电性，容易使得电极腐蚀短路。要对电极进行保护，可靠地使电极绝缘，在电极上依次设置由具有绝缘性的无机材料构成的无机绝缘膜和由具有绝缘性的有机材料构成的有机绝缘膜，实现对电极的保护，是电极布置技术中通常会考虑的技术手段。除了保护电极，通常也会通过电极布置的位置以及形式来提高压电元件的剪切形变效果。

（1）多层电极

基于剪切式压电喷墨打印头中压电元件的布置方式，电极也采用类似的方式布置，如图 6-10 所示，层叠型压电元件布置在压力室 21 的上下两侧，第一驱动模式为同时驱动布置于第一和第二层叠型压电元件 23、24 的电极 26、27、29、30，第一层叠型压电元件 23 以剪切模式变形，同时第二层叠型压电元件 24 也以剪切模式变形，第二驱动模式为第一和第二层叠型压电元件 23、24 中的一个电极 26、27、29、30 被选择性地驱动以用于打印，通过两种驱动模式，实现剪切模式变形的灵活控制。

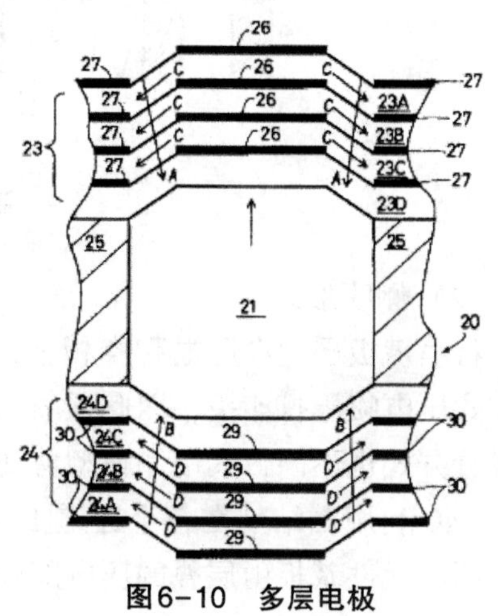

图6-10　多层电极

（2）环形电极

如图 6-11 所示，压电致动器 82 包括构成多个压力室的一个壁面的振动膜 56 和设置在振动膜 56 上的多个压电元件 58，压电元件 58 包括压电体 59 和环形单独电极 60，这种剪切顶式的压电喷头，通过改变电极的形态，可以防止相邻压力室之间串扰的发生，并能提高喷射效率。

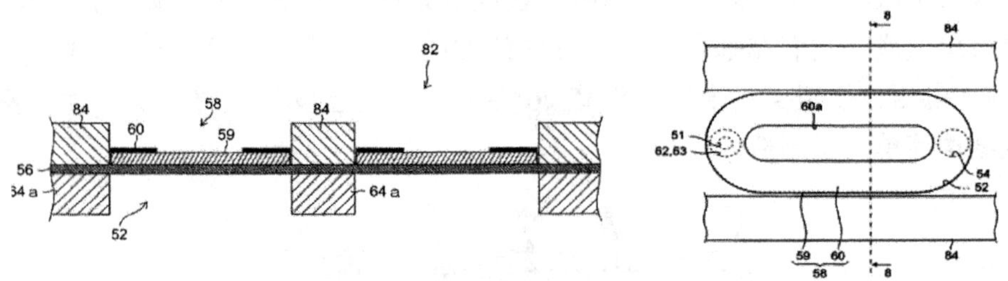

图6-11　环形电极

3. 墨水喷出通道

共享壁模式压电喷墨打印头，基于喷嘴板的设置位置不同，有顶喷模式和侧喷模式。

（1）顶喷形式

将喷嘴板设置在墨水通道末端与压电陶瓷板垂直的表面，形成顶喷型剪切式压电喷墨打印头，其典型结构如图 6-12 所示，喷嘴板 5 由板主体 17、金属层 18 和无机绝缘层形成，墨水经过压力腔室 21 由喷嘴 15 喷出，压力腔室两侧形成有压电元件 11，驱动电极 12 附着于压电元件 11 表面，通过驱动电极，使得压电元件发生剪切形变，改变压力腔室的体积，最终实现液滴喷射。

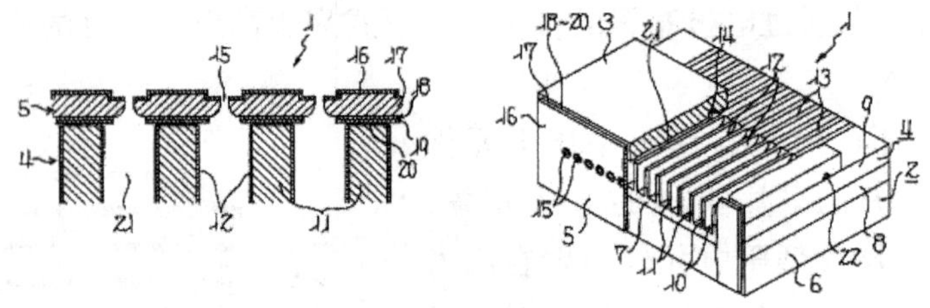

图6-12　顶喷形式

（2）侧喷形式

将喷嘴板层叠在压电陶瓷板上，设置在与压电陶瓷板平行的表面，则形成侧喷型剪切式压电喷墨打印头，因此顶喷和侧喷两种喷墨打印头的压电元件和墨水喷出通道的设置方式也不同，其中侧喷型剪切式压电喷墨打印头的典型结构如图 6-13 所示，喷嘴板 140 利用黏结剂在各个通道 113 和 115 的纵向方向上连接到压电元件基板的上表面，压电元件基板由层叠的压电陶瓷材料 101 和 102 组成，通道 113 侧壁上布置有电极 119，墨水经由喷嘴 118 喷出。

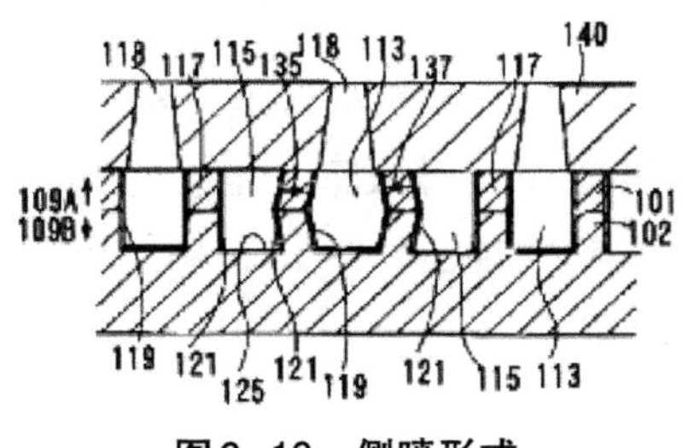

图6-13　侧喷形式

4. 墨水流路

在剪切式压电喷墨打印头结构中设置相应墨水流路，实现墨水循环流动，可以去除墨水中混合的气泡和杂质，具体的流路设置方式如图 6-14 所示，剪切式压电喷墨打印头包括压电板 2，在其侧面 9 上开有多个槽 6；盖板 3，其侧面与压电板 2 的侧面形成同一平面，并与压电板 2 的一面 7 接合；喷嘴板 5，其具有多个喷嘴 10，并且接合到盖板和压电板的侧表面，以便使喷嘴 10 与凹槽 6 连通；以及流路部件 4，其具有液体排出室 12，并且接合到压电板 2 的另一表面 8 或盖板 3 的表面。在喷嘴板 5 和压电板 2 或盖板 3 的侧面之间形成多个排出路径 14，并且液体喷射头构成为排出路径的一端与槽连通，并且排出路径的另一端与液体排出室连通。其中可以形成两种墨水循环结构，一种是将墨水进出口均设置在压电元件上的同一盖板上，以缩小尺寸；另一种是将墨水进出口分别设置在压电元件上下的顶板和底板上以改善墨水循环效率、提高墨水喷出速度，这两种循环结构各有优势。

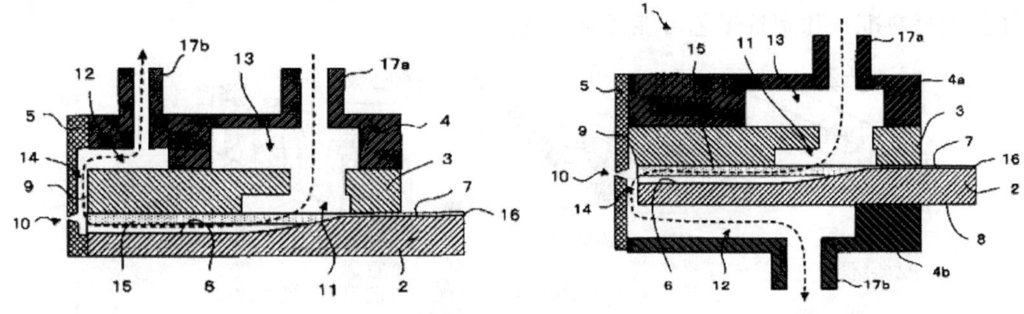

图6-14　墨水循环流路

5. 喷嘴

（1）喷嘴板

喷嘴板是用于形成喷射液滴的喷嘴的板状部件，通常设置于压力腔室朝向被喷射介质的一侧，用于在压力腔室内的液体受到剪切式压力形变后将液滴从喷嘴孔喷射出去，在剪切式压电喷墨打印头中，由于喷嘴板与压电陶瓷板一般通过黏结剂粘接，喷嘴板上喷孔对应墨水通道的喷出通道，为防止黏结剂膨胀挤入喷嘴孔对应的墨水通道，通常在喷嘴板上的喷孔周围形成亲墨区域和斥墨区域。

（2）喷嘴布置方式

喷嘴板上的每个喷嘴通常对应一个墨水通道，然而在利用剪切式压电喷墨打印头进行液滴喷射时，为了进一步提高喷射效率，也会令每个墨水通道对应两个喷墨孔，以提高冲击精度和记录速度，具体参见图 6-15，从每个通道的一对孔 3（3a、3b）中以不同速度同时喷射一次形成像素。

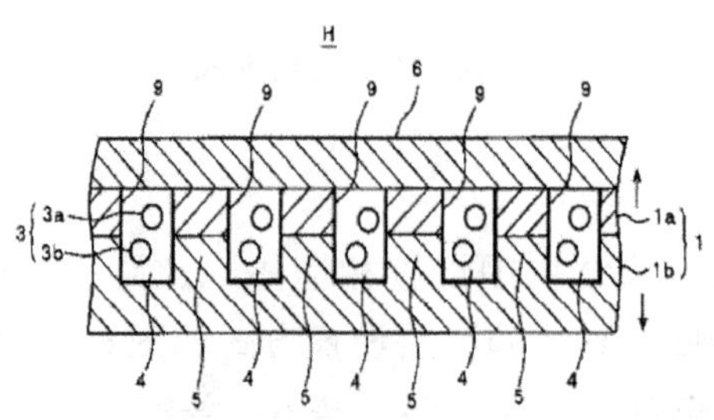

图6-15　喷嘴布置方式

6.1.7　剪切式压电喷墨打印头的加工工艺

共享壁结构加工技术中，打印头的墨水通道改成以压电材料整体制造时，则形成共享壁结构打印头的基本成分。共享壁结构只能为剪切模式使用，可以按图 6-16 所示压电材料准备工艺制备，先加工好尺寸合适的压电陶瓷材料（比如 PZT）矩形块，并对这种 PZT 块的两侧临时应用金属喷镀工艺。高电压加到两侧的金属喷镀层上，使 PZT 材料的压电属性方向取得一致，这种工艺称为极化。由于材料的不同，压电喷墨打印头的材料准备和制备工艺可能互不相同。

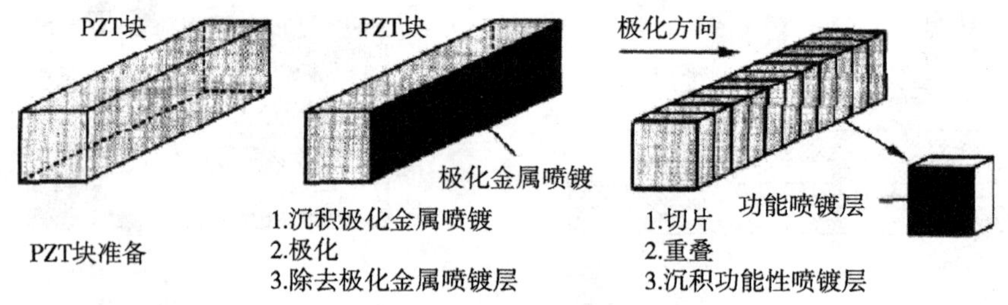

图6-16　压电材料准备工艺

压电材料经极化处理后，金属喷涂层也被极化，为此需去除金属喷涂层。已准备好的压电 PZT 块材料切片成大小相等的矩形块，每一个矩形块都能用于构成打印头。这些矩形块三维尺寸中有两个方向的尺寸明显大于第三个方向的尺寸，前者指“底面”PZT，是构成打印头的基础，后者称为薄片 PZT，将用于构成墨水通道的顶部。接下来以批处理方式喷镀金属，使喷镀金属沉积到“底面”PZT 和薄片 PZT 的两个大尺寸面积上，即长方体六个表面中面积较大的两个面，这种功能性的金属喷镀层将用来驱动 PZT 压电材料。

完成基础压电材料准备后，即可开始图 6-17 所示的基础材料层叠和锯割加工工艺。

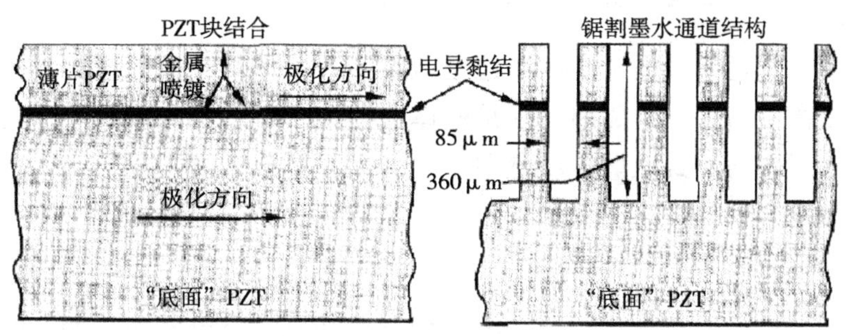

图6-17　层叠和锯割工艺

从图 6-17 可以看到，对于准备好的压电陶瓷材料，需将"底面"PZT 和薄片 PZT 通过导电环氧工艺层叠在一起，使得材料的极性方向对齐，加工成顶部薄膜 PZT 层、中部电导黏结层和底部 PZT 层的三层结构，要求两层 PZT 的极化方向相同。用精密的金刚石锯加工这种"三明治"结构，形成墨水通道开口和墨水通道驱动结构。这样，墨水通道壁由两个 PZT 块组成，在逆压电效应作用下共同产生剪切变形，并将变形传递给墨水。

接下来是墨水通道密封。共享壁墨水通道的顶部加有盖板，以机械方式加工到与墨水通道尺寸匹配，部分区域加工成多支管的墨水容器，其他部分则是实心的。喷嘴开口利用激光烧蚀工艺在聚合物材料（聚酸亚胺）制成的薄膜板上加工成型，喷嘴孔开在墨水通道的侧面，再将加工好的喷嘴开口连接到打印头的一端。加工喷嘴开口时要求与墨水通道所在位置准确一致，并要求与墨水通道准确对齐后再装配。墨水通道的背部（喷嘴孔所在位置称为前端，另一面称为背部）用聚合物材料密封，图 6-18 所示为共享壁墨水通道喷嘴板和盖板等结构件的相对位置和密封位置示意图。

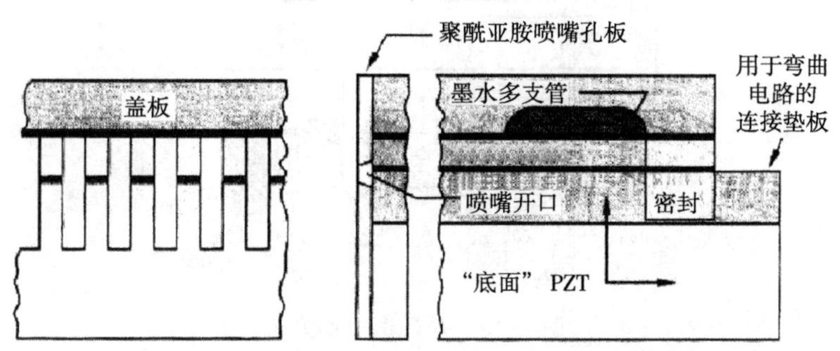

图6-18　盖板、喷嘴开口连接与墨水通道密封

以上述工艺加工成的打印头结构相当紧凑，但压电陶瓷材料部件加工、尺寸精度和零部件的装配等加工要求都很高。当然以上介绍的加工工艺不具备唯一性，不同的压电喷墨打印头制造商通常采用不同的加工工艺，形成各具特色的共享壁墨水通道结构。

6.1.8 剪切式压电喷墨打印头的驱动控制

为保证墨水通过墨水通道准确、稳定地喷射至承印物上，除了对喷墨头结构中各组成部分要求高，另一个重要因素则是液体喷射过程中的驱动控制，这关系到整个液滴喷射过程。对于剪切式压电喷墨打印头的驱动控制，还要考虑剪切式压电喷墨打印头的结构对驱动控制的影响。

（1）单通道驱动

基于剪切式压电喷墨打印头的共享壁结构，设置单独的驱动回路，对每个喷射通道的墨滴喷射进行控制（参见图6-19），与喷嘴孔26连通的腔室17a至17c和未填充墨水的虚拟腔室18交替平行排列在压电陶瓷板上，并在每个腔室17a至17c和虚拟腔室18的两侧均设置侧壁19，提供电极，将腔室17a至17c中的电极用作公共电极20a，并且将每个虚拟腔室18中的电极用作单独电极20b，以向每个腔室17a至17c两侧的侧壁19施加驱动电场。在该单元中，包括用于连接到独立电极20b并向每个独立电极20b输出驱动信号的用于独立电极的驱动单元，以及用于连接至公共电极20a并向公共电极20a输出驱动信号的用于公共电极的驱动器。

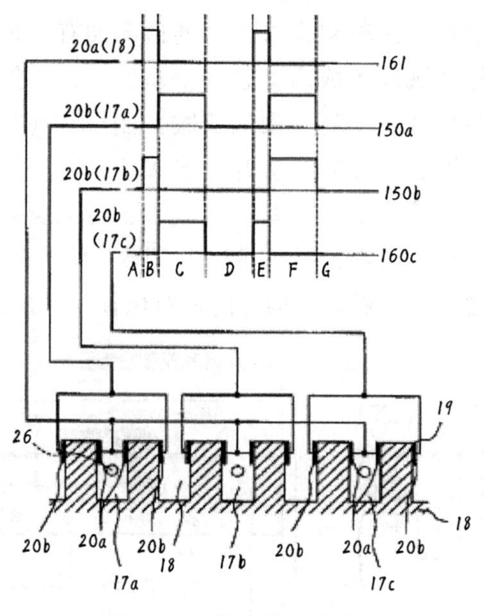

图6-19 单通道驱动方法

（2）三周期驱动

“共享壁”结构的致动器存在当其某一通道喷射墨水时，相邻的通道因致动壁振动的干扰无法同时喷射墨水的缺陷，为了克服上述缺陷，提出采用将致动器的通道分成三组，让其循环交替工作的方法，定义此方法为“三周期驱动方法”，如图6-20所示，该“三周期驱动方法”驱动打印头的原理为：首先，墨水从通道 A 喷出，形成图像的一部分；其次，从通道 A 喷出后，墨水从通道 B 喷出，形成图像；最后，从通道 B 喷出后，墨水从通道 C 喷出，完成图像打印。

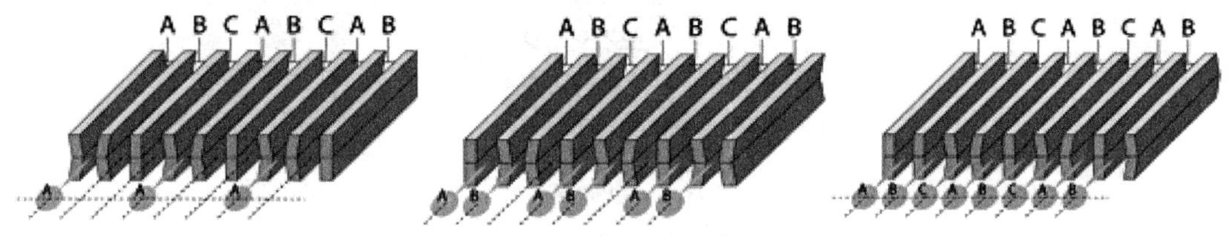

图6-20　三周期驱动方法

采用三周期驱动方法，在邻近喷射通道的至少一个通道施加虚拟脉冲，通过施加虚拟脉冲，规定了喷射速度和油墨体积。如图 6-21 所示，在变形的侧壁中，用于喷射墨滴的打印脉冲被施加到阴影侧壁，并且虚拟脉冲被施加到非阴影侧壁，将打印脉冲施加到通道 A_2 并将虚拟脉冲施加到通道 A_1 和通道 A_3，通道 A_1 和通道 A_3 没有墨滴从 A_3 的喷嘴中喷出，但是这些通道中的压力发生了变化，并且通道 A_1 和通道 A_3 的压力变为与通道 A_2 中压力相同，通道 A_2 被独立驱动，墨滴从通道 A_2 飞出的速度由于上述部分的影响而增加，并且情况与在上述周期 T 中驱动所有 A 通道时完全相同，墨滴以高速飞行。通过利用串扰的效果，向被施加了打印脉冲的通道附近的通道施加虚拟脉冲以解决上述问题，并且不会减慢图像形成速度，获得了清晰的图像，实现了能够高速形成图像的喷墨头记录装置。

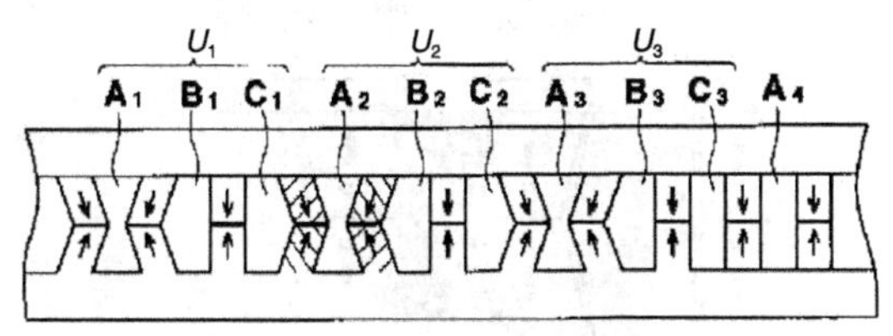

图6-21　三周期驱动示意

6.1.9　剪切式压电喷墨打印头的性能控制

1. 防串扰技术

在剪切式压电喷墨打印头中，由于压电陶瓷板的每个凹槽和盖板的压力腔室彼此连通，容易发生串扰现象，影响液滴喷射性能。基于此，在各通道槽内设置过滤器，使得各槽基本上被过滤器隔开，可以抑制各槽中墨的移动向另一槽中的墨传播，如图 6-22 所示，头芯片的压电陶瓷板 11 上并列设置有多个槽 12，各槽 12 由侧壁 13 隔开，在纵向上的每个槽 12 的两个侧壁 13 的开口侧表面上形成有用于施加驱动电场的电极 15，盖板 17 接合于压电陶瓷板 11 的槽 12 的开口侧表面，盖板 17 具有墨室 21；而在压电陶瓷板 11 与盖板 17 之间的墨水腔室设置过滤器 18，过滤器 18 上设置许多通孔，通孔与侧壁 13 之间的通道 12 相连通，以防止串扰并保持液滴稳定喷出。

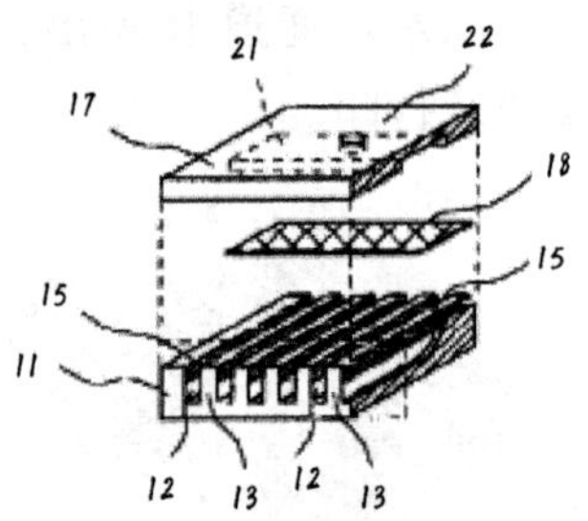

图6-22 防串扰技术

2. 压电元件冷却技术

随着剪切式压电喷墨打印头的持续使用，压电元件会出现温度升高、压电性能下降的问题，为了改善压电元件剪切性能，需要设置相应的结构使得压电元件冷却并保持剪切性能（具体参见图 6-23）。多个压电元件排列方向上交替作用的墨室 104 和温调液体室 105，墨室 104 形成有喷射液体的流动路径，连通喷嘴孔，温调液体室 105 中配置用于调整压电元件 101 的温度用的液体，以更好地实现压电元件的冷却。

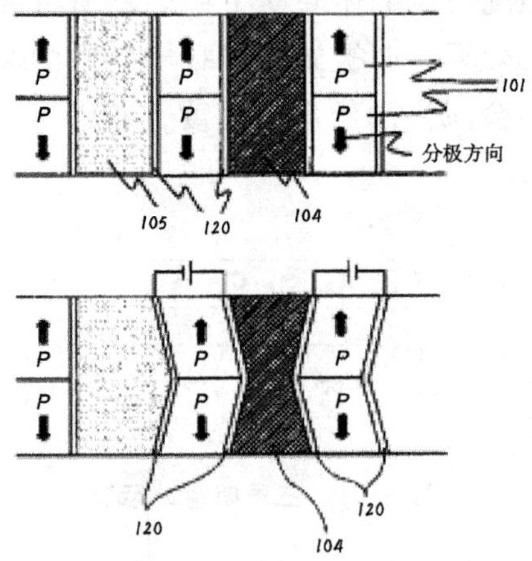

图6-23 压电元件冷却技术

除了设置冷却调温结构以实现压电元件的冷却，还可以通过改进驱动控制模式减少液滴喷射过程中热量的产生，以保持压电元件性能，例如，在正负驱动脉冲之间施加延迟时间 Δt，以减少驱动喷射过程中热量的产生，实现稳定喷射。

3. 气泡管控技术

在剪切式压电喷墨打印头结构中，基于墨水循环技术的优势，设置相应的液体循环流路，利用该技术能够保持墨水在喷嘴后端持续流动带走气泡和多余杂质。此外，剪切式压电喷墨打印头中将喷嘴板设置在压电陶瓷板平行的平面上，形成侧喷型压电喷墨头，使得喷嘴板上的喷嘴孔分别对应墨水通道，相较于顶喷型压电喷头能够提高喷出速度和效率，以减少粉尘和气泡的出现。

剪切式压电喷墨打印头中，也通过控制驱动时序，防止气泡进入墨水流路，如图 6-24 所示，多个电极 3 形成在纵向方向上布置在多个分隔壁 2 中的每一个的两个侧面中的每一个上，每个分隔壁 2 由布置在基板 1 上的压电材料构成，顶板 6 结合到分隔壁 2 上，顶板 6 封闭形成在分隔壁 2 之间的墨水通道 4。然后在每个墨水通道 4 的一端设置墨水供应孔 9，在另一端设置墨水喷射喷嘴 8，用于在时间序列的基础上移动分隔壁 2，使得电压顺序地施加到电极 3 上，从墨水供应孔 9 的一侧到墨水喷射喷嘴 8 的一侧夹住分隔壁 2，减小油墨在流动通道 4 的压力降低，从而降低墨水喷射孔侧的反向流动，以防止墨水进入流路。

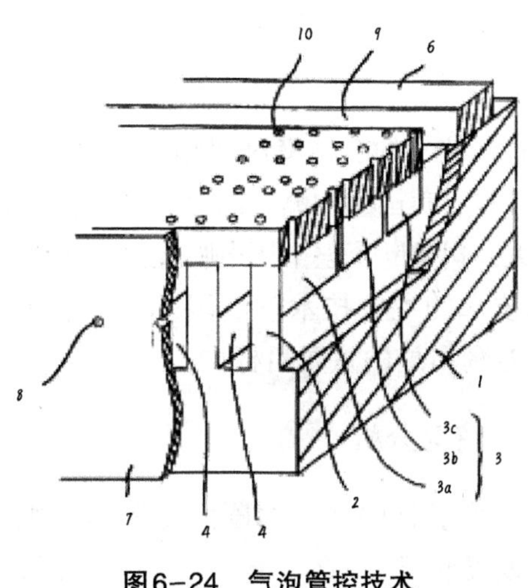

图6-24　气泡管控技术

6.2　剪切式压电喷墨打印技术的专利申请情况

本节将从专利申请的角度对剪切式压电喷墨打印技术进行分析。

6.2.1　全球专利申请情况分析

首先给出了剪切式压电喷墨技术的全球专利申请整体趋势，并从国内外申请的角度对其进行了着重分析，包括了历年申请趋势、地域分布、主要申请人、不同技术分支的专利分布等，以得到剪切式压电喷墨打印技术在全球的发展状况。

1. 全球申请量整体趋势

（1）沉寂阶段（1982—1987 年）

最早关于剪切式压电喷墨打印技术的专利申请出现于 1982 年，在其后的近 5 年时间中，关于该技术的发展一直处于探索阶段，技术尚未成熟。每年的专利申请量都较低，提交申请的公司也比较少。

（2）初步发展阶段（1988—1997 年）

进入 20 世纪 90 年代，随着科学技术和制造水平的不断提高，特别是压电技术的日渐成熟，剪切式压电喷墨打印技术也进入一个初步发展阶段，其专利申请量以及申请人数量小幅波动，并稳步增加，并且剪切式压电喷墨打印技术的应用也开始向多方位发展，这个时期到后期可以看出在压电喷头结构方面已经基本定型，后面的改进都趋向于驱动、电路、工艺、控制的改进。

（3）迅猛发展阶段（1998 年至今）

由于兄弟公司、柯尼卡美能达、精工电子等一系列打印领域的领头羊进入剪切式压电喷墨打印技术领域进行研究，以及 MEMS 制造技术的成熟，这一时期的申请量处于井喷式高速增长。差不多到 2015 年，剪切式压电喷墨打印技术已经趋于成熟。

2. 全球申请地域分布

对于剪切式压电喷墨打印技术的全球专利申请中，日本、美国申请占比很大，申请国家比较集中，只集中在日本、美国、欧洲等国家（地区），其他国家（地区）皆没有相关申请。这与主要的几个大公司垄断了整个压电喷墨打印技术的现状很一致。

剪切式压电喷墨打印技术的主要技术输出国是日本、英国和美国，中国没有技术输出，但是却是很多公司专利布局的重要目标国。

6.2.2 国内专利申请情况分析

本节给出了剪切式压电喷墨打印技术的国内专利申请整体趋势，以得到剪切式压电喷墨打印技术在国内的发展状况。

关于剪切式压电喷墨打印技术国内专利申请量及申请人数量发展趋势，剪切式压电喷墨技术专利申请在国内起始于 1989 年，直至 2012 年发展都较为缓慢，专利申请处于萌芽期，申请量和申请人数量均很少；2013 年至今，该技术领域的专利申请量呈现迅猛增长趋势，申请人数量也大幅增加，从 2013 年开始，国外申请开始大举进入中国专利市场进行布局。

中国专利申请主要还是来源于国外申请人，表明中国是国外同领域申请人的重要目标市场。而其中日本、美国、英国在中国专利布局比较多，与这几家公司大举进入中国市场有关。

6.2.3 国外专利申请情况分析

本节给出了剪切式压电喷墨技术的国外专利申请整体趋势，以得到剪切式压电喷墨打印技术在国外的发展状况。

1. 国外申请量整体趋势

关于剪切式压电喷墨打印技术专利申请量及申请人数量发展趋势，剪切式压电喷墨打印技术专利申请在国外起始于 20 世纪 80 年代，直至 1987 年发展都较为缓慢，专利申请处于萌芽期，申请量和申请人数量均很少；1987—1997 年进入初步发展阶段，每年的专利申请量处于一个相对稳定的状态；在这之后，剪切式压电喷墨打印技术进入迅猛发展阶段，申请量及申请人数量迅速增加；2012 年至今，该领域发展已趋完善，整体数量呈现下滑趋势。

2. 国外申请地域分布

对于剪切式压电喷墨打印技术的国外申请中，日本的申请量高居首位，各主要生产研发公司中，日本公司占了大部分，通常他们将本国作为重要申请目标国进行专利布局；其次欧洲和美国也是较重要的市场。

3. 国外重要申请人

图 6-25 为剪切式压电喷墨技术国外重要申请人。赛尔公司作为剪切式压电喷墨技术的主要输出技术公司，早期就进入了其发展高峰期，虽然从图中可以看出，赛尔公司的专利数量不是最多的，但后期其将相关技术转让给了柯尼卡美能达、东芝、精工电子、兄弟、佳能等公司，使得这些公司的剪切式压电喷墨技术飞速发展。

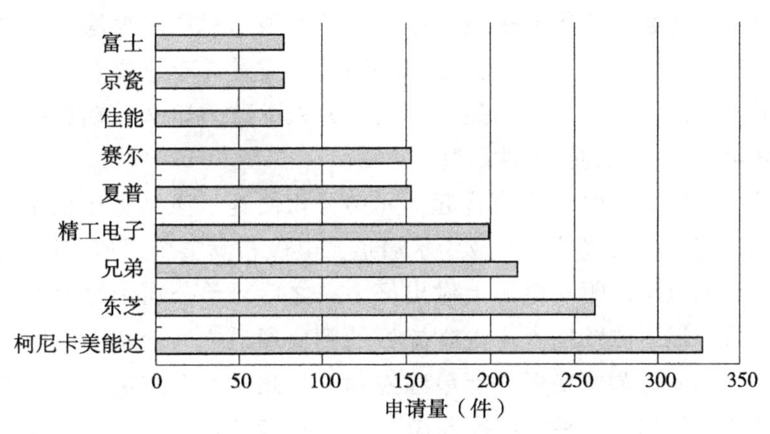

图6-25　国外重要申请人

4. 国外各国申请趋势

英国作为剪切式压电喷墨打印技术的发源国，其主要是依托于赛尔公司，在 20 世纪 80 年代首先提出了剪切式压电喷墨打印技术，通过专利转让，剪切式压电喷墨打印技术的研究中心转移到日本；而美国依托于 Spectra 公司，在剪切式压电喷墨打印技术中一直处于一种均衡的发展，但在 2012 年之后，其技术重点已经不在剪切式压电喷墨打印技术上。

6.3　剪切式压电喷墨打印技术的专利技术发展情况

喷墨打印头，一般基于以下目标进行改进和发展：高速、高精度、小型化、节约成本以及增强耐久性，具体到剪切式压电喷墨打印头，高速度一般与驱动、墨水腔室中的墨水温度相关，高精度的分辨率一般与墨水通道的体积、电极布置深度、喷嘴排列相关，结构的简化一般与喷嘴板的安装、压电板的布置、墨水流路的布置、过滤结构等相关，耐久性一般与喷嘴板、喷嘴、电极的保护相关。

6.3.1 两种典型剪切式压电喷墨打印头发展脉络

在剪切式压电喷头的发展过程中，先后出现了“共享壁”以及“剪切顶”两种典型的剪切式压电喷头。

1. “共享壁”模式压电喷头的技术发展脉络

“共享壁”（shared wall）模式的压电喷头出现于1987年，前文已经介绍过，它是应用最广的模式。在赛尔公司提出共享壁结构以后，授权转让给其他公司，包括兄弟、东芝、柯尼卡美能达、精工电子等，基于逆压电效应的剪切压电喷墨印刷技术依靠其喷射墨滴均匀、可控性强、卫星点少等优点，在纸品印刷、户外广告、陶瓷喷印、纺织印花、印刷电子等领域应用越来越广泛。伴随着剪切式压电喷墨打印技术在工业喷印领域应用范围的扩大，对于提高实际的喷墨印刷质量具有重要意义的基于致动器结构设计的驱动电源的地位越来越凸显，广大研究人员致力于从致动器结构和压电陶瓷驱动电源的角度进行广泛的探索性研究。

从赛尔公司提出共享壁结构模式起，兄弟公司便基于该结构申请了新的专利，利用上下两层压电陶瓷板对置共同形成墨水通道，电极布满整个通道壁以提高喷出速度，而东芝公司在驱动电源的驱动电压上做出努力；之后兄弟公司为缓解墨水通道侧壁的变形，盖板形成有通道侧壁插入压电陶瓷板的侧壁通道之间，从而能够缓冲在向电极施加电压时的压电元件侧壁变形并能单独控制；与此同时东芝仍旧在驱动电极的连接方式上进行改进，提出了三种电连接方式，且1996年之后几乎只有驱动电路方面的专利申请，例如对应于多个吐出通道而设置的多个驱动波形发生部、生成随机数的随机数发生部以及连接装置；佳能、柯尼卡美能达于1997年才开始共享壁结构的研究，涉及压电材料性能和压电陶瓷板结构的改进，之后在墨水循环技术的基础上，侧喷型压电喷墨打印头应运而生；由于压电元件和侧壁电极对墨水驱动的重要性，其影响墨水喷出速度，之后提出了多层压电层堆叠的结构以便更好控制墨水的喷出，以及双层压电陶瓷板对置或背置且与一列或两列喷嘴列对准以提高喷出速度；基于墨水循环技术的优势，利用该技术能够保持墨水在喷嘴后端持续流动带走气泡和多余杂质，提出了将具有墨水循环的墨水流路应用在顶喷型压电喷墨打印头上。

2. “剪切顶”模式技术发展脉络

“剪切顶”（shared roof）模式的压电喷头出现于1982年，是由Xerox（施乐）公司Fischbeck提出的，专利US4584590涉及一种用于按需喷射液滴的剪切模式转换器。为了实现单独驱动喷射，在压电转换器上设置多个单独电极，每个电极对应一个墨水腔，共用电极和单独电极之间的电位差使压电转换器变形，压缩墨水腔，实现液体喷射。该申请使用单独的压电转换器，在剪切模式下操作，为多个喷射提供驱动脉冲。当对压电致动器施加垂直于极化方向的电场时，压电致动器产生剪切振动，进而将墨水挤出了喷孔，这种剪切模式的压电喷头需要对电极施加相对高的电压差，而电极要以相对小的间距设置于压电元件上，以获得所需的压电元件剪切变形。

后来，美国的 Spectra 公司延续了施乐公司的致动器结构，于 1989 年公开了专利文献 US4825227A，其涉及一种用于喷墨系统的剪切模式转换器。压电元件是与极化方向平行的压电板，在平板的相对表面上安装电极，使电场与极化方向正交，导电电极设置在压电板朝向压力腔的一面，所产生的剪切运动减小了压力室的体积，从与压力室连通的孔喷出墨水。Spectra 公司最早是生产办公打印热气泡喷头的，后因惠普公司的出现而最终放弃转而研发工业压电式喷头，2006 年被日本富士胶片（Fujifilm Dimatix）公司收购，至此，Spectra 公司的喷头技术全部转入了富士胶片公司。

Spectra 公司的“剪切顶”式压电喷墨技术比较成熟，后期也有公司在该公司技术的基础上进行改进，其中包括佳能公司和收购了 Spectra 公司的富士胶片公司。2010 年，富士胶片公司公开的专利文献 US2010/0201755A，其涉及一种压电致动器，压电致动器包括构成多个压力室的一个壁面的振动膜片和设置在振动膜上的多个压电元件，压电元件包括压电体和环形单独电极，这种剪切顶式的压电喷头，通过改变电极的形态，可以防止相邻压力室之间串扰的发生，并能提高喷射效率。2011 年，佳能公司公开的专利文献 JP201168077A，其涉及一种液体喷射头，是对专利文献 US4825227A 进行改进，向长方体形状的压力室施加压力，沿压力室的纵向方向具备矩形的两个孔，夹在平行的两个孔之间的压电元件上设置有外加的电极，压电元件的极化方向与压力室的纵向方向平行，在压力室长度方向的宽度小的情况下，获得与以往相同的排出量。压力室底壁上设置有弹性膜以关闭压力室，压电元件由两个压电部件组成，两个压电部件根据每一端的极化方向形成在板状部件中，每个分量方向彼此朝向相反的方向，通过黏结剂附着。通过将电压施加到电极和弹性膜来进行变形，压电元件固定部上没有形成电极，由于在压电板变形部的长度方向侧面设置有孔，所以在压电板变形部变形时，不受压电板固定部的约束，压电板变形部能够进行剪切变形。由于压力室与压电元件之间设置有弹性膜，压电元件不与液体接触，因此能够提高压电元件的耐用性。

兄弟公司于 1989 年首次提交剪切式喷墨打印头的专利申请，分别于 1989 年和 1991 年申请了“共享壁”和“剪切顶”结构的剪切式喷墨打印头，兄弟公司在两种剪切模式技术中都有较好发展。专利文献 JP1862389 是 1989 年兄弟公司最早申请的关于“剪切顶”的技术，压电元件的层压板由多个压电陶瓷层和多个电极层组成，彼此交替叠接。有选择地对电极层施加电压，使至少一个压电陶瓷在极化方向上发生位移，从而改变墨腔的体积，结构简单，容易制造，减小尺寸，提高分辨率。1996 年之前兄弟公司的研究重点以“共享壁”结构为主，而进入 1996 年，兄弟公司又开始对“剪切顶”模式进行进一步的研究，并申请了一系列专利，例如，专利 JPH1034918A，其采用层叠式的压电元件以剪切模式变形，从而从墨水压力室中喷出墨水；JPH10138476A 提出，第一极化电极对应压力室的中间，第二极化电极对应压力室的两端；JP2002359410A 涉及中心电极和端部电极的布置。以上涉及“剪切顶”模式的专利都是通过改进电极的布置方式，来提高喷射性能。

除了上述提到的几家公司对“剪切顶”式压电喷射技术开展研究，其他压电喷墨打印头公司也对该技术有所涉及。例如，东芝公司于 1991 年申请的专利 JPH550607A，压电元件和非压电元件交替设置在平板状的驱动板块上，压力室上的一对压电元件产生形变使墨水从喷孔喷出，所有压电元件共用一个公共电极，一对压电元件连接一个个别电极，这样的布置方式可以减少电极和布线，为小型轻量化、提高生产效率做出贡献，可以单独驱动压电元件，防止串扰的产生，生产性能良好。英国的赛尔（XAAR）公司在“共享壁”式压电喷头技术中处于主导地位，且对“剪切顶”压电喷头技术也有涉猎，例如，于 1999 年申请的专利 WO9901284A1，其涉及一种利用所安装的以剪切模式偏移的压电式驱动器的按需喷墨打印设备，设备由多个被安装的用以形成油墨腔室的叠层板组成，驱动器形成油墨腔室的一面，并向形成在喷嘴板上的喷嘴方向偏移，喷嘴板形成油墨腔室的另一面。在相互连接层的反面是压电板，在相互连接板和压电板之间形成电极，在压电板上形成油墨通道和一个环形的带有一个中央升起部分的凹坑。压电板与插入板或接地电极连接，插入板反过来与喷嘴板连接，当在两个电极之间施加电场时，压电板上的被选择的驱动器以剪切模式向喷嘴板方向偏移，这种运动提供足够的能量用以从喷嘴喷出油墨，可以使用多个短脉冲，用来增加所喷出的墨滴的尺寸。多个被平行的油墨通道连接的特殊的压力腔室以两维矩阵排列，因此允许增加驱动器之间的距离，比直线排列需要较少密度分布的电连接线路。

6.3.2 赛尔公司技术发展脉络分析

1987 年，赛尔公司在专利文献 EP0277703A1 中首次提出剪切式压电喷墨结构，且在该专利文献中给出了 4 种压电元件与电极连接方式不同的剪切式压电喷墨结构，该专利中几乎涵盖了后续各公司的所有结构类型的剪切式压电喷墨技术。例如，单压电元件通过剪切变形形成的压力室变化；双电压层共用电极，但电压层的极化方向不一样，形成压电元件的剪切变形；双电压层，每个电压层采用各自的电极，电极接线方向不一样，形成的剪切变形；以及最早的共享壁的概念，即一个压电元件壁同时影响两个压力室。1992 年公开的专利文献 WO92/09436A1 给出了制作双层压电元件极化的方法，在两层压电元件中间加入中间层，制作过程中，该中间层绝缘，极化后，中间层可以导电；1996 年，专利文献 WO97/39897A1 提出在槽上向墨水供给导管敞开的部分，通过减小电极宽度或通过在电极和压电材料之间置入一种低介电常数材料，使压电材料局部丧失功能，使整个喷墨结构电容载荷降低；2004 年，WO2006005952A2 又相继提出了两种压电元件结构，通过两种致动模式，引起两个腔室产生容积移位，使得移位在一个腔室中彼此加强，而在另一个腔室中彼此抵消，可以使每个通道基本独立于其相邻通道动作的情况下操作。赛尔公司作为剪切式压电喷墨打印技术的主要技术输出公司，虽然专利数量不多，但其几乎每项技术皆是首创，后期这些专利都转让给其他公司做进一步研发。

6.3.3　柯尼卡美能达公司技术发展脉络分析

柯尼卡美能达公司购买了赛尔公司的专利使用权后，开发了基于赛尔技术的压电喷墨打印头，其对喷头结构的改进主要体现在流路、压电材料、电极等部件。例如，早期专利 JPH1158726A，为了实现稳定喷射，在盖板和压电板之间形成流路部分，流路部分包括常规深度部分、深度减小部分和浅槽部分，在此结构基础上，对喷头结构进行了改进；JPH11342606A 提出，在流路部分中的浅沟部的部分覆盖有弹性构件，通过弹性构件覆盖墨流路径，使墨供给侧的反射率变小，形成明确的压力波的反射面，实现稳定喷射；JP2001322284A 提出，在压电层之间设置黏结剂层，盖板和油墨腔之间设置黏结剂层，提高喷头连接强度；JP2005297310A 提出，将引出电极设置在压电基板表面的浅槽底部表面，密封试剂填充在槽盖板之间，实现密封，防止油墨泄漏；JP2000263787A 提出，电极设置在压电基板表面，压电基板由多层压电板层叠而成，非压电基板和压电基板形成油墨腔，通过改变压电板的厚度、层数，对电极施加电压使油墨腔变形；JP2004098579A 提出，每个墨水通道对应两个孔喷墨，提高冲击精度和记录速度，从每个通道的一对孔中以不同速度同时喷射一次形成像素；为了进一步提高喷射效率，JP2004114434A 提出，将几个压电板层叠在一起，墨水从带有一对喷嘴的墨水室中同时排放，在记录介质上同时形成两个像素点，高速、高质量形成图像。

除了对喷头的结构进行改进，柯尼卡美能达公司还对喷墨打印头的驱动控制技术进行了深入研究。“共享壁”结构的致动器存在当其某一通道喷射墨水时，相邻的通道因致动壁振动的干扰无法同时喷射墨水的缺陷，为了克服上述缺陷，提出采用将致动器的通道分成三组，让其循环交替工作的方法，定义此方法为“三周期驱动方法”。

柯尼卡美能达公司基于上述“三周期驱动方法”，申请了专利 JP2000255055A，其采用三周期驱动方法，在邻近喷射通道的至少一个通道施加虚拟脉冲，通过施加虚拟脉冲，规定了喷射速度和油墨体积。JP2001301157A 在正负驱动脉冲之间施加延迟时间 Δt，以减少驱动喷射过程中热量的产生，实现稳定喷射。JP2005096293A 提出，通过增加压力产生腔的压力使液滴从喷嘴喷出，使得 α/β 小于或等于 1/3，其中 α 为喷嘴开口端部处液滴的直径，β 为液滴的最大直径，抑制液滴从喷嘴喷出后产生弯曲的尾部，提高喷墨准确性。JP2005305911A 以分时工作方式，向电极施加电压脉冲，顺序驱动三组通道中的每一个，抑制液滴从喷嘴喷出后产生弯曲的尾部，提高喷墨准确性。通过对驱动电路、驱动脉冲的研究，以实现稳定喷射，提高喷射效率、准确性，进而提高印刷质量。

6.3.4　东芝公司技术发展脉络

1991 年，东芝公司在专利申请 JPH0550607A 以及 JPH04383250A 中首次提出了两种剪切式压电喷墨结构：剪切顶结构和共享壁结构。后期东芝公司放弃了剪切顶结构的研究，主要集中于共享壁结构的研究，因其进入该领域相对于其他公司比较晚，在结构方面几乎没有进行进一步创新。因此，从整体专利申请情况来看，其研发重点集中在工艺、驱动、电路控制等的研究。例如，1994 年，JPH07314674A 在制造工艺中提出了通过黏结剂将顶板、喷嘴板与压电元件进行黏结，后期再通过一系列工艺进行成型加工；1995 年，JPH09156093A 给出了 3 种电极接线方式。而在 1996 年以后，几乎只有驱动电路方面的专利申请，例如对应于多个吐出通道而设置的多个驱动波形发生部、生成随机数的随机数发生部以及连接装置。各驱动波形发生部分别输入印刷数据和校正数据，根据该输入的印刷数据生成吐出通道的驱动信号，在由输入的校正数据校正该驱动信号的波形后，向对应的吐出通道输出。连接装置连接随机数发生部和各驱动波形发生部，以使由随机数发生部生成的随机数作为每个驱动波形发生部的独立的值的校正数据而提供给各驱动波形发生部，能够在控制成本的同时，使起因于从喷嘴吐出的油墨量的波动的印刷不均变得不明显，并能够提高用户对品质的满意度。

6.3.5 佳能公司技术发展脉络

佳能公司在各种喷墨打印技术中都有较好发展，在剪切模式压电喷墨领域中，其技术主要涉及“共享壁”剪切模式，作为“共享壁”剪切模式的特例——Gould 型喷头，佳能公司对此项技术也做了较多的研究，下面就佳能公司的具体技术进行分析。

佳能公司关于剪切模式压电喷墨的技术最早出现于 1995 年，其申请的专利 JPH091794A 涉及一种喷墨记录头，是关于压电材料性能的改进。压电材料在低温中保存，极性显著恶化，因此在制造喷头时，一般采用将电压施加到相对于其极化方向平行的方向的手段，作为恢复极性劣化的手段，且以往喷头中，由于驱动用的电极原本被设置在相对于极化方向的方向上，能够利用驱动电极恢复压电材料的极化状态，然而在该申请的喷头中，使用压电材料的剪切模式，在相对于其极化方向平行的方向上没有设置电极，因此有必要合并专用电极来恢复极化退化，以降低制造成本。进入 2010 年，为了改善喷头性能，冷却压电元件，改善振动特性，JP2011235481A 中，多个压电元件排列方向上交替作用的墨室和温调液体室，墨室形成有喷射液体的流动路径，连通喷嘴孔，温调液体室中配置有用于调整压电元件的温度用的液体，以更好地实现压电元件的冷却。WO2013/073151A 的目的在于改善在基板和压电元件之间的接合部中的刚性，改善振动特性。在压电元件的顶端部与凹槽啮合的情况下，压电元件的顶端部的顶端侧面部和凹槽的内侧面部被接合在一起。在顶端部的顶端侧面部和内侧面部之间形成间隙的情况下，用弹性部件填充间隙或者用黏结剂填充，无间隙地啮合、抵接使得刚性能够明显增强。

佳能公司涉及结构方面的改进比较多，例如，2004 年公开的专利 JP2004050525A，其涉及一种喷头制造方法，是关于多个电极、压电材料结构排布的改进。电极形成在具有液体的压力室的两侧壁上，形成剪切模式的压电致动器，各分割电极通过选择性地将电压施加到一个或适当组合的多个分割电极进行驱动，能使喷射液滴的体积控制精度高，在小液滴喷射时也能获得充分的喷射速度。2010 年公开的专利 US2010/0225709A1 中，压电元件可以有效利用压电常数来增加振动板的偏转位移，基于压电常数 d_{33} 和 d_{31} 的位移导致振动板在纵向方向偏移。压电常数 d_{15} 的位移也导致了振动板的位移偏转。JP201235211A 提出，为了提高喷射力，第一致动器通过将电压施加到各第一信号电极而变形，并分别使各隔板进行变形，单独加压各墨槽的墨液，通过将电压施加到各第二信号电极，来构成第二致动器，使各隔板变形，致动器相对于墨槽的另一端侧相对配置，在墨槽喷射时提高墨槽的背压，因此被加压的墨槽的墨水能够有效地流向喷嘴方向，提高喷射力。JP2013071423A 提出，压力室侧壁由压电材料构成的隔板限定，压力室内壁上形成有第一电极，第二电极在空间部内壁上形成，在电场方向的一侧，通过在电极之间施加电压使其极化，一个二次倾斜和极化的区域被提供在相对于电场方向的另一侧，通过同时有效使用多个振动模式，增加压电元件位移量。

在用于工业目的的喷墨设备中，有使用高黏性液体的需求，为了喷出高黏性液体，液体喷出头需要具有较大的喷出力。为了满足这种需求，1992 年，通过压力室壁全部变形，获得较大喷射力的古尔德型喷头出现，该类型喷头最早见于专利 JPH5254132A，由 TOKYO ELECTRIC 公司申请，其涉及一种喷头制造方法，用于制造最初的古尔德型喷头，在压电体上形成压力室，压力室侧壁上形成个别电极，形成公共电极，以实现压力室壁部全部变形。

进入 21 世纪，佳能公司对古尔德型喷头做了进一步改进，专利申请 JP2013071422A 公开了一种液体喷射头，其压力室的内壁四个面上形成有第一电极，形成压力室的四个壁面中三个壁面由第一压电板构成（三个电极设置在第一压电板上），一个壁面由第二压电板形成（一个电极设置在第二压电板上），第二电极形成在第一压电板上形成第一腔的三个壁面上，第二基板上形成的第一腔的壁面上形成有第三电极，第二腔的内壁上也分别形成有电极。当压电体采用该布置方式层叠后，施加电压产生电场，实现压力室的膨胀与收缩，通过这样的电极布置，可以获得期望的电场分量，获得较大喷射力，实现高黏度液体的喷射。专利申请 JP2013075423A 与 JP2013071422A 结构上大体相同，只是电极布置方式不同，压电基板上交替形成有内含墨水的压力室和不含墨水的空腔，压电基板形成有不含墨水的空腔，即压力室被包围在由压电材料构成的腔壁中，通过该腔壁与两个空腔相邻，第一空腔处于压力室的左右位置，第二空腔处于压力室的上下位置，压力室四个面中，底面和两侧面形成有第一电极，顶面形成有第一电极，第一空腔四个面中，底面和两侧面形成有第二电极，第二空腔的四个面中，底面设置有第三电极，顶面中有第三电极，其中第三电极覆盖了压电基板的下表面全部区域。能够在压力室的腔壁上形成的第一电极和在其他电极（第二电极和第三电极）之间施加驱动电压，压力室内的第一电极的宽度比压力室的宽度窄，在事先进行极化处理的情况下，压电基板向辐射方向扩张，在正交方向上收缩，对两方向的变形进行合成，使压电基板对压力室进行变形的位移量扩大，提高了喷射力。

US2013/0342614A 公开了一种液体喷射头，为了改善压力室周围刚度，降低由于层间错位而导致的喷口喷射性能的波动，具有由压电材料交替堆叠而成的柔性机体。US2013/0342613A 公开了一种液体喷射头及其制作方法，其中每个压力室都有由压电元件构成的侧壁，液体喷头由一个板形的压电部分组成，并由多个柱状的压电部分组成，板形压电部分具有多个孔和位于孔周围的多个穿透孔，每个柱状的压电部分都有一个空心部分，每个孔对应的板形压电部分和空心部分对应的柱状压电部分组成一个压力室，第一电极设置在压力室内表面，第二电极设置在柱状压电部分外侧，第三电极设置在穿透孔的内表面。采用该结构，每个压力室和通孔排列在连续的部分，压电元件基底可以抑制串扰，压电元件基底可以直接冷却侧壁，从而提供一个冷却效率高、减少压电元件温度分布不均、准确控制温度的压力室，压力室侧壁的直接冷却不受任何限制，与通过压力室内部流动的墨水循环相比，头部的墨流量受到限制，从而提高了喷射稳定性。US2013/0342615A 公开了一种液体喷射头，压电板层压形成压电体，在压电板的第一表面中形成有在 Z 向延伸的多个第一槽，压电板的第二表面中形成有在 Z 向延伸的多个第二槽，多个压电板具有与相邻压电板的第一表面或第二表面相互接触的空间。通过彼此接触的第一表面的第一槽彼此对置，形成用于储存液体的压力室，通过彼此接触的第二表面的第二槽彼此对置，形成空间部，第一电极形成在第一槽中，第二电极形成在第二槽内及第二表面上，采用该结构，可以提高压力室周围刚性。JP2016124225A 公开了液体喷射头及其制作方法，多个墙构件被结合在底板上，底板上各墙构件的间隔可以自由决定，墙构件之间的间隔可以在不被限制宽度的情况下缩小，从而使压力室在更高的密度被定位，实现高密度布置压力室。在古尔德型喷射头中，需要以高的密度配置多个喷出口以便获得较高的分辨率，对这种配置而言，需要对应于喷出口以较高的密度分别配置压力室。

6.3.6 精工电子公司技术发展脉络

精工电子购买了赛尔的核心技术并基于赛尔技术开发了剪切式压电喷墨打印头，于 1998 年 11 月首次申请剪切式喷墨打印头的专利，在此之前，精工电子以热气泡喷墨打印头为主。最早的剪切式压电喷墨打印头结构可以参见专利申请 JP2000141640A、JP2000141652A，剪切式喷墨打印头包括具有多个凹槽的压电陶瓷板，墨水腔室板粘接在压电陶瓷板上覆盖了多个凹槽，墨水腔室板上的墨水腔与凹槽连通，喷嘴板封闭在压电陶瓷板和墨水腔室板的端部，喷嘴板上的多个喷嘴孔分别对应多个凹槽，使用驱动电压施加在凹槽侧壁的电极上从而改变凹槽的体积以使得墨水填充在凹槽内并沿垂直方向从喷嘴孔喷出。可以看出，精工电子的剪切式实际为共享壁模式，压电板形成墨水通道壁，相邻墨水通道共用一个侧壁，由于墨水通道为狭长手指形，因此也可称为手指形压电喷墨打印头。

之后在此基础上，基于高速、高分辨率、结构简化、耐久性等目标，在电极布置、压电板布置、墨水流路布置、喷嘴板布置以及驱动方面进行进一步改进。JP2001341298A

基于简化结构对墨水流路进行了改变，盖板上仅形成墨水供应口，取消了墨水腔室的存在，将玻璃基板与盖板之间厚度方向上的空间作为墨水腔室，且限定在引导壁和隔板侧壁之间；而 JP2001225464A 在压电陶瓷板与盖板之间的墨水腔室设置过滤器，过滤器上设置许多通孔，通孔与侧壁之间的通道相连通，以防止串扰保持稳定喷出；由于压电陶瓷板形成的墨水通道进行墨水的流动，通道侧壁上设置有电极，为保护电极不被墨水侵蚀，JP2002160364A 提出在电极层外设置绝缘膜；之后由于对墨水稳定喷出提出了更高要求，精工电子公司开始对通道侧壁电极的驱动方式进行了改变，JP2003025580A 中的墨水通道分为喷射通道和虚设通道，喷射通道填充墨水与喷嘴孔相通，虚设通道间隔布置不填充墨水，喷射通道的两侧壁上设置共同电极，虚设通道的两侧壁设置个别电极，由驱动电路分别驱动共同电极和个别电极；而且 JP2003311950A 中提出在不喷出期间向备用通道提供备用驱动电场，以稳定墨水喷出特性，基于此提高喷出效率；2004 年随着墨水循环技术的提出，精工电子公司对喷头做出重大改进，将喷嘴板设置在与压电陶瓷板平行的表面，侧喷型压电喷墨打印头应运而生，喷嘴孔对应的喷出单独控制，提高了喷出速度，具体可参见 JP2004001368A。专利 JP2008201023A 也展示了墨水循环方式的结构，在盖板上设置墨水供给口和墨水排出口，以此消除粉尘和气泡，提高喷出质量。

由于侧喷型压电喷墨打印头的技术并不成熟，精工电子还是主要集中在顶喷型压电喷墨打印头的发展上，在墨水流路方面，基于墨水循环技术的优势，将该技术应用于顶喷型压电喷墨打印头。JP2011131533A 提出了顶喷型的墨水流路的两种墨水循环结构：一种是将墨水进出口均设置在压电元件上的同一盖板上，以缩小尺寸；另一种是将墨水进出口分别设置在压电元件上下的顶板和底板上以改善墨水循环效率。

压电元件作为驱动墨水喷出的重要部件，是决定墨水喷出速度、墨水墨量及精度的重要结构，精工电子公司也对此做出了一系列改变。首先由原来的一层压电陶瓷板改进为两层压电陶瓷板排列，JP2007223251A 中提出设置上下两层压电陶瓷板，每层压电陶瓷板分别对应一列喷嘴孔，以提高喷出速度；值得注意的是两层板的通道凹槽相背设置，由于每层对应一列喷嘴同样会有喷出速度的限制，所以 JP2010005806A 提出两层板共同使用一列喷嘴孔；JP20091072560A 中同样具有两层压电陶瓷板，但是两层板的通道凹槽相向对置，两者的凹槽形成一个墨水通道，以获取最大喷出墨量，提高喷出精度。专利 JP2009107250A 中，其是常见的上、下部压电材料，并在上、下部压电材料的外表面沉积电极；但该专利中利用上部压电材料的宽度小于下部压电材料的宽度，从而使得上部压电材料和下部压电材料之间形成台阶；这样一方面容易定位上、下部的压电材料，另一方面由于台阶的存在使得在上、下部压电材料上沉积电极变得更易操作。

通过驱动电路连接墨水通道侧壁上的电极，对电极施加电压，从而致动喷出墨水，电极的布置和保护至关重要。为减小喷墨打印头尺寸，JP2009292009A 中的致动器板上端部设置集成端子连接布线，和驱动端子连接驱动电极，盖板覆盖共同端子连接集成布线；由于集成布线设置在所有通道的端部，在喷出通道和伪通道交替布置时，为了避免电连接出现失误，JP2012101437A 提出喷出通道的驱动电极连接共同引出电极，伪通道的驱动电极连接个别引出电极，分别与柔性基板的共同布线电极和个别布线电极连接，伪通道的驱动电极上端部比基板表面更深，从而使电连接变容易；在由两层压电陶瓷板交替布置形成双倍数量墨水通道时，为使得通道墨水均匀喷出，驱动电极设置为分别在上下层板上布置，具体可参见 JP2010158864A；喷出通道两侧的电极分别设置在两个侧壁上，喷出通道喷出墨水，伪通道不喷出墨水，所以两侧壁的变形量有所偏差，所以专利申请 JP2016055609A 中将喷出通道的两个驱动电极的深度与伪通道的两个驱动电极的深度设置为不同，以减少喷出通道的两个壁的变形量的偏差。

在驱动控制方面，精工电子公司也做出了重要努力，分别体现在影响墨水温度的驱动信号的控制、驱动电场的设置、引起墨水通道膨胀收缩的驱动脉冲宽度的宽窄、影响温度变化的脉冲长度和振幅以及影响侧壁变形量的驱动电压的时间上。

6.3.7 兄弟公司技术发展脉络

兄弟公司在购买了赛尔及 Spectra 公司的专利使用权后，以此开发出剪切式压电喷墨技术，最早在 1989 年和 1991 年申请了剪切顶和共享壁结构的剪切式喷墨打印头，US5086308A 是 1989 年最早申请的关于“剪切顶”的技术。压电元件的层压板由多个压电陶瓷层和多个电极层组成，彼此交替叠接，有选择地对电极层施加电压，使至少一个压电陶瓷在极化方向上发生位移，从而改变墨腔的体积。之后由于剪切顶模式的不易控制和喷出效率不高，兄弟公司集中研究共享壁模式，1991 年公开的专利 JPH04286650A 中便早早提出利用上下两层压电陶瓷板对置共同形成墨水通道。

1996 年之前的研究主要以共享壁结构为主，1996 年之后剪切顶模式和共享壁模式均有研究，分别在压电元件、电极设置以及墨水通道上进行进一步改进；JPH0577419A 中提出为缓解墨水通道侧壁变形，将盖板上形成的多个侧壁，插入压电陶瓷板上形成的多个侧壁之间，形成墨水通道。由于电极形成在压电陶瓷板的每个侧壁上，在盖板的侧壁与压电陶瓷板的侧壁相互插入后，一侧电极紧靠盖板侧壁，另一侧电极形成墨水通道侧壁，当向电极施加驱动电场时，压电陶瓷板侧壁能够仅向墨水通道内部方向变形，因此能够缓冲向电极施加电压时压电元件侧壁变形，并能对此进行单独控制。为减少制造成本，JPH07304171A 中在墨水通道的侧壁上形成电极，在侧壁中心部的电极上覆盖薄层，使得薄层在侧壁的中心部分处变形，从而缓解墨水通道侧壁的变形；JPH06344551A 中设置了多层压电层粘接，多层压电层之间间隔设置了电极层，在通道侧壁变形时能够可靠变形，提高了压电喷墨打印头的使用寿命；为减少侧壁间的墨水通道对相邻通道的影响，墨水通道分为喷出通道和伪通道，喷出通道对应喷嘴孔，伪通道不对应喷嘴孔。由于伪通道并不喷出墨水，JPH07186381A 提出为减少制造成本，伪通道的槽深设置浅些、长度设置短些且并不影响整体喷出；为提高墨水喷出速度，JPH10272771A 提出了两种压电元件对应喷嘴的方式，一种是压电陶瓷板对置设置，但是两者之间设置一层隔板，每层压电层分别对应一列喷嘴孔，另一种是压电陶瓷板对置设置，两者的凹槽共同形成墨水通道，且对应一列喷嘴孔，两种均利用双倍的压电驱动以此提高墨水喷出速度；通过驱动电路连接墨水通道侧壁上的电极，对电极施加电压，从而致动喷出墨水，电极的布置至关重要，JP2000334945A、JP2006076309A 中驱动电极设置为内层电极，分极电极设置在侧壁上侧，柔性基板上的布线电极分别电连接驱动电极和分极电极以使得电极的电连接变得更容易从而节约成本。

1996 年兄弟公司又重新开展对剪切顶模式的研究，先后提出多项专利如 JPH10034918A、JPH10138476A，压电层和电极层堆叠形成在墨水通道的顶壁和（或）底壁；之后随着墨水循环技术的提出，兄弟公司对喷头做出了重大改进，将喷嘴板设置在与压电陶瓷板平行的平面上，即侧喷型压电喷墨打印头，JP2001010037A 中喷嘴板上的喷嘴孔分别对应墨水通道的喷出通道，提高了喷出速度和效率，减少了粉尘和气泡的出现；JP2002359410A 中电极的排布有很大变化，墨水通道对应的电极分为中心电极和端部电极，侧壁对应了边缘电极，两侧壁的两边缘电极限定在了两墨水通道的中心电极和两端部电极之间，以此改善在墨水通道各区域的变形；基于墨水循环技术的优势，兄弟公司对剪切顶模式的压电喷墨打印头也做出相应改进，JP2006035545A 中便利用了墨水循环技术。之后，兄弟公司在剪切式压电喷墨打印头方面未出现重要相关专利。

至于喷嘴的结构，兄弟公司于 1992 年公开的专利 JPH04292947A 中提出了一种特殊形状的喷墨打印头，压电元件、喷嘴板均为圆柱状，喷嘴孔均匀分布在喷嘴板的圆周面上，但该结构并不是主流类型。之后为防止墨水黏附在喷嘴孔周围而造成喷射不稳定，JPH07178918A 在喷嘴板上的喷孔周围形成亲墨区域和斥墨区域；由于喷嘴板与压电陶瓷板一般通过黏结剂粘接，喷嘴板上喷孔对应墨水通道的喷出通道，为防止黏结剂膨胀挤入喷嘴孔对应的墨水通道，JPH09234871A 中将喷嘴孔的宽度和高度均设置得比墨水通道的宽度和高度小，从而稳定墨水喷出特性。

在驱动控制方面，兄弟公司同样也做出重要努力，分别体现在影响墨水温度的驱动信号的控制、驱动电场的设置、引起墨水通道膨胀收缩的驱动脉冲宽度的宽窄、影响温度变化的脉冲长度和振幅以及影响侧壁变形量的驱动电压的时间上。

第3篇

热气泡式喷墨打印技术

第7章 热气泡式喷墨打印技术

热气泡式喷墨打印技术广泛应用于市售的喷墨打印机中。本章以专利文献为基础，概述了热气泡式喷墨打印技术及其发展历程，梳理了热气泡喷墨头的结构、制造工艺、控制等技术。

7.1 热气泡式喷墨打印技术概述

热气泡式喷墨打印技术经过多年的发展，目前工艺技术已经相当成熟，已成为按需喷墨打印的主流技术之一。相较于压电喷墨打印技术，热气泡式喷墨打印以加热元件代替压电元件，其在墨滴喷射过程中不需要任何机械运动部件，避免了由于机械运动部件的污染和磨损而导致的喷墨失效，大大提高了喷墨头的使用寿命，制造工艺也更加简单，易于形成小型化的喷墨头，成本也更加低廉。但热气泡式喷墨打印技术也存在缺点，由于墨滴是在气泡推压作用下喷出，所以墨滴容易受到气泡作用力不确定性的影响，例如，气泡作用力的不确定性导致墨滴喷射方向、喷射力量、墨滴大小和墨滴形状的不确定性，从而影响喷射精度。另外，加热元件的升温以及降温都需要一定时间，所以加热元件工作频率不能太高，这导致喷射速度受到很大的限制。由于热气泡喷墨的工作温度都很高，一般大于300℃，加热元件与油墨在高温下发生电化学反应而使得加热元件受到电解腐蚀，并且墨水会在高温下分解而在加热元件上沉积不溶物，上述这些因素都会影响加热元件的加热效能，造成墨滴数量少、墨滴体积减小等喷射不稳定性，严重时会造成喷墨头不能正常工作，对喷墨头的使用寿命造成影响。

本部分将详细介绍热气泡式喷墨打印技术的优势以及如何克服存在的劣势从而提高喷墨打印质量。

7.2 热气泡式喷墨打印技术的发展

本节从热气泡式喷墨打印技术的起源、热气泡式喷墨打印技术的发展以及热气泡式喷墨打印技术的原理等几个方面对热气泡式喷墨打印技术进行介绍。

7.2.1 热气泡式喷墨打印技术的起源

热气泡式喷墨打印技术相较于压电喷墨打印技术出现得更晚。据资料记载，热气泡式喷墨打印技术起源于20世纪60年代，Sperry Rand公司的研究人员Mark Naiman于1962年发明了突发性蒸气打印技术（Sudden Steam Printing），其工作原理为将墨水容器中经过预热的墨水供给至墨腔，喷嘴与墨腔连通，并在喷嘴两侧设置加热电极，喷嘴处的墨水在加热电极的突发性加热作用下迅速蒸发形成蒸气，该蒸气从喷嘴喷出并移动附着在纸张上从而形成图文。该技术即为现今的热气泡式喷墨打印技术的最早原型。

但是很可惜，Mark Naiman的上述发明没有引起公司的重视，突发性蒸气打印技术的构思未能进一步发展并转化成商业产品。直到20世纪70年代末80年代初，这种充满想象力的加热喷墨打印技术才被重新研究，分别由惠普和佳能公司独立研究并商品化，并分别命名为热喷墨和气泡喷墨。佳能公司和惠普公司是热气泡式喷墨打印技术的发现者和主要研发公司，其所生产的热气泡式喷墨打印机在热气泡式喷墨打印市场上占据着主要地位，佳能公司和惠普公司的热气泡式喷墨打印技术发展历史在一定程度上也是世界上热气泡式喷墨打印技术发展历史的缩影。

7.2.2 热气泡式喷墨打印技术的进一步发展

惠普的热气泡式喷墨打印技术的研究开始于1979年，那时惠普设在加州Palo Alto的研究中心一位名叫John Vaught的工程师正在研究通过加热措施从细小的孔喷射墨滴以打印文本的方法，这项研究立即引起项目经理的重视。开始时技术指标定得很低，例如，打印头高度参照点阵打印机确定为12个点，水平分辨率按96dpi设计，采用两列喷嘴孔交叉排列的方法，认为以6μs的电流脉冲对墨水加热到沸腾并挤出喷嘴孔为最佳参数。按20世纪70年代末到80年代初的技术水平，即使如此“简陋”的打印头，开发时也遇到许多难以想象的困难。经过不懈的努力，惠普的2225 Thinkjet热喷墨打印机终于在1984年4月进入市场，这种热喷墨打印机的命名来自Thermal Inkjeting out of a nozzle前两个英文单词的8个字母，意谓“从喷嘴喷出加热的墨水”。1987年，惠普推出了在特殊涂布纸上实现彩色打印的PrintJet打印机，这种打印机使用染料墨水，黑色和彩色打印头集成为用户可更换的两个打印墨盒。1989年，惠普又推出了能够在普通纸张上彩色打印的HP Deskjet500C打印机，能够提供300dpi的记录分辨率。

随后，惠普又推出了 HP DesignJet 系列打印机，该系列打印机是惠普公司首次将其热喷墨打印技术应用到大幅面打印机中，彩色喷墨打印机、大幅面打印的出现都是喷墨打印机史上的重要里程碑。惠普 HP PageWide Pro577dw 多功能一体机是惠普页宽式打印产品的代表，其黑白与彩色同速，具有高达 50ppm（$1ppm=10^{-6}$）的打印速度。基于热气泡式喷墨打印技术的页宽式打印技术，融合了喷墨打印产品的高质量和低成本的优势以及激光打印产品速度和稳定性的优势，让惠普 HP PageWide Pro577dw 多功能一体机的打印速度超过了激光打印产品的打印速度，并且打印质量也远远超过激光打印产品。

差不多在相同的时间段，日本佳能公司也开始研究热气泡式喷墨打印技术。1977 年佳能公司研究员远藤一朗在实验室进行试验时，偶然将加热的烙铁放在注射针的附件上时，他发现从注射针上迅速飞出了墨水。受此启发，该公司申请了 Bubble Jet 气泡式喷墨打印技术的专利，如目前检索到佳能公司于 1977 年申请的 JP11879877 专利，并最早采用了 Bubble Jet（气泡式喷墨）的名称，佳能公司的技术利用加热元件在喷头中将墨腔内的墨水瞬间加热产生气泡形成压力，从而将墨水自喷嘴喷出，接着再利用墨水本身的物理性质冷却加热元件使气泡消退从而往墨腔重新填充墨水，借此控制墨滴的喷射。1980 年，佳能成功研制出第一台热气泡式喷墨打印机 Y-80，经过大量的测试与改进，佳能于 1985 年推出了 BJ-80 热气泡式喷墨打印机，到 1990 年时推出了小型化的产品，第一次将打印头和墨盒做到了一起。1996 年佳能推出了 BJC-600 喷墨打印机，这是第一个能在普通纸上打印全彩色的热气泡喷墨打印产品。

随后，一系列热气泡式喷墨打印机相继诞生，热气泡式喷墨打印技术得到了长足发展，热气泡式喷墨打印技术已经成为按需喷墨打印的主流技术。

7.2.3　热气泡式喷墨打印技术的原理

热气泡式喷墨打印技术是一种基于加热作用而喷出墨滴的技术，其基本原理是通过加热装置对墨水加热形成气泡，通过气泡对墨水的推压作用来喷出墨滴，从而在记录介质上形成图文。由于墨滴喷射的驱动力来源于气泡的推压作用，所以气泡对于热气泡喷墨打印过程非常重要，决定了喷射性能和打印质量，因而气泡的形态变化成了热气泡式喷墨打印技术研究的核心内容。

1. 热气泡喷墨中气泡的形态变化

惠普和佳能在热气泡式喷墨打印的商业化初期阶段尚未对热气泡喷墨过程，特别是气泡的形态变化开展系统和深入的研究，这是由于热气泡喷墨过程非常短暂，气泡的一般寿命大约只有 15μs，所以想要深入了解气泡在喷墨过程中的形态变化，难度很大。随着后来热气泡喷墨打印技术的成熟以及成像检测技术的发展，热气泡喷墨过程中的具体步骤以及该过程中的气泡的形态变化才逐渐清晰。如图 7-1 所示，热气泡喷墨过程被概括为气泡成核、气泡生长、气泡破灭和墨水补充四个主要步骤。

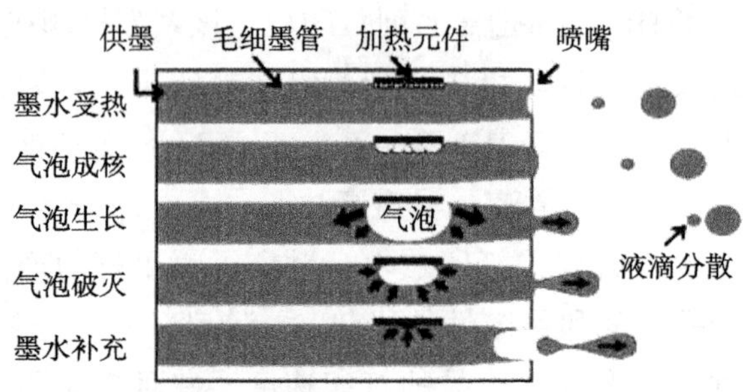

图7-1 喷墨过程中气泡的形态变化

气泡成核步骤：喷墨头的墨腔内的加热元件在施加电流脉冲信号后在几微秒的时间内迅速加热升温，来对加热元件表面附近的墨水进行加热，墨水温度急剧上升，当温度高于墨水的沸点时墨水沸腾并汽化，形成薄膜沸腾状态，产生的蒸气在加热元件表面形成微小的气泡核。

气泡生长步骤：随着加热元件的持续加热，位于加热元件表面的墨水持续汽化，使得气泡核逐步长大，并逐步移动、扩散到墨水中，气泡在墨水环境中更容易扩大，气泡体积进一步增大而挤压附近区域的墨水，同时增大的气泡将墨水和加热组件隔离，避免将墨腔内的全部墨水加热。由于墨水的热膨胀系数与气泡体积长大速率相比很小，因而可视为不可压缩流体，在气泡的推压作用下墨水在墨腔内向流路阻力更小的喷嘴口附近的空间移动。当气泡的推压压力大到一定程度时，形成在喷嘴口处原先内凹的弯液面反转为外凸形状并继续向喷嘴口外侧移动，当气泡继续增大使得推压墨水的压力继续增加时，弯液面上的表面张力无法维持与大气压力的平衡，从而使得墨水从喷嘴口挤出形成液柱，液柱的形成为墨滴的喷出奠定了基础。

气泡破灭步骤：当施加到加热元件的脉冲信号消失后，加热元件在墨水的冷却下开始降温，气泡失去热量支撑使得气泡体积逐渐缩小，随着气泡体积的缩小，墨腔内原本朝向喷嘴口侧的推压压力逐渐变小，且随着气泡的破灭消失，位于喷嘴口处的墨水会向墨腔内侧回流来填充原先气泡的空间，从而对从喷嘴口处挤出的液柱施加回流牵引力。因此，在墨水黏性阻力、表面张力以及回流牵引力的共同作用下，已经挤出的喷嘴口的液柱尾端出现颈缩效应，也称之为“切尾”，原先连续的液柱由于尾部颈缩而不能再保持前端部分，造成液柱的前端部分从液柱分离出来形成墨滴，该墨滴继续向记录介质飞行，从而形成墨滴喷射。

墨水补充步骤：在气泡体积缩小直至消失的过程中，伴随着墨腔内墨水的补充。喷嘴口处的墨水在气泡破灭过程中产生的回流牵引力和大气压力的作用下会向墨腔内侧回流来填充原先气泡的空间，另外，喷墨头中与墨腔连通的供墨通道中的墨水也会向墨腔里侧移动以填充原先气泡的空间。上述两个填充过程构成了墨腔内的墨水补充过程。

通过上述四个步骤完成一个喷墨过程，每喷出一个墨滴都是上述过程协同运作的结果。

2. 热气泡式喷墨打印技术的分类

根据用于产生热量的加热装置的种类不同，热气泡生成方式可大致分为电阻加热、电磁感应加热、激光加热和电火花加热等。电阻加热是最早研发出的热气泡加热装置，由于产生热气泡速度快、工作效率高，是热气泡加热装置中研究较多的一种，也是热气泡喷墨打印领域中应用最多的加热装置形式。电磁感应加热是最近发展起来的新型热气泡加热装置，该类加热装置提高了加热面积和体积，使加热器与外部供能电路没有物理接触，降低了加工难度，并提高了安全性和工作寿命。与传统电阻加热相比，具有驱动功率大、可靠性高、结构简单、易于制作的特点，在大功率和大流量微流体驱动方面有较为广阔的发展前景。激光加热可直接对感光材料进行照射加热，进而产生热气泡，实现大功率的微流体驱动，易于控制，操作过程简单方便，但该加热方式增加了激光装置，且受光路的约束，使成本大大增加，不利于推广应用。电火花热气泡加热装置需要较高的电压，而且电火花使部分金属电极熔化成小的金属颗粒，会对墨水造成污染。无论采用哪种加热装置，其基本原理都是通过加热装置对墨水加热形成气泡，通过气泡对墨水的推压作用使喷嘴喷射出墨滴，其喷墨过程也都包括前述四个主要步骤。

另外，根据加热元件与喷嘴口的位置关系，热气泡式喷墨打印技术划分为顶喷和侧喷两大类。如图 7-2 以及图 7-3 所示，将喷嘴口设置在加热元件 20 上方称之为“顶喷”技术，将喷嘴口设置在加热元件 20 侧边称之为“侧喷”技术。这两种喷墨方式和工作过程大体相同，都包括上述四个步骤，在技术上不存在孰优孰劣的问题。其中，侧喷技术多应用于佳能公司的喷墨打印机中，顶喷技术多应用于惠普（HP）和利盟（Lexmark）的喷墨打印机中。

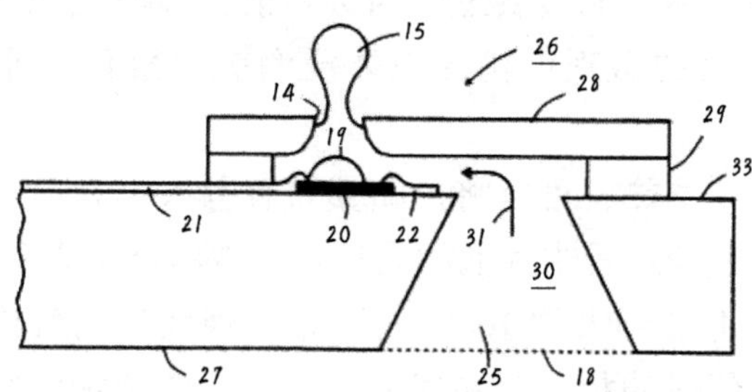

图7-2　“顶喷”式热气泡喷墨原理图

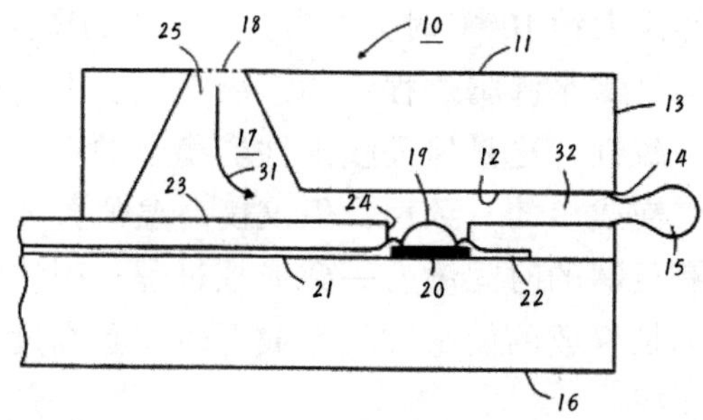

图7-3　“侧喷”式热气泡喷墨原理图

3. 热气泡喷墨中的热动力传播过程

热气泡喷墨与其他按需喷墨技术相比，主要区别在于墨腔内产生用于驱动墨水喷射的压力产生方式不同。热气泡喷墨的压力是由气泡提供的，而气泡是通过对加热元件施加脉冲信号使加热元件对墨水加热而形成的，所以整个热气泡喷墨过程可以被理解为是一种热动力传播过程，了解热气泡喷墨过程中的热动力传播，对于了解热气泡喷墨过程具有重要意义。然而，由于热气泡喷墨过程中的热动力传播过程十分复杂，涉及热量和气泡压力之间的能量转换，气泡成核、气泡生长和气泡破灭等过程中的压力一直在变化，所以热气泡喷墨中热动力传播过程是一个复杂的动态变化过程，分析热动力过程实质上是对由热量变化导致的气泡形态变化的分析。

热喷墨装置的墨水喷射原始能量来自加热脉冲信号，当脉冲信号施加到加热元件上时，在极短的时间内（大约为 2μs），加热元件使位于其表面附近的墨水温度从室温快速升温至 300℃以上，导致墨水成为亚稳态的液体，这种独特的热动力过程使得墨水经历过热的蒸气膨胀形成高能量的气泡，此后又经历气泡的生长膨胀和破灭过程，气泡的上述形态变化使得墨腔内产生压力变化最终导致墨滴从喷嘴口喷出。

过度加热条件被定义为，对液体施加更多的热量，产生的热量比给定压力下使液体沸腾需要的能量更多，过热的液体将发生爆炸性的变化而成为气体，因而在产生这种变化的所在位置达到了气泡的成核条件，导致被液体浸润的加热元件表面出现细小的由蒸气填充的微小气泡核时的加热条件。对于以水配制成的墨水来说，过度加热极限值大约为 340℃，温度超过该极限值时，墨水不能再以液体的形式存在，自然地就转换成了气态。气泡成核是热气泡喷墨过程的必要前提，与气泡成核对应的实际温度与墨水配方、加热元件表面的微观结构和液体浸润表面微孔所捕获的气泡尺寸等因素有关。

为了进一步解释过度加热，可以将热喷墨过程与人们在日常生活中看到的水沸腾现象进行比较，热气泡喷墨过程中气泡的成长与日常的沸腾现象相似但又不完全相同。日常的沸腾现象为水温上升到大约 100℃时开始出现大量的气泡核，气泡核尺寸相当大，从而产生从液体到气体的相变，在气泡成核过程中施加的热量与气泡的成形时间是很难做到一致的，气泡成形过程是很难受控进行的。只要温度达不到过度加热条件，则以水配制成的墨水加热到大约 100℃时会发生上述类似的现象。但是热气泡喷墨打印过程中气泡的产生过程与日常水沸腾过程不同，热气泡喷墨过程中不同加热元件表面的气泡的生长需要保持一致性，这是保证喷射性能稳定的重要前提。热气泡喷墨打印很高的加热速率可确保气泡成核的一致性，但仅仅高温位置才提供气泡成核一致性的条件，因为低温位置没有足够的时间激发一致成核过程。很快的加热速度形成的气泡具备良好的一致性，指的是释放的能量和气泡成形时间是高度一致的，这为喷墨头进行受控喷墨提供了基础支撑。

热气泡喷墨过程中，在几微秒的时间内，气泡迅速膨胀并破灭，在这种膨胀和破灭的过程中，作用效果类似于细小的活塞从加热元件表面开展的向上运动冲程，气泡膨胀这一物理相变引起墨水流动速度的巨大变化，导致墨水射流以 10~15m/s 的速度离开喷嘴，气泡内的初始压力瞬时达到大于 10 个大气压的数值。由于气泡膨胀速度如此之快，而蒸气数量又如此之少，以至于膨胀作用的正压力只能维持大约 1μs 的时间。在气泡 20μs 甚至更短的生命周期内，尽管气泡内部的压力低于大气压力，但气泡却继续膨胀，填充墨腔内约 50% 的体积。

与液体相的墨水相比，气泡内蒸气的导热性要低得多，从而对墨水和加热元件起隔热作用。基于这一原因，由于气泡覆盖加热元件表面而隔绝了加热元件对墨腔内大部分墨水的热量传递，所以加热元件只对最初位于加热元件表面的少量墨水进行加热蒸发。因此，由于存在气泡的隔热作用而只需要对少量墨水进行加热，从而只需要对加热元件施加较短时间的电脉冲信号，其结果是限制了加热元件表面的峰值温度。伴随着气泡的膨胀和破裂，热量通过传导作用传递给墨水而使加热元件表面冷却。另外，当气泡破裂发生后，补充回流的墨水与加热元件接触也能对加热元件表面进行冷却。当一个喷墨过程完成再次进行气泡喷墨时，要求加热元件的表面温度必须低于形成新气泡所需的温度，否则无法建立可重复的热气泡喷墨循环周期，所以加热元件不需要施加过高的热量且能快速降温，这对提高喷射频率有着较大的帮助。

7.3　热气泡喷墨头结构

喷墨头是热气泡式喷墨打印设备的核心部件，热气泡喷墨头结构（见图 7-4、图 7-5）主要包括基底 101（硅衬底）、加热元件 8、流路基板 120 以及电路布线等。其中，基底一般由硅制成，在基底上还设置有蓄热层，在蓄热层上再密集设置有加热元件。流路基板形成有用于产生气泡的墨腔（也称为压力室、起泡室或汽化室）以及流路通道，当流路基板与设置有加热元件的基板接合时，墨腔与基板上的加热元件对准，使得加热元件设置在墨腔内用于对墨腔内的墨水进行加热。流路基板上还一体或分体设置有喷嘴板，喷嘴板上密集形成有多个喷嘴口 121，每个喷嘴口与墨腔 123 流体连通，且与加热元件 8 对应设置。当喷嘴口 121 设置在加热元件的顶部时，该喷墨头称为顶喷式喷墨头；当将喷嘴口设置在加热元件侧边时，该喷墨头称为侧喷式喷墨头。在基底上还设置有供液口 122，墨从供液口输送至公共流路，并从公共流路输送至各个墨腔。另外，喷墨头中还设置有电路布线结构，该电路布线与加热元件电连接，用于将打印控制信号传输至加热元件，控制加热元件进行加热喷墨。

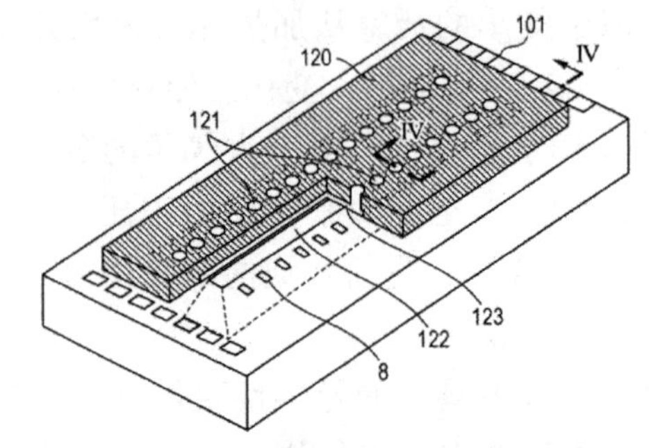

图7-4 热气泡喷墨头典型结构

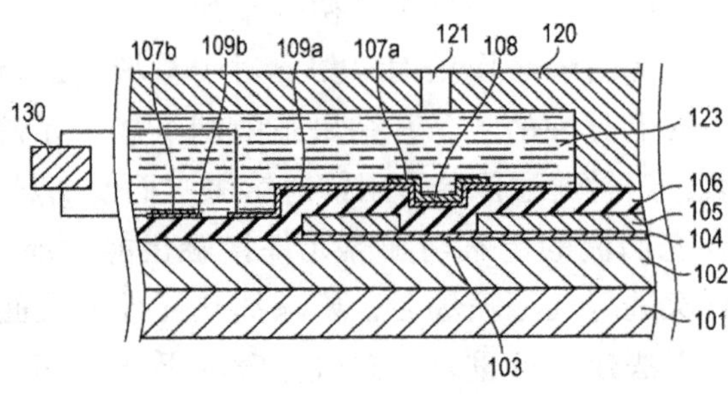

图7-5 图7-4的Ⅳ-Ⅳ剖视图

7.3.1 加热元件

喷墨头是喷墨打印设备中的核心部件，而加热元件是喷墨头中的核心部件。从1962年Mark Naiman发明了突发性蒸气打印技术开始，加热元件经历了深刻的变化，从最普通的电阻加热元件发展到今天的新型薄膜加热器，气泡成核和墨滴喷射变得更加稳定，为提高喷墨打印质量和打印速度提供了坚实保障。与此同时，喷墨头加工紧紧依托现代集成电路制造技术得到了长足的发展，微机械电子系统加工为各主要热气泡喷墨头制造商所采用。随着加工能力和计算机辅助设计水平的提高，能够组装更加复杂、更小尺寸的喷墨头。

由于加热元件安装在小尺寸的墨腔内，且需要在极短的时间内升温、降温，所以加热元件在尺寸大小、加热效能、耐久性等方面有诸多限制，必须制备成很小的尺寸且具有很高的加热效能，能够承受重复的升温、降温过程，耐久性要好。由此可见，热气泡喷墨头中的加热元件在材料性能、尺寸大小等方面有着诸多要求。

1. 加热元件早期的材质、结构

在热气泡式喷墨打印技术的早期阶段，由于制造工艺水平的限制，当时普遍采用一般的电阻加热技术，早期的加热元件大都由一系列的线圈构成，根据电能到热能的能量转换规律，常规电阻加热元件的发热效率很低。据惠普公司提供的数据，这种由线圈构成的加热元件产生的热辐射范围在3～5μm，该范围正好为墨水提供热能并产生汽化。

佳能公司早期的热气泡喷墨打印技术同样采用电阻加热元件直接对墨水进行加热，由于加热元件与墨水直接接触，所以对加热元件的材质性能提出很高的要求。电阻加热元件通常由具有相对优良性能的无机材料作为发热电阻器材料，诸如 NiCr 的合金或诸如 ZrB_2 或 HfB_2 的金属硼化物。除了 Ta_2N 和 RuO_2 以外，还已知有各种金属、合金、金属化合物和金属陶瓷作为发热电阻器，但耐久性和安全性均存在不足。20 世纪 80 年代初期，Ta 合金等已被提出用于形成加热电阻，其耐久性得到提高，但是在反复加热形成气泡的情况下，其电阻值容易发生变化使得电阻值稳定性不足。之后研究发现，以 Al、Ta 和 Ir 为主要成分的合金材料作为用于不具有保护膜的类型的加热电阻，其性能是优异的，进一步的研究表明，Ru、Ir 和 Pt 中的至少一种以及 Al、Ti、V、Cr、Y、Ga、Zr、Nb、Hf 和 Ta 中的至少一种来形成加热电阻都是合适的。在 1983 年提出的申请号为 JP1005283 的专利申请中，其对加热电阻中氧化物的种类进行了限定，使得加热电阻表面具有较好的化学稳定性，从而使得加热电阻在直接与喷射墨水接触的情况下也具有较好的耐腐蚀性、耐电气化学反应、耐机械冲击以及电阻值稳定性。在 1985 年提出的专利申请 JP12629085 中，提出电阻膜是非晶质材料，其在碳原子的基质中包含卤素原子，在加热电阻层中，卤素原子和（或）电导率控制物质的含量变化可以具有最大值或最小值，加热电阻层中的卤素原子和（或）控制导电性的物质的含量在膜厚方向上变化，适当选择加热电阻层中的膜厚度方向上的卤素原子和（或）电导率控制物质的含量变化，可获得期望的特性。

然而，随着对喷墨性能的要求越来越高，对喷头的耐久性和可靠性有了更高的要求。此外，为了改善油墨的性能，需要对油墨的离子种类、电导率、pH 值等具有更大的设计灵活性，这可能导致需要更严格的电化学条件。因此，即使在采用如上的合金来制作发热电阻，发热电阻未设置保护膜的情况下，其耐久性等方面仍存在不足，所以期望提供一种加热电阻，使其即使没有保护膜保护，发热电阻与墨水直接接触的情况下，也具有较好的耐腐蚀性、耐机械冲击性且电阻值稳定。为此，佳能公司在 1995 年提出的专利申请 JP7580695 中，将加热电阻设置为中间部的厚度大于两侧端部的厚度，且加热电阻是含有铂族元素作为主要构成元素之一的合金，更优选含有 Ru、Ir 和 Pt 的合金，并且包括 Al、Ti、V、Cr、Ga、Zr、Nb、Hf 和 Ta 中的至少一种元素，合金材料可以通过溅射法、真空蒸镀法等公知的方法来制备。由于热应力冲击对具有不同热膨胀系数的加热电阻与基底之间的界面附近，特别是端部附近具有很大的影响，并且足以使该部分易于引起诸如剥离或破裂的损坏。另外，电化学反应通常容易从端部进行，特别是当部件的温度高时，该反应将被加速。当加热电阻中心附近的厚度大于端部附近的厚度时，在平面图中观察时的每单位面积的热值在端部附近比在中心处小，因而端部附近的温度较低，所以通过降低发热部中的发热电阻的端部附近的温度，能够减少或延迟从端部开始的损伤的发生。减小端部附近的厚度还具有减小作用在端部上的热应力的效果。通过上述设置，使得加热电阻在与喷射墨水直接接触的情况下，能够降低功耗，改善热效率，提高加热电阻的耐久性。

2. 加热元件的布置和数量

在传统侧喷式喷墨头中，当电流脉冲被提供给作为喷墨能量产生单元的加热元件时，墨流路中的墨汽化，并且形成墨滴，喷墨气泡的侧面设有喷嘴口。尽管墨水在气泡压力作用下向侧面喷嘴口移动，但是该部分墨水体积只占气泡体积的一部分，因为还有一半多的墨水向喷嘴口相对的一侧移动。即从气泡的中心看去，仅使用了喷墨口侧的能量的一部分，并且大部分能量逸出到相反侧，因此除非向喷墨能量产生单元的加热器施加大电流，否则不能喷射墨，并且不能喷射具有高黏度的墨。为了实现不施加大电流也具有较好的喷墨性能，在后续的发展过程中，佳能对加热元件的设置位置以及数量做出了一系列研究，旨在通过加热元件的位置以及数量的改进得到有效的加热效果，在 1997 年提出的专利申请 JP23602597（见图 7-6）中，佳能提出在用于产生喷射气泡的加热元件后面还设置有另外一个加热元件 4，该另外一个加热元件 4 用于产生与喷射气泡 7 不同的、起到阻挡壁作用的气泡 8。当喷射墨水时，产生喷射气泡的加热元件 3 在产生墨水喷射气泡的同时、之前或之后，该另外一个加热元件 4 产生气泡 8，该气泡用于阻挡喷射气泡朝与喷嘴口相反侧移动，从而具有阻挡壁的作用，在该阻挡气泡的阻挡作用下，喷射气泡的大部分将向喷嘴口侧移动，从而能够有效利用喷射能量。

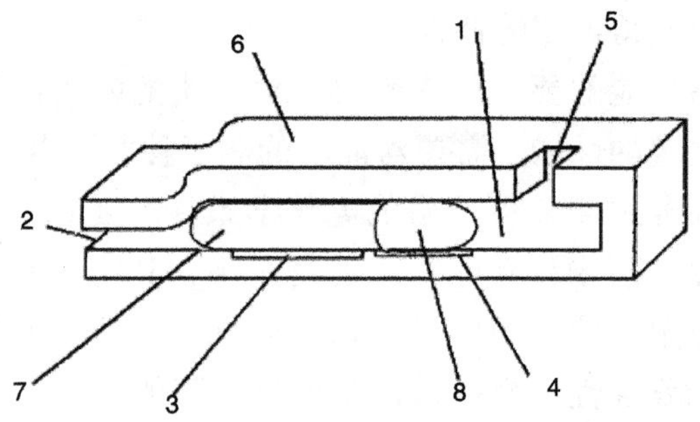

图 7-6　生成阻挡壁气泡的喷头结构

为了提高喷射效率，在每个墨水腔室设置多个加热元件的技术涉及的也比较多，如惠普于 1988 年的专利申请 EP88310572 中提出了，使墨水预热到预先选定的控制温度，以便对墨水的黏度进行控制，电阻加热器由若干单元组成，每个单元包含一个或多个相邻电阻加热器，每个单元单独控制，并以周期性方式施加电脉冲；选择到相邻单元的脉冲之间的相位差，以最小化来自邻近墨腔的墨流路径部分的流体动力背压。

在 1998 年提出的专利申请 JP36321598 中，佳能公司采用多个加热元件相对于包括喷嘴口的中心线的平面成平面对称地布置的方式，通过控制由每个加热元件产生的热量，可以自由地控制从喷射口喷射的墨水的喷射方向。因此，在具有多个喷射口的记录头中，即使当每个喷射口的墨水喷射特性变化时，控制每个喷射口的墨水喷射方向也可以改善每个喷射口的墨水喷射特性。

2004 年，惠普提出的专利申请 US20040789040 中，电阻器包括分开式电阻器，优化了电阻器各部分的长度和宽度，还优化了电阻器与流体喷射腔室的端壁之间的间隙 c，当在相对较宽的频率范围内操作时，使得设备能够产生具有恒定滴径的高质量图像，该装置可被操作以每秒 18000 点的频率打印，使得当该装置以每秒 60inch 的速度打印时，该装置可产生分辨率为每英寸 300 点的图像。2012 年惠普提出的专利申请 US201214374162 中，包括具有主加热元件的喷墨喷嘴和位于同一压力室中的至少一个外围加热元件，当喷墨喷嘴处于空闲状态时，主加热元件和外围加热元件都被激活以喷射至少一个墨滴从而更新喷墨喷嘴以缓解油墨干燥情况，当喷墨喷嘴未处于空闲状态时，只有主加热元件被激活以喷射墨滴，通过激活主加热元件和外围加热元件喷射的墨滴和仅激活主加热元件产生的墨滴具有相同的滴重和滴速。

从以上分析可知，早期对于加热元件的研究主要从加热元件位置结构和电阻材料两方面进行改进，从而提升喷墨头的喷射性能。从 1999 年开始，一种新的加热技术出现了，其采用薄膜加热器，称之为微精细墨滴技术，其具有较好的加热效能，能满足高速喷墨所需的要求，明显改善了喷墨头的喷射性能。如图 7-7 所示，薄膜加热器一般包括加热电阻层 604、电极布线层 605、绝缘保护层 606 以及上部保护层 607 等多层结构，由于其需要多层保护层对电阻以及电极部分进行保护，所以整体上还是较厚，因此也称之为厚保护层薄膜加热器。

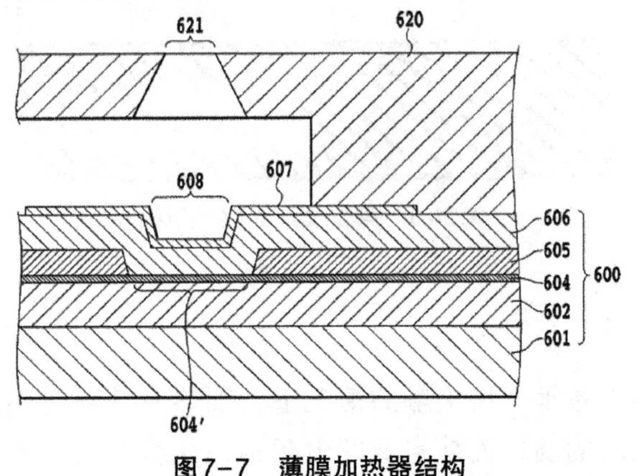

图7-7　薄膜加热器结构

薄膜加热器用于热气泡喷墨头时必须经得住各种严酷环境的考验，要求有良好的抗氧化和耐电解腐蚀性能，有能力承受气穴现象造成的物理冲击。虽然薄膜加热器从 1999 年就开始使用，但那时的薄膜加热器必须覆盖较厚的绝缘层，以及为了防止氧化、电解腐蚀和防气穴而附加的钽（Ta）金属保护层。这种多层结构不但增加了打印头的复杂性，也降低了加热器的热效率，必然会大大增加墨滴喷射所需要的能量，其直接后果便是不得不使用代价昂贵的铋型互补金属氧化物技术，才能驱动大规模喷嘴阵列。此外，多层结构也会降低墨水加热速度，并导致墨滴喷射速度的波动。

之后，随着材料技术的发展，对该厚保护层薄膜加热器进一步改进形成新型薄保护层薄膜加热器，如图 7-8 所示，新型薄保护层薄膜加热器由电阻薄膜和半导体薄膜（其用于形成电极）两层构成，其与厚保护层薄膜加热器相比，明显区别在于新型薄保护层薄膜加热器顶部凹陷处（即热作用部处）形成有自我抗氧化涂层。自我抗氧化涂层不仅能避免电阻薄膜层的氧化，也有助于防止该抗氧化涂层受电解作用而腐蚀。新的加热器使用的半导体薄膜可以避免墨水的腐蚀，所以不需要在其表面再覆盖绝缘层和保护层，且其自身也可以作为一种保护层来对下层的电阻薄膜层进行保护。由于自我抗氧化层和半导体薄膜的共同作用，不再需要多层保护层结构，所以整体厚度更薄。其比微精细墨滴技术采用的厚保护层薄膜加热器的性能更好，这种新型薄保护层薄膜加热器的主要优点可归纳如下：传统薄膜加热器需要厚保护层，但新型薄膜加热器不再需要它；打印头结构简单，不仅喷射出的墨滴体积均匀，且对于气泡破裂产生的气穴现象等有更好的耐久性；由于使用了薄膜加热器，热喷墨打印头结构发展到大规模集成的喷嘴阵列；打印系统的干燥速度极快，记录结果边缘很少会出现羽毛状的扩散现象。

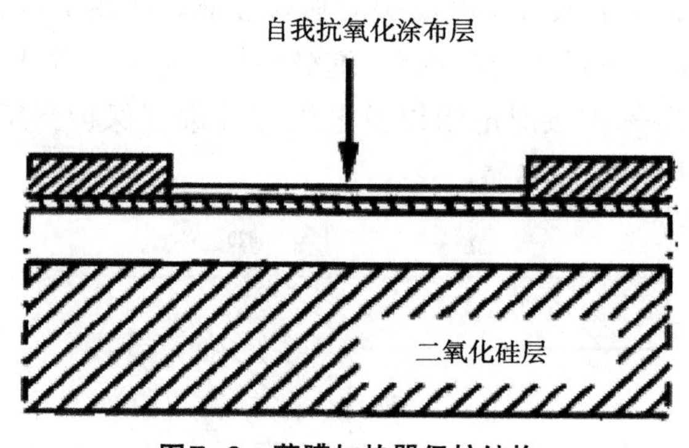

图7-8　薄膜加热器保护结构

7.3.2　保护膜技术

在加热元件与喷墨墨水直接接触的情况下，加热元件会与墨水发生化学反应，使加热元件不断受到墨水的腐蚀而使自身的电阻值发生变化，另外，在喷墨过程中，伴随气泡的破裂而产生气穴现象（cavitation），气穴现象也称为空化现象，由气泡的破裂而引起的气穴现象会对加热元件施加物理冲击力。上述化学和物理的复合作用使加热元件表面出现破损而影响加热元件的耐久性以及喷墨效果。为了对电阻以及电极等部件进行保护，常见的做法是在加热电阻以及电极上设置具有电绝缘性的保护层，使加热电阻、电极等部件与墨水隔离，保护加热电阻不受墨水环境影响。通常由 Ta 膜制成 0.2~0.5μm 厚度的保护层；另外也可以将保护层设置为多层结构，从而提高保护层性能，例如具有由 SiO_2、SiC、Si_3N_4 等制成的防氧化和电绝缘层，由 Ta 等制成的抗侵蚀层，以及由 Ta_2O_5 等制成的耐磨层。

图 7-9 所示为加热元件结构周边的剖视图，图中 601 是由硅制成的基底，602 是由

热氧化膜、SiO 膜、SiN 膜等构成的蓄热层，604 是发热电阻层，605 是由 Al、Al-Si、Al-Cu 等金属材料构成的、作为布线的电极布线层。作为加热装置的发热部 604′是通过除去电极布线层 605 的一部分并使该部分的加热电阻层 604 露出而形成的。电极布线层 605 在基板 601 上被拉引，与驱动元件电路或外部电源端子连接。因此，电极布线层 605 能接受来自外部的供电。保护层 606 是作为发热部 604′和电极布线层 605 的上层而设置的，该保护层 606 也具有由 SiO 膜、SiN 膜等构成的绝缘层的功能。上部保护层 607 设于保护层 606 上，该上部保护层 607 是用于保护加热装置不受上述化学和物理作用的层，如由 Ta 膜形成。而且，在上部保护层 607 中位于发热部 604′之上的部分成为与墨水接触、对其作用的热作用部 608。该上部保护层 607 是为保护加热元件不受化学和物理的冲击而设置的，不与外部电极电连接。

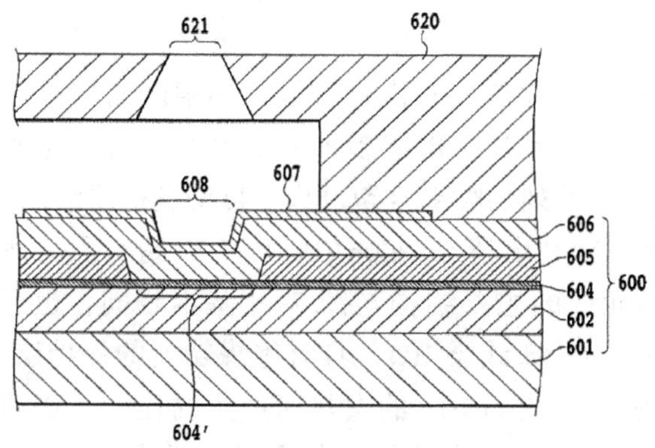

图7-9　加热元件结构周边的剖视图

对于保护层结构，还涉及如何防止保护层的剥离，在 1992 年佳能公司提出的专利申请 JP15351992 中记载了，由于加热电阻在通电工作时由室温急剧升温至约 1000℃，之后又迅速降至室温，上述温度的急剧升降使得用于安装加热电阻的基底层与加热电阻层之间，以及加热电阻与保护层之间产生剧烈热应力，进而使得基底层与加热电阻层之间，以及加热电阻与保护层之间产生较大的剥离力，最终造成加热电阻破裂损坏。该专利提出，保护层与基底层之间的线膨胀系数之比为 1/5~5，从而减少了基底层与加热电阻层之间以及加热电阻与保护层之间的剥离力，从而提高了加热电阻的耐久性。

早期对于保护层结构的改进主要集中在保护层的材质、结构上，通过提高保护层的物理化学稳定性，从而对加热电阻以及电极进行良好的保护。在采用保护层对加热电阻以及电极进行保护时也带来了一些新问题。在喷墨头上的热作用部产生这样的现象：墨水所含有的色材和添加物等组分由于被高温加热而以分子水平被分解，变成难溶解的物质，而被物理吸附在上部保护层上，该现象称为“结痂”“结垢”或“焦化”，如此，若难溶解的有机物或无机物吸附在上部保护层上，则从热作用部向墨水的热传导变得不均匀，发泡不稳定，从而造成喷射异常现象。以往通过使用含有耐热性好的染料的墨水或使用充分进行精制减少了染料中杂质含量的墨水，使其难以产生结痂，但是因此产生了墨水的制造成本变高、能使用的染料的种类受到限制等问题。

为了解决上述问题，佳能公司于 1995 年的专利申请 JP18156995 中提出了一种保护层清洁方法：在喷墨头中充满含有与记录墨水不同的电解质的水溶液（除痂液），通过对构成热作用部的 Ta 膜的表面层通电，来除去堆积在热作用部上的结痂。通电后，在 Ta 膜和水溶液之间产生电化学反应，Ta 膜表面的一部分受到腐蚀而溶解到水溶液中，堆积在表面的结痂通过与 Ta 膜一起脱落而被除去。为了进行稳定的墨水发泡，均匀且可靠地除去堆积在热作用部上的结痂是很重要的，但是，上述采用除痂液与保护层反应的清洁除痂技术有时并不能充分地除去堆积在上部保护层表面的结痂，这是由于加热后在用作上部保护层的 Ta 膜的表面形成了氧化膜，该氧化膜妨碍了除去结痂时 Ta 膜和水溶液之间的电化学反应，所以不能均匀且可靠地除去结痂。另外，上述技术中使用专用的除痂液，必须在将除痂液供给到喷墨头中之后由专业的从业者或者由用户实施清洁，在打印过程中不能进行清洁，所以其清洁方式对普通用户来说不方便。因此，还需要对上部保护层的除痂方式进行改进，期望能均匀可靠地除去结痂，从而保证打印头喷出特性的稳定，另外，也期望不需要由专业的从业者或用户进行特别且繁杂的清洁处理，就能在一系列的喷墨打印过程中自动进行清洁。

为此，在 2006 年的专利申请 CN200610140397 中提出了一种新的除痂方式，如图 7-10 所示，其中加热元件的主要结构与图 7-9 基本相同，也包括基底 101、蓄热层 102、发热电阻层 104、电极布线层 105、具有绝缘功能的保护层 106。上部保护层 107 是保护加热装置不受随着发热部 104′的发热而产生的化学、物理冲击的层，且在清洁处理时为了除去结痂而与墨水反应溶解。其主要改进点在于上部保护层 107 的材质，在该新的除痂方式中，上部保护层 107 采用通过与墨水的电化学反应而溶解的金属材质，具体来说是使用 Ir 或 Ru。使用即使在大气中到 800℃也不形成氧化膜的 Ir 或 Ru 形成上部保护层 107，由于表面没有氧化膜，所以不会阻碍上部保护层与墨水之间的电化学反应，在热作用部上均匀地施加电压，能通过与墨水的电化学反应而产生的溶解，除去堆积在热作用部 108 上的结痂。采用 Ir 或 Ru 形成上部保护层虽然其表面不会形成氧化膜，但是其密接性较低，容易与相接的表面剥离，所以通过在保护层 106 和上部保护层 107 之间形成密接层 109 来提高密接性。

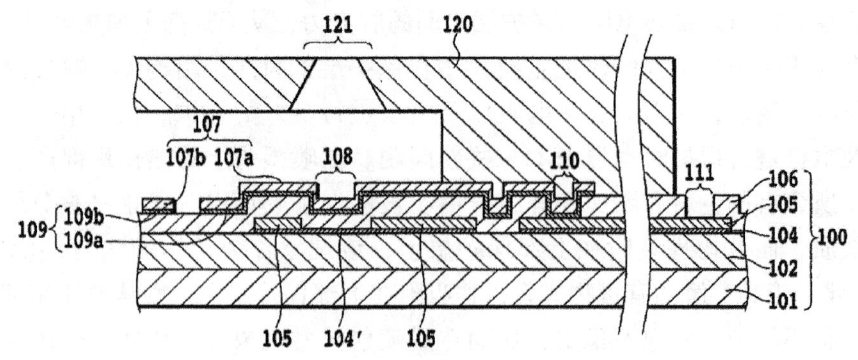

图7-10　CN200610140397 的喷墨头结构

密接层109配置在保护层106和上部保护层107之间，用于提高上部保护层107与保护层106的密接性，并且由具有导电性的材料制成。在保护层106上形成通孔110，上部保护层107穿过通孔110，通过密接层109与电极布线层105电连接，而电极布线层105延伸到喷墨头用基板的端部，其前端构成用于与外部进行电连接的外部电极111，所以上部保护层107通过该外部电极111与外部电连接。进一步，上部保护层107被分为包含形成在发热部104′上的热作用部108的区域107a，和除此以外的区域（对置电极侧的区域）107b这两个区域，并分别被电连接。在基板上并不存在溶液时，区域107a和区域107b并不相互电连接，但若在基板上填充含有电解质的墨水，则电流通过墨水而流动，在上部保护层107和溶液的界面上发生电化学反应，所以只要存在墨水，就能发生电化学反应乃至溶解。此时，由于在阳极电极侧发生金属溶解，所以为了除去热作用部108上的结痂，以使区域107a为阳极侧、区域107b为阴极侧的方式施加电压。上述除痂方式不需要专业人员使用专用的除痂液进行繁杂的除痂作业，而是在日常的喷墨打印过程中就自动完成了有效、持续的除痂作业。

但是上述上部保护层与墨水发生电化学反应使得上部保护层的一部分溶解在墨水中，从而除去其上结痂的过程中，在上部保护层发生电化学反应而溶出的情况下，墨水在上部保护层上被电解而生成气泡，该气泡会滞留在上部保护层上，使上部保护层和液体之间的电化学反应难以继续进行。为了解决该问题，还提出了一种除痂方式，其在通过吸引液体或者在供液口侧加压使得从发泡室排出所生成的气泡的同时进行上部保护层的清洁，从而防止气泡对电化学反应的抑制。在吸引和加压液体的同时清洁上部保护层，因而需要在安装有帽的状态下清洁液体喷射头，该帽用于收集液体。因此，如果将该清洁方法应用于使用管状液体吸帽进行恢复的纵长型的头，则需要用于与该液体吸帽合作来去除结垢的复杂的清洁序列和驱动电路等。此外，由于结垢的去除针对每一喷射口都需要数十秒到数分钟的时间，因而用于去除纵长的头中的所有喷射口的结垢所需的时间变得非常长，由于长时间地吸引液体，因而需要浪费大量墨水。

因此，期望提供一种容易且有效地去除上部保护层上的结垢的方式。在2015年的专利申请CN201510199714中，佳能公司提出了一种去除电解时产生的气泡来促进结痂去除的方法。在向阳极侧的上部保护层施加电压的同时，使得加热电阻发热而使墨水发泡，当使得墨水发泡时，通过发泡所产生的较大的气泡吸收原本存在于上部保护层上的小气泡，也可以通过发泡所产生的大气泡挤出原本存在于上部保护层上的小气泡，从而从上部保护层的表面去除电解产生的气泡，使得上部保护层与墨水之间的电化学反应顺利进行，从而促进上部保护层上的结痂的去除。

从上述分析可知，保护层通电后能够引起保护层和液体之间的电化学反应，使得保护层发生溶解，所以如果持续通电则会让保护层持续溶解而加速劣化，保护层过快劣化则会降低打印头的耐久性。其中持续地向保护层通电主要由向加热电阻供给的电向保护层泄漏导致，为了防止向加热电阻元件供给的电部分地泄漏而流到保护层，在加热电阻元件和保护层之间设置绝缘层，然而，由于绝缘层可能会劣化，并且这种意外故障会导致保护层与加热电阻或布线之间的电连通，使得电从加热电阻或布线直接流到保护层，从而使保护层劣化，降低保护层的耐久性。此外，如果覆盖单独的加热电阻的不同保护层彼此电连接，则电流可以流到不同的保护层，从而扩大了打印头劣化的影响。其中单独的保护层彼此之间分离配置在抑制上述劣化方面是有效的，然而，一些打印头中单独的保护层之间不是分离设置而是彼此连接，在彼此连接的保护层施加电压可以用于清洁保护层上的结痂。

对于如何防止由于电流泄漏而在不同加热电阻的不同保护层之间发生，从而避免打印头劣化的扩大化，在2012年的专利申请JP2012285437中，提出了如下配置的喷墨打印头结构，如图7-11所示，其中多个保护层107分别通过熔丝112连接到公共布线114，公共布线电连接到保护层107，如果发生上述电连通并且电流流过其中一个保护层，则电流可以熔断相应的熔丝112，使得保护层与其他保护层电断开，这减少或消除了保护层劣化的影响扩大的可能性。

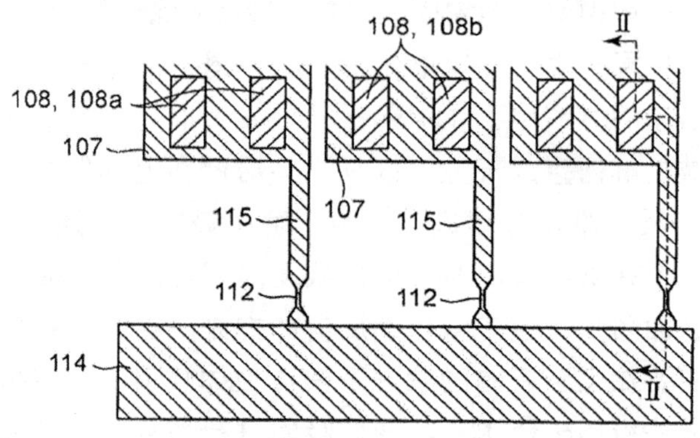

图7-11 具有熔断结构的喷墨头结构

在2019年的专利申请CN201910124411中，进一步提出了如下配置的喷墨打印头结构，包括在熔丝中的多个导电层中的至少一个与其他导电层相比不易被氧化，具体地，不易被氧化的导电层由Ir形成，其与由Ta形成的其他导电层相比不太能被氧化，由Ta形成的导电层氧化形成绝缘体，使得电流集中流过由Ir形成的不太能被氧化的导电层，增加了该不易被氧化的导电层的热量，从而使熔丝熔断更容易。上述方式不需要采用使熔丝变薄的附加步骤就能实现熔丝的熔断，减轻了制造负担。

7.3.3 流路结构

喷墨头中的流路结构主要包括具有流路通道、发泡室和共液室的流路基板以及与流路基板一体或分体设置的喷嘴板等结构。下面从流路基板、腔室可动件、柔性分隔膜以及喷嘴结构这几个方面介绍流路结构。

1. 流路基板

热气泡喷墨头（打印头）中的流路结构包括具有流路通道、发泡室和共液室的流路基板以及与流路基板一体或分体设置的具有喷嘴口的喷嘴板等结构，从共液室流入流路通道的墨水供给至发泡室（起泡室或压力室），发泡室内的加热元件（电热转换元件或加热装置）加热而使得加热元件附件的墨水瞬时沸腾发泡，发泡室内的墨水在气泡压力下从喷嘴喷出。佳能的热气泡喷墨头结构大都由顶板和底板（基底）组成，加热元件设置在底板上，顶板上设置有流路通道、发泡室以及喷嘴口，所以顶板也称为喷嘴基板，该顶板即为流路基板，喷嘴口可以与加热装置对面设置从而形成顶喷式打印头，喷嘴口也可以设置在顶板的侧部，从而形成侧喷式喷墨头。以顶板上的发泡室与加热元件相对设置的方式将顶板和底板接合固定在一起，组合形成热气泡喷墨头。流路结构负责将墨水从共液室供给至喷嘴口，是喷墨头中的重要部件，通过对流路结构的改进，可以实现高效的喷射，保证喷射的稳定性。

对于热气泡喷墨头，非喷射用气泡，即不需要的气泡会对喷射效果造成消极的影响，因而去除不需要的气泡是热气泡喷墨头共同的追求。在热气泡喷墨头中，发泡室或者墨水通道中期望不含有不需要的气泡，因为如果存在不需要的气泡，特别是上述不需要的气泡体积增大时，气泡将对喷射压力起缓冲的作用，即阻碍液体流动，而使墨滴喷射发生异常。此外，由于气泡的绝热作用导致墨水不能用于冷却加热元件而使得加热元件出现异常高温，甚至使加热元件失效。

不需要的气泡的形成原因被认为是发泡室内的墨水蒸发而产生非喷射小气泡，以及喷射气泡破裂时在喷嘴口处的弯液面发生大幅度回缩带入空气而产生气泡，另外从流路通道补充的墨水也会带入气泡。佳能最早在 1982 年提出了一种去除不需要气泡的措施，通过使用其中将供给口和喷嘴口设置到液体流动路径，通过进出的循环流动的结构，将喷墨头中的流路通道、发泡室内以及喷嘴口处残留的气泡和杂质进行去除。另外，还提出了包括采用通过维护盖从喷嘴口吸走不需要的气泡的措施以及采用加压方式将气泡和墨水一起排出的措施。这样的维护措施在出现记录不正常时或按预先确定的时间间隔开始操作，如果排出气泡效果不好，那么就需要增加所施行的维护操作的次数，或者增加吸引液体的数量，或者增加所提供的压力。在加压排出或吸引排出气泡过程中，由于气泡扩散而产生湍流的影响，这是引起大尺寸不需要的气泡的原因，常规的维护处理对于大气泡基本没有效果。

为此，在 1989 年的专利申请 JP24776689 中，佳能公司提出一种易于排出喷墨头中气泡的记录装置，如图 7-12 所示，喷墨头包括墨水喷射通道 112、储液腔 108，储液腔 108 的内表面在沿着从腔的一个墨水入口 103 朝向墨水喷射通道 112 的方向与相对于墨水喷射通道的延伸方向成 5°～40°角度倾斜，即储液腔顶部的内壁都是倾斜设置，上述倾斜内壁使得进入储液腔的不需要的大气泡能够沿着倾斜内壁移动，最后通过排气口排出。

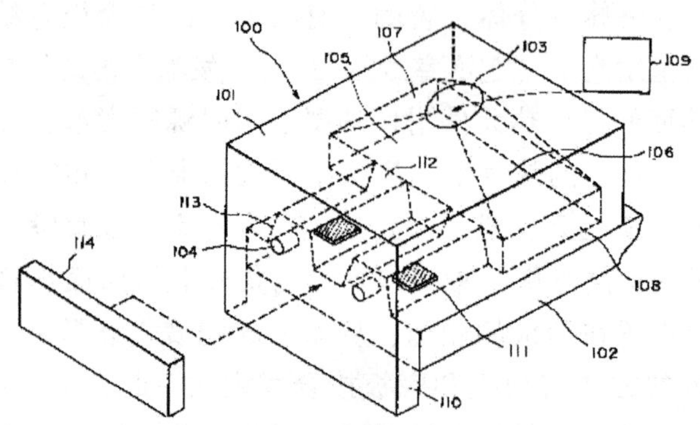

图7-12 JP24776689A 热气泡喷墨头结构

为了满足高速打印的需求，会在喷墨头中设置多个喷射口，然而对于设置有多个喷射口的打印头，墨路通常窄且复杂，并且墨路和供墨口之间的连通部分受其他颜色墨路的限制。在这种墨路构造中，在将墨从储墨器提供给喷墨头时没有问题，然而，如果喷墨打印机长时间未被使用，则溶解在墨中的空气可能与墨分离或者外部空气可能穿过形成墨路的流路基板而进入。在这种情况下，气泡可能积存在喷墨打印头的墨路内，并且不容易从窄而复杂的墨路中抽出。因此对于窄且复杂的墨路，在抽吸的恢复操作期间的抽吸压力和抽吸时间的控制需要进行精确调整，在 2006 年的专利申请 JP2006045786 中提出了一种使用多个喷射口列和在数量上比喷射口列少的墨引入孔的构造，该构造简化了从储墨器通向喷射口列的墨路的形状，形成一种受气泡积存影响小或可通过简单恢复功能容易地去除气泡的喷墨打印头。

流路结构对于形成稳定的喷射性能具有重要作用。由于在热气泡喷墨过程中，气泡的压力波通过流路通道传播到与喷嘴口相反的公共液室内，使得供给液室内的墨水发生振动，该振动会通过公共液室传播到相邻的喷嘴处，引起串扰，从而导致相邻喷嘴的喷射不良。在 1993 年的专利申请 EP99104872 中，如图 7-13 所示，佳能提出了将缓冲室 13 布置在由加热元件 3 汽化液体而产生的压力波的传播路径处，即将缓冲室 13 设置在公共液室 9 的后方，用于吸收在公共液室内墨水的振动，抑制由于墨振动引起的喷墨不稳定性。

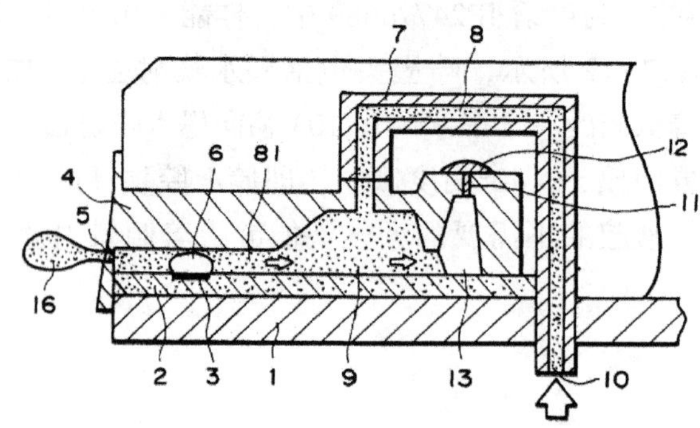

图7-13 EP99104872 喷头腔室结构

另外，对于制造流路基板的材料也做出了改进，在 2014 年，佳能提出了液体喷射流路部件使用的成型材料，由包含环氧树脂、固化剂或固化催化剂的液体环氧树脂组合物、填料、触变性赋予剂和湿润分散剂组成，该成型材料具有优异的成型性能、低熔体黏度、高流动性和优异的耐化学性，无须进行预热就可以成型为复杂、精密、大型的成型材料，使得流路部件具有优异的性能。近年来喷墨打印对高精度和高品质打印的需求日益增长。已有通过密集地配置多个喷嘴口来改善打印分辨率的方法。此外，为了实现高品质的打印动作，需要抑制墨因喷嘴口中的水分蒸发而变稠，因为变稠的墨会导致液滴的喷出速度降低或不能正常喷出。作为抑制墨因喷嘴口中的水分蒸发而变稠的方法，已知如下方法：使配置有喷嘴口的发泡室内的墨强制流动，使得滞留在发泡室内的变稠的墨流到外部。然而，当在各发泡室中流动的墨的循环流量不均匀或各发泡室中的压力不均匀时，会产生喷嘴口之间的喷出特性或颜色浓度的差异增大的问题。为了密集地配置多个喷出口，当增大构成喷出口列的喷出口的数量或喷出口列之间的间隔变窄时，不容易抑制在各发泡室中流动的墨的循环流量变化或各发泡室的压力变化。当增大构成喷出口列的喷出口的数量时，喷出口在喷出口列的列方向（列延伸方向）上的分布变宽，为此，在喷出口列的列方向上配置的多个发泡室之间容易产生在各发泡室中流动的墨的循环流量变化或各发泡室的压力变化。此外，当以高密度配置多个喷出口列时，归因于相邻的流路之间的关系，难以增大在喷出口列的列方向上延伸的流路的宽度（多个喷出口列的配置方向上的长度），为此，会产生较大的压力损失。结果，存在如下情况：在喷出口列的列方向上配置的多个发泡室之间发生在各发泡室中流动的墨的循环流量变化或各发泡室的压力变化。为了解决上述问题，佳能在 2016 年的专利申请 JP2016242619 中提出了一种流路结构，其设置第一共用供给流路，第一共用供给流路在第一方向上延伸且被构造成向供给口列供给液体；第一共用回收流路，第一共用回收流路在第一方向上延伸且被构造成从回收口列回收液体，从而抑制流过密集配置有多个喷出口的液体喷出头的流路的液体的压力变化或循环流量变化。

2. 腔室可动件（逆流防止阀）技术

在早期的热气泡喷墨头中，由于加热元件的驱动效能不高，不能满足高速、高效的喷射要求，所以为了提高喷墨头的喷射性能，其只能尽可能提高气泡驱动力的利用率，即减少气泡向与喷墨无关的方向扩展运动，在热气泡发展历史的早期，采用在发泡室内设置腔室可动件来辅助进行喷射，腔室可动件又称为逆流防止阀。在喷墨头的发泡室中的墨水供应方向的上游侧设置逆流防止阀，用于在进行喷墨动作时防止由于发泡室内的墨水向墨水供应方向的上游侧回流而导致发泡室内的压力损失，从而减小喷墨头喷射失败率，提高喷墨头的喷射效能，例如施乐公司在 1983 年的专利申请 JP16740183 中以及日本电气公司在 1984 年的专利申请 JP8897484 中都分别提出了在墨水供应方向的上游侧设置逆流防止阀，但是上述阀元件还存在阀部厚度不均、制造精度不高、制造成本较高等缺点。

佳能公司对于该技术的研究最早起源于20世纪80年代末期，如图7-14所示，佳能最早在1987年的专利申请JP2971587中提出了以下技术：在该支撑体201上形成有覆盖处理面和非处理面且具有期望图案的上层，该支撑体用作阀座，在该覆盖处理面进行提高附着力的表面处理，使得上层204P与支撑体黏合牢固，上层的非处理面易于分离，从支撑体分离后形成阀部212作为逆流防止阀，其提高了制造精度，便于量产，且制造成本降低。上述在发热元件产生气泡的过程中，阀部212从原来的与流路顶面水平状态变换为近似竖直状态，从而对喷墨过程中由于发泡室209内的墨水向墨水供应方向的上游侧方向的回流进行阻挡，从而减小发泡室209内的压力损失，提高喷射效能，在气泡破裂塌陷以后，该逆流防止阀自动恢复为水平状态，利于上游侧的墨水流路向发泡室供给油墨。在上述方案中，虽然设置在流路中的逆流防止阀能够减少发泡室内的回流现象，但是回流的减小与墨水喷射过程是两个各自独立进行的过程，其并不是直接贡献于墨水喷射过程，所以其对提高喷射效能的作用是有限的。

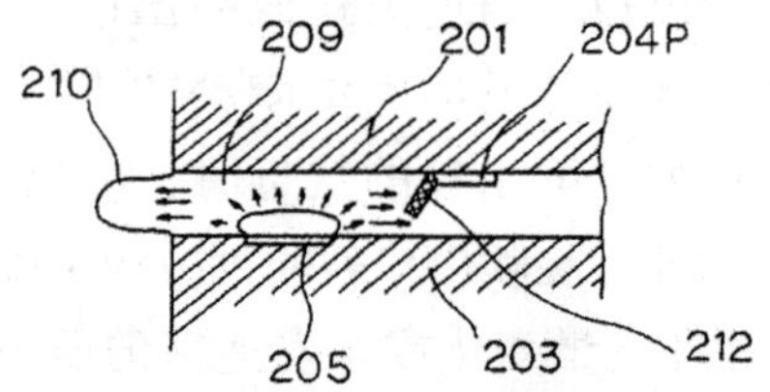

图7-14 JP2971587喷头内部阀结构

腔室可动件技术在1996年前后逐渐成熟，1996年佳能在专利申请CN96100256、CN96100638、JP13096396中分别提出了在正喷以及侧喷方式中采用自由端构件，通过自由端构件对气泡的输出路径实现引导，使其精准地聚集到喷射出口。具体结构如图7-15所示，在带有可动件的发泡室，液体流径在通气板14和衬底1之间，使液体直接与喷射出口11连接，并从此通道流出，流体流径带有厘米量级的平板形式的活动件以覆盖加热元件2并面对它。活动件6的定位毗邻于产热面的上出射空间，在垂直于加热元件2的产热面的方向。活动件6是弹性材料，如具有5μm厚度的镍金属。活动件6的一端被支撑并固定在支撑件上。支撑件由光敏树脂材料的模件形成在衬底1上。在活动件6和产热面之间，提供一个约15μm厚的空区。当加热元件2的产热表面产热并且产生气泡时，活动件6的自由端6a沿图示箭头方向瞬间移动，即在气泡的产生和增长及气泡扩张导致的压力作用下以基体部分6b作为支点进行移动。由此，液体通过喷射出口11被喷出。随着气泡7的增大，活动件6将进一步向喷射出口移动，由于活动件6的移动，产热表面和喷射出口之间的流体通道被活动件6阻塞到一个适当的程度，使气泡膨胀的压力聚集到喷射出口，使得喷射液滴通过喷射出口以高速、高喷射力和高效率地喷出。

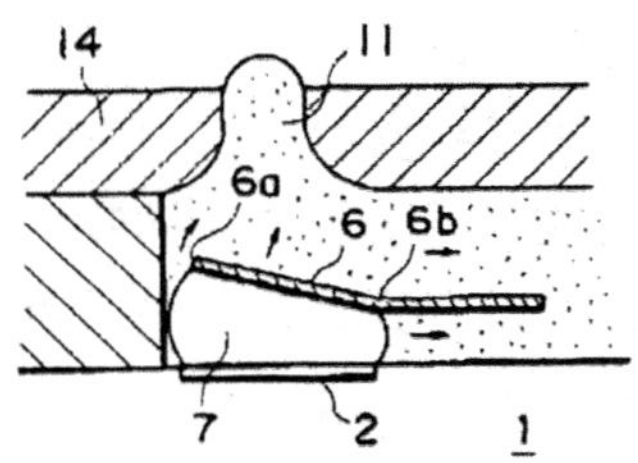

图7-15　可动件与气泡的相互作用（气泡成长过程）

由于气泡产生的压力主要作用在可动件上，因而可动件绕转动中心转动朝向喷射出口侧张大开口，由于可动件的运动及运动后的状态，由气泡产生和气泡本身的成长所引起的压力朝向喷射出口传播。可动件可有效地将气泡的压力传播方向导向喷射出口侧，因此使气泡的压力传播方向集中，从而气泡的压力直接和有效地贡献于喷射。另外，由于气泡本身的生长方向与压力传播方向一样朝向喷射出口侧，因而气泡本身的生长方向可通过可动件来控制，并因而控制气泡的压力传播方向，因此可显著地提高喷射力和喷射速度。另外，对于气泡产生区的墨水再填充过程，可动件在由可动件本身的弹性和由于气泡收缩的负压提供的恢复力的作用下返回初始位置。随着气泡的收缩，墨水从公共液腔侧回流，从而补偿在气泡产生区中所减少的墨水体积。由于增加喷射效率的目的而减小喷射出口中的流阻，当供应口侧的流阻小于另一侧的流阻时，大量的墨水从喷射出口侧流入气泡收缩位置，其结果是弯月形收缩较大，随着气泡的收缩而使弯液面收缩增加，其结果是需更长的重新充填时间，因而难以进行高速打印。但是在佳能上述技术中，由于存在可动件，使得从喷射出口侧回流的墨水较少，主要靠气泡破裂时的压力从第二流道沿可动件的发热元件侧的表面强制进行墨水回流，因而，可更快速地进行重新充填动作，抑制了弯液面的伸缩和振动，因此，可提高喷射稳定性和喷墨速度。另外，可动部件具有和之前的逆流防止阀相同的作用，可以对由于气泡发生而对上游侧传播的压力进行抑制，这更加有利于上游公共流路向喷嘴侧的墨水再填充。此外，上述技术对于发热元件表面的结垢以及热量积累也有较好的改善。墨水流道具有墨水供应通道，在发热元件的上游侧，其内壁基本与发热元件平齐（发热元件的表面没有很大的向下的阶梯），由于这种结构，向发热元件的表面和气泡产生区域的墨水供应沿可动件的表面发生在靠近气泡产生区域的位置。因此，抑制了发热元件的表面上的墨水停滞，从而抑制了分解气体的析出，并且残留的未消气泡容易排除，此外，墨水中的热量积累也不会过高。因此，可以高速重复且稳定地产生气泡。

在该技术中喷墨头为顶喷式喷墨头，但是该技术也可以用于侧喷式喷墨头，可动部件的结构以及作用机理与上述的顶喷喷墨头结构基本相同。

在之后一个阶段，通过对可动部件的结构、安装方式的改进使得油墨中产生的气泡可控，提高喷射效率和喷射力。在对喷射效果进行研究之后，佳能对于可动部件的改进主要集中于制造工艺上，通过制造工艺的改进进一步提高可动部件与发热元件的高精度对准，提高可动部件的耐久性等。

随着热气泡式喷墨打印技术的继续发展，2003 年以后佳能公司未继续申请与腔室可动件相关的专利，腔室可动件在一定程度上能够增加喷射精度，但其本身的安装、动作控制、成本控制存在难度，可以看到，佳能公司在热气泡喷墨领域的技术也在不断改进，一直在寻找最佳的技术方案。

3. 柔性分隔膜技术

由于在加热元件与油墨相互接触的状态下，油墨重复地被加热，因此会造成加热元件表面上的油墨被高温焦化而在加热元件表面形成结咖，从而影响加热元件的热传递。另外，打印过程中每秒数千次地重复喷射过程，气泡的重复崩塌破裂对加热元件表面产生气穴作用，导致表面材料受到气蚀作用而损坏，一旦油墨渗透涂布于加热元件的表面材料，很快发生电阻器的快速腐蚀和物理破坏，使得加热元件失效。此外，在被排放液体是一种会因加热而变质的液体或是一种不易产生足够的气泡的液体的情况下，利用前面提到的加热元件直接加热来形成气泡，在有些情况下不能取得良好的排放效果。

基于此，柔性分隔膜技术应运而生，惠普于 1982 年提出的申请号为 US19820403824 的专利申请中，对电阻加热器提供电压脉冲，由此产生的热量蒸发空腔中的工作流体，从而在柔性膜下形成气泡，当气泡中的压力上升时，膜膨胀并变形成油墨保持腔，油墨中产生的压力脉冲导致一个或多个墨滴从喷墨打印头上表面的孔中喷出，墨水本身不用于提供驱动气泡，而是公开了一种双流体系统，在工作流体中加热产生气泡，使膜膨胀并使膜另一侧的墨水从喷墨孔排出，非反应性的工作流体通过柔性膜与油墨分离，所以加热元件不与墨水发生高温焦化反应，且加热元件受到了柔性膜的保护而免受气穴作用，从而延长了电阻加热器的工作寿命。随后，佳能也提出了上述柔性分隔膜技术，在喷墨头的墨腔内设置可由气泡驱动进行移动的可移动隔膜，即采用由柔性隔膜隔离发泡液和排出液，并通过热能在发泡液中发泡从而驱动柔性隔膜移动来排出墨水。该技术与前述的腔室可动件类似，都是利用气泡的驱动力来驱动可动部件移动，从而利用可动部件的移动来排出墨水。但又存在区别，腔室可动件一端为固定端，另一端为自由端，其本身没有起到隔绝墨水与加热元件的作用，而柔性分隔膜全面覆盖在加热元件上方，起到隔离加热元件与墨水的作用，并在加热元件侧填充有与排出液不同的发泡液，其通过使加热元件对发泡液加热而产生气泡，并利用气泡驱动上方的柔性分隔膜移动来将排出液排出。

在该技术中，柔性薄膜和发泡液的构造是这样的，这个柔性膜形成于喷嘴的一部分中，即在发泡室内，利用一个柔性膜将整个发泡室分成上下两空间的结构。在上侧空间内填充排出液，在下侧空间内填充发泡液，使用该柔性膜将上述两种液体互相隔离。然而，上述结构只是把发泡液体与排放液体分开，目前还没达到实际应用的水平。基于通过热能形成气泡的液体排放效率由于分隔膜形态变化的干扰而降低，对既能取得高效的液体排放，同时又能充分利用分隔膜的隔离作用的液体排放方法和设备研究发现，如果可移动分隔膜配备一个松弛部分，那么可移动分隔膜本身就不需要随着气泡的产生而发生拉伸，这样就提高了排放效率，并使可移动分隔膜在气泡驱动下利用自身的松弛部分来调节其位移，在具有上述结构的喷墨头中，在可移动分隔膜的变形区域配备了松弛部分的情况下，随着气泡的产生和生长，松弛部分以一个弧形发生位移，因此，气泡的体积能更有效地作用于可移动分隔膜的变形区域上，从而能更有效地排放液体。

4. 喷嘴结构

喷嘴结构由记录介质侧的喷嘴口以及喷嘴口部组成，喷嘴口部将喷嘴口与压力室连通，压力室内的墨水在气泡压力下流入喷嘴口部并从喷嘴口喷出。早期的喷嘴结构大多为孔状结构，对其形状结构并无特殊要求，之后发现喷嘴的形状结构对打印头的喷射特性有着重要影响。进一步研究发现，喷嘴的形状结构对卫星液滴以及墨雾的形成也有着重要影响。对喷嘴形状结构的改进是为了使得打印头具有较好的喷射特性以及减少卫星液滴的产生，下面进行具体分析。

（1）提高喷射特性

JP11283390 的喷墨头中配置了墨水供应路径和喷嘴口路径，该墨水供应路径和喷嘴口路径均与喷射压力室连通，且墨水供应路径与喷嘴口路径相互垂直。该申请使得加热元件到喷嘴口的喷嘴口路径相较此前的技术有所缩短，在加热元件产生的气泡沿着喷嘴口路径朝向喷嘴口生长时，该申请控制气泡的行进速度，从而使得墨水不至于过度加速，以实现稳定喷射和防止墨雾产生。

但是，上述记录头由于排出墨滴时在压力室内生长的气泡使得填充到发泡室内的油墨分别流向喷嘴口侧和供应路径侧，这时流体的发泡所造成的压力，由于向供应路径侧逃逸、与喷嘴口的内壁摩擦而导致压力损失，这种压力损失对液滴排出产生不利影响。特别是近年来对于高分辨率打印的需求越来越强，打印分辨率越高，那么喷墨打印时的液滴体积就要越小，为了形成小液滴需要减小喷嘴口的尺寸，导致喷嘴口部的阻力非常大，喷嘴口方向的流量减小，流路方向的流量增大，因而，降低了液滴的排出速度，所以，液滴越小则上述排出不良的现象越严重，在以高分辨率打印高精细图像时，难以稳定且高速地排出微小液滴。早期，如 1990 年佳能公司提出了将设置的喷墨口的横截面形状与垂直于墨流方向的墨通道的横截面形状相似，该喷墨口的横截面面积不小于 35% 和不大于 60% 的墨通道横截面面积，通过这样的喷墨口设置方式来降低流阻。

为了稳定且快速地排出用于形成高精细图像的细小液滴，需要减小喷嘴口的面积并减小喷嘴口的长度（喷嘴板的厚度），同时还要降低流动阻力，即要减小加热装置和喷射侧面之间的流动阻力，但是，在传统的液体喷射记录头中，由于作为流路基板的顶板采用树脂一体注塑成型，所以顶板中的喷嘴板也是通过注入树脂来形成的，然而，减小喷嘴板的厚度（对应于喷嘴口的长度）存在极限，并且难以将喷嘴板的厚度减小至 50~60μm 或更小。另外，当通过照射激光束在这样的喷嘴板上形成微小喷嘴时，由于喷嘴面积越小则喷射方向上的流体阻力越大，所以喷嘴部分的流动阻力极大并且微小液滴的速度变得极慢且不稳定。

为此，在 1997 年的专利申请 JP36442997 中，提出了一种喷嘴形成方法，利用激光照射在顶板上形成多个喷嘴，用激光照射具有开口的第一掩膜而在顶板的喷嘴板上形成加热装置侧的开口，之后利用激光照射具有开口的第二掩膜而在喷嘴板上形成记录介质侧的开口，其中第二掩膜的开口面积小于第一掩膜的开口面积，使得喷嘴板上形成的开口形状为加热装置侧的开口面积大于记录介质侧的开口面积，且两者比值在 1.5 以上。因此，通过设置垂直于流动方向的截面面积比喷嘴口大的第二喷嘴口部，喷嘴口方向的整体流动阻力变小，发泡在喷嘴口方向的压力损失少的状态下生长，从而可以抑制向流路方向逃逸的流量，防止墨滴的排出速度下降，实现高分辨率图像的稳定高速喷射。

进入 2000 年之后，提出了喷头中限流部分的厚度 c 和沿喷射出口和能量产生元件互相面对的方向测量的液体路径的高度 e 满足 $c \leqslant e$，在形成喷射出口的平面和限流部分之间测量的喷射出口形成部件的厚度 d 满足 $c \leqslant d$，限流部分设置于喷射出口的下凹部分，下凹部分从形成喷射出口的平面下凹，以此方式来降低流阻。2003 年的专利申请 JP2003114484 中提出了将喷墨口的开口直径设置为比多个发热体中间距最远的两个发热体的中心间距小，由此解决了喷墨口位置和压力发生区域的中心位置产生偏移而使喷出的墨滴不能落在准确位置上的问题。

但是，近年来为了获得高质量的画质越来越需要排出微小墨滴而使喷嘴口的尺寸变小时，由于喷嘴口部分的液体的量较小，所以容易使在不进行排出期间的待机时的喷嘴口部分的液体黏度增加，这样黏度增加部分的喷嘴口的排出特性与其他喷嘴口相比产生偏差。虽然可以通过恢复操作消除这一现象，但是在排出上述微小液滴的情况下，通过量会急剧下降，因而恢复操作效果不好。并且喷嘴口部的阶梯部处，在发泡后的向喷嘴口方向流动的液流中，会产生几乎没有流速的油墨滞留区域，由于上述原因在改变第二喷嘴口部的形状时，必须不使油墨滞留区域变大，这是因为在以高频连续排出的情况下，这种油墨滞留会导致排出体积偏差的产生。

对此，设置有两排喷嘴口，其中第二喷嘴口连通发泡室，并和第一喷嘴口以阶梯状形成连接，第二喷嘴口截面平行于元件基板，且大于第一喷嘴口截面，而第二喷嘴口距供应方向最远的阶梯部分的距离比喷嘴口纵列配置方向上的阶梯距离短，其能在小液滴化的同时降低排出方向的流动阻力，可防止再补充速度的下降。2003 年的专利申请 CN03146782 中还提出了一种喷嘴结构，其喷嘴形状可以降低由于在待机时喷嘴口部分处的油墨黏度增加造成的影响，排出特性良好，迅速抑制再补充时产生的弯液面的振动并稳定地排出液滴。前述喷嘴结构具有：包括喷嘴口的喷嘴口部，该喷嘴口是用于排出墨滴的喷嘴的尖端开口，喷嘴口部分是连接喷嘴口和发泡室的部分，并且包括与喷嘴口连通且直径基本恒定的第一喷嘴口部和第二喷嘴口部。第一喷嘴口部和第二喷嘴口部穿过加热装置的中心，第二喷嘴口部与该第一喷嘴口部连续地形成并且与前述第一喷嘴口部以及前述发泡室分别带有阶梯的连通，其中，前述第二喷嘴口部的与前述发泡室交界的部分和前述第二喷嘴口部的与前述第一喷嘴口部交界的部分由带有曲率的壁连续地形成。上述结构使得第二喷嘴口具有较大的容积，能够在喷嘴口附近保持足够的液体以应对黏度增加的问题，同时，由于第二喷嘴口部和第一喷嘴口部处没有形成阶梯部，所以又能减少油墨滞留，从而降低由于油墨黏度增加、油墨滞留等造成的影响，使得排出特性的偏差小，能够记录高质量的图像。

并且该结构还可以抑制弯液面的振动，这是由于在补充液体时，液体冲向喷嘴口方向，靠近上述第二喷嘴口部的壁面的液流沿着曲线部弯曲，能对与前述元件基板垂直的方向上的再补充主液流的流速产生冲击，因而，使在与前述元件基板垂直的方向上的再补充主液流冲入喷嘴口内的速度降低，从而使弯液面的振动衰减，利于进行高速喷射。进而，在以高频连续排出的情况下，在发泡后向排出方向流动的液流中，几乎不具有流速的油墨沉淀区域也减小。从而，可以抑制在由加热装置进行的连续排出动作时油墨的蓄热，减小排出液滴的体积偏差。

2007 年的专利申请 JP2007224023 中提出了喷出口部具有第一喷出口部和第二喷出口部，第一喷出口部包括喷出口，第二喷出口部的沿与喷出液体的喷出方向正交的方向延伸的截面比第一喷出口部的沿正交方向延伸的截面大，能提高墨的再填充速度以缩短从墨滴喷出结束到下一次墨滴喷出开始的时间，能稳定地喷出液滴，抑制弯液面振动。2012 年的专利申请 JP2012024153 中提出了喷射口的沿与排列方向正交的正交方向的侧壁垂直于基板，且喷射口的沿排列方向的侧壁与基板形成锐角，其喷射口构件具有降低了流阻的喷射口且具有令人满意的强度。

（2）减少卫星液滴产生

上述喷嘴结构能够抑制排出口部分处的油墨黏度增加以及再补充时产生的弯液面的振动，使得打印头具有较好的喷射特性。但上述喷嘴结构也产生了一些新问题，例如，容易产生卫星液滴和墨雾，从而降低成像质量等问题。从喷嘴排出的包括主液滴和在主液滴之后沿着主液滴延伸的细长的、类柱状的尾部液滴（尾部液柱）。由于液柱的前端和后端之间速度方面的差异，导致该尾部液滴经常在飞行中与主液滴变得分离而变成被称为卫星液滴的微小液滴。在记录介质上的着落位置从主液滴偏离的卫星液滴可能引起图像质量的劣化，另外，不着落在记录介质上的卫星液滴飘浮在空气中形成墨雾，该墨雾会污染打印装置内部，记录介质与该受污染部分接触后使得记录介质也会受到污染，从而降低成像质量。由于排出口部分具有较大的容积，且该排出口部分与发泡室连通，所以实质上增大了发泡室的空间，因此在气泡逐渐减小的过程中，弯液面的一部分被破坏，气泡与大气连通，所喷出的液滴的尾部液柱与发泡室内的液体分割，形成与流路内的墨水完全独立的卫星液滴，该卫星液滴从喷嘴喷出后着落在记录介质上以及飘浮在空气中形成墨雾，从而影响在记录介质上的成像质量。

佳能公司提出了一系列喷出口的改进方式来解决墨雾和卫星液滴的问题，例如，1993 年的专利申请 JP25998193 中提出了设有多个排放出口及能量产生元件，多个排放出口被中央疏水区圈住，凹入的亲水区沿着多个排放出口的排列方向而设置，并与多个排放出口的排列保持给定距离，在凹入亲水区外部可以设有外部拒水区。

2007 年的专利申请 JP2007231439 中提出了一种喷嘴结构，具有形成在面对能量产生元件的位置处的排出口，以及将排出口连通至发泡室的排出口部，该排出口部的结构为，在墨水供应流路的墨水供应方向上，与位于排出口的中心靠前侧的区域相比，位于排出口的中心靠后侧的排出口部区域具有较小的流路阻力。因此，当通过在发泡室中产生的气泡从排出口喷射墨滴时，在排出口部中墨在墨供给方向上从后侧向前侧流动，并且墨滴的尾部液柱向着墨水供应方向的前侧急剧弯曲，结果，通过与排出口部分的内表面接触干涉而将尾部液柱提前切断，使得墨滴的总长度缩短，并且减少了卫星液滴的产生，从而减少了墨雾的产生。

为了使喷射过程中减少卫星液滴的产生，惠普公司在 1997 年（专利申请为 JP6205597）提出了一种通过形成非圆形喷嘴来减少卫星液滴的产生的方法。佳能公司在 2007 年（专利申请为 JP2007548036）提出在喷头中设置有至少一个突起，突起是凸状的并且形成在排出口内，第二区域形成在突起的两侧，第二区域沿与液体排出方向相反的方向吸引排出口中的液体，第二区域的流阻低于第一区域的流阻，伸长到排出口外部的排出液体与保留在排出口中的液体分离的时刻可显著提前，从而减少了卫星液滴和薄雾。

然而，当将非圆形喷嘴设计成喷出与比较用的对应的圆形喷嘴相同量的液体时，非圆形喷嘴由于其更长的周长可能经受较大的流阻从而导致不当喷出，特别地，可能产生开始喷出后的一定时间通过非圆形喷嘴的喷出变得困难的现象。另一方面，卫星液滴的产生和开始喷出后的一定时间进行喷出的容易程度还取决于墨的体积，即喷出量，也就是说，即使具有相同形状的喷嘴，产生的卫星液滴的量以及开始喷出后的一定时间可以进行喷出的容易程度也可能根据墨的类型而变化。卫星液滴的产生和开始喷出后的一定时间可以进行喷出的容易程度还根据喷出量而变化。所以，期望提供一种液体喷头，该液体喷头可以根据墨的类型或者喷出量使液体喷出期间抑制卫星液滴的产生与抑制不当的喷出之间的平衡最优化。对此，在 2008 年的专利申请 CN200810098309 中，佳能提出了一种液体喷头，其包括可以喷出多种类型的液体的多个喷嘴，其中，多个喷嘴的形状均根据待喷出的液体的类型而形成，并且多个喷嘴包括第一喷嘴和第二喷嘴，通过第一喷嘴喷出大量液体，通过第二喷嘴喷出少量液体，第一喷嘴为非圆形喷嘴，非圆形喷嘴具有相互对着的突起并且根据相互对着的突起之间的间距被分为多种类型，第二喷嘴为圆形喷嘴。下面对具有突起的喷嘴能够抑制卫星液滴的形成进行分析说明。由于在突起之间的区域的流动阻力大，所以在突起之间的区域形成高流阻区域，而不具有突起的区域形成低流阻区域。在气泡达到最大气泡状态下，由于气泡内部气压远低于大气气压，所以在大气压力下气泡的体积开始减小，并迅速地将周围液体引入原来气泡存在的区域，该液体流动使得喷嘴内的液体朝向加热装置侧返回流动，喷嘴内的低流阻区域的液体迅速流向加热装置侧而形成凹部，而高流阻区域内的液体由于较大的液体阻力而停留在构成高流阻区域的两个突起之间，所以在气泡体积减小至破裂的过程中，喷嘴的开口端部附近的液体残留，使得液膜仅在对应于高流阻区域的突起之间的区域中伸展，也就是说，在由高流阻区域保持与延伸到喷嘴外部的柱状液体接合的液面的状态下，由多个低流阻区域朝向加热装置侧吸引喷出口中的液体，从而在喷嘴的多个低流阻区域中形成液体的显著下落以形成凹部的液面，由此，在作为高流阻区域的突起之间的区域中残留的液体量比由液柱的直径确定的液体量少，因此，突起使液柱部分变细以形成“收缩部”。之后，延伸到喷嘴的外部的液柱在上述收缩部处被分离，此时喷出的液体被分离，并且该分离比现有技术中的分离早至少 1～2μs，并且在气泡消除过程中，对突起之间的液体几乎不施加朝向加热器吸引液体的力，即防止了如现有技术中一般的沿与喷出液体的速度矢量方向相反的方向的作用力，与现有技术的情况相比，每一个液滴的尾端的速度足够高，这样就避免了喷出液体形成的液柱的部分伸展和变细的可能性，从而使得喷出液体被顺利地分离，良好地抑制了薄雾的产生。

在 2011 年的专利申请 JP2011183559 中提出的喷射口具有位于突起的前端和喷射口的距前端最短距离处的内壁之间的第一区域、位于突起两侧且与第一区域不同的第二区域，当突起在室侧开口面处的宽度由 a_1 表示、突起的最大宽度由 a_2 表示时，$a_1<a_2$ 的关系成立，突起的宽度从具有 a_2 宽度的位置到室侧开口面逐渐或逐级地减小，由此可缩短墨尾以减少卫星液滴，且可防止喷射液体在打印介质上的着落位置的偏离以抑制归因于偏离的图像劣化。随后还提出了喷射口包括至少两个突起和外边缘部，每个突起在与喷射液体的方向垂直的剖面中凸出到喷射口的内部，且具有锥角 θ_1，外边缘部具有锥角 θ_2，该打印头上的喷射口用于减少伴滴和墨雾的现象，且改进打印开始时的喷射缺陷，能够以高质量打印。

此外，为了减少打印过程中产生的卫星液滴和墨雾，提高高清晰图案的打印品质，还可对驱动气泡从喷嘴的排出方式以及喷嘴、加热装置尺寸等方面进行改进。通过加热电阻发热而产生的气泡将压力室内的液体与流路通道内的液体分离，且气泡在排出时与大气连通，由于所排出液体的尾部具有朝向加热电阻的速度分量，因此使用该方法使得变成卫星液滴的部分容易在从排出口排出之前与主液滴分离，因此可以减少在排出口外部变成卫星液滴。惠普公司在 2008 年的专利文献 EP08825372 中公开了如下技术：调整诸如压力室的高度和排出口等的尺寸，例如与排出口的开口相比，加热电阻在尺寸方面更大，以使得与尾部液滴相比主液滴中包括更多液体，由此减少卫星液滴。然而，在上述文献所描述的技术中，气泡与大气连通的时刻可能晚于预期，因此仍然存在液滴的后部与主液滴部分分离并且产生卫星液滴的情况。

为此，佳能在 2017 年的专利文献 CN201710011145 中提出了一种能减少卫星液滴的喷出头，在与形成有加热装置的基板垂直的方向上，与排出口投影至基板处的排出口投影区域的轮廓外接的矩形包含将加热电阻的热产生区域投影在基板上的热产生区域投影区域，热产生区域投影区域在一定程度上比加热电阻的面积小，原因在于在加热电阻被驱动时，加热电阻的周缘区域不是用作实质的热产生区域。而如果将加热电阻的尺寸设置得较喷出口的尺寸大，气泡在排出口部内的流动是朝向排出口的中心方向，这使得在所排出的墨滴和流路通道内的墨之间形成相对厚的液膜，厚的液膜意味着气泡与大气连通的时刻延迟，所排出的墨滴的尾部液滴变得更长，所排出的墨滴的更长的尾部意味着所排出的墨滴在飞行时更容易分割成主液滴和卫星液滴。所以，通过将加热电阻的热产生区域投影在所述基板上的热产生区域投影区域小于或等于排出口投影至所述基板处的排出口投影区域的轮廓外接的矩形，上述尺寸设置使得气泡成长进入喷嘴的排出口部的内部时，气泡的进入了排出口部内的部分的流动变成沿着排出口部的内壁面大致平行的流动，也就是气泡在排出口部内的流动的方向更靠近朝向排出口的周缘的方向，更接近朝向排出口的周缘方向的气泡的流动方向促使所排出的墨滴和通道内的墨之间的液膜更薄，使得气泡在更早的时刻与大气连通，并且所排出的墨滴的尾部液滴更短，这意味着液滴在飞行中更容易集合成一个液滴，不容易形成卫星液滴。

7.4 热气泡喷墨头制造工艺

本小节主要针对热气泡式喷墨打印技术中喷墨头制造的层结构加工、对准以及头组装工艺的技术内容进行详细描述。

7.4.1 层结构加工工艺

从前述热气泡式喷墨头结构可以看出，喷墨头由多层结构组成，通常包括用于记录的微细液体的排出口、具有排出口的孔或喷嘴板、液体通道和设置在液体通道的一部分中的驱动液体排出的能量产生元件。对于液体通道，其中通常使用玻璃或金属板，通过诸如机械加工的加工方法在该板上形成微凹槽，并且将其上形成有该凹槽的板接合到另一适当的板上，从而形成液体通道，机械加工的方法包括切削、切割、激光照射，对于形成喷墨头流体通道的模制材料中不需要的部分，还包括溶解或去除模制材料的步骤。

对于孔或喷嘴板，其中通常使用各种金属和绝缘材料或者塑料材料，镀镍或镀金的镍是常用于制造热喷墨打印头孔板的金属，孔板通常利用蚀刻、树脂成型、机械加工或切割手段、表面处理及其他方式制造加工，其中蚀刻包括干式蚀刻、湿式蚀刻、各向异性蚀刻或其他类型蚀刻方式。

对于用于驱动液体排出的能量产生元件，用于热气泡式喷墨头中有时称为加热元件、加热器，或者电阻器、加热电阻器，能量产生元件通常采用薄膜成型、电成型的方式制造加工。

在采用激光照射形成液体通道以及整体喷墨头时，其加工步骤包括：首先，制备一个基板，基板使用玻璃、陶瓷、塑料或金属等，在该基板上设置所需数量的诸如电热转换元件或压电元件之类的喷射能量产生元件，从而形成一个加热板 1（图 7-16a）；在加热板 1 上形成非光敏树脂层 2（图 7-16b）；然后，用准分子激光束通过掩膜 4 照射非感光树脂层 2 的预定液体流动通道部分 3（图 7-16c），以除去该部分。液体流动通道包括用于存储记录液体的公共液体腔和从公共液体腔分支的记录液体流动通道，在记录液体流动通道中，形成用于从孔喷射记录液体的喷射能量产生元件；接着，使用超声波熔接法或黏结剂等，在未照射准分子激光的非感光性树脂层 2 上接合顶板 5（图 7-16d），在顶板 5 接合之后，为了优化喷射能量产生元件和孔之间的距离，沿图 7-16e 中的线 *A*-*A*′切割顶板 5，从而制造喷墨记录头，如图 7-16 所示。

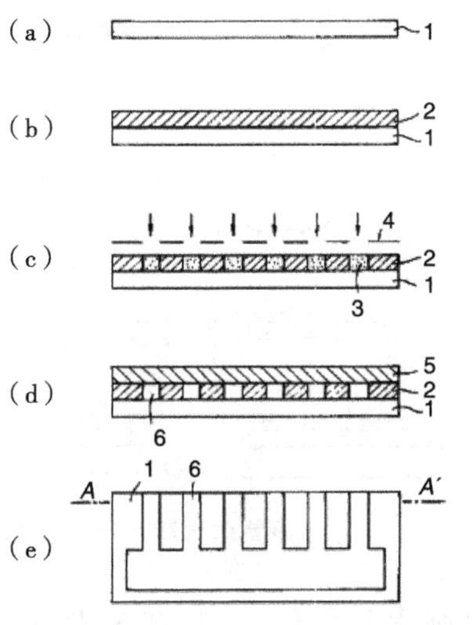

图7-16　热气泡喷墨头激光照射制造过程

在制造采用薄膜电阻器衬底的类型的热喷墨打印头时，一种普通的制造过程是：在薄膜衬底上采用光刻法形成多个加热电阻器，将该多个加热电阻器互相电连接，如由钽铝制成的加热器电阻器。用于薄膜衬底的基底或主支承元件通常是玻璃（石英）或硅，在其上形成第一二氧化硅钝化层，并且进一步使钽铝电阻层沉积在 SiO_2 层上以用作喷墨打印头结构的电阻加热器材料。然后，将诸如细线宽铝图案的导电迹线材料铺设在钽铝电阻层的顶部上，以限定各个加热电阻器的宽度和长度尺寸。然后通过沉积合适的钝化层，如氮化硅或碳化硅或这两种介电材料的组合或复合物，钝化并保护这些加热电阻器。

继续上述工艺，通常的做法是在上述 Si_3N_4/SiC 钝化和保护层的顶部上构造阻挡层，然后在其中采用光刻法形成阻挡层的喷射室壁，该焙烧室壁通常与先前限定的加热器电阻器同心地对准。该阻挡层通常由诸如聚酰亚胺构成，并且墨激发室流体地连接到墨源并由一次性喷墨头主壳体内的一个或多个隔室供给。为了完成喷墨头结构，通常由镀金镍制成的金属孔板被小心地对准并固定到阻挡层的暴露表面，使得孔板中的喷嘴开口相对于发射室的中心线和每个单独的加热器电阻器的中心对准。这种类型的喷墨头结构也用于惠普的ThinkJet、PaintJet和DeskJet热喷墨打印机。

对于孔或喷嘴板，防水即防止墨滴附着的性能通常也在喷墨头加工工艺的考虑范畴内，在喷墨头制造加工工艺中包括设置防水膜的步骤如下，如图7-17所示。

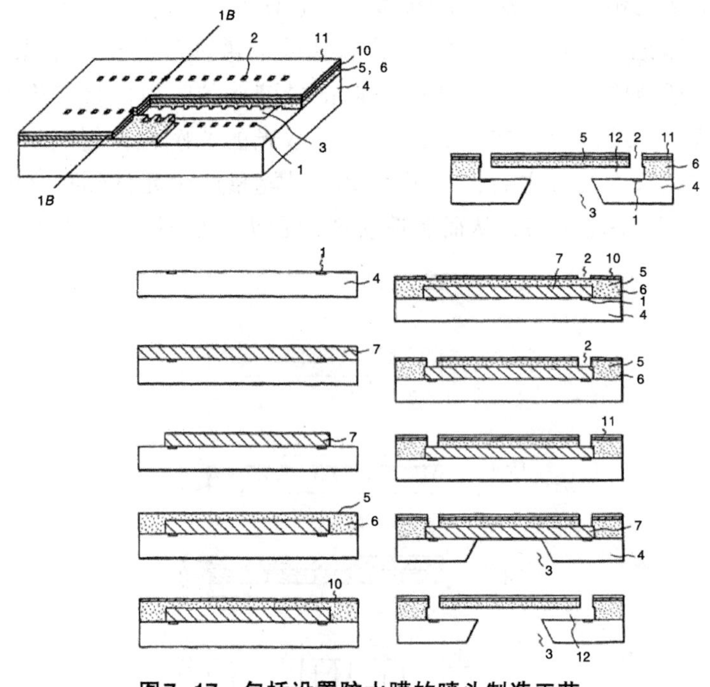

图7-17　包括设置防水膜的喷头制造工艺

首先，通过使用半导体制造工艺等，通过在Si晶片上形成多个电热转换元件1和驱动它们所需的布线（未示出）来制造Si衬底4；然后在Si衬底4上形成可溶性树脂层7；此外通过使用光致抗蚀剂方法等，除去位于除了与其上的墨流路图案对应的部分之外的部分上的树脂层7；然后其上具有墨流路图案的树脂层7被非导电覆盖树脂层（其是用于孔板5和喷嘴壁6的一体成型的树脂材料）覆盖，该覆盖树脂层优选使用环氧树脂等材料；然后在覆盖树脂层的表面上（即在孔板5的表面上）形成金属膜10，对金属膜10的成膜方法没有特别限制，优选气相沉积；然后去除与排出口2对应的部分的覆盖金属膜10，可采用蚀刻的去除方法；然后去除未被金属膜10覆盖的部分（即与排出口2对应的部分）上的覆盖树脂层以形成排出口2，可采用等离子体灰化方法去除，此时仍未被去除的金属膜原样用作掩膜；然后在金属膜10的表面上形成防水膜11，优选通过使用金属和疏水性树脂（含有具有疏水性的适当成分的树脂等）的共析镀（分散镀）的工艺来形成疏水性膜11。通过共析电镀的工艺，仅在被金属膜10覆盖的部分上，即仅在能够被通电的部分上形成防水膜11；然后通过应用化学蚀刻等从Si衬底4的背面形成墨供给口3；随后为了形成每个墨流动通道12，树脂层7被去除。在完成这些步骤中的每一个之后，在完成电连接等以驱动电热转换元件1之后，切割其上形成有每个Si衬底4的Si晶片，以获得所示的喷墨头。

7.4.2　对准工艺

早期喷墨记录头的结构通常采用分层加工，层层附接，孔板上喷孔与加热元件之间的对准、流体槽与喷射腔室的对准是亟须解决的问题；而在采用单片式打印头的情况下，单片式打印头与其他部件的结合又成为对准的新课题。

喷嘴、加热元件均可以通过集成电路技术沉积在基底上，确保了喷嘴的自动对准，该类型的喷墨打印头称为一种整体式结构的热喷墨打印头，且这种整体结构使得页宽阵列热喷墨打印头成为可能，具体制造方法如下：

图 7-18 示出了制造整体式热喷墨打印头的过程，在图中所示的玻璃或硅的衬底 10 上，使用溅射沉积技术沉积大约 1000Å（$1Å=10^{-10}m$）的导电层 30，通过导电层 30 导电，形成了可以附着镍镀层的表面；接着干膜掩膜 32 被层压在导电层 30 上，该掩膜 32 具有 2~3mil（1mil=25.4μm）的直径，其限定了悬臂梁的位置；图中还示出了掩膜 32 可以具有的各种形状。

接着利用电镀工艺在暴露的衬底 10 上沉积 1~1.5mil 厚的镍层 40，从而形成悬臂梁 12；在完成电镀之后，去除干膜掩膜暴露悬臂梁 12；阱 11 通过多步骤工艺形成，首先溅射工艺沉积保护金属层 42，该层由金制成，厚度为 1000Å；接着以一罩幕层 44 定义出阱区 11，接着以一湿式化学蚀刻制程，例如 KOH 蚀刻硅或 HF 蚀刻玻璃，以形成阱区 11，当保护层 42 与罩幕层 44 被移除时，元件呈现如图 7-18 所示。

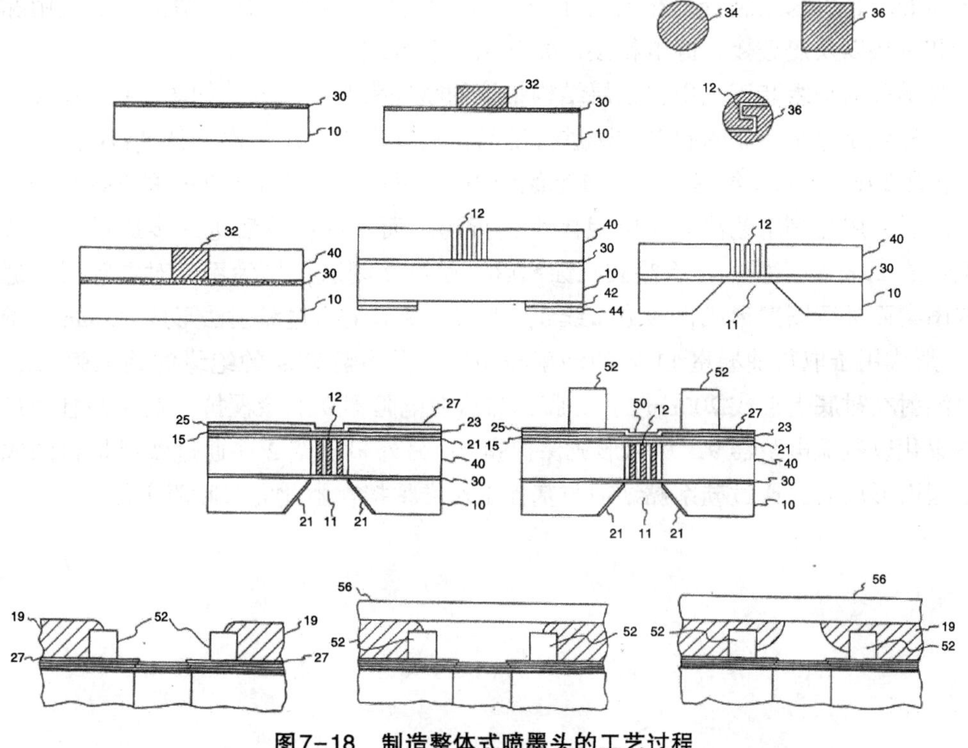

图7-18　制造整体式喷墨头的工艺过程

接着沉积由电介质制成的热绝缘层 21，在阱 11 的内部、镀镍层 40 的顶部以及悬臂梁 12 周围，沉积厚度为 1.5μm，绝热层 21 促进电阻层 15 的有效操作；在热绝缘层 21 的顶部，由诸如钽-铝的材料制成的电阻层 15 被沉积到 1000～3000Å 的厚度；接着在电阻层 15 上选择性地形成由金或铝制成的厚度为 5000Å 的导电层 23，以使电阻层 15 的部分短路；导电层 23 不存在于悬臂梁 12 上，使得电阻层 15 在那里工作；在导电层 23 的顶部，使用 LPCVD 工艺沉积由碳化硅（SiC）和 Si_3N_4 或其他介电材料制成的保护层 25，该层保护器件免受化学和机械磨损。

在保护层 25 上沉积 1000～5000Å 厚的导电层 27，它是通过溅射形成的，导电层 27 提供了一个表面，在该表面上可以用电镀工艺形成喷嘴 19；接着通过湿法蚀刻工艺蚀刻掉导电层 27 的部分，使得仅剩下的导电层 27 位于将构造喷嘴的位置。

接着，将环形干膜块 52 层压到导电层 27 上，这些块 52 形成用于构造喷嘴 19 的框架；喷嘴 19 以两步电镀工艺构造，喷嘴 19 的基部通过将镍电镀到导电层 27 上而形成，其厚度为 1.5～2.0mil，该厚度等于喷嘴 19 的高度；接着将玻璃板或任何其他平面介电材料 56 压在喷嘴 19 上，该板 56 用作镀镍工艺的第二部分的喷嘴 19 模具；继续电镀工艺以形成喷嘴 19，最后将板 56 移除，从而获得打印头。

7.4.3 头组装工艺

从层结构来看，头组装工艺包括孔板的附接、驱动元件的附接以及电连接；层与层之间的结合可采用黏合或粘接的手段，包括使用黏结剂结合和粘接、不使用黏结剂结合和粘接以及热粘接、静电粘接、光学结合等方式。

喷墨头的头组装工艺中包括层结构粘接的喷墨头制造步骤，如图 7-19 所示。

首先对喷墨主体 a 的制造方法进行说明，在基板 1 上用等离子体 CVD 法在 Si 基板 1 上形成 2μm 的 SiO_2 绝缘膜，在该绝缘膜 10 上用溅射法形成 100nm 的 TaSiN 膜，涂敷抗蚀剂后，用光刻工艺法只对电阻体 9 进行构图而形成；然后进一步通过溅射法在基板上形成 2μm 的铝膜，再次涂敷抗蚀剂后，通过光刻法，作为用于对电阻器 9 通电的布线图案而进行图案形成，形成布线 8；进而在基板上通过溅射法形成 300nm 的绝缘膜 SiN，形成用于取得油墨室 11 内的油墨与布线 8 及电阻体 9 的绝缘的绝缘膜 12；最后通过溅射在衬底上形成 200nm 的 Ta 膜，然后在电阻器 9 上涂覆抗蚀剂，并且通过光刻法图案化以覆盖电阻器 9，从而形成保护膜 7；另外阻隔壁 2 在通过塑料材料的成型工艺成型而形成后，通过硅系黏结剂与基板 1 对准粘接，由此完成喷墨主体 a。

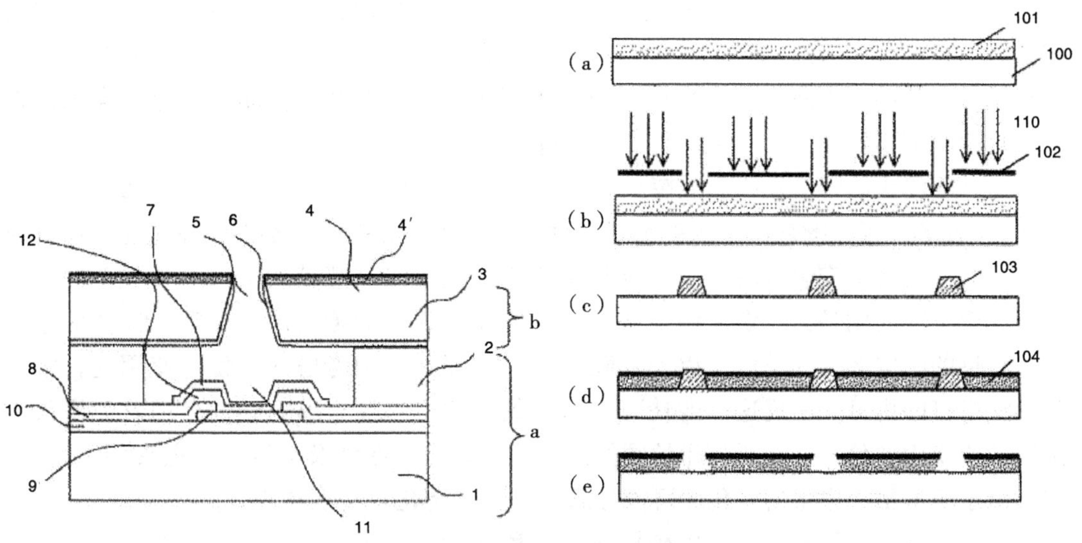

图7-19　包括层结构粘接的喷头制造工艺

然后说明孔板本体 b 的制造方法，首先在导电性基板 100 上涂布光致抗蚀剂 101（图 7-19a），然后隔着对喷嘴部进行了图案化的光掩膜 102 照射紫外线 110（图 7-19b）；接着进行显影处理，除去不需要的光致抗蚀剂后，进行烧成（烘焙）使其稳定，在导电性基板 100 上形成抗蚀剂图案 103（图 7-19c）；在形成有该抗蚀图案 103 的导电性基板 100 上，通过电镀法在该导电性基板 100 上形成 50μm 的由必要量的 Ni 构成的镀膜 104，再通过无电解电镀将 2μm 的 Ni 和特氟隆共析电镀，形成防水层（图 7-19d），然后将电镀膜 104 从导电性基板 100 上剥离下来，制造孔板（图 7-19e）。喷墨头主体和孔板主体在隔壁上进行图案化并涂布黏结剂，进行定位粘接形成喷墨头。

其中，形成用于墨的保护膜的无机绝缘膜需要黏附到孔板和用于向墨施加压力的头主体，并且通常在对准之后通过黏结剂黏附和固定。在将由金属构件构成的孔板与头本体直接粘接的情况下，一般密接力低，在此后的头组装工序中产生孔板从头本体剥离的不良情况。但是，在以无机绝缘膜为基底层由黏结剂进行粘接固定的情况下，黏结力增加，可改善喷头组装时的孔板的剥离不良。

7.5　热气泡喷墨喷射过程控制

本节主要针对热气泡喷墨控制技术中墨排出检测、温度驱动控制以及脉冲驱动控制技术进行详细描述。

7.5.1　墨排出检测

在喷墨打印设备中，排墨量强烈地受到加热器附近墨水温度（以下称之为“墨温”）的影响。当墨温高时，排墨量就大，而当墨温低时，排墨量就小。根据喷墨打印方法，在打印期间加热器附近的温度高于打印开始时的温度。排墨量在高温打印部分与低温打印部分之间改变。当打印照片等图像时，可能会在打印介质上打印的图像中出现墨浓度不均匀，从而降低了打印质量。

这种喷墨头易于遭受排出故障，这是由于喷嘴被异物阻塞（由于气泡妨碍了供墨通路），或者由于喷嘴表面的湿度水平（润湿性）的变化等。特别地，在高速打印的情况下，当使用其上安装有对应于记录材料完整宽度的多个喷嘴的整行式喷墨头时，出现的一个重要问题是，在多个喷嘴中如何确定发生排出故障的那个喷嘴，提供对应于故障喷嘴的图像部分的补偿，以及在喷墨头的恢复过程中考虑该补偿。使用这种喷墨头的喷墨打印机可能出现这样的情况，即从每个相应喷嘴排出的墨量会随着喷墨头中温度的改变而变化，并且所打印的图像的浓度不可靠。在涉及整行式喷墨头的情况下，抑制由于所排出的墨量的变化而可能导致的图像的劣化是特别重要的。

鉴于上述重要因素，长久以来提出了多种类型的用于检测不排出墨的时间、补偿排出失败的方法、控制方法和设备以及多种用于控制墨排出量的方法，包括电属性检测、热属性检测、光属性检测等。

7.5.2 温度驱动控制技术

为了防止排墨量根据墨温而变化，一种抑制排墨量变化的温度保持控制方法为，打印头在打印开始之前被加热到给定温度，并且在打印期间进行调整以保持打印头中的温度。

当基于高于打印期间打印头实际所达到的最高温度的参考温度来执行温度保持控制时，可以减轻排墨量变化时的墨浓度不均匀。然而，浪费了大量热能，从而增加了功耗。如果基于低于打印头实际所达到的最高温度的参考温度来执行温度保持控制，则打印头温度变化大，并且在输出图像中出现墨浓度不均匀。此外，为了解决由于打印头的温度而引起的墨排出量变动的问题，众所周知的方法是将打印头维持在高温以控制变动。

下面说明在热气泡喷墨记录装置中，在图像形成动作的动作中途作为打印中断动作而进行排出恢复处理时的记录头的温度控制。图 7-20 所示为进行吸引动作的排出恢复处理、此后不进行记录头的温度控制时的记录头温度随时间变化的图。图中的副扫描记录位置 *A* 点表示在记录动作中作为打印中断动作而进行吸引动作的地点，由于连续地将用于墨水排出的热能供给到记录头，所以 *A* 点之前的图像形成时的记录头温度与图像记录动作开始时相比变得较高；在吸引动作中不对记录头进行连续的热能供给，且之后在排出恢复动作中进行散热，除此之外，从墨水供给路径向记录头供给墨水，由吸引动作使得墨水供给路径中的低温墨水流入记录头内而冷却，从而使在副扫描记录位置 *A* 点重新开始的图像记录动作之后，记录头温度比排出恢复动作之前低。可是在排出液体的记录墨水进行记录动作的喷墨记录装置中，当记录头温度上升时，记录头液室内的记录墨水温度也上升，从而使记录墨水的黏度下降，结果来自记录头的墨水排出量增加。结果为在进行吸引动作的排出恢复处理并中断记录后，重新开始记录动作并形成图像时，在副扫描记录位置 *A* 点（进行吸引动作的地点）的前后发生浓度变化；在该记录中断动作前后的浓度变化发生在邻接的图像区域内，所以，即使是微小的浓度下降，在实际的打印图像上也非常显眼，而成为图像品质上的大问题。

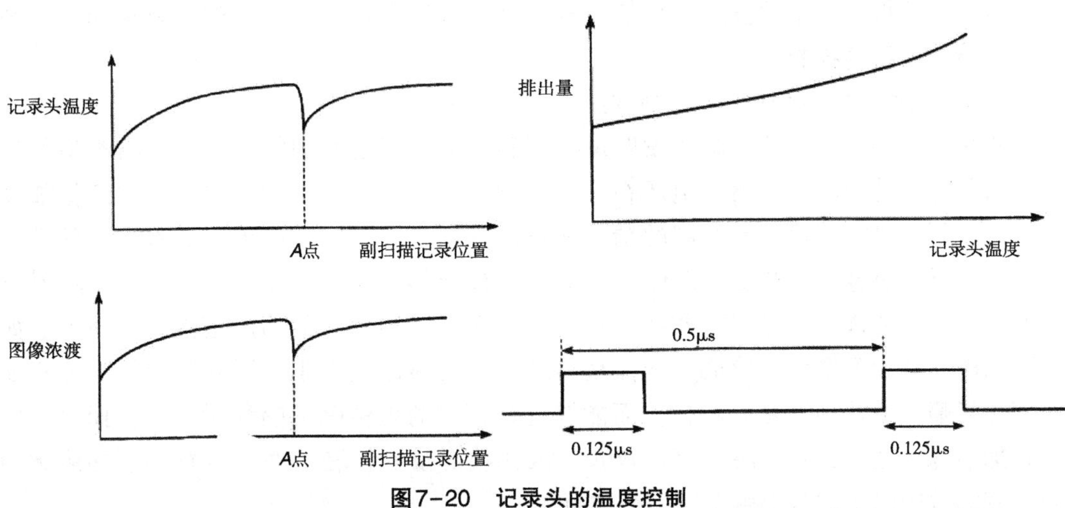

图7-20　记录头的温度控制

因此在由作为记录头的图像形成记录动作中的记录中断动作的吸引动作进行排出恢复处理后，进行记录头的加热温度控制。即，在记录头的图像形成记录动作开始后，测定即将进行记录中断动作之前的多个记录头的各记录头温度 $T_{a1} \sim T_{a4}$，将各记录头温度 $T_{a1} \sim T_{a4}$ 的平均值 T_{ave1} 暂时存储到控制器；记录即将中断前的温度为在即将中断前的记录扫描中测定的温度；然后，在记录中断动作中进行吸引动作，在解除记录中断动作、重新开始记录动作的时刻，测定排出恢复动作前的记录头 1 的温度 $T_{b1} \sim T_{b4}$，计算出 $T_{b1} \sim T_{b4}$ 的平均值 T_{ave2}；其中在成为中断原因的动作结束后获得温度。然后，比较存储于控制器的记录头温度 T_{ave1} 与 T_{ave2}，在 T_{ave2} 达到 T_{ave1} 之前，对记录头进行在记录头的电热变换体上外加不至于从记录头排出墨水的短脉冲宽度的驱动信号而使记录头温度上升（短脉冲加热）的记录头温度控制，由此，在达到记录头温度 T_{ave1} 后，重新开始图像形成。

7.5.3　脉冲驱动控制

近年来的喷墨打印设备通过采用单脉冲驱动控制方法和双脉冲驱动控制方法来试图保持喷射量尽可能稳定。

（1）单脉冲驱动控制方法

对于通过气泡形成进行的墨喷射方法可以使用单一加热脉冲（称为单脉冲）完成脉冲宽度的调制。具体地，可以通过改变单脉冲的脉冲宽度来改变要喷射的墨量。然而，该系统不能提供所喷射的墨量的变化，而所喷射的墨量的变化可以应对作为打印头处的温度变化的结果而发生的波动。因此，在这种情况下，问题是使用单脉冲的脉冲宽度调制系统仅以小的控制宽度控制所喷射的墨量。打印头中的油墨温度随着打印操作继续而上升。因此，在单脉冲驱动控制中，如果希望在尽可能宽的温度范围内稳定喷射量，最好在打印开始时即在常温时将驱动电压设置得尽可能低。这是因为更低的电压可以使得热通量被设置得更低，减小脉冲宽度变化对喷射量的影响从而可能精确地执行喷射量的控制。

（2）双脉冲或多脉冲驱动控制方法

双脉冲或多脉冲驱动控制在喷射量控制和驱动电压之间的关系方面也有类似的趋势。双脉冲驱动控制保持驱动电压在一个恒定的值，而不考虑油墨温度。恒定值被设置得高或低，决定了喷射量控制的精度和打印速度。双脉冲驱动控制随着温度的升高逐渐减小预加热脉冲的宽度，以保持喷射量在预定的范围内。因此，基本上，喷射量控制可在一个从该开始温度到预加热脉冲宽度变为零的温度的温度范围内被执行。如果驱动电压被设置得相对较低，从加热器到油墨的热通量很小，因此预加热脉冲宽度的变化对喷射量几乎没有影响，从而能够进行相应的更精确的喷射量调节。而且，由于预加热脉冲宽度在开始温度相对较长，因此喷射量的控制可在一个直到预加热脉冲宽度变为零的温度的宽温度范围内被执行。

由于要求打印机的高速化、高精细化，打印机的记录头谋求高密度、多喷嘴化，在驱动记录头中的加热器时，从记录速度的角度出发，要求同时高速地驱动尽可能多的加热器。为了高速地进行记录，希望同时驱动尽可能多的加热器，从多个喷嘴同时喷射墨水。因此，一般采用以时间分隔驱动多个加热器喷射墨水的时分驱动。在该时分驱动中，例如，把多个加热器分隔在由相邻配置的加热器构成的多个块中，时分驱动使得在各块内不会同时驱动 2 个以上的加热器，通过抑制流过加热器的电流的总和，而不需要一次供给大电力。

此外，近年来，喷墨打印设备在多功能性方面的使用已经增加，并且对能够在各种打印介质上打印各种图像的能力需求也在不断增加。需要高精度和高可靠性地控制喷射量，同时，也要求在低成本普通纸上高速打印单色文本图像，需要减小驱动脉冲宽度。在这些情况下，传统的喷墨打印设备很难同时满足用户的两方面需求——图像质量和打印速度。

7.6 热气泡喷墨喷射效果控制

喷墨打印机通过对喷嘴使用加压致动器来产生墨滴，其可以使用两种类型的致动器，分别是热致动器和压电致动器。对于压电致动器，使用压电材料，压电材料具有压电性质，使得当施加机械应力时产生电场，或者施加的电场将在材料中产生机械应力，具有这种特性的一些天然存在的材料是石英和电气石，最常生产的压电陶瓷是锆钛酸铅、偏铌酸铅、钛酸铅和钛酸钡。对于热致动器，使得加热元件加热墨并且一定量的墨相变成气态蒸气泡，蒸气泡充分地提高内部墨压力，以使墨滴朝向记录介质排出。

在热驱动和压电驱动的喷墨打印机中，在打印头中包含的墨中建立压力波。也就是说，在压电致动打印头的情况下，前述机械应力导致压电材料弯曲，从而产生压力波；在热致动打印头的情况下，先前提到的蒸气泡产生压力波，如所期望的，该压力波将一部分油墨以墨滴的形式挤出打印头。当然，如果打印头的每次致动之间的时间足够长，则压力波在打印头的每次连续致动之前消失，且希望允许每个压力波在打印头的连续致动之间消失，也就是说，在先前的压力波消失之前致动打印头会干扰墨滴的精确喷射，这导致墨滴位置误差和墨滴尺寸变化。这种墨滴位置误差和墨滴尺寸变化又会产生图像伪影，如条带、降低的图像清晰度、无关的墨点、墨聚结和渗色。

此外，在热致动喷墨打印机中，加热元件或称为"电阻器"，与打印头中的墨直接接触以加热墨。如前所述，在热致动喷墨打印机中，一定量的油墨相变成气态蒸气泡，该蒸气泡将内部油墨压力升高到足以使墨滴排出到记录介质上，然而已经观察到，随着时间的推移，墨滴将减速，并且在相对少量的打印头喷射循环之后经历速度和（或）墨滴体积的瞬时减小。在暂停后重新开始喷射时，液滴速度和（或）液滴体积恢复，仅以相同的方式再次减速，结果是干扰了正确的图像形成。

在热致动喷墨打印机中，还观察到电阻器性能由于在本领域中称为"结垢"的现象而降低，"结垢"是指油墨组分残留物在电阻器上的永久性积聚，这种残留物限制了电阻器向油墨的能量传递效率，并导致打印头以较低的速度或较小的液滴体积进行液滴喷射。因此防止和去除"结垢"也是需要解决的问题。

另外，在热致动喷墨打印机中，油墨必须在热或蒸发约束下起作用，即墨必须在预定温度下蒸发，以便在需要时形成蒸气泡，但是对于热致动喷墨打印机所需的蒸发限制，各种墨水成分可以包括在墨水配方中以增强打印特性，换句话说，在油墨中可以以较高的浓度包含溶解度较小的组分，如颜料、聚合物或某些表面活性剂。通常，油墨中溶解度较低的组分在纸上提供较好的油墨耐久性，因为一旦油墨沉积在纸上，就不容易重新溶解。此外，增加黏度或表面张力可以改善影响印刷质量（如网点增大、渗色、羽化等）、干燥时间和耐久性的油墨与介质的相互作用。因此本领域的另一个问题是对热致动喷墨打印机中可用的墨的类型的限制，以及如何提高打印分辨率。

7.6.1　减少气穴损伤

我们了解到热气泡式喷墨方式是，当加热元件为电阻器时，向电阻器施加适当的电流，电阻器被快速加热，大量的热能被传递到油墨，导致邻近孔口的油墨的一小部分蒸发并在毛细管中产生气泡，这种气泡的形成又产生压力波，该压力波将单个墨滴从喷孔推到附近的书写表面或记录介质上，通过适当地选择油墨加热机构相对于孔的位置，并仔细控制从加热机构传递到油墨的能量，在任何蒸气从孔中逸出之前，气泡将在油墨加热机构附近的区域快速破裂。从上述内容也可知，热喷墨打印机的寿命取决于电阻器寿命，气泡生长和破裂过程中产生气穴（cavitation）现象，这种现象与气泡的破裂机制有关。热喷墨技术本身必须利用气泡，而气泡的存在意味着气穴现象不可避免，如此就形成了利用气泡和防止气泡副作用的一对矛盾。热喷墨打印头工作时由过热墨水蒸气形成的气泡推动墨水向喷嘴口移动，蒸气压力的进一步作用导致墨滴喷射，设计时应当考虑加热器附近气泡的后续破裂可能引起气穴破坏作用，由于气穴现象的不可控制而损坏加热器，可能仅仅经历几百个墨滴喷射周期后加热器就被损而无法继续使用。基于此，如何保护电阻器成为一个值得研究的课题。

保护电阻器有以下手段：在电阻元件上方设置钝化层，在电阻元件通电时，由此产生的热能通过钝化层传递，以加热和蒸发设置在孔中和电阻元件正上方的一定量的部分墨水。在加热和蒸发过程中形成的油墨蒸气泡随后塌陷回到电阻元件正上方的区域；通过钝化层保护电阻器不受由于墨水气泡的破裂而引起的任何有害影响；碳化硅层可以作为一种钝化层，其是与油墨直接接触的层，由于其具有极高的硬度和抗气蚀性，可为下面的材料提供保护。

如图 7-21 所示，单片式热气泡打印头 20 的结构中，破裂的气泡与再填充墨水碰撞，油墨吸收了大部分空化力，悬臂梁 12 吸收剩余的气穴力，其中在悬臂梁上构造有加热元件 15，加热元件为电阻器，由延性镍构成的悬臂梁位于墨水容器中，电阻器上的机械力将通过悬臂梁的柔性以及墨本身来缓冲。

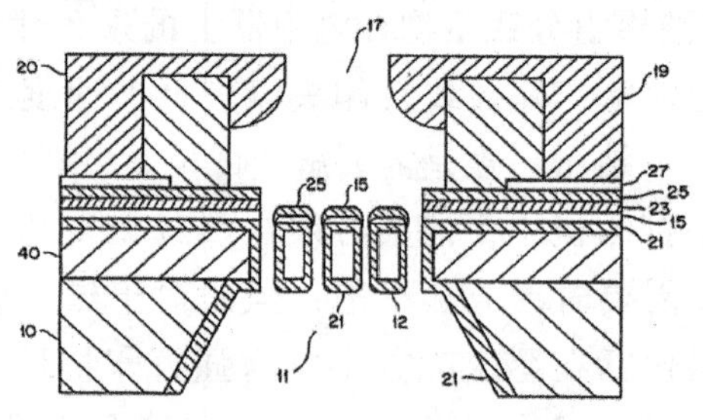

图7-21　喷头中悬臂梁结构

另外，通过对加热元件的几何布置也可减少对电阻器的气穴损伤，如图 7-22 所示，薄膜基底 10 中的供墨口 31 与设置在该基底上的加热电阻器 24、26 中的中心孔轴向对准；供墨口 31 还与形成在阻挡层 28 中的激发腔室 30 对准，该阻挡层设置在衬底上，并且在加热电阻器 24、26 上方和周围，还与设置在阻挡层 28 上的孔板 32 中的孔开口 34 对准。这种新颖的几何布置可有效地提高打印头喷墨效率并使其中的加热电阻器上的气穴磨损最小化。此外，上述轴对称可以由半圆形加热电阻器、矩形加热电阻器或其他形状的加热电阻器提供，这些加热电阻器对称地布置在用于 TIJ 打印头的上述激发腔室周围；几何布置提高了打印头喷墨效率，并使加热电阻器上的气穴磨损最小化，使墨水馈送通道的回流非常小，由于使用单独的墨水馈送通道与单独的喷孔开口

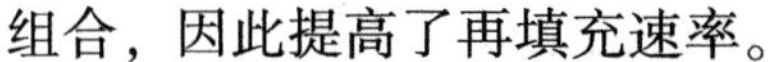
组合，因此提高了再填充速率。

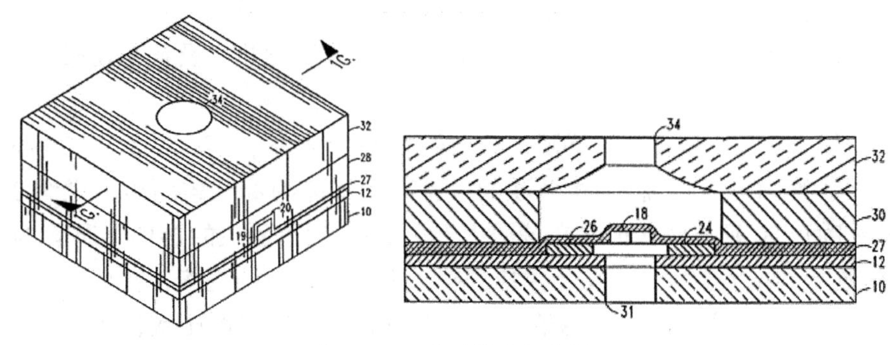

图7-22　喷头的几何布置

7.6.2　减少串扰

在喷墨打印头中，通常会遇到称为“串扰”的现象，比如由打印头从其相应电阻器尚未通电的孔中喷射墨，当通过打印头中先前加热的电阻器的附加泵送作用将足够的墨从未施加驱动信号的孔中泵出时便出现这种现象，这种抽吸作用使流体在不喷射的孔中脱离孔板并落在被印刷的纸张上，遇到这种现象时由打印头打印的文本行将表现出叠加在文本上的墨滴的随机喷溅，严重降低了打印质量。在所有电阻器都被点火的情况下，已经观察到孔与孔之间的一致性问题，这里问题表现为水平“条带”，其中在全密集图形块中出现打印密度的变化，可以确定的是这种条带的特征是由头中的电阻器的点火顺序引起的，并且是由头中的流体流动模式引起的，而流体流动模式又是由气泡的膨胀和破裂产生的，这些流体流动模式以系统的方式与电阻器的进一步点火相长地或相消地干涉，以便改变由一个特定孔口喷射的流体的体积。

虽然通过谨慎地选择电阻器点火顺序和点火重复率可以在一定程度上减少这种影响，但是通过这种途径难以完全消除该问题，激发次序对印刷一致性存在影响，以至于通过定时激发其相邻电阻器以使塌陷与另一孔的气泡膨胀一致，可以几乎完全抑制一个孔在需要时喷射墨滴的能力；根据液压的基本规则，出现上述两个问题的主要原因是在任何一个孔口中的流体与在头部中的所有其他孔口中的流体的非顺应性连接。因此非常希望实现每个单独的孔中和附近的流体运动的动力学的解耦，使得在一个喷嘴处发生的气泡爆炸、破裂和孔再填充过程将不会干扰在头中的其他喷嘴处的那些过程，这些问题也可以被看作由于难以精确地控制施加到每个液滴的能量，使得在从一个孔口喷射时，过量的液压能量通过相邻的孔口消散。

解决串扰问题已有一些解决方法，包括在电阻器/孔口对之间提供物理屏障；在致动腔（即与用于直接向孔供应墨水的孔相邻的特定空腔）和中间墨水腔之间设置连通口，设置一定的中间腔的内壁表面的区域的面积与连通口的总开口面积的比；通过歧管技术分离相邻的孔，以隔离通过单独的供给管（端口）从公共墨源供应墨的相邻孔，这些供给管的长度被仔细地选择，使得在管内输送的墨的惯性足以防止当喷射墨滴时大规模流体位移回到供应线或供给管中（并因此回到其他供给管）；还有孔板具有各种尺寸和形状的“被动”或非发射开口，“被动”或非发射开口设置在孔板中，邻近发射开口。

在热喷墨头中设置串扰减少屏障的结构如图 7-23 所示，其示出了形成在喷嘴板 30 中的发射器喷嘴 31，与喷嘴 31 相关联的串扰减少屏障的部分的周边由虚线 33 示出，该隔板从喷嘴板 30 延伸到背板（在该图中未示出），通过隔板的再填充通道 34 将发射器喷嘴 31 连接到压力腔室，以将墨供应到喷嘴来补充喷射的墨滴，在再填充通道的开口处或附近，非发射孔口用作隔离器，其中再填充通道通向增压室，非发射孔口通过从传输到再填充通道的开口中或从再填充通道的开口传输出来的压力脉冲吸收能量而用作隔离器。

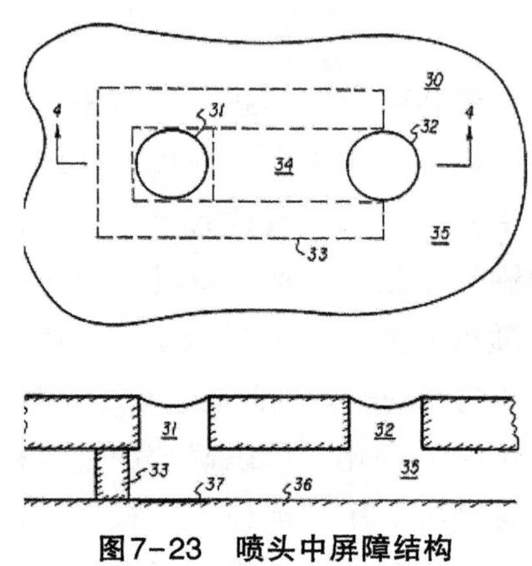

图7-23 喷头中屏障结构

7.6.3 提高打印分辨率、打印速度

喷墨打印机通过在一个阵列的特定位置打印独立点（或像素）的图案来产生打印的图像，这些点的位置可以方便地看作是一个直线阵列中的小点，且是由所要打印的图案确定的，因此，可以把打印作业设想成用墨水点填充点位置组成的图案。当打印头组件沿扫描轴移动时，产生一行间断线条，这些间断线条重合起来产生打印图像的文字或影像，沿介质前进轴的打印分辨率常常被称为这些间断线条沿介质前进轴的密度，因此间断线条在介质前进轴上的密度越大，沿该轴的打印分辨率就越高。

通过增加打印头上墨滴发生器的数目，可以提高间断线条沿介质前进轴的密度从而提高打印分辨率，还提高了打印速度。而在增加墨滴发生器数目的同时，打印头的尺寸也会相应增大。另外在打印头上增加墨滴发生器的数目会大大增加打印作业过程中耗散的热量，增加的耗热量会导致不期望的打印头热骤增，打印头的热骤增对打印头的工作有不利影响，会导致打印质量缺陷、打印头热断路，甚至整个打印头的损坏。用来避免大量热骤增的一个方法是降低打印头的速度，但是会使在打印头上装备更多的墨滴发生器失去积极效果；另一个方法是增大打印头的尺寸，但缺点是增大打印头尺寸会增加打印系统的成本。因此本领域人员在设计打印头时致力于提高打印分辨率、提高打印速度、降低打印头制造成本的目标。

市面上有一种紧凑型、高喷嘴数且高性能的单色喷墨的打印头，其不受热骤增的损害。如图 7-24 所示，它的结构为：一个紧凑型的基底 510，其中具有多个墨滴发生器，以及输入垫片 515 和喷孔层 520，喷孔层 520 包括多个喷嘴 530，与许多墨滴发生器相对应；墨滴发生器 540 安置在紧凑型基底 510 上，为达到一个高的打印分辨率，喷嘴被排列成四个轴线群组，每一轴线群组具有一根中心线，其通常平行于其他轴线群组的中心线和参考轴线 L，每一轴线群组的喷嘴相对于其他轴线群组的喷嘴并相对于参考轴线 L 交错排列；具体地，叠加在墨滴发生器 540 上的喷嘴 530 被排列成轴线群组，包括群组 1、群组 2、群组 3 和群组 4，墨滴发生器的轴线群组相对于参考轴线 L 相互横向隔开，参考轴线 L 与介质前进轴线对齐。墨滴发生器的单个轴线群组具有一个确定的轴线分辨率，其相对于打印头 500 在打印介质上通过一次被限定为 1 除以轴线节距（$1/P$），使用这种交错排列的轴线群组，当四个轴线群组一起操作运转时，这种组合轴线群组的有效分辨率就增加到大约 $4/P$，当适当地从四个轴线群组中选出一对操作时，有效分辨率大约为 $2/P$。

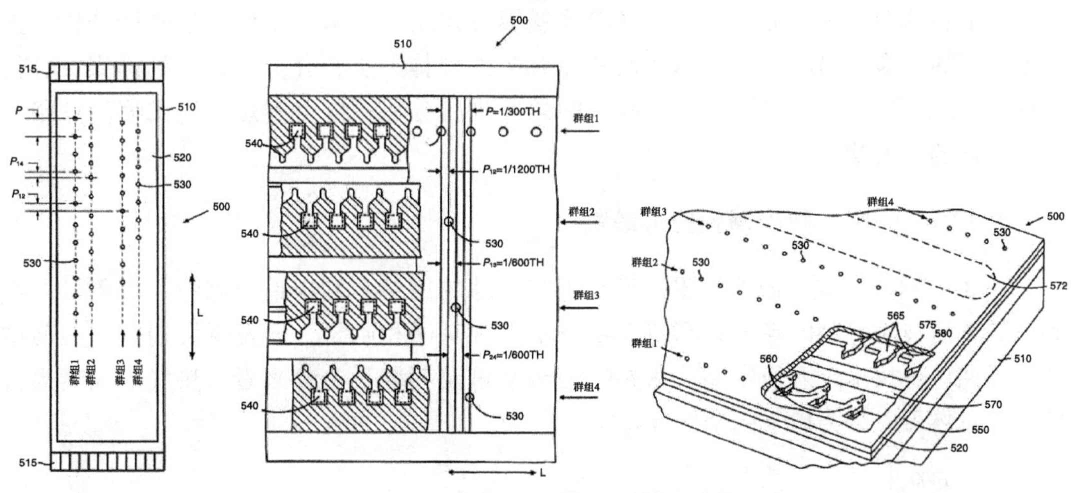

图7-24　紧凑、交错排列的喷头结构

第8章 热气泡式喷墨打印技术的专利申请情况

通过对热气泡式喷墨打印技术的大数据分析，特别是全球重要申请人佳能、惠普的热气泡式喷墨打印技术的专利申请情况的分析，能够详细了解热气泡式喷墨打印技术整体发展状况。

8.1 全球专利申请情况分析

本节将从专利申请的角度对热气泡式喷墨打印技术的全球专利申请进行分析。首先给出了热气泡式喷墨打印技术的历年专利申请整体趋势，并分别从目标国家/地区、原创国家/地区、主要申请人/专利权人的角度进行分析，以得到热气泡式喷墨打印技术在全球的发展状况。

8.1.1 历年专利申请量整体趋势

图8-1示出了热气泡式喷墨打印技术在全球的历年专利申请量趋势。由图可以看到，热气泡技术专利的申请时间与该项技术发现时间相吻合，研发爆发期集中在前中期，后期该项技术进入稳定期，从整体的申请量及其增长趋势来看，热气泡式喷墨打印技术总体可以分为以下四个发展阶段。

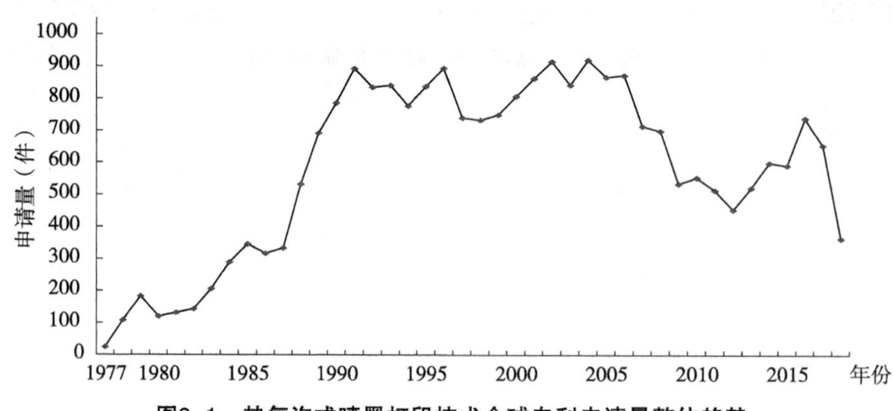

图8-1 热气泡式喷墨打印技术全球专利申请量整体趋势

第一阶段（1977—1982 年）为萌芽期。热气泡式喷墨打印技术最早的专利申请是日本佳能公司 1977 年提出的，科研人员的专利保护意识非常强，在技术发现的同时快速提交了专利申请，但同时可以看到，早期热气泡式喷墨打印技术的研发还处于起步阶段，全球申请量较少，虽然跟随年份逐量增长，但均在 200 件以下，最高申请量为 1979 年的 183 件，申请人主要来自日本（165 件）。第二阶段（1983—1991 年）为快速增长期。热气泡式喷墨打印技术的出现打破了原有喷墨技术的限制，作为一项新兴技术，创新主体快速投入到研发中，专利申请快速增长，全球专利申请总量从初期的不到 200 件快速增加到 1991 年的 893 件。美国、欧洲开始有热气泡式喷墨打印技术专利申请，中国有个位数申请量。第三阶段（1992—2006 年）为平稳发展期。经历了数量爆发期，专利申请量进入平稳发展期。创新主体进入了对热气泡式喷墨打印技术稳定研究的阶段，在此期间，专利数量稳定保持在高位（700 件以上），专利申请总量在 2002 年达到顶峰量 921 件，此阶段申请人中原创国为日本的比例降为 70% 左右，美国、欧洲的专利申请量小幅度上涨，中国的申请量提升至三位数。第四阶段（2007 年至今）为成熟期。这一阶段热气泡技术的研究已经趋于成熟，申请人对该项技术的研究区域精细化，专利申请量有下降趋势，但仍然保持在 400 件以上。

图 8-2 示出了热气泡式喷墨打印技术全球的申请量，以及该项技术在日本、美国、中国的申请量对比，其中全球申请量统计时同族的多件申请仅计为 1 件。在热气泡式喷墨打印技术领域，前期该项技术主要的申请量均在日本和美国，这是因为日本和美国是热气泡式喷墨打印技术的起源国。20 世纪末，热气泡式喷墨打印技术的申请量开始在美国逐渐增长，这也表明申请人对全球专利布局的重视以及美国申请人对该项技术的研发重视。进入 21 世纪，在全球市场化的大背景下，以及结合热气泡式喷墨打印技术领域重要申请人分布在日本、美国的前提，该领域的专利申请量在日本、美国不相上下，与此同时，作为新兴技术研发地以及较大目标市场的中国，申请量也逐步上升，这不仅表明全球热气泡式喷墨打印领域申请人对中国市场的重视，也预示着中国本土科研力量的兴起，当然，在全球该领域发展较为成熟的背景下，也对国内申请人的科研力量提出了更高的要求。

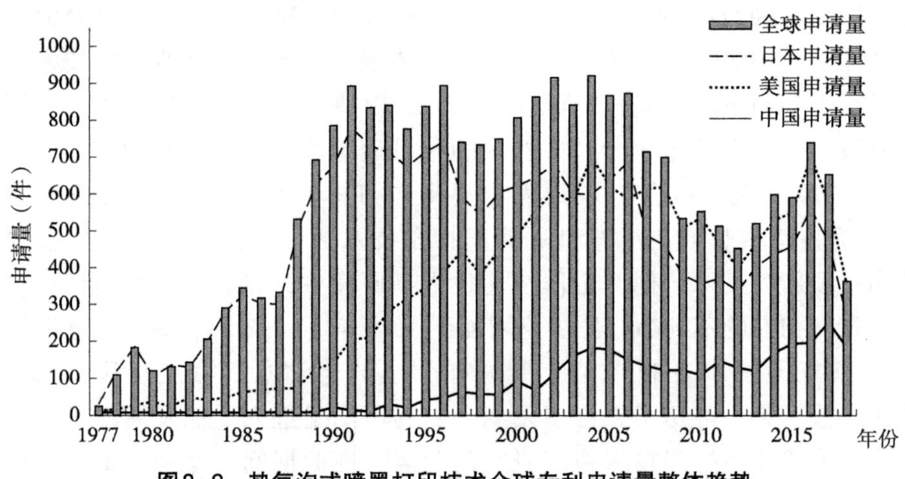

图8-2 热气泡式喷墨打印技术全球专利申请量整体趋势

8.1.2 目标国家/地区分布

热气泡式喷墨打印技术专利申请目标国家/地区，如图 8-3 所示，主要集中在日本（45.3%）、美国（30.0%）。目前统计数据中以日本为目标国的申请量高达 15464 件，上述数据与喷墨技术地域发展水平相一致。日本、美国正是热气泡式喷墨技术发展相对较快的国家，在全球热气泡式喷墨技术领域始终处于领先地位，也同样占据极大市场份额。值得注意的是，对于热气泡式喷墨打印技术的专利申请目标国，中国所占比例为 7.4%，仅次于欧洲 10.8%，这得益于各大喷墨打印技术厂商对中国消费市场的重视。

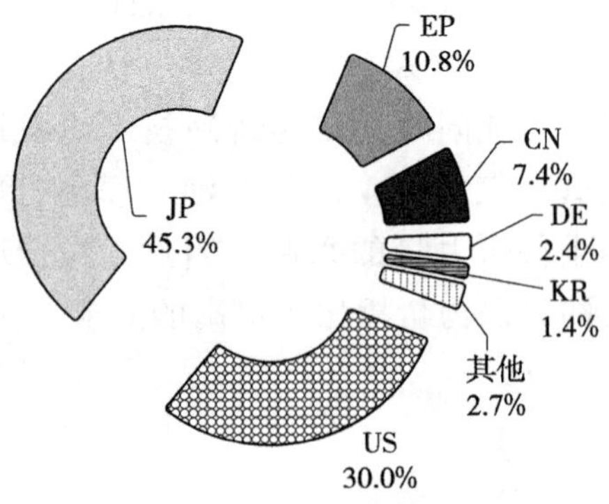

图8-3 热气泡式喷墨打印技术专利申请目标国家/地区分布

8.1.3 原创国家/地区分布

热气泡式喷墨打印技术的专利申请原创国家/地区，如图 8-4 所示，主要集中在日本（62.5%）、美国（26.8%），且日本占有绝对优势。目前统计数据中以日本为原创国的申请量高达 15170 件，上述数据与喷墨打印技术地域发展水平相一致，日本在全球热气泡式喷墨打印技术领域处于领先地位，也同样占据极大市场份额。

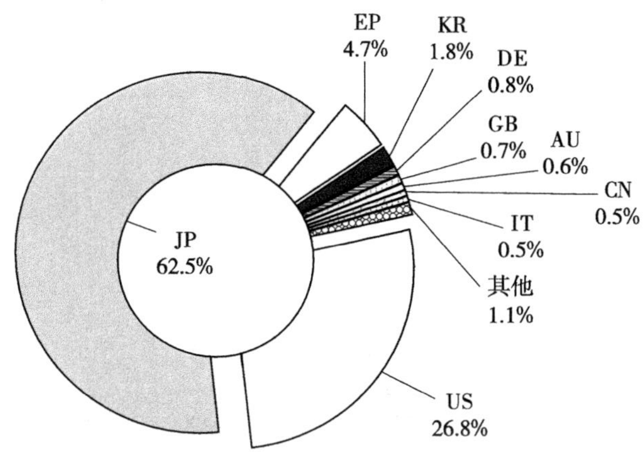

图8-4　热气泡式喷墨打印技术专利申请原创国家/地区分布占比

结合图 8-3 以及图 8-4 总体分析，热气泡式喷墨打印技术原创国与目标国同样集中在热气泡式喷墨打印技术发展最快的日本与美国两个国家。但需要注意到，热气泡式喷墨打印技术专利申请的原创地区中，日本几乎占据了主体地位，占比达到 62. 5%，韩国、德国等均占据较小比例，而中国作为原创国的申请量目前为 119 件，侧面反映出国内研究力量在热气泡式喷墨打印技术领域的相对薄弱。

总体来看，在热气泡式喷墨打印技术研究领域，国内申请人与国外申请人差距较大，国内申请人直到 20 世纪末才开始涉及该领域的专利技术申请，且数量较少。

8. 1. 4　主要申请/专利权人分析

图 8-5 所示为热气泡式喷墨打印技术领域全球专利申请量 300 件以上的八位申请人。除排在第六位的三星和第四位的西尔弗，其余六位申请人为日本企业（四席）及美国企业（两席）。在该领域中，以热气泡技术的发现者日本佳能公司为首，申请量达 5611 件，第二至第四位的申请人分别为美国公司惠普（1423 件）、施乐（868 件）、西尔弗（750 件），其申请量均在 700～1500 件，从第五位申请人理光公司开始，申请量均为 500 件以下，由此可知，日本在热气泡式喷墨打印技术领域占据绝对优势，多家企业均为该领域内的高精尖领军企业，其技术已经发展相对成熟，尤其是佳能公司，其在热气泡式喷墨打印技术领域处于绝对优势地位，属于行业翘楚，其技术具有极大的研究价值。

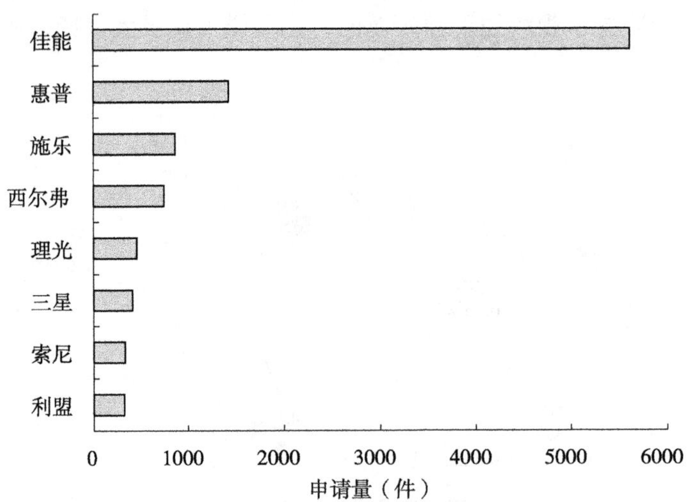

图8-5　热气泡式喷墨打印技术主要申请/专利权人分析

8.1.5　全球专利申请 IPC 分类号分布

如图 8-6 所示，对热气泡式喷墨打印技术全球专利申请 IPC 分类号（精确到大组）的引用量进行分析，其中 B41J2/+的引用量最大，达到 21306 件，数量级与其他分类号相差极大。由此可知，热气泡式喷墨打印技术的主要 IPC 分类号集中在大组 B41J2/+（以打印或标记工艺为特征而设计的打字机或选择性印刷机构），且该大组下分类号为该领域中专利文献的主分类号；其次为 B41J29/+（其他类目不包括的打字机或选择性印刷机构的零件或附件），引用量达到 3929 件，该大组下最主要的引用分类号为 B41J29/38（整套印刷机构用的传动装置、马达、控制或自动切割装置），其涉及装置的控制，为喷墨领域重要的技术分支。其他分类号的引用量均在 800 件以下，引用量在 500 件以上的分类号由多至少包括 G01D15/+（非专用于特定变量的测量装置的记录器的组件）；H04N1/+（文件或类似物的扫描、传输或重现，如传真传输；其零部件）B41M5/+（复制或标记方法）；H01L21/+（专门适用于制造或处理半导体或固体器件或其部件的方法或设备），在该领域中检索时，上述相关分类号均可作为副分类号给予适当关注。

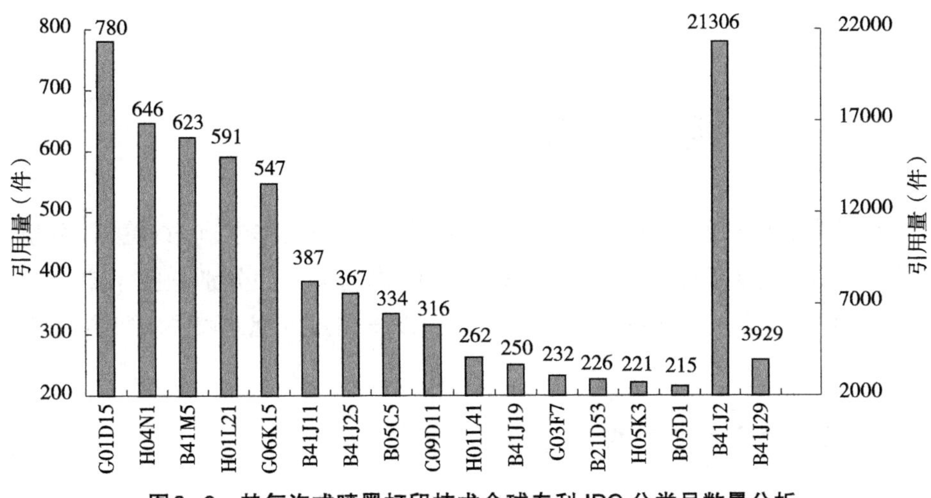

图8-6　热气泡式喷墨打印技术全球专利 IPC 分类号数量分析

如图 8-7 所示，对于热气泡式喷墨打印技术中主要分类号 B41J2/+的 CPC（联合专利分类体系）进行详细分析可知，其做出了精确的分支，极具参考价值。其中引用量达到 3000 件以上的分类号由少至多分别为 B41J2/141+、B41J2/160+、B41J2/140+、B41J2/0458+，上述分类号都是对该领域专利申请做检索时不可忽略的分类号，其释义分别如下：

B41J2/0458.......｛基于加热元件形成气泡的控制头｝；

B41J2/140+.....｛气泡喷墨打印头的结构｝；

B41J2/141+.......｛电阻元件及相关结构｝；

B41J2/1601.....｛气泡喷墨打印头的生产（B41J2/1606，B41J2/162 优先）｝；

B41J2/1603......｛正面喷射型｝；

B41J2/1604......｛边缘喷射型｝。

上述分类号与热气泡式喷墨打印技术的主要技术分支相对应，是该领域中非常重要的分类号，在专利申请研究、检索过程中值得关注。

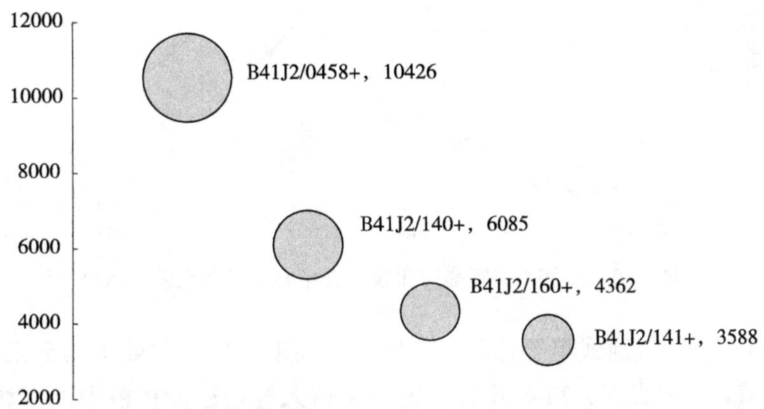

图8-7　热气泡式喷墨打印技术全球专利 CPC 分类号分析

8.2 在华专利申请情况分析

本节将从专利申请的角度对热气泡喷墨打印技术的在华专利申请进行分析。首先给出了热气泡式喷墨打印技术的历年专利申请整体趋势，并分别从技术来源地域申请趋势、主要申请人/专利权人的角度进行分析，以得到热气泡式喷墨打印技术在国内的发展状况。

8.2.1 历年专利申请趋势

图 8-8 示出了热气泡式喷墨打印技术在华专利历年申请量趋势。由申请量及其增长趋势来看，热气泡式喷墨打印技术在华申请总体经历了以下三个发展阶段：

第一阶段（1987—1994 年）为萌芽期。结合上节内容可知，全球范围内热气泡式喷墨打印技术在 1977—1982 年研发还处于起步萌芽阶段，全球申请量较少，1983—1991 年为快速增长期。然而该领域 1987 年之前并无在华申请专利，1987 年出现第 1 件，之后直到 1994 年，申请量一直相对较低，仅有几件，与全球技术发展相差约 20 年。

第二阶段（1995—2004 年）为快速增长期。伴随着 1992—2006 年全球专利申请量的平稳发展，热气泡式喷墨打印技术在华申请进入快速发展期，申请量由个位数快速增长到几十件，截至 2004 年达到最高量 162 件。

第三阶段（2005 年至今）为发展期。进入 21 世纪以来，在华专利申请量总体进一步平稳增长，保持在年平均 100 件左右，2017 年甚至达到小高峰 226 件。

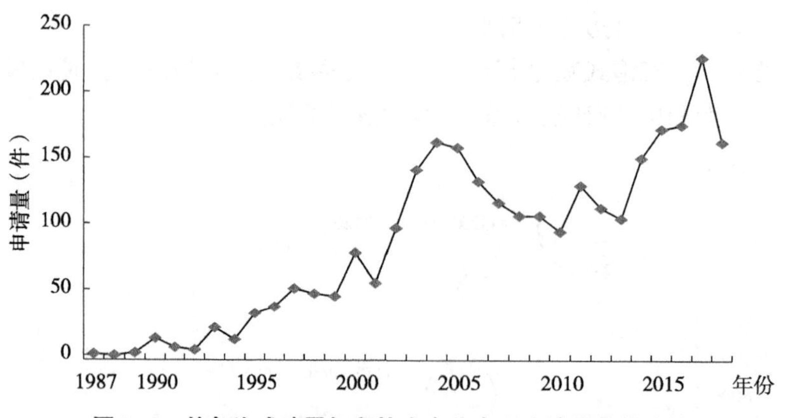

图8-8 热气泡式喷墨打印技术在华专利申请量整体趋势

总体来看，在热气泡式喷墨打印技术领域，前期在华申请处于几乎无申请的状态，21 世纪初，随着经济发展，市场开放，国外申请人开始逐渐重视中国市场，在华申请量相应持续增长，并保持稳步增长趋势，但申请人仍然集中在国外技术巨头，国内鲜有申请人进行相关技术的研究。

8.2.2　技术来源地域分布

如图 8-9 所示，热气泡式喷墨打印技术在华申请的技术来源地域同样集中在日本和美国。

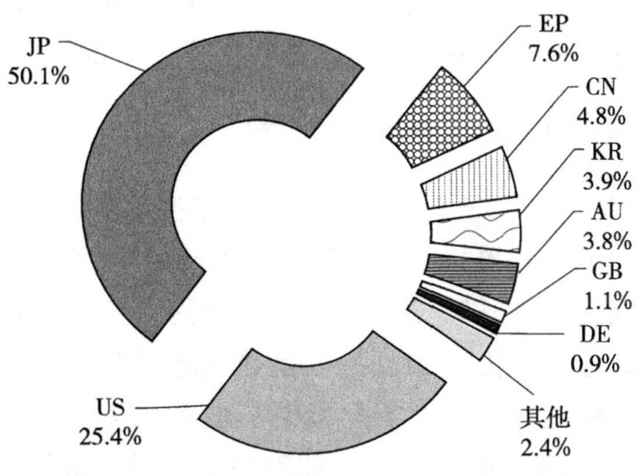

图8-9　热气泡式喷墨打印技术来源地域占比

8.2.3　主要申请/专利权人分析

对热气泡式喷墨打印技术领域在华重要申请人进行分析，如图 8-10 所示，前八位申请人中除了西尔弗和三星之外，其余大部分为日本和美国企业。与全球专利申请申请人排名相同，佳能仍然排在首位，申请量达 757 件，第二至第四位申请人分别为惠普、施乐、西尔弗，其申请量均在 69~435 件。由此可知，佳能在热气泡式喷墨打印技术领域处于绝对优势地位，属于行业翘楚，且在华申请占有量居于首位，在国内市场所占份额极大，其技术具有极大的研究价值。

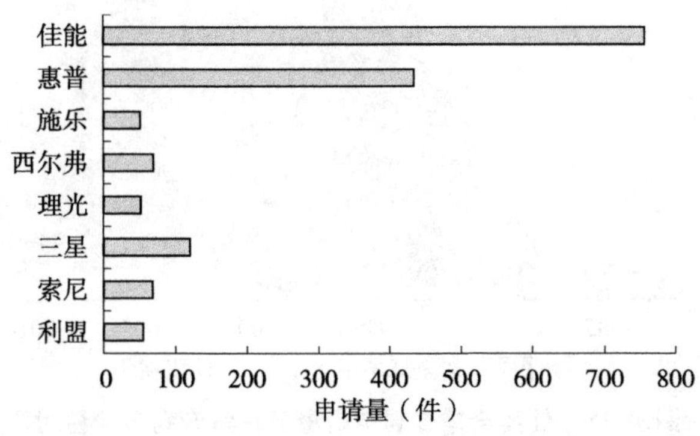

图8-10　热气泡式喷墨打印技术主要申请/专利权人分析

8.3 佳能热气泡喷墨领域专利申请情况分析

本节将从专利申请的角度对佳能热气泡喷墨领域的申请情况进行分析。首先给出了佳能历年的专利申请分布趋势，还对佳能在各国的专利布局以及技术分支的分布情况进行分析，以得到佳能热气泡式喷墨打印技术的发展状况。

8.3.1 重要申请人佳能历年的分布趋势

图 8-11 所示为佳能公司关于热气泡式喷墨打印技术申请量变化图。从图中可以看出，佳能公司关于热气泡式喷墨打印技术的专利申请始于 1977 年，而这一年也是佳能公司的技术员首次发现热气泡式喷墨打印技术的时间。佳能申请到了热气泡喷墨打印技术的核心专利，这标志着佳能公司开始涉足热气泡式喷墨打印技术，也奠定了佳能在喷墨打印领域的一代霸主地位。由于早期的压电喷墨无法实现按需打印，即所谓的按需喷墨打印（Drop on Demand），大多企业看到了当时压电技术的不足，在热气泡式喷墨打印技术被发现以后，进而都研发热气泡打印技术。差不多相同的时间，IBM、佳能以及惠普都在研发热气泡打印技术，并且努力将喷墨打印机商品化。将佳能的革新技术推广到全球是其“全球化”战略重要的一环，佳能公司始终重视技术的专利化，专利申请量长期保持稳定增长。自 1989 年佳能公司在中国申请第一件专利后，也始终保持增长态势，可见，在华专利申请在国外该领域专利申请快速增长的同时也出现了突破。从图 8-11 可以看出，自 1991 年开始，佳能的申请量开始迅速增长。

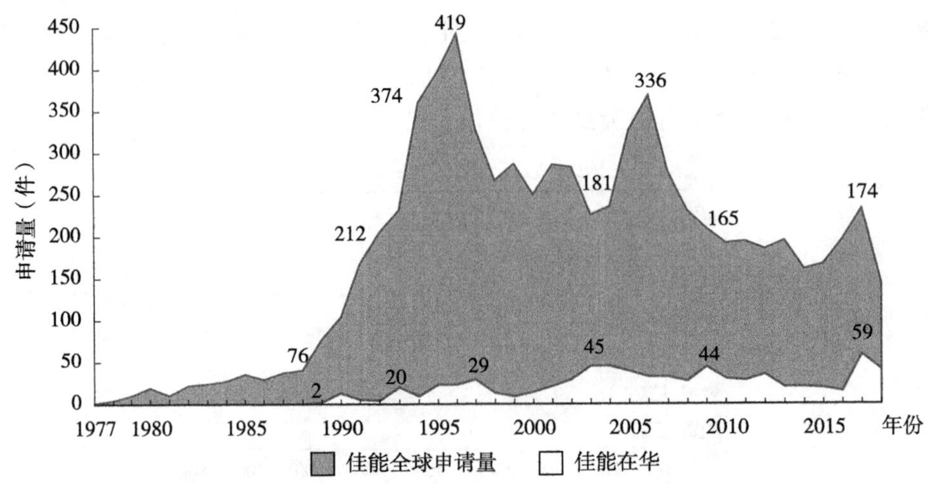

图8-11 佳能全球专利申请量及在华专利申请量对比

8.3.2　重要申请人佳能在各国的专利布局情况

图 8-12 中展示了重要申请人佳能公司关于热气泡式喷墨打印技术的专利申请在各国的专利布局情况。其中在其本国日本的占比最高，高达 43.9%，其次是美国，占近 24.5%，这也是因为日本、美国属于喷墨打印技术发展相对较快的国家，因此佳能公司也非常重视其技术在美国市场的布局。同时由图 8-12 可见，中国也是佳能非常重视的目标市场，中国是人口大国，作为极大的消费市场，作为龙头企业的佳能公司当然也是非常看重中国的这一消费市场，其中在中国申请占佳能公司专利申请总量的 5.8%，故而，佳能公司在日本、美国、中国三者专利布局之和占其专利申请总量的比例高达 74.1%。

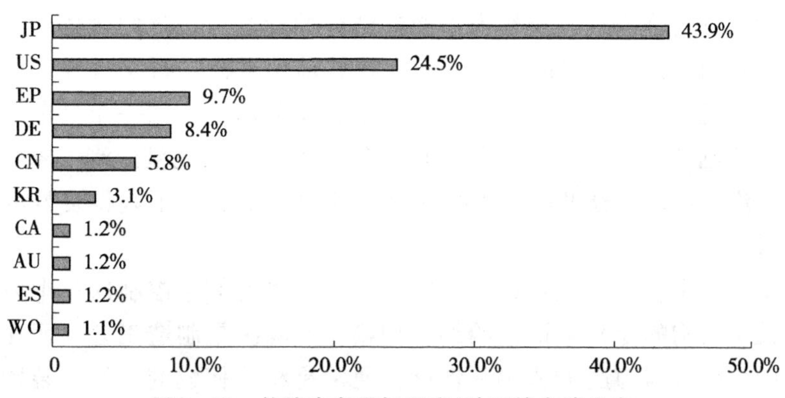

图8-12　佳能在各目标国家/地区的申请分布

8.3.3　佳能专利技术分布

根据专利申请所记载的内容，可以将佳能公司所申请的专利从结构、制造、控制三个方面进行归类，从图 8-13 以及图 8-14 可以看出，佳能公司专利申请量的占比分量重点集中在喷墨头的结构这一方面。

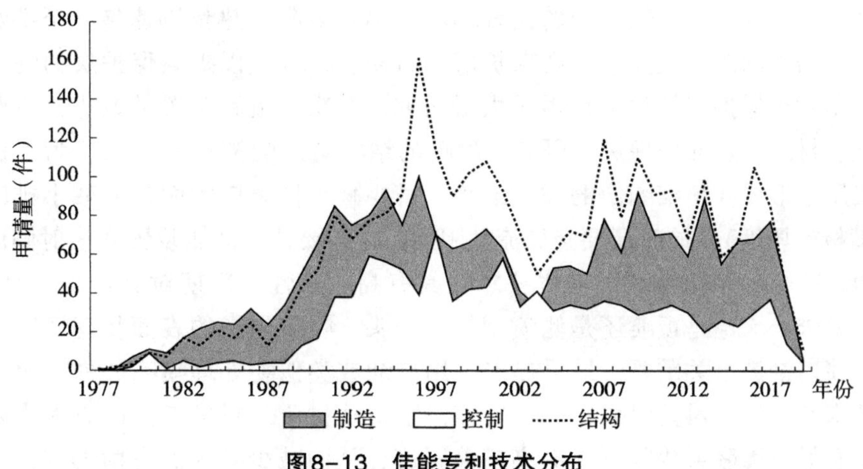

图8-13　佳能专利技术分布

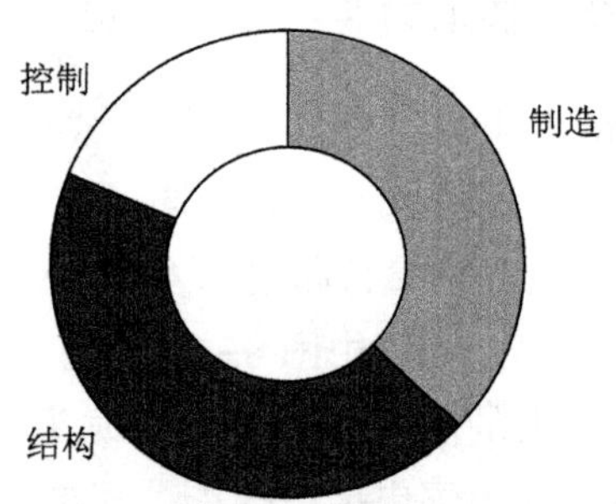

图8-14　佳能专利技术手段构成

从技术效果方面分析，佳能致力于通过结构的设置、工艺的改进以及控制方法的设定，以期提高画质是最主要的技术要求，在此前提下，同时实现高速化喷射、喷头小型化、节能、稳定等效果。保证画质是首要技术问题，任何一个环节、任何一种技术举措都会影响画质，事实上，加热元件的稳定性、避免卫星液滴、降低流阻、防止串扰、消除气泡、控制的精准性、布线的合理性都主要是为了获得良好的画质，提高喷墨打印分辨率。

从申请量分布来看，佳能在结构、制造工艺、驱动信号控制这三个方面都有较大专利研发，关于结构的专利申请量始终位列第一，其次是制造工艺。而在喷墨头相关部件的研究中，结构与制造工艺、制备材料通常是相辅相成的。加热装置作为热气泡喷墨头的核心部件，佳能公司投入了大量的研发精力，主要对加热元件的稳定性做研究，包括加热元件本身的材料、加热元件的布置、加热元件上保护膜的设置，关于加热元件的结构改进从减少功耗以及增加对输入信号的响应性方面考虑，需要由加热电阻产生的热量尽可能有效且快速地作用在墨水上；关于加热元件材料的限定，发热电阻器通常由具有相对优良性能的无机材料作为发热电阻器材料，后续提出加入合金、卤素原子、氧化物，提高其稳定性、耐腐蚀性、耐机械冲击性；加热元件设置保护膜可以提高其耐久性，但是保护膜的设置不利于加热电阻将热量迅速传导至墨水，早期对于保护层结构的改进主要集中在保护层的材质、结构上以提高保护层的物理化学稳定性，后期对于保护层的耐久性做了大量研究。其次是流路装置的改进，主要对喷嘴板的形状、材质、表面处理进行研究，喷嘴的结构会影响液滴的排出，为了稳定且快速地排出用于形成高精细图像的细小液滴，需要减小排出口的面积并减小排出口的长度（喷嘴板的厚度），同时还要降低流动阻力，即还要减小加热装置和喷射侧面之间的流动阻力；喷嘴的制造材料的基本要求是具有高斥液性，后期对其产生了高光敏性、高强度的要求；无论是顶喷还是侧喷型的打印头，喷嘴周围的表面物理性能对于稳定地从喷嘴喷射油墨至关重要，最早提出了用硅油或类似物处理喷嘴的外表面以使其表面具有疏水性，后续对其耐久性进行研究，主要从材质、制备工艺两方面出发，使得喷嘴板具有低热膨胀系数并且具有高弯曲强度，从而减少基板的弯曲形变，提高喷射性能。在控制方面，热喷墨打印系统中，加热器附近的墨的温度是影响墨排出量的一个重要因素。因此关于热气泡喷墨控制技术的研究主要是对温度的检测、反馈和温度调节，此外，脉冲调制也是驱动控制的主要手段。热气泡喷墨控制技术主要从温度的反馈、温度调节、脉冲调制这三个方向着手对墨的喷射性能和效果进行改进。

8.4　惠普热气泡喷墨领域专利申请情况分析

本节将从专利申请的角度对惠普热气泡喷墨领域的申请情况进行分析。首先给出了重要申请人惠普历年的分布趋势，还从惠普在中国的专利布局进行分析，以得到惠普热气泡式喷墨的发展状况。

8.4.1　重要申请人惠普历年专利申请量整体趋势

图 8-15 示出了全球专利历年申请趋势，从申请量及其增长趋势来看，惠普热气泡式喷墨头专利技术总体经历了以下三个发展阶段：第一阶段（1980—1992 年）为萌芽期，热气泡式喷墨头技术研发还处于起步阶段，全球申请量较小，虽然跟随年份逐量增长，但均在 20 件以下；第二阶段（1993—2001 年）为快速发展期，专利申请快速增长，尤其是 2001 年一年申请量就达到了 120 件；第三阶段（2002 年至今）为成熟期，专利申请量在平稳中有所波动。

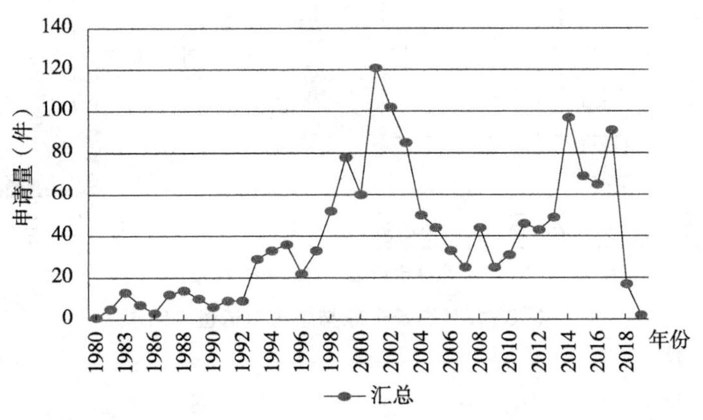

图8-15　全球专利历年申请趋势

图 8-16 示出了目标国/地区历年申请量，其中，国际局、美国、日本、欧专局、德国以及中国是惠普公司的主要目标国/地区。

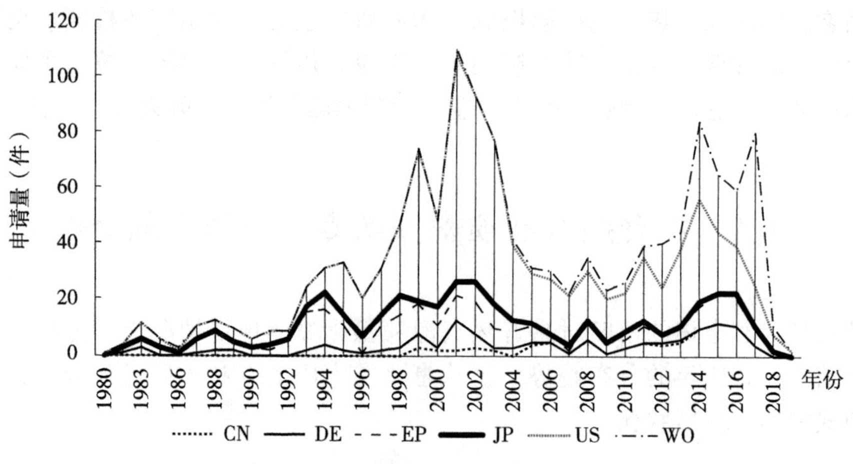

图8-16 目标国/地区历年申请量

8.4.2 惠普公司在中国的专利布局

图 8-17 所示为惠普涉及热气泡式喷墨头的专利在全球申请量与中国申请量对比，进一步地，结合图 8-18 可以看出，惠普 1999 年才开始在中国进行专利布局，2015 年在中国的专利布局达到最高水平，相对于全球热气泡喷墨头技术发展，在中国进行专利布局的脚步迟滞了许多年。

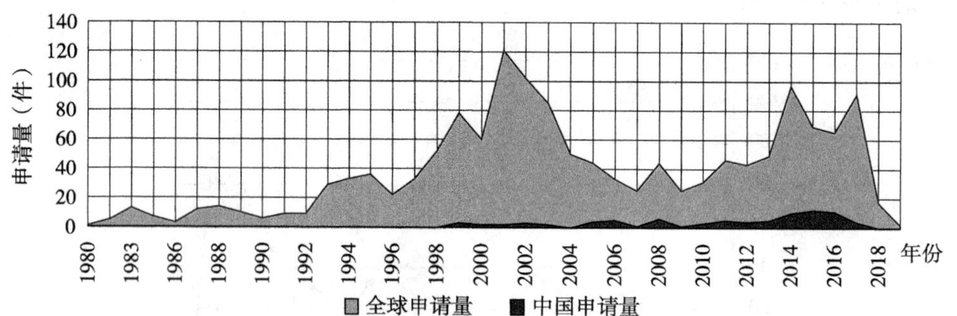

图8-17 惠普全球与中国申请量对比

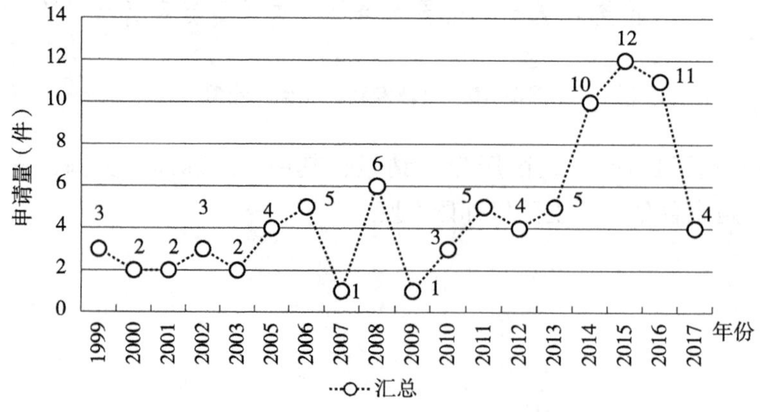

图8-18 惠普在中国申请量趋势

如图 8-19、图 8-20 所示，对惠普热气泡式喷墨打印技术全球专利申请 IPC 分类号（精确到小组）的引用量进行分析，其中 B41J2/14、B41J2/16、B41J2/045 的引用量最大，数量级与其他分类号相差极大。由此可知，惠普热气泡式喷墨打印技术的主要 IPC 分类号集中在 B41J2/14、B41J2/16、B41J2/045，且该大组下分类号为该领域中专利文献的主分类号；其次为其他领域涉及 G 部、H 部等，在检索过程中，如果专利技术涉及加热元件本身，该分类号也需要给予一定的关注；其他分类号的引用量较少，上述相关分类号均可作为副分类号给予适当关注。

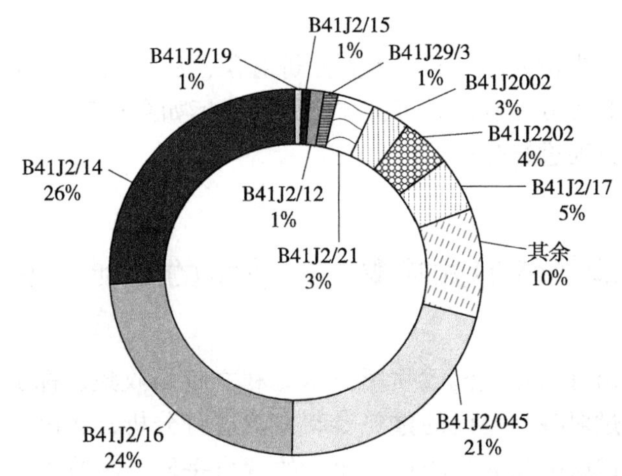

图8-19 惠普热气泡式喷墨打印技术全球专利 IPC 分类号数量分析

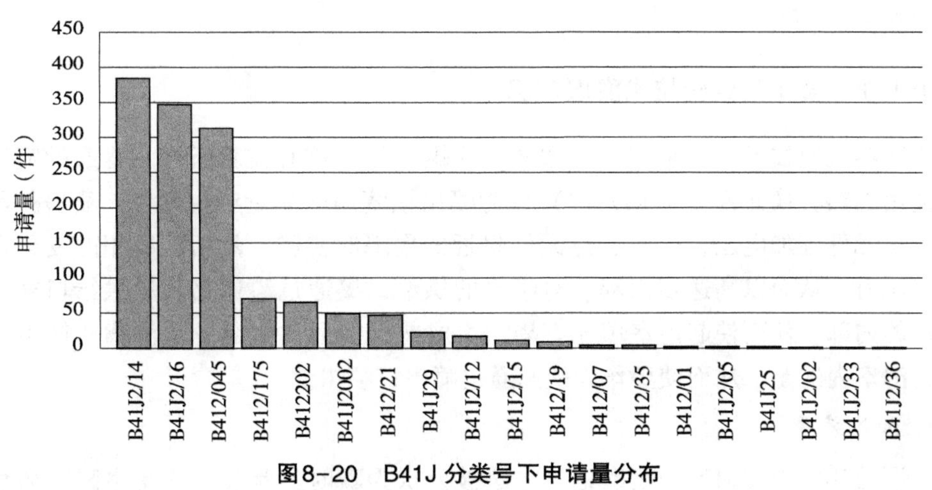

图8-20 B41J 分类号下申请量分布

第9章 热气泡式喷墨打印技术的专利技术发展情况

本章主要以重要申请人的专利技术为分析对象，从热气泡喷墨头的结构、材料/工艺、驱动控制、组装等方面进行分析，结合性能指标如高精度、画质、小型化、耐用、高速、节能环保等方面进行分析。

9.1 佳能热气泡式喷墨打印技术的专利技术发展情况

通过对佳能公司有关热气泡式喷墨技术专利文献的收集、标引和梳理，进行分析得到技术分支，通过对各个年代的重要专利方案进行分析，找出申请人对热气泡式喷墨打印技术进行改进所关注的问题点和相应的解决手段。本节主要针对佳能热气泡式喷墨印刷技术中的喷墨头结构、喷墨头制造、喷墨控制三个方面对其技术发展脉络进行梳理和分析。

9.1.1 喷墨头结构技术发展状况

佳能热气泡技术主要采用侧喷方式，喷墨头是其核心技术所在。普通的喷墨打印装置使用电热转换元件（加热元件）作为喷出墨滴用的能量产生元件，喷墨打印装置向各加热元件施加电压，以使加热元件附近的墨瞬时沸腾。然后，墨相的变化迅速产生起泡压力，从而以高速喷出墨。对于墨的供给，墨通过墨通路从墨供给口被供给至起泡室的内部，从而使起泡室填充有墨，由电热转换元件引起的墨沸腾所产生的气泡推压起泡室内的墨，从而使墨作为墨滴通过喷墨口喷出。

1. 加热装置

所谓的热气泡喷射型的喷墨记录方法被公认为瞬时的状况变化是由瞬时体积变化造成（气泡产生），这种变化是由施加能量（如热）到墨水中，以强迫墨水通过喷头射出，由此墨水喷射并沉积在记录材料上形成图形，加热装置作为施加热量的部件，是热气泡式喷墨头的核心部件。

（1）加热元件

作为热气泡喷墨的能量产生元件，加热元件通常采用加热电阻，因而加热元件又称为加热电阻，其通电产生热量使得发泡室内的墨水产生薄膜沸腾效应从而产生气泡，使得发泡室内的墨水在气泡压力下从喷嘴喷出。加热电阻与喷墨墨水直接接触的情况下，当加热电阻与墨水直接接触而产生热量时，加热电阻在零点几微秒到几微秒的短时间内迅速升温至1000℃左右，之后又迅速降温，在此过程中加热电阻与墨水发生电气化学反应，使得加热电阻不断受到墨水的腐蚀而使得自身的电阻值发生变化。在腐蚀加重的情况下加热电阻甚至会损坏而不能正常发热，这些因素都会使得加热电阻不能产生预期的热量而出现喷墨异常情况。另外，在喷墨过程中，由于墨水的反复发泡以及消泡而对加热电阻施加机械冲击力，这也会使加热电阻表面出现破损而影响喷墨效果。对此，为了对加热电阻进行保护，传统的做法是在加热电阻上设置由二氧化硅或碳化硅等组成的保护膜，保护加热电阻不受墨水环境影响。在保护膜加工形成过程中，很难保证保护膜不存在任何缺陷。这在需要更高记录密度的趋势下，随着喷头喷嘴数量的增加，当保护膜存在缺陷时墨水还是会渗透进保护膜内，所以加热电阻还是存在墨水直接接触的可能。从减少功耗以及增加对输入信号的响应性方面考虑，需要由加热电阻产生的热量尽可能有效且快速地作用在墨水上，显然保护膜结构不利于加热电阻将热量迅速传导至墨水，所以佳能在申请号为JP3396079的专利文献中，提出了在不设置保护膜的情况下使发热电阻体与墨水直接接触，上述直接接触墨水的模式尽管在热效率方面优于设置保护膜的模式，但是由上述分析可知，加热电阻直接接触墨水时存在墨水的腐蚀以及机械冲击等影响。

另外，在20世纪末，结合喷墨头本身的改进，佳能在喷墨头中开始采用多个加热元件的构造，在用于喷墨的各种方法中，利用电热转换器作为能量产生元件的喷墨方法，相对于其他类型的喷墨方法具有多种优点。例如，这种方法不要求用于能量产生元件大的空间，并且其结构简单。进而，这种方法允许以高密度配置大量的喷嘴。另一方面，这种方法存在其本身的问题。例如，电热转换器产生的热蓄积在记录头内，从而改变记录头喷射的墨滴的体积（尺寸），或者由于气泡的破裂引起的气穴现象，会对电热转换器造成有害的影响。进而在采用上述喷墨方法的记录头的情况下，已经溶解到墨水内的空气在记录头内形成气泡，这些气泡对记录头的喷墨性能和图像质量产生有害的影响。

（2）保护膜

在加热电阻与喷墨墨水直接接触的情况下，加热电阻与墨水发生化学反应，使得加热电阻不断受墨水的腐蚀而使得自身的电阻值发生变化，另外，伴随墨水的反复发泡、消泡而产生的空化（cavitation）对加热电阻施加了物理冲击，上述化学和物理的复合作用使得加热电阻表面出现破损而影响加热电阻的耐久性以及喷墨效果，为了对加热电阻以及电极等部件进行保护，常见的做法是在加热电阻以及电极上设置具有电绝缘性的保护层，使得加热电阻、电极等部件与墨水隔离，保护加热电阻不受墨水环境影响。通常由Ta膜制成0.2~0.5μm的保护层；另外也有将保护层设置为由多层结构组成而提高保护层性能，例如，具有由SiO_2、SiC、Si_3N_4等制成的防氧化和电绝缘层，由 Ta 等制成的抗侵蚀层，以及由 Ta_2O_5 等制成的耐磨层。

对于保护层结构，还涉及如何防止保护层的剥离，在申请号为 JP15351992 的专利中记载，由于加热电阻在通电工作时由室温急剧升温至约 1000℃，之后又迅速降温至室温，上述温度的急剧升降使得用于安装加热电阻的基底层与加热电阻层之间以及加热电阻与保护层之间产生剧烈热应力，使得基底层与加热电阻层之间以及加热电阻与保护层之间产生较大的剥离力，最终造成加热电阻破裂损坏。在该专利中提出了，将保护层与基底层之间的线膨胀系数之比设为 1/5～5，从而减小基底层与加热电阻层之间以及加热电阻与保护层之间的剥离力，以提高加热电阻的耐久性。

早期对于保护层的结构改进主要集中在保护层的材质、结构上，以提高保护层的物理化学稳定性，从而对加热电阻以及电极进行良好的保护。在采用保护层对加热电阻以及电极进行保护时也带来了一些新问题。在喷墨头上的热作用部产生这样的现象：墨水所含有的色材和添加物等，由于被高温加热而以分子水平被分解，变成难溶解的物质，而被物理吸附在上部保护层上，该现象称为“结痂”或“结垢”，这会导致从热作用部向墨水的热传导变得不均匀，发泡不稳定，从而造成喷射异常现象。以往通过使用含有耐热性好的染料的墨水或使用充分地进行精制、减少了染料中杂质含量的墨水，使其难以产生结痂，但是由此产生了墨水的制造成本变高、能使用的染料的种类受到了限制等问题。

2. 腔室结构

（1）腔室可动件（逆流防止阀）

在早期的热气泡喷墨头中，由于加热元件的驱动效率不高，不能满足高速、高效的喷射要求，所以为了提高喷墨头的喷射性能，其只能尽力提高气泡驱动力的利用率，即减少气泡向与喷墨无关的方向扩展运动，在热气泡发展历史的早期，采用在发泡室内设置腔室可动件来辅助进行喷射，腔室可动件又称为逆流防止阀。在喷墨头的气泡室中的墨水供应方向的上游侧设置逆流防止阀，用于在进行喷墨动作时防止由于气泡室内的墨水向墨水供应方向的上游侧回流而导致气泡室内的压力损失，从而减少喷墨头喷射失败率，提高喷墨头的喷射效能，例如施乐公司的 JP16740183（19830909）以及日本电气公司的 JP8897484（19840502）中都提出了在墨水供应方向的上游侧设置逆流防止阀，但是上述阀元件还存在阀部厚度不均、制造精度不高、制造成本较高等缺点。

佳能公司对于该技术的研究最早起源于 20 世纪 80 年代末期，佳能最早在 1987 年提交的申请号为 JP2971587（19870213）的专利文献中公开了：在该支撑体上形成有覆盖处理面和非处理面且具有期望图案的上层，该支撑体用作阀座，在该覆盖处理面进行提高附着力的表面处理，使得上层与支撑体黏合牢固，上层与非处理面易于分离，从支撑体分离后形成阀部作为逆流防止阀，其能够提高制造精度，便于量产，且制造成本降低。上述在发热元件产生气泡过程中，阀部从原来的与流路顶面水平状态变换为近似竖直状态，从而对喷墨过程中由于气泡室内的墨水向墨水供应方向的上游侧方向的回流进行阻挡，从而减小气泡室内的压力损失，提高喷射效能，在气泡塌陷以后，该逆流防止阀自动恢复为水平状态，利于上游侧的墨水流路向气泡室供给油墨。在上述文献中，虽然设置在流路中的逆流防止阀能够减少气泡室内的回流现象，但是回流的减小与墨水喷射过程是两个独立进行的过程，所以其对提高喷射效能的作用是有限的。

腔室可动件技术在 1996 年前后逐渐成熟，在 1996 年的专利 CN96100256、CN96100638、JP13096396 中，佳能提出了在顶喷以及侧喷方式中采用自由端构件，通过自由端构件对气泡的输出路径实现引导，使其精准地聚集到喷射出口。具体结构如图 9-1 所示，在带有可动件的发泡室，液体流路 3b 在通气板 14 和衬底 1 之间，使液体直接与喷射出口 11 连接，并从此通道流出，流体流路 3b 带有厘米量级的平板形式的活动件以覆盖加热元件 2 并面对它。活动件 6 的定位毗邻于产热面的上出射空间，在垂直于加热元件 2 的产热面的方向。活动件 6 是弹性材料，如具有 5μm 厚度的镍金属。活动件 6 的一端 5a 被支撑并固定在支撑件 5b 上。支撑件 5b 由光敏树脂材料的模件形成在衬底 1 上。在活动件 6 和产热面之间，提供一个约 15μm 厚的空区。结合图 9-1 可知，当加热元件 2 的产热表面产热并且区域中产生气泡时，活动件 6 的自由端在图示箭头方向瞬间移动，即在气泡的产生和增大及气泡扩张导致的压力作用下以基体部分作为支点进行移动。由此，液体通过喷射出口 11 被喷出。随着气泡 7 的增大，活动件 6 将进一步向喷射出口移动，由于活动件 6 的移动，产热表面和喷射出口之间流体通道被活动件 6 阻塞到一个适当的程度，使气泡膨胀的压力聚集到喷射出口，使得喷射液滴通过喷射出口以高速、高喷射力和高效率地喷出。

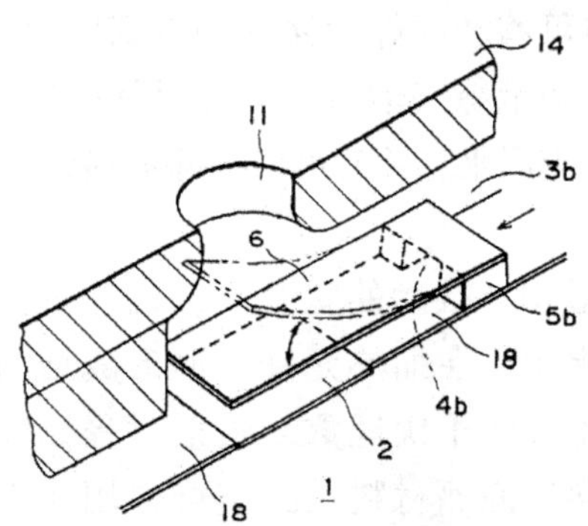

图9-1　带有腔室可动件的喷墨头

由于气泡产生的压力主要作用在可动件上，因而可动件绕转动中心转动朝向喷射出口侧张大开口，由于可动件的运动及运动后的状态，由气泡产生和气泡本身的成长所引起的压力朝向喷射出口传播。可动件可有效地将气泡的压力传播方向导向喷射出口侧，不然的话，气泡将朝向各个方向，因此，使气泡的压力传播方向集中，从而气泡的压力直接和有效地贡献于喷射。另外，由于气泡本身的生长方向与压力传播方向一样朝向喷射出口侧，因而，气泡本身的生长方向可通过可动件来控制，并因而控制气泡的压力传播方向，因此，可显著地提高喷射力和喷射速度。

上述专利文献为佳能在气泡室内设置可动部件的早期核心专利，该专利文献中其喷墨头为顶喷喷墨头，但是该技术也可以用在侧喷喷墨头上，可动部件的结构以及作用机理与专利申请 CN96100256 中的结构基本相同。

在对喷射效果进行研究之后，佳能对于可动部件的改进主要集中于制造工艺上，通过制造工艺的改进进一步提高可动部件与发热元件的高精度对准，提高可动部件的耐久性等。申请号为 JP36685799（19991224）的专利中记载了：在带槽的顶板中，在流路壁的上表面接合有形成可动部件的平面材料，该平面材料上设置掩膜，采用激光照射平面材料，平面材料中被掩膜遮挡处形成可动部件，从而使得可动部件相对于墨水通道的位置精度提高，并且能防止可动部件固定部龟裂发生，提高可动部件的耐久性。申请号为 JP2001094583（20010329）的专利中记载了：通过光刻法形成多个尺寸的元件基板，在元件基板上形成感光性树脂层，通过激光照射在感光性树脂层上形成可动部件的支撑部件的潜像，在感光性树脂层上层叠具有激光加工性的薄膜片，通过激光加工在该薄膜片上形成可动构件，之后裁切成单独尺寸的元件基板，之前的支撑部件潜像的显影、定影和清洗，并进行感光性树脂的未感光部分以及与该未感光部分贴合的薄膜片的未激光加工部分的去除工序。使得可动部件与发热元件高精度对位，并使得加工过程中废屑去除、清洁工序简化。在专利号为 JP2001108557（20010406）的专利中记载了：在设置有发热元件的基板的两侧设有保护突起，在流路基板接合到元件基板上时，该保护突起可以对基板上的可动部件起到保护作用，避免在两个基板结合过程中对可动部件造成损坏。在专利申请号为 JP2002003661（20020110）的专利中记载了采用球状的可动部件，并且具有用于将可移动部件的移动调节到期望范围的上游侧规制阻止部分和下游侧规制阻止部分，由于当消除气泡时墨水通过间隙流入气泡产生区域，因此可以在可动构件和基板之间快速填充墨水，并且可以消除加热元件附近的蓄热。

（2）可移动分隔膜

由于在加热元件与油墨相互接触的状态下，油墨重复地被加热，因此会造成加热元件表面上的油墨被高温焦化而在加热元件表面形成结咖，从而影响加热元件的热传递。另外，在打印过程中每秒数千次地重复喷射过程，气泡的重复崩塌破裂对加热元件表面产生气穴作用，而导致表面材料受到气蚀作用而损坏，一旦油墨渗透涂布加热元件的表面材料，很快发生电阻器的快速腐蚀和物理破坏，使得加热元件失效。此外，在被喷射的液体是一种会因加热而变质的液体或是一种不易产生足够的气泡的液体的情况下，利用前面提到的加热元件直接加热来形成气泡，在有些情况下不能取得良好的喷射效果。

基于此，柔性分隔膜技术应运而生，佳能采用可由气泡移动的可移动隔膜的排液头和排液装置进行喷墨，即采用由柔韧隔膜隔离发泡液和排出液并通过热能在发泡液中发泡从而排出墨液的方法。为了解决这个问题，佳能在日本专利申请 JP2012086814 中提出了一种喷墨头，它具有一个把起泡液体与排放液体分开的柔性薄膜，在起泡液中产生气泡，从而将液体排出。在这种方法中，这个柔性膜形成于喷嘴的一部分中，而在日本专利申请 JP2013536690 中公开了利用一个大隔膜将整个头分成上下两空间的结构，使用这大膜的目的是，将它安置在形成液体通道的两板之间，从而可防止两条液体通道中的流体相互混合。在该技术中，柔性薄膜和发泡液的构造是这样的，这个柔性膜形成于喷嘴的一部分中，即在发泡室内，利用一个柔性膜将整个发泡室分成上下两空间的结构。在上侧空间内填充排出液，在下侧空间填充发泡液，使用该柔性膜将上述两种液体互相隔离。然而，利用上述常规分隔膜的液体排放方法只是把发泡液体与排放液体分开，该结构还没达到实际应用的水平。对于发泡液的发泡特性，如日本专利申请 JP2010287713 中采用沸点低于排出液的液体作为发泡液，日本专利 JP2000258915 中采用导电液作为发泡液。

因此在专利 JP14401397（19970602）中，基于通过热能形成气泡的液体排放效率由于分隔膜形态变化的干扰而降低，对既能取得高效的液体排放同时又能充分利用分隔膜的隔离作用的液体排放方法和设备研究发现，如果可移动分隔膜配备一个松弛部分，那么可移动分隔膜本身就不需要随着气泡的产生而发生拉伸了，这样就提高了排放效率，并使可移动分隔膜在气泡驱动下利用自身的松弛部分来调节其位移，在具有上述结构的喷墨头中，在可移动分隔膜的变形区域配备了松弛部分的情况下，随着气泡的产生和生长，松弛部分以一个弧形发生位移，因此，气泡的体积能更有效地作用于可移动分隔膜的变形区域上，从而能更有效地排放液体。

JP17477598（19980622）中的喷墨头配置了凹部，在加热元件加热使得热气泡膨胀时，热气泡能够推动该凹部向加热元件相反侧方向在恒定的幅度内位移，并通过该位移挤压排出路径处的墨水，从而实现了液滴的喷射；在热气泡收缩时，该凹部由于自身的弹性作用向加热元件侧位移。通常墨水的种类不同对应的热气泡的发泡大小存在区别，但该申请中由于凹部的存在，使得无论墨水的种类对应的热气泡发泡大小如何，热气泡推动凹部位移的幅度是恒定的，从而实现了不同种类墨水的稳定喷射。

3. 喷嘴结构

喷嘴结构由记录介质侧的排出口以及排出口部组成，排出口部将排出口与压力室连通，压力室内的墨水在气泡压力下流入排出口部并从排出口喷出。早期的喷嘴结构大多为孔状结构，对其形状结构并无特殊要求，之后发现喷嘴的形状结构对打印头的喷射特性有着重要影响。进一步研究发现，喷嘴的形状结构对卫星液滴以及墨雾的形成也有着重要影响。

（1）提高喷射特性

作为热气泡喷墨的固有问题，由加热装置产生的热量在打印头内蓄热造成所喷出的液滴的体积发生变化，另外，气泡破裂产生的空穴现象对加热装置产生物理冲击力，损害加热装置的耐久性，以及空气溶入油墨内导致打印头内形成残留气泡，因而对墨滴喷射特性和图像质量产生不利影响。为了解决上述问题，已知有申请号为 JP11283390（19900427）的专利中公开的喷墨记录方法和记录头，其采用利用记录信号驱动电热转换元件，使所产生的气泡与外部大气相通，可以实现飞行墨滴的体积的稳定化，可以高速排出微量的墨滴，并能消除气泡破灭时产生的空穴现象，从而提高加热装置的耐用性等，易于获得更为精细的图像。在上述专利文献中，作为用于使气泡与外部气体相通的结构，列举了使油墨中产生气泡的加热装置和作为排出油墨的开口的排出口之间的最短距离与过去的相比大幅度缩短的结构。该结构备有设有排出油墨的加热装置的元件基板和结合到该元件基板上并构成油墨流路的流路基板（喷嘴基板）。流路基板具有：油墨在其中流动的多个喷嘴、向各喷嘴供应油墨的供应室和作为排出墨滴的喷嘴前端开口的多个排出口。在元件基板上配置加热装置，使其位于压力室（发泡室）内。而且在流路基板上，在与元件基板上的电热加热装置相对的位置上设置排出口。按上面所述构成的打印头，从供应口供应到供应室内的油墨，沿着各喷嘴供应并填充到压力室内，填充到压力室内的油墨，借助由加热装置造成的膜状沸腾而产生的气泡，向着大致垂直于元件基板主面的方向飞行，形成墨滴从排出口排出。

但是，上述记录头，由于在排出墨滴时在压力室内生长的气泡使得填充到发泡室内的油墨分别流向排出口侧和供应路径侧，这时，流体的发泡所造成的压力，由于向供应路径侧逃逸、与排出口的内壁摩擦而导致压力损失，这种压力损失对液滴排出产生不利影响。特别是近年来对于高分辨率打印的需求越高，打印分辨率越高那么对于喷墨打印时的液滴的体积就要越小，为了形成小液滴需要减小排出口的大小，导致排出口部的阻力非常大，排出口方向的流量减小，流路方向的流量增大，因而，降低了液滴的排出速度，所以，液滴越小则上述排出不良的现象越严重，在以高分辨率打印高精细图像时，难以稳定且高速地排出微小液滴。早期，如 1990 年佳能公司申请的 EP90310165 中，其将设置的喷墨口的横截面形状与垂直于墨流方向的墨通道的横截面形状相似，该喷墨口的横截面面积不小于 35% 和不大于 60% 的墨通道横截面面积，通过这样的喷墨口的设置方式来降低流阻。

进入 2000 年之后，JP2001358293 中提出了喷头中限流部分的厚度 c 和沿喷射出口和能量产生元件互相面对的方向测量的液体路径的高度 e 满足 $c \leqslant e$，在形成喷射出口的平面和限流部分之间测量的喷射出口形成部件的厚度 d 满足 $c \leqslant d$，限流部分设置于喷射出口的下凹部分，下凹部分从形成喷射出口的平面下凹，以此方式来降低流阻。2003 年申请的 JP2003114484A 中将喷墨口的开口直径设置为比多个发热体中间距最远的两个发热体的中心间距小，由此解决了喷墨口位置和压力发生区域的中心位置产生偏移而使喷出的墨滴不能落在准确位置上的问题。

JP2006116980 中，排列方向上两端部的端部喷出口群的喷出口的排列间隔比排列方向上中央部的中央喷出口群的喷出口的排列间隔宽，由此使得其喷射液滴频率快，满打印时不会产生白条。JP2007224023 中，喷出口部具有第一喷出口部和第二喷出口部，第一喷出口部包括喷出口，第二喷出口部的沿与喷出液体的喷出方向正交的正交方向延伸的截面比第一喷出口部的沿正交方向延伸的截面大，能提高墨的再填充速度以缩短从墨滴喷出结束到下一次墨滴喷出开始的时间，能稳定地喷出液滴，抑制弯液面振动。JP2012024153 中，喷射口的沿与排列方向正交的正交方向的侧壁垂直于基板，且喷射口的沿排列方向的侧壁与基板形成锐角，其喷射口构件具有降低了流阻的喷射口且具有令人满意的强度。

（2）减少卫星液滴产生

在上述喷嘴结构能够抑制排出口部分处的油墨黏度增加以及再补充时产生的弯液面的振动，使得打印头具有较好的喷射特性。但上述喷嘴结构也产生了一些新问题，例如，容易产生卫星液滴和墨雾，从而降低成像质量等问题。从喷嘴排出的包括主液滴和在主液滴之后沿着主液滴延伸的细长的、类柱状的尾部液滴（尾部液柱）。由于液柱的前端和后端之间的速度方面的差异，导致该尾部液滴经常在飞行中与主液滴变得分离变成被称为卫星液滴的微小液滴。在记录介质上的着落位置从主液滴偏离的卫星液滴可能引起图像质量的劣化，另外，不着落在记录介质上的卫星液滴飘浮在空气中形成墨雾，该墨雾会污染打印装置内部，记录介质与该受污染部分接触后使得记录介质也会受到污染，从而降低成像质量。由于第二排出口部分具有较大的容积，且该第二排出口部分与发泡室连通，所以实质上增大了发泡室的空间，因此，在气泡逐渐减小的过程中，弯液面的一部分被破坏，气泡与大气连通，所喷出的液滴的尾部液柱与发泡室内的液体分割，形成与流路内的墨水完全独立的卫星墨滴，该卫星液滴从喷嘴喷出后着落在记录介质上以及飘浮在空气中形成墨雾，从而影响在记录介质上的成像质量。

佳能公司提出了一系列喷出口的改进方式来解决墨雾和卫星液滴的问题，例如，1993 年申请的 JP25998193 设有多个排放出口及能量产生元件，多个排放出口被中央拒水区圈住，凹入的亲水区沿着多个排放出口的排列方向而设置，并保持与多个排放出口的排列的给定距离，在凹入亲水区外部可以设有外部拒水区。

为了减少喷射过程中产生的卫星液滴，在惠普公司的申请号为 JP6205597 和 JP2209098 的专利文献中公开了一种通过形成非圆形喷嘴来减少卫星液滴的产生的方法。佳能公司在 JP2007548036A 中提出在喷头中设置有至少一个突起，突起是凸状的并且形成在排出口内，第二区域形成在突起的两侧，第二区域沿与液体排出方向相反的方向吸引排出口中的液体，第二区域的流阻低于第一区域的流阻，伸长到排出口外部的排出液体与保留在排出口中的液体分离的时刻可显著提前，从而减少了卫星液滴和薄雾。

申请号为 CN200810098309 的专利中，提出了一种液体喷头，其包括可以喷出多种类型的液体的多个喷嘴，其中，所述多个喷嘴的形状均根据待喷出的液体的类型而形成，并且所述多个喷嘴包括第一喷嘴和第二喷嘴，通过所述第一喷嘴喷出大量液体，通过所述第二喷嘴喷出少量液体，所述第一喷嘴为非圆形喷嘴，非圆形喷嘴具有相互对着的突起并且根据相互对着的突起之间的间距被分为多种类型，所述第二喷嘴为圆形喷嘴。下面对具有突起的喷嘴能够抑制卫星液滴的形成进行分析说明。由于突起之间区域的流动阻力大，所以在突起之间的区域形成高流阻区域，而不具有突起的区域形成低流阻区域。在气泡达到最大气泡状态下，由于气泡内部气压远低于大气气压，所以在大气压力下气泡的体积开始减小，并迅速地将周围液体引入原来气泡存在的区域，该液体流动使得喷嘴内的液体朝向加热装置侧返回流动，喷嘴内的低流阻区域的液体迅速流向加热装置侧而形成凹部，而高流阻区域内的液体由于较大的液体阻力而停留在构成高流阻区域的两个突起之间，所以在气泡体积减小至破裂的过程中，喷嘴的开口端部附近的液体的残留，使得液膜仅在对应于高流阻区域的突起之间的区域中伸展，也就是说，在由高流阻区域保持与延伸到喷嘴外部的柱状液体接合的液面的状态下，由多个低流阻区域朝向加热装置侧吸引喷出口中的液体，从而，在喷嘴的多个低流阻区域中形成液体的显著下落以形成凹部的液面，由此，在作为高流阻区域的突起之间的区域中残留的液体量比由液柱的直径确定的液体量少，因此，突起使液柱部分变细以形成“收缩部”。之后，延伸到喷嘴的外部的液柱在上述收缩部处被分离，此时喷出的液体被分离，并且该分离比现有技术中的分离早至少 1～2μs，并且几乎不对突起之间的液体施加伴随着消泡朝向加热器吸引液体的力，这防止如现有技术中那样沿与喷出液体流动的速度矢量的方向相反的方向作用的力，与现有技术的情况相比，每一个液滴的尾端的速度足够高，这防止喷出液体的形成液柱状的部分伸展和细长的可能现象，结果，喷出液体被顺利分离，良好地抑制了薄雾的产生。

JP2011183559 中提出的喷射口具有位于突起的前端和喷射口的距前端最短距离处的内壁之间的第一区域、位于突起两侧且与第一区域不同的第二区域，当突起在室侧开口面处的宽度由 a_1 表示、突起的最大宽度由 a_2 表示时，$a_1<a_2$ 的关系成立，突起的宽度从具有 a_2 宽度的位置到室侧开口面逐渐或逐级减小，由此可缩短墨尾以减少卫星液滴，且可防止喷射液体在打印介质上的着落位置的偏离以抑制归因于偏离的图像劣化。JP2011131155 的喷射口包括至少两个突起和外边缘部，每个突起在与喷射液体的方向垂直的剖面中凸出到喷射口的内部，且具有锥角 θ_1，外边缘部具有锥角 θ_2，该打印头上的喷射口用于减少伴滴和墨雾的现象，且改进打印开始时的喷射缺陷，能够以高质量打印。

4. 流路结构

打印头中的流路结构包括具有流路通道、发泡室和共液室的流路基板以及与流路基板一体或分体设置的具有喷嘴的喷嘴板等结构，从共液室流入流路通道的墨水供给至发泡室（发泡室），发泡室内的加热装置（电热转换元件）加热而使得加热装置附件的墨水瞬时沸腾发泡，发泡室内的墨水在气泡压力下从喷嘴喷出。佳能的热气泡打印头结构大都由顶板和底板组成，加热装置设置在底板上，顶板上设置有流路通道、发泡室以及喷嘴，所以顶板也称为喷嘴基板，该顶板即为流路基板，喷嘴可以与加热装置对面设置从而形成顶喷式打印头，喷嘴也可以不与加热装置对面设置而是设置在顶板的侧部，从而形成侧喷式打印头。以顶板上的发泡室与加热装置相对设置的方式将顶板和底板接合固定在一起，组合形成打印头。流路负责将墨水从存储空腔供给喷嘴喷出，是喷墨头中的重要部件，通过对流路结构的改进，可以实现高效的喷射，保证喷射的稳定性。

（1）去除气泡

对于热气泡式喷墨打印头，不需要的气泡会对喷射效果造成消极的影响，因而去除不需要的气泡是热气泡式喷墨打印头共同的追求。采用热能来喷射记录液体的喷墨记录头的密度易于提高，同时这类装置适合批量生产，而且生产成本不高。这些优点归于下述的特征，即喷射液体（墨水）滴的记录喷口，比如是一组孔或类似孔形的部件，这些孔可以高密度地布置，从而保证了高度清晰的印刷效果，而且也很容易减小整个记录头的体积。在这样的记录头中，储液腔或者墨水通道中最好不含有不需要的气泡。因为如果存在气泡的话，特别是上述不需要的气泡体积增大时，气泡将对喷射压力起缓冲的作用，即阻碍液体流动，而使记录发生异常。此外，由于气泡的绝热作用将导致异常高温，甚至使电热换能器失效。为避免这种情况，已有人提出了许多改进措施，包括采用通过加热喷口吸走不需要的气泡的措施以及采用使气泡和来自喷口的墨水一起排出的措施。例如，佳能最早在专利申请 JP23007482 中提出，通过使用其中将入口和出口设置到液体流动路径并且从其强制排出液体的结构，来获得能够以高密度的排出口进行复制并且以低成本简化的结构的液体喷射记录器，并使用负压产生源连接至管路，将墨水供应路径内和周围的墨水以及排出口被残留的气泡抽吸和去除。这样的措施在工作出现记录不正常时或按预先确定的时间间隔开始操作。如果采用上述矫正装置排除不需要的气泡，就需要增加所施行的矫正操作的次数，否则就得增加吸除的液体量或者增加所提供的压力。佳能研究发现，不需要的气泡形成原因被认为是墨水容器中的墨水蒸发，以及由于盖喷射口时在该喷射出口处的弯液面发生大幅度回缩而产生的剩余气泡和同新鲜墨水一起引入的气泡。由于气泡扩散而引起的湍流的影响，常规的矫正装置效果并不像预期的那样好，由于气泡的分散而引起湍流，这是引起大尺寸的不需要的气泡的原因。佳能在专利 JP24776689 中提出一种可拆装的喷墨记录单元以及一种采用上述记录头或记录单元的喷墨记录装置，在该记录头或记录单元中，将墨水输送到墨水通道的储液腔至少在从墨水腔的入口（墨水就是从这一入口进入到储液腔中）到墨水通道的范围内有一个与液体通道延伸方向成 5°～40°角的斜壁，使各侧壁的倾角大于纵向斜壁的倾角。可以把排出气泡的方向集中在一个平面上，这样可望进一步提高不需要的气泡的排出效果。当喷墨记录头装在记录装置的主体部件上时，并且产生喷射能量单元所组成的阵列的方向相对一水平面向上或向下所成的角度不超过 45°时，则上述斜壁就足以完成排出气泡的任务，可以事先防止由于不需要的气泡所引起的记录异常或记录故障。

为了满足高速打印的需求，会在喷墨头中设置多个喷射口，然而对于设置有多个喷射口的打印头，墨路通常窄且复杂，并且墨路和供墨口之间的连通部分受其他颜色的墨路的限制，从而不可避免地变成相对较小的孔。在这种墨路构造中，在将墨从储墨器提供给喷墨构件时没有问题，然而，如果喷墨打印机长时间未被使用，则溶解在墨中的空气可能与墨分离或者外部空气可能穿过形成墨路的流路板而进入。在这种情况下，气泡可能积存在喷墨打印头的墨路内，并且不容易从窄而复杂的墨路中抽出。

因此对于窄且复杂的墨路，在基于抽吸的恢复操作期间的抽吸压力和抽吸时间的控制需要进行精确调整，专利申请 JP2006045786 提供一种使用多个喷射口列和在数量上比喷射口列少的墨引入孔的构造，该构造简化了从储墨器通向喷射口列的墨路的形状，形成一种受气泡积存影响小或可通过简单的恢复功能容易地去除气泡的喷墨打印头。

（2）稳定喷射

专利申请 JP1898499 中的头具有带槽的顶板模块，该模块由带槽的顶板形成，该带槽的顶板具有多个槽状墨路，一个公共液体腔将墨水供应到多个墨路，并设有多个喷孔，通过利用压紧件将开槽的顶板和加热器连接在一起而形成流路，在加热器板和带凹槽的顶板的联合重心附近压靠在加热器板的背面，在每个墨水通道中产生稳定的墨水喷射压力，从而实现高质量的打印。

专利申请 EP99104872 将缓冲室布置在由喷射能量产生元件的驱动产生的压力波传播通过的位置处，用于产生用于喷射墨的能量，以及用于将墨供应到公共腔的墨供应通道，可以稳定地保持气泡以吸收由喷墨引起的墨的振动，抑制由于墨振动引起的墨的不稳定性。

（3）流路形状及材料

佳能公司对流道的形状、制造材料等均做出了改进，形状方面，在申请号为 JP2013100126 的专利申请中，由于在平面图中所有凹部以及喷射部的所有连接部和液体通道被制成椭圆形轮廓，但是在彼此正交的各个方向上布置，因此凹部的主轴方向与连接部的长轴方向相互正交，因此能够防止墨水向墨水喷出面上飞散，提高墨水喷出能量的效率，并且能够提高附着力。防止衬底和通道形成部分彼此黏结，从而可以在记录介质上适当地进行记录操作。材料方面，专利 JP2014088978 中提出液体喷射流路部件使用的成型材料，由包含环氧树脂、固化剂或固化催化剂的液体环氧树脂组合物、填料、触变性赋予剂和湿润分散剂组成，该成型材料具有优异的成型性能、低熔体黏度、高流动性和优异的耐化学性，无须进行预热就可以成型为复杂、精密、大型的成型材料，使得流路部件具有优异的性能。

（4）流路循环

在通过喷出诸如墨等的液体来打印图像的喷墨技术稳定的喷射中，根据近年来的喷墨打印动作的各种应用领域，对高精度和高品质打印动作的需求日益增长。为了改善打印动作的精度，已知通过密集地配置多个喷出口来改善打印分辨率的方法。此外，为了实现高品质的打印动作，需要抑制墨因喷出口中的水分蒸发而变稠这一现象，因为变稠的墨会导致液滴的喷出速度降低。抑制墨因喷出口中的水分蒸发而变稠的方法如下：使配置有喷出口的发泡室内的墨强制地流动，使得滞留在发泡室内的变稠的墨流到外部。然而，当在各发泡室中流动的墨的循环流量不均匀或各发泡室中的压力不均匀时，会产生喷出口之间的喷出特性或颜色浓度的差异增大的问题。为了密集地配置多个喷出口，当增大构成喷出口列的喷出口的数量或喷出口列之间的间隔变窄时，不容易抑制在各发泡室中流动的墨的循环流量变化或各发泡室的压力变化。当增大构成喷出口列的喷出口的数量时，喷出口在喷出口列的列方向（列延伸方向）上的分布变宽。为此，在喷出口列的列方向上配置的多个发泡室之间容易产生在各发泡室中流动的墨的循环流量变化或各发泡室的压力变化。此外，当以高密度配置多个喷出口列时，归因于相邻的流路之间的关系，难以增大在喷出口列的列方向上延伸的流路的宽度（多个喷出口列的配置方向上的长度）。为此，会产生较大的压力损失。结果，存在如下情况：在喷出口列的列方向上配置的多个发泡室之间发生在各发泡室中流动的墨的循环流量变化或各发泡室的压力变化。为了解决上述问题，佳能在专利JP2016242619中提出设置第一共用供给流路在第一方向上延伸且被构造成向供给口列供给液体，第一共用回收流路在第一方向上延伸且被构造成从回收口列回收液体，从而抑制流过密集配置有多个喷出口的液体喷出头的流路的液体的压力变化或循环流量变化。

9.1.2　热气泡喷墨头制造技术发展状况

在热气泡喷墨头的结构趋于相对稳定时，佳能已经快速开始关注热气泡喷墨头的制造技术，从制造的方向入手进行了一系列技术研发及专利申请，分别以耐久性、稳定性、高速、高品质、小型化、节能等作为效果目标，以期获得更加稳定、高品质的喷墨头。

1. 基板制造技术

喷墨头结构通常包括：硅基板，由热氧化膜、SiO膜、SiN膜等构成的蓄热层，发热电阻层，由Al、Al-Si、Al-Cu等金属材料构成的作为布线的电极布线层。作为电热转换元件的发热部是通过除去电极布线层的一部分并使该部分的发热电阻层露出而形成的。电极布线层在基板上被拉引，与驱动元件电路或外部电源端子连接。

（1）稳定性

作为喷墨头中的基础部件，其稳定性是最基本的需求，在专利US19820451500中提出，采用多孔板作为基板，基板由稳定的材料制成，如玻璃、陶瓷等，可以使用光刻工艺来形成与元件连接的导体，提供具有多个上升的加热器的基座构件，至少一个板构件具有穿过其的至少一个具有预定形状的穿孔，以及至少一个板，孔板上开有孔，并将基体、板件和孔板层压在一起，以提供具有分支液体通道的喷液头，该分支液体通道是由穿孔形成的，液体可通过热作用从孔中喷出加热器将热量施加到液体路径中的液体上。从而提供一种薄的、紧凑的液体喷射头，它能够稳定地产生高密度的墨点。但是对于多孔板，稳定地输送液体较为困难，针对这一问题，在专利GB8408906中提出，即使孔数很多，也可以长时间稳定地输送液体液滴，大量的热发生器与孔相关联并连接到孔，这些热发生器具有将电能转换为热能的元件，基板的结构至少部分地由玻璃制成，使得其厚度与元件转换的发热部分之间的距离有关。

在基板安装可挠性薄膜是佳能提出的增加其稳定性的一种技术手段，在专利JP2003415727中提出通过将较昂贵的电配线带等配线构件的底膜和铜箔层变薄，从而可缓和存在危险的电连接部分的应力集中，提高可靠性，通过改变氧化铝（Al_2O_3）的片坯的冲裁模，在增加稳定性的同时还能容易而且廉价地形成基板，以降低成本。同时，佳能也对基板的常规制作方法做了详细说明：工序 1，通过第 1 板与第 2 板的接合形成板接合体；工序 2，在板接合体安装两个记录元件基板；工序 3，对齐电配线带的电极端子与各记录元件基板的电极部分的位置，将电配线带接合到上述板接合体；工序 4，连接电配线带的电极端子与各记录元件基板的电极部分；工序 5，封闭上述电连接部分。

为了进行稳定的墨水的发泡，均匀且可靠地除去堆积在热作用部上的结痂是很重要的，在专利 JP2012013166（20120125）中提出一种喷墨头用基板，包括：发热部，由电极布线层的间隙和发热电阻层形成；保护层，配置在上述电极布线层和上述发热电阻层上；上部保护层，可电连接地配置在至少包含上述发热部上方的、与墨水接触的热作用部的上述保护层上的区域，以成为用于与上述墨水产生电化学反应的电极，该上部保护层包含通过上述电化学反应而溶解出的金属，且由不会由于加热而形成阻碍上述溶解的氧化膜的材料形成，上部保护层隔着具有导电性的密接层配置在上述保护层上。在材料的选择上，采用会通过墨水中的电化学反应溶解且即使在高温下也化学稳定、不会由于加热而形成牢固的氧化膜的材料作为上部保护层，硅作为基板，热氧化膜、SiO 膜、SiN 膜等构成的蓄热层，由 Al、Al-Si、Al-Cu 等金属材料构成的、作为布线的电极布线层，在发热电阻层上配置有电极布线层，但也可以采用在基体或热氧化膜上形成电极布线层，局部除去其一部分形成间隙之后，配置发热电阻层的结构，作为发热部和电极布线层的上层设置的，是由 SiO 膜、SiN 膜等构成的也具有绝缘层功能的保护层，使用即使在大气中到 800℃也不形成氧化膜的 Ir 形成上部保护层，通过在保护层和上部保护层之间形成密接层来提高密接性，选择了干蚀刻法作为密接层和上部保护层的图案形成方法，能够有效保证喷墨头结构的稳定性。

随着时间的推移，佳能更注重整个基板的结构设置，如在专利 JP2013175725（20130827）中提出，基板被设计为使得信号供给电路的工作温度为基板被设计成使得当第一电极的第一区域的温度与第二区域的温度之间存在差异时，该第一基板的温度与第二区域的温度之间存在差异，当在不向副加热器供应任何功率的情况下操作用于液体喷射头的基板时，被控制的电流可以小于在第一区域的温度与第二区域的温度之间的差，从而抑制基板上不同区域的温差，实现稳定性；在专利 JP2018000124721（20180629）中提出通过在纵向上在元件板的两端设置密封区域而不在两端上设置电极垫，可以确保元件板安装位置的可靠性，密封材料能够防止与墨水接触或抑制腐蚀的发生，从而提高了连接的可靠性。

（2）高品质

为了得到高品质的画像，必须要去除气泡、防串扰、防止卫星墨滴，佳能期望通过优良的制造方法实现具备以上性质的喷墨头。

基板的组装制造过程工艺技术也会影响打印品质，JP32156498A（19981027）就制造工艺提出了具体要求，喷墨打印头有两个黏合在一起的基板，配对这对基板时，在薄区域以及整个喷嘴区域施加压力通过在组装过程中压制薄的部分，避免了翘曲，以确保在整个配合表面上都具有良好的接触，从而确保了高质量的打印。与此同时专利 JP30565999（19991027）通过倾斜基础结构，使得喷嘴板与基础结构和墨水通道成一定角度，可以垂直于喷嘴板设置喷嘴，从而在不干扰排放元件的情况下提供高质量的打印。专利 JP25838993（19931015）则对于制造过程中基板上各个元件的位置进行了精准的定位，使得 $V_{OH}>[(R'+P)/(F'+R'+P)\times(F+R)/R+1]V_d$，式中，$V_{OH}$ 是供墨通道从孔口到靠近孔口的加热器的边缘之间的容积，V_d 是喷出的墨的体积，F 是从加热器中心到孔口的流动阻力，R 是从加热器中心到墨容器的流动阻力，F'是从加热器上产生的最大液泡到孔口的流动阻力，R'是从所述加热器上产生的最大液泡到所述墨容器的流动阻力，P 是墨容器的流动阻力。使用这种供墨系统时，如果墨水是通过许许多多小孔连续喷射的，则在形成稳定的墨流之前，由于流体的惯性而产生较大的流动阻力，所以墨水通道内的真空度较高，其可在开始喷墨时有效地防止打印模糊现象，提升打印品质。

在喷墨打印设备中，大多数情况下进行恢复处理以便从用作液体喷射头的打印头排出高黏度的墨、微细气泡等并去除附着到内部形成有喷射口的表面的杂质、墨雾等。抽吸操作、预喷射操作、擦拭操作等是已知的恢复处理。专利 JP2009000868（20090106）提出了从基板制造的基础结构上来去除气泡的基板制造方法，当液体受到由打印元件产生的能量时，且当存在于所述液体通道入口和喷嘴过滤器之间的液体中的气泡的体积最大时，将气泡的从液体通道入口开始在多个喷嘴过滤器的配置方向上生长的部分的体积定义为 V，相邻的液体通道入口之间的距离被定义为 L，并且在供液口和液体通道之间的区域中，从基板的形成有打印元件的前表面到液体通道的顶面的距离被定义为 H，喷嘴过滤器和液体通道入口之间在供墨方向上的距离被定义为 L_1，满足 $L>[2V/(H\times L_1)]$，从而使气泡膨胀并朝供墨口移动的恢复处理之后，该液体喷射头允许从喷嘴中顺利地去除气泡。

通过基板的制造，同样能够抑制弯液面过冲，专利 JP2013075964（20130401）中提出孔板包括喷射口形成面，该喷射口形成面包括具有在凹槽内形成的喷射口，上述设置可以抑制墨水的弯液面过冲，从而可以提高图像质量。基板在制造过程中通常利用热固化树脂密封和保护连接构件，虽然其只是制造辅助材料，但是密封剂的冷却收缩却会影响喷射效果。由热固化树脂形成的用于密封连接构件的密封构件在某些情况下可能发生记录元件基板的位置偏移。由热固化树脂形成的密封构件通过加热固化，然而该密封构件之后通过冷却而收缩。当密封构件收缩时会产生应力，通过将记录元件基板拉向密封构件侧的应力的影响导致记录元件基板的位置偏移。当记录元件基板从适当的位置偏移时，喷出的液体的着落位置偏移，当这种液体喷出头用在喷墨打印机中时，在通过液体喷出形成的图像上产生条纹或不规则图案，使图像品质劣化。针对上述问题，专利 JP2011052980（20110310）提出密封材料被涂布到形成于面的没有形成端子的端部侧的槽部底面，基板的与基板没有形成端子的端部侧对应的侧面的至少一部分没有被密封材料覆盖而暴露，这种制造方式能够有效地排出残留在记录元件基板的接合部附近的槽部中的洗涤液，避免洗涤液在传送时由于振动而飞散并且重新附着到记录元件基板的表面，从而在贴带时引起渗墨或混色。JP2015079170（20150408）中则通过设置密封构件及伪密封构件，密封构件形成以覆盖连接构件的方式跨接记录元件基板的一侧部和电配线板；伪密封构件设置成覆盖记录元件基板的与一侧部相反侧的相反侧部，抑制记录元件基板的位置偏移，防止从液体喷出头喷出的液体的着落精度的下降，从而实现高品质打印。

（3）高速打印

随着技术的不断进步，对打印品质以及打印速度都有了新的需求，在得到高品质画像的同时进行高速打印，也是热气泡式喷墨打印技术致力达到的效果，高速与高品质通常是相应的效果。

佳能公司从多个研究方向进行了技术开发，早在20世纪90年代初期，佳能就申请了相应的专利，例如，专利US19850794150（19851101）中通过设置由感光树脂或玻璃制成的主墨通道及辅助墨通道，得到良好的频率响应、高密度和良好的打印质量。专利JP2015249126（20151221）通过基板的制造过程的改进，该基板具有在其上设置有导电膜的表面，基板与导电膜接触，并且包括电连接部分，用于从与电连接部分和表面正交的方向电连接导电膜和基底，减少由于静电放电电流而在绝缘膜中发生电介质击穿的可能性，显著提高打印速度。

从早期的技术发展开始，佳能就已经将高品质与高速设定为统一的追求，进行了大量的技术研究。通常，要实现高速喷射，需要在喷墨头中集中密集布置喷射口，以便以高精度打印高质量图像。但是大量布置喷射口会造成墨中的水分从喷射口蒸发而使墨变稠，所以需要提供对高质量打印操作产生影响的对策。针对这一缺陷，佳能公司一直致力于研究在不会引起排出特性变化的情况下实现针对发泡室的液体循环，针对这项技术也申请了大量的专利。例如，专利JP2016236072（20161205）抑制由于高温液体向发泡室的逆流所引起的过升温，记录元件基板具有：液体供给通道，其与多个发泡室连通，并且形成在作为第一面的相反侧的第二面上；液体回收通道，其与多个发泡室连通，并且形成在第二面上；供给口，其与发泡室和液体供给通道连通；回收口，其与发泡室和液体回收通道连通。液体从液体供给通道依次经由供给口、发泡室和回收口流动到液体回收通道，以及液体回收通道和回收口的合成流动阻抗大于液体供给通道和供给口的合成流动阻抗。JP2016239794（20161209）通过制造过程中在基板上设定墨的循环路径实现墨循环流动，液体喷射基板包括：供应通道，其布置在发泡室的一侧上，并且沿着与设置有喷射能量产生元件的面交叉的方向延伸；回收通道，其布置在发泡室的另一侧上，并且沿着与设置有喷射能量产生元件的面交叉的方向延伸；共用供应通道，其与多个供应通道连通；和共用回收通道，其与多个回收通道连通，其中，在用 R 表示从供应通道下游端部通过发泡室至回收通道上游端部每单位长度的通道阻力，用 Q_2 表示从喷射口喷射的液体最大喷射量，并且用 P 表示能够从喷射口喷射液体的最大负压的情况下，共用供应通道下游端部和共用回收通道上游端部之间的间隙 W 满足 $W<(2P)/(Q_2R)$ 的关系，能够抑制墨的颜色浓度变化，并抑制从喷射口喷射的墨喷射速度降低。

（4）小型化

在提高喷射效率的基础上，通常会设置多个喷射头以及喷射口，但是这种设置就会导致喷头的体积增大，而实际上在喷墨装置中，喷射头尺寸增大会导致一系列安装、制造困难，也会带来不稳定性。在精密设备的制造中，喷头的小型化、成本低一直是共性的追求。

佳能早期通过紧凑基板上的构造实现小型化，例如，专利 JP13942184（19840705）通过在一个基板上形成多个加热元件组和与加热元件组相对应的孔口组，提高彩色图像的质量，并同时实现小型化和降低成本。专利 JP22082597（19970801）中，由于使用顶板上的狭缝作为墨水的通道，因此减少了功率损耗，电极垫通过多层互连在基板和外部组件之间进行电连接，从而缩小多层结构的尺寸，达到小型化的目的。

近年来，佳能公司也在不断改善制造方法，以期达到喷头小型化的效果。在专利 JP2009033894（20090217）中提出，液体喷射记录头设有用于从液体室经由液体供应口向发泡室排出液体的液体流路、用于使液体从一个通路经由进液口向各个发泡室循环并进而使液体从各个发泡室经由出液口向另一个通路循环的液体流路，其能产生墨水循环流且能小型化。在专利 JP2013143349（20130709）中提出了一种基板，包括发热电阻器，用于生成液体喷出要利用的热能；以及气泡检测装置，其配置在发热电阻器上，用于通过检测由于发热电阻器的发热所产生的气泡来控制发热电阻器的驱动，气泡检测装置具有两个电极，并且当在与基板垂直的方向上观看时，两个电极中的一个电极配置在与发热电阻器重叠的位置，而两个电极中的另一电极配置在不与发热电阻器重叠的位置，减小了施加至基体的过剩热应力，且可实现节能和稳定的打印操作。

2. 喷嘴材料

首先，因为喷嘴精细的结构，必然要求喷嘴不能被墨水腐蚀，需要喷嘴的制造用材料具有高斥液性，因此早期佳能公司主要着重在提高喷嘴的防水性，由于近年来喷嘴需要以精细的喷嘴结构来获得高质量图像，还要求斥液材料应当具有与通过光刻构图相应的光敏性；为了维持喷墨记录头的喷射口部表面的状态，在一些情况下用橡胶刮板等定期刮去残留在表面的墨，综上，要求防水处理后的喷射口部表面对摩擦具有高耐久性，也就是机械强度要高；因此，佳能公司对于喷嘴方面的改进致力于追求喷嘴表面的高斥液性、高耐摩擦性、易于擦干净以及光敏性。

喷嘴的防水性，如 JP6317799 提出的制造喷嘴表面的材料由具有含氟基团的水解类硅烷化合物制成，但是并不涉及光敏性，后面佳能公司在 2003 年申请的 JP2005504391 中提出了喷墨头的喷嘴表面包括由具有含氟基团的水解类硅烷化合物与具有可阳离子聚合基团的水解类硅烷化合物制成的缩合产物，其具有高斥液性、高耐擦拭性、易于擦净且与喷嘴材料具有高黏附力，斥液材料具有光敏性，能实现高质量图像记录，JP2008316884提出了一种液体排出头，该液体排出头设置有用于排出液体并由树脂制成的排出口的构件，构件含有光聚合树脂和无机细颗粒，在排出口开口的构件表面，排出口周缘的颗粒密度大于排出口周缘周围的颗粒密度，提高了排出口周围的机械强度；JP2009269185中的喷墨头的喷嘴由一种感光树脂光分解型高分子材料制成，其能尽可能地防止任何物质黏附至排出口面并防止黏附物影响排出的墨滴；JP2010196546中，在喷射口发现在抗液层的材料中使用亲水性基团以防止喷墨打印头的喷射表面上的污染例如沉积物和实现高打印质量非常有效，喷射口在其上开口的部件表面由具有疏水性第一基团和亲水性第二基团的硅氧烷化合物的固化反应形成，JP2013041650中，在喷射口的开口侧的构件表面上具有防水层，防水层含缩合物的固化物，缩合物通过具有环氧基的水解性硅烷化合物和具有全氟聚醚基的水解性硅烷化合物的缩合获得。

3. 喷嘴板表面处理技术

无论是顶喷还是侧喷型的打印头，喷嘴周围的表面物理性能对于稳定地从喷嘴喷射油墨至关重要。在打印头进行喷墨记录时，墨水有时会流入喷嘴周围的外表面区域，并在那里形成墨水池，这种墨水池会干扰从喷嘴喷射的墨滴的飞行路线由此使其偏离预定的飞行轨迹，使得墨滴着落在记录介质的预定位置之外，影响打印精度。此外，每次喷墨时墨滴的飞行方向都会变化，不再可能获得稳定的液滴射流。在最坏的情况下，由于喷嘴周围这种墨水池的增长而导致喷嘴阻塞，不能正常喷射。因此，喷嘴周围的表面物理性能对于打印头的喷墨性能有着重要影响。

为了解决上述问题，已经提出了用硅油或类似物处理喷嘴的外表面以使其表面具有疏水性。但是，用于上述处理的已知处理试剂对形成喷嘴的材料表面的黏合性差，因此，它缺乏耐久性。此外，处理试剂不仅具有流动性，而且记录油墨组合物中通常使用的溶剂对处理试剂还具有溶解性，所以处理试剂容易被记录油墨洗掉，因此其作用不能持续很长时间。另外，处理试剂经常混入记录油墨中，并导致油墨组成发生变化，这对喷墨记录的性能产生不利影响。已知的处理试剂的另一个缺点是其疏液性不令人满意，例如，硅氧烷体系处理剂对水性体系油墨具有足够的排斥性，但是，它对有机溶剂体系油墨（如醇体系、酮体系和酯体系）没有排斥性。

为此，申请号为JP16543779（19791219）的专利中提出了一种用于对喷嘴周围表面进行疏水处理的材料，用通式为$RSiX_3$的化合物处理喷嘴周围的区域，其中R是选自氟烷基、氟芳基、氟环烷基、氟烷芳基和氟烷基芳基的含氟基团，各自具有1~20个碳原子，且氟的数量与含氟基团中的其他元素之比不少于1：1；X是卤素，是选自具有1~5个碳原子的烷氧基、烷基和酰氧基或羟基的可水解基团。采用上述化合物对喷嘴周围表面进行疏水处理后，无论是水性油墨还是非水性油墨，在喷嘴板表面都具有较好的疏水性，因此在喷墨记录过程中具有较好的喷射稳定性。

另外，喷嘴板表面的疏水性能的好坏还取决于将疏水材料施加至喷嘴板表面上的方式，因为施加方式决定了疏水材料能否均匀、紧密地覆盖至喷嘴板的整个表面，由于在对喷头进行维护处理时需要刮擦喷嘴板表面，在疏水材料与喷嘴板表面黏附力不足的情况下，这种不断的刮擦容易使得疏液膜从喷嘴板表面剥离。而对于含氟材料施加在喷嘴板表面的方式，常见的有转移涂布、吸收体涂布以及喷涂涂布等方式，其中转移涂布包括采用旋转涂布的方式在硅橡胶上涂布形成疏液膜，之后再将黏附在硅橡胶上的疏液膜转移至喷嘴板表面，最后热固化以形成稳定的疏液膜。吸收体涂布包括将吸收体浸入疏水材料中来吸收疏水材料，之后将吸收有疏水材料的吸收体与喷嘴板表面接触以将疏水材料涂覆在喷嘴板表面并热固化以形成疏液膜，最后在压力作用下冲洗掉喷嘴口处的疏液膜。而喷涂涂布为采用喷射装置将疏水材料喷涂至喷嘴板的表面。然而，上述涂布方式都难以均匀地施加疏水材料，且疏水材料与喷嘴板表面之间的黏附力不足使得疏液膜容易剥离，所以降低了疏液膜的可靠性以及耐久性。

对此，在申请号为 JP28467391（19911030）的专利中记载了采用等离子体法形成疏液膜的方式，首先，采用等离子体法或气相沉积法在喷嘴板表面形成碳膜，之后，在氟化氮化合物存在的条件下进行放电，使由放电产生的含氟等离子体与喷嘴板表面的碳膜接触反应，从而在喷嘴板表面均匀、紧密地形成 F-C 键结合的疏液膜，最后加压冲洗掉喷嘴口处的疏液膜从而形成与喷嘴连通的喷射流路。采用等离子体法形成的疏液膜能显著提高疏液膜与喷嘴板表面的黏附性，提高耐摩擦性能，从而减少或避免疏液膜的剥离。

然而在对采用等离子的方式形成具有 F-C 键结合的疏液膜的疏水性能进行评价时发现，其疏水性能与没有 F-C 键结合的疏液膜基本相同，并没有显著提高喷嘴板表面的疏水性能，其原因在于在喷嘴板表面沉积形成碳膜时，碳膜表面并不是均匀平坦的，其在微观上存在凹凸不平，所以在之后采用等离子法形成 F-C 键结合的疏液膜时，氟等离子体未黏附至碳颗粒的凹部以及细小间隙区域，因此难以在整个表面上均匀、完整地形成 F-C 键结合的疏液膜，也就是说，在喷嘴板表面的有些区域并不存在疏液膜，所以期望在喷嘴板表面均匀、全面地形成具有较好黏附性的疏液膜。为此，申请号为 JP2002023693（20020131）的专利中提出了喷嘴板的制备方法，其中将碳基板浸入熔融状态的含氟化合物中，在该状态下对碳板施加电压，从而在碳基板的全部表面上以 F-C 键结合的方式形成疏液膜。在该方式下能够在碳基板表面上均匀、全面地形成具有 F-C 键结合的疏液膜，从而提高喷嘴板表面的疏水性，并具有较好的耐久性。另外，采用碳基板形成喷嘴板，使得喷嘴板具有低热膨胀系数并且具有高弯曲强度，从而减少基板的弯曲形变，提高喷射性能。

4. 电极布线技术

在热气泡式喷头的基板结构中，热气泡式的电气布线层，其配置在绝缘膜中并用于向加热电阻元件供给电流，因此电气布线层将从头外部供给的电力引导至电热变换元件的通道，因此电气布线层的结构与连接关系着发热电阻能否实现有效加热，线路连接的复杂程度关系着气泡的发泡的速度以及喷头的结构，通过对相关专利文献的标引，对于热气泡式布线连接技术的改进从解决的技术问题以及所取得的技术效果上分为三个分支，分别是使得喷头基板小型化、提高电路连接的可靠性避免发生漏电和短路现象以及实现布线的低电阻化以提高加热效率，下面依照时间先后顺序选择几个代表性专利以对该技术的发展进行总结。

（1）喷头基板小型化

佳能公司 1999 年申请的 JP15864699 中的喷墨打印头用致动器包含：具有固定的支持部分和可移动部分的可移动元件；具有可移动元件的衬底，可移动元件被支持成与衬底有特定间隙，其中，用来为可移动部分提供间隙的金属层被可移动元件的固定支持部分覆盖并且用作布线层，克服现有喷墨打印头中布线电损耗大、结构复杂、尺寸大的缺陷；JP2003377262 中的记录头用基板，具有多个记录元件、驱动元件、公共布线部和第 1 焊盘，其中驱动元件使恒定电流流入记录元件，其由与多个记录元件对应设置并对对应的记录元件的驱动进行开关控制的 MOS 晶体管构成；公共布线部连接可同时驱动的多个记录元件，并公共地供给电力，第 1 焊盘向公共布线部提供电力，其能抑制布线宽度的增加及基板尺寸的增大，可使驱动元件小型化；JP2004210086 提出将电极设置在记录元件基板的两面上并通过内部布线电连接该两面上的这些电极，加热电阻器和电极形成在液体排出基板的表面上，该加热电阻器产生用于从排出口排出墨的能量，该电极将加热电阻器和贯通电极彼此电连接，其减小记录元件基板的宽度，又避免了电极集中；JP2007135524 的液体排出基板设有第一电极；支撑构件上设有第二电极；第一中间构件与第一和第二电极抵接以电连接第一和第二电极，与第一电极抵接的第一中间构件的抵接面被平坦化；第二中间构件沿着第一和第二液体供给口的周边形成，紧密附着到第一中间构件和支撑构件；密封构件形成至少密封第二中间构件和液体排出基板之间的空间，解决了若基板小型化，则难以通过引线电连接一定数量的端子，层叠支撑构件墨供给口周围的平面度存在问题，从而影响电连接的问题；JP2010108406 中的记录头基板的电气布线部件提供的布线层中的多条信号线含逻辑电源线、逻辑接地线及多条逻辑信号线，多条逻辑信号线至少含第一逻辑信号线及第二逻辑信号线，在布线层上，与逻辑电源线及逻辑接地线中的一个连接的线状图案沿第一逻辑信号线及第二逻辑信号线布置。

（2）电路连接可靠性

佳能公司在 2002 年申请的 JP2002235738 中，衬底接在源极区域一侧的第二布线的布线电阻小于连接在漏极区域一侧的第一布线的布线电阻，衬底或第一布线共同连接到多个电热转换器并连接到驱动电源；第一布线用于为多个电热转换器提供电力；第二布线用于将多个电热转换器接到接地电位上，其能防止开关元件中的击穿，且能提高集成度，能较高地设置额定电压，能使用大电流；之后在 2004 年的 JP2004260829 中，喷液头用半导体装置在基板上有第一布线层和第二布线层，基板上有第一布线层和第二布线层，由记录元件和驱动元件对形成段，第一布线层中有将同一段内各驱动元件的第一端子互相连接并接地的第一布线，驱动元件的第二端子和记录元件的第一端子一对一连接，记录元件第二端子上用第二布线层形成电源布线，解决半导体基板上配置的加热器个数增加会导致记录头加长或缩短记录头短边长度引起电源线或 GND 线减小的问题；JP2011189346 中电布线基板含用于传输驱动能量产生元件用的电力的布线及使记录元件基板暴露的开口，多个连接部电连接记录元件基板及电布线基板；凹部形成于记录元件基板和电布线基板之间；至少一个槽与多个连接部中的至少一个对应地形成在凹部底部。至少一个槽含第一部分及第二部分，第一部分沿着多个连接部的排列方向形成，第二部分沿着与排列方向交叉的方向形成，其避免引起电极端子的密封缺陷从而减少了短路的可靠性；JP2012285437 设置有在流经保护层中的发生短路的一个保护层的电流断开相应的熔断部，并且这切断了与其他保护层的电气连接在覆盖各发热电阻器的保护层彼此电气连接的情况下，存在电流流经除发生短路的保护层以外的其他保护层并且质量变化的影响扩散的风险，以在保护层和共通配线之间置入断裂部（熔断部）的方式将保护层电气连接至共通配线。

（3）低电阻化

佳能公司于 1991 年申请的 JP11522391 提出了将电气布线的端部设置为锥形形状，因此改善了保护膜的覆盖性，其结果是可以减小保护膜的厚度，其抑制液体喷出头的电力消耗，重要的是将加热电阻元件的热有效地传递至液体；JP2004342245 中提出的申请中，其液体排出头用基板，包括电配线和电极片，电配线为由电镀法形成的金属膜，用于将电力供给到排出能量发生部分；电极片使用与电配线相同的金属材料由电镀法形成，其用于接收从液体排出头用基板的外部供给到电配线的电力，通过将电极片使用与驱动回路的共用配线相同的金属膜实现低电阻化的需要；JP2011013276 中提供一种液体排出头，可在减小电力线的布线电阻及减少累积在电布线构件内的热的情况下，降低接合连接期间内引线的反作用力，具体是记录元件基板含用于生成排出液体用的能量的多个能量生成元件、电连接至多个能量生成元件的多个电连接单元，电布线构件，含多个输入端子、多个布线及多个引线，多个输入端子可电连接至外部电连接单元，多个布线夹持在膜之间且电连接至多个输入端子，多个引线导通至多个布线，从膜之间延伸到外部且电连接至多个电连接单元。多个布线具有用于向能量生成元件供给电力的电力线和用于向能量生成元件供给信号的信号线，并被配置为满足 $A>B$ 且 $B<D$ 的关系，A 是信号线的最大宽度，B 是连接至信号线的引线的最大宽度，D 是连接至电力线的引线的最大宽度；JP2015233689 提出设置有两个电气布线层，其中第一电气布线层配置在绝缘膜中并用于向加热电阻元件供给电流，第二电气布线层，其配置在绝缘膜中的与第一电气布线层不同的层并用于向加热电阻元件供给电流，以及至少一个连接构件，其在绝缘膜内延伸，以使第一电气布线层与加热电阻元件连接，用于使电流沿第一方向流动，加热电阻元件包括沿与第一方向交叉的第二方向延伸的连接区域，至少一个连接构件连接至该连接区域，其降低了整体的布线电阻。

5. 流路制造技术

从热气泡加热头产生以来，最早期的期望就是其能在较长的工作时间内稳定，连续地形成液滴，佳能公司从喷嘴的设置、制造出发进行了一系列技术研究。最早在专利US19840573476（19840124）中提出对喷嘴与能量产生元件之间的位置关系做出限定，将喷嘴中心线到能量产生元件中心位置的距离设为a，喷嘴中心线到液体流路的底面中心线的距离设为b，为了达到最佳性能，a/b的值应等于或小于50。同时改善了液滴的形成频率，即每个输送口的液滴数量更高，以实现稳定喷射。最初的喷墨头并没有那么精细，喷墨记录头是各种零件的组件，甚至需要采用板簧将零部件组装在一起，当将零件组装在一起时要使用板簧。在利用板簧的弹力的情况下，用于形成墨水的通道的底座和顶板由一板簧固定，而在普通的喷墨记录头中板簧具有很大宽度。在某些记录头中使用孔板，但由于各种需要，其位置调整困难。为了便于最后组装在一起，零件间暂时粘接在一起。一般利用“M”形板簧平面部分的表面压力来连接两零件。然而压力不集中在中部，因此，压力均匀地分布在接触面上，结果，引起中部压力减小。如果上述技术应用于喷墨记录头，在带有限定墨水通道的槽的顶板和板簧之间的压力就不均匀，在相邻近的通道之间就会形成间隙。因此，在通道底板上形成的压力就传到相邻近的墨水通道，形成不稳定的喷墨速度，或喷墨偏斜，或串通，墨水就会通过不当的通道喷射。如果发生这种情形，当然就会降低印刷质量等级。在普通的记录头中，顶板是由树脂材料制成的，因此，表面压力会使顶板翘曲，从而难于均匀压紧喷孔部分。

经过实验和调查发现，线压力可以提供一种克服上述问题的解决方案。具体地说，具有限定墨水通道的槽的顶板是靠施加线压力的一压紧件而与限定一封闭的通道的底座压紧连接在一起的。正如佳能在专利JP24102989（19890918）中提出一种结构简单、喷墨稳定的喷墨头，使用线压力而不是面压力来使顶板压在底板上，一板簧被弯曲大约90°，而利用弯曲的部分压紧零件则很容易地施加了线压力，从而保证压力精度，确保稳定喷射。

随着技术的进一步发展，人们对喷墨头性能的要求不仅仅局限于稳定性，更多地开始追求高质量、高速度的喷墨效果，佳能也对此做出了大量的技术研究。在通过排放出口排放墨水时，经常产生由微小墨水粒子组成的墨雾，以及这种墨雾停留在排列于排放出口面上的排放出口的附近，产生残留的墨水，导致中断墨水从排放出口的顺利排放。因而在追求高品质的打印效果的技术研究中，最开始的技术落脚点在抑制墨雾。最早在专利JP11283290（19900427）中由于气泡在出口孔的边缘附近与周围环境连通，因此可以在不飞溅液体和不产生雾的情况下产生墨滴。曾经有通过在排放出口面涂敷拒水材料，即在排放出口面的整个区域上涂敷了拒水材料形成的膜来解决该问题，根据该日本专利文献中所公开的技术，减少了停留在排放出口外围区域的墨雾的产生，该技术在一定程度上有效。然而即使对于这种在排放出口面上涂敷了拒水膜的喷墨记录头，也存在某种倾向：墨雾逐渐附着在排放出口面上，导致进入排放出口，而在高频驱动脉冲和高速记录的情形下引起不良记录。佳能公司通过研究发现，当长时间以高频驱动脉冲和高记录速度进行连续记录时，产生的墨雾易附着在远离于排放出口而设置的排放出口面上所设置的拒水膜的给定区域上。佳能同时还获得一个惊喜发现：拒水膜表面与液体（墨水）的接触角较大，其中接触角为 80°或以上时，使墨水明显地流动化。因而在专利 JP25998193（19931018）中提出在排放出口面设置多个以较高密度排列的排放出口，它被设置成一种特定图形的表面状态，排放出口面与排放出口的排列相距 500μm~1mm，使得能够将排放出口维持在理想状态，墨水表现出极大的流动性，而不受在进行打印时出现的微小墨水粒子（下文有时称为墨雾）的影响，排除在常规喷墨头中由于附着在排放出口附近的移动的墨雾而引起的不良打印问题，并提供一种具有改进的排放出口面的改进喷墨头，其中，这样的移动的墨雾被转换到一种基本不移动的状态，使得它们不能到达排放出口。当通过往复移动喷墨记录头而进行记录时，墨雾凝聚体借助因往复运动动作而产生的惯性力或借助其本身的重力开始移动，最终到达并进入某些排放出口，导致那些排放出口不能发挥其排放性能。

随后对抑制喷墨过程中抑制白条进行了研究。由于互联网和数字照相机的普及等，对高灰度等级的彩色印刷的要求也越来越高。喷墨打印机的高性能化也随之发展。作为可以获得高精细且高灰度等级的高品位打印图像的手段：①缩小用于喷出墨水的喷出口的排列间隔，谋求提高析像度；②对于特定的彩色墨水，准备分别喷出含在该墨水中的色剂的比例，即色剂的浓度不同的多种（最低 2 种）的彩色墨水的多个打印头，根据需要通过有选择地重叠打印浓墨水和淡墨水来提高灰度等级；③通过使从喷出口喷出的墨滴的大小，即墨水量可变来谋求灰度等级的提高等的方法以为人所知。在作为用于使墨水从打印头的喷出口喷出的喷出能量使用热能、使墨水中产生气泡并利用那时的发泡压力的、所谓的泡点喷射方式的打印机中，被认为难以使用上述的③的方法，使用①或②的方法特别有效。但是，当要实现上述②的方法时，需要对于特定的彩色墨水准备两个以上的打印头，从而使成本变高。因此，在泡点喷射（注册商标）方式的打印机中，如①那样地使喷出口的排列间隔变窄，缩小从各喷出口喷出的各个墨滴的大小（例如 10pL 以下）来谋求提高析像度的方法由于几乎不使制造成本上升，可以称为最理想的简便的方法。在使这样小的墨滴从喷出口喷出时，伴随着墨水的加热将由于膜沸腾而成长的气泡通过喷出口与大气连通的方式的打印头被公开，为了与将由膜沸腾成长的气泡不与大气连通地喷出墨滴的原来的泡点喷射方式的打印头区别，有时将其称为所谓的泡点穿过方式。在将由膜沸腾成长的气泡不与大气连通地喷出墨滴的原来的泡点喷射（注册商标）方式的打印头中，必须伴随着减小使从喷出口喷出的墨滴的大小，而缩小与喷出口连通的墨水流路的通路横截面积，从而存在使用喷出效率降低并且从喷出口喷出的墨滴的喷出速度降低的问题。当墨滴的喷出速度降低时，不仅其喷出方向不稳定，而且在打印头停止打印时伴随着水分的蒸发而产生墨水的增黏化，喷出状态变得更加不稳定，从而有可能产生初始喷出不良而带来可靠性降低。佳能技术人员研究发现，由于气泡与大气连通的泡点穿过方式的打印头可以只由喷出口的几何形状决定墨滴的大小，因此，可适合于喷出小墨滴的情况，具有不容易受温度等的影响、墨滴的喷出量与原来的泡点喷射方式的打印头相比变得非常稳定的优点，因此可以比较容易地获得高精细且高灰度等级的高品位打印图像。为了获得高精细且高灰度等级的高品位打印图像，最好是使极少量的墨滴从一个喷出口喷出进行打印。这时，为了使打印速度高速化，需要以短周期使墨滴从喷出口喷出。而且必须与打印头的驱动频率同步地高速地使搭载着打印头的滑架相对打印介质扫描移动。从这样的观点来看，在喷墨式打印机中，可以说泡点穿过方式的打印头最适合。佳能研究发现，热气泡式打印机头在由滑架的多次扫描移动进行满打印时，形成在打印介质上的是满打印的图像。滑架与打印头一同在满打印的图像中从上向下扫描移动，而由上次的扫描移动形成的满图像与下一次的扫描移动形成的满图像之间形成着白条，为了防止这样的问题，通过增大从位于喷出口的排列方向两端侧的喷出口喷出的墨滴的大小，即增大墨滴的惯性质量，可以抑制从位于该喷出口的排列方向两端侧的喷出口喷出的墨滴的喷出轨迹的偏移。但是增大墨滴时，对于形成高精细且高灰度等级的图像带来障碍。而且，液滴对于打印介质的浸透变慢，伴随着打印介质的膨润导致打印图像变差的可能性变高。而且，通过使对于喷出能量产生部的驱动频率降低也可以缓和上述的问题。但是在降低对于喷出能量产生部的驱动频率时，打印速度也变慢，不能满足用户的高速打印的需求。在专利 JP2002249704（20020828）中对多个喷出口的排列间隔以及从喷出口一次喷出的液体的量做了限定，通过对多个喷出口的排列间隔以及从喷出口一次喷出的液体的量做了限定，如间隔优选在 42.3μm，排出量最好是 10pL 以下，抑制从位于其排列方向两端侧的喷出口喷出的墨滴的偏移，即使在形成满打印时也不产生白条。

除此之外，抑制水雾、保证喷射位置、防串扰也是对打印效果的常见要求。例如，在专利 JP2004373886（20041224）中提出，该排出能量产生部件布置成在从垂直于主表面的方向观察的平面图中跨在端口部分的内部和外部之间，在从垂直于主表面的方向看的平面图中，排放能量产生组件布置在排放口部分的内部和外部区域之间的跨度上，从而当液滴较小时减少了墨水在排放口部分中的停滞。因此，该喷墨头防止了排出口中弯液面的偏移，减少了不稳定的附属物，并实现了稳定的排出，从而减少了图像劣化和浮起的水雾。通常使主液滴与副液滴的着落位置的偏差小可缩小打印头的喷出口面（喷出口所处的面）与打印介质之间的距离 h，或者增大液体的喷出速度，然而，当试图缩短打印头的喷出口面与打印介质之间的距离 h 以使主液滴与副液滴的着落位置的偏差小时，缩短该距离 h 是有限的。当距离 h 太短时，液体提供于其上的打印介质会由于折皱而接触打印头的喷出口面。另外，由于从打印介质表面弹回的液体或者附着在喷出口面上的雾状液体，还会出现液体喷出不良。当试图加快液体喷出速度以使主液滴与副液滴的着落位置的偏差小时，加速同样也是有限的。专利 JP2006116101（20060419）中提出使喷出口所处的打印头的喷出口面的法线形成为以预定角度与喷嘴的轴线相交，且喷出口面朝向与打印头和打印介质的相对移动方向有关的方向倾斜。这允许主动地分化从喷出口喷出的液体的主液滴和副液滴的喷出方向。主液滴是通过喷出口附近的喷嘴内的液体形成的，副液滴是通过远离喷出口的喷嘴中的液体形成的。如主动分化主液滴和副液滴的喷出方向使该主液滴和副液滴在打印介质上的着落位置的偏差小，并在实现高速印刷的同时，打印高质量图像。在专利JP2010007994（20100118）中提出，增大墨喷射频率以提高吞吐量，并且同时能够减小墨喷射时多个热施加部之间的压力的影响，或减小所谓的串扰（crosstalk），由此能够以高速打印高品质图像。提供一种喷墨打印头，其具有多个热施加部和多个供给口，其中，每个热施加部通过使用电热转换元件的热能将从至少一个供给口供给至该热施加部的墨从对应的喷射口喷射出，一个以上的热施加部在预定方向上与供给口交替地排列；至少一个供给口的在垂直于预定方向的方向上的开口尺寸比电热转换元件的在垂直于预定方向的方向上的长度大。通过使供给口的与热施加部的排列方向垂直的方向上的开口尺寸比电热转换元件的与热施加部的排列方向垂直的方向上的长度大。这种布置能够减小将墨再填充到热施加部时的墨流动阻力，从而允许增大墨喷射频率，提高了吞吐量。此外，通过沿着热施加部的排列方向布置开口尺寸被如上设置的多个供给口并且将它们在热施加部的排列方向上与热施加部相邻地设置（设置在热施加部之间），热施加部内的压力能够通过供给口被有效地吸收，以减小多个热施加部之间的串扰，从而允许以高速打印高品质图像。

近年来，对喷墨打印机的记录速度和图像品质的要求日益增加，并且液体喷出头趋向于高密度化和长尺寸化。随着液体喷出头的点密度从传统的600dpi提高至1200dpi，构成墨的流路的流路壁的截面面积趋向于减小并且喷出口形成构件的机械强度趋向于降低。出于此原因，喷出口形成构件趋向于容易由于应力而变形。另外，与在多个喷出口的排列方向上的两端部处相比，在多个喷出口的排列方向上的中央部处的抵抗应力的刚性相对低，在该中央部处喷出口形成构件的体积小。为此，随着液体喷出头长尺寸化，喷出口的排列方向上的中央部变得容易受到应力影响，并且担心喷出口形成构件变形。在喷出口形成构件中已发生变形的情况中，喷出口变形，并且液滴变得难以通过喷出口在期望的位置稳定地着落。结果，导致记录物的记录品质降低。当充分地增加梁状突起的体积以便不引起喷出口形成构件的变形时，应力起作用的位置移动至刚性相对低的部分，换言之移动至基板与喷出口形成构件之间的界面。结果，担心喷出口形成构件与基板分离。从而，难以解决记录物的记录品质降低的问题。在专利JP2013086468（20130417）中提出在一个喷出口形成构件中使用从梁状突起和柱状突起延伸的加强肋的组合，喷出口形成构件具有：多个喷出口，液体经由多个喷出口被喷出；和至少一个梁状突起，梁状突起在与供给口对应的位置处朝向基板突出并沿着喷出口的排列方向延伸，其中，梁状突起的在喷出口的排列方向上的中央部中的与喷出口的排列方向垂直的截面面积大于梁状突起的在排列方向上的两端部中的在与喷出口的排列方向垂直的方向上的截面面积。从而当充分地增加梁状突起的体积时可抑制喷出口形成构件的变形。液体喷出元件密集地设置在液体喷出头中，以便以较高的速度打印高质量的图像。在该液体喷出头中，由于与现有技术相比通路是密集配置的，所以通路的尺寸减小。当通路的尺寸减小时，在液体流过通路时流阻会增加，因而使压力损失增大。为此，喷出口处的负压增大，因而可能会影响打印动作。例如，当负压增大时，喷出口的弯液面会朝向喷出口的内部缩回，因而液体喷出量变得小于低负压状态的液体喷出量。当液体喷出量小时，打印浓度变低，因而不能获得期望的结果。专利 JP2016239695（20161209）提出一种液体喷出模块，其包括从喷出口向相对移动着的打印介质喷出液体的打印元件基板，喷出口与设置于打印元件基板中的通路连通，多个喷出口沿着通路设置并且形成沿与相对移动的打印介质的移动方向交叉的方向延伸的喷出口列，其中设置有多列喷出口列的打印元件基板包括对应于各喷出口列的通路和与通路连通的多个开口，并且开口中的至少一个开口的重心位置被设置为相对于其他开口的重心位置偏离沿相对移动的打印介质的移动方向延伸的同一直线。利用该配置，即使当打印元件基板的位置略微偏离预定位置时，通过使喷出口重叠的驱动控制也不能看到打印图像的黑条纹或缺失。

小型化和高速喷射一直以来都是喷头想要同时达到的效果，但是二者所要求的制造方式却互相降低另外一方的效果。液滴的尺寸的这种减小能够使构成图像的点的尺寸减小，并且能够减小由图像所传达的粒度感。从而，液滴的尺寸的减小明显有助于提高图像质量。然而，也已经发现液滴的尺寸减小在成本、打印速度、热效率等方面不利。随着喷墨打印设备的操作速度的增加和由喷墨打印设备提供的图像质量的提高，已经试图在增加喷射频率的同时减小由打印头喷射的液滴的尺寸。液滴的尺寸的减小需要在打印头中的每个喷射口的开口面积的减小。然而，喷射口的开口面积的减小会增加在与喷射口相通部分（喷射口部）中对于液体的流动阻力，这阻止了获得期望的喷射性能和效率。在专利 JP2008192227（20080725）中提出在相同的打印头基板上设置不同尺寸的墨滴通过其喷射的多种类型的喷嘴，以便根据图像密度选择使用多种类型喷嘴中之一。例如，已经提出如下打印方法：对于图像的低密度部分和中等密度部分使用小墨滴形成小点，而对于图像的中等密度部分和高密度部分使用大墨滴形成大点。在该情况下，如果可以获得两种类型的液滴的尺寸，即大滴和小滴的尺寸，并且大点与小点的比率是 2~4：1，通过根据图像的分辨率从低密度部分到高密度部分将大点和小点连接在一起，能够打印清晰的图像。从而根据要被打印的图像的密度来选择形成点的尺寸中之一。这能够快速和有效地形成图像，允许打印操作的热效率得以提高。

9.1.3 热气泡喷墨控制技术发展状况

在热喷墨打印系统中，通过向产生用于排出墨滴的气泡的加热器供电来生成热能，结果，加热器邻近区域中的墨的温度极大地影响了气泡的生长。在气泡和墨之间的界面处进行释放墨中气态形式的墨分子的处理以及进行将液态形式的墨分子压迫成气泡的处理，并且气泡邻近区域中的墨的温度极大地影响了气泡的形成。因此，当墨的温度高时，由于将许多墨分子释放为气泡，因此气泡生长直到相对较大为止。另一方面，当墨的温度低时，由于将较少的分子释放为气泡，因此所产生的气泡的大小相对较小。

因而，气泡的大小影响了由气泡所挤出的墨的量（称为“排出量”）。因此，在热喷墨打印设备中，由于加热器附近的墨的温度极大地影响了墨的排出量，因此，当墨的温度高时排出量趋于增加，而当温度低时排出量趋于降低。

因此，即使当向加热器施加相同的驱动脉冲时，墨排出量也根据加热器附近的墨的温度而不同。此外，如果向加热器连续施加驱动脉冲，则热累积在记录头中。因此，如果从记录头连续排出墨，则这使得加热器附近的墨温度升高，从而墨排出量增加。

这时，喷墨打印机通过使用加热器（仅用于加热打印头的加热器或者还用于墨喷射的加热器）和温度传感器进行温度调节，其中，加热器用于加热保持墨的打印头，温度传感器用于检测与墨有关的打印头的温度。具体地，通过将温度传感器所检测到的温度反馈给加热器的热量施加，来进行温度调节。这种喷墨打印机的一种结构是将加热器和温度传感器安装在打印头附近，例如，安装在构成打印头的部件上，而另一种结构是将加热器和温度传感器与打印头分开安装。另外，还有一种不使用检测温度反馈而仅控制使用加热器的热生成来进行温度调节的喷墨打印机。

此外，也可以在不进行温度调节的情况下直接改变喷射的墨的量，具体地，在向加热器施加脉冲时，通过喷射加热器生成热能加热墨并形成气泡，并且使用气泡所形成的压力来喷射墨。在该系统中，改变施加给喷射加热器的脉冲的脉冲宽度，以控制用于改变所喷射的墨的量而生成的热量。

通过上述描述可知，控制技术包括温度反馈、温度调节、脉冲调制等方面技术。

1. 墨排出检测（温度反馈）技术

在喷墨打印设备中，排墨量强烈地受到加热器附近墨温（以下称为“墨温”）的影响。当墨温高时，排墨量就大，而当墨温低时，排墨量就小。根据喷墨打印方法，在打印期间加热器附近的温度高于打印开始时的温度。排墨量在高温打印部分与低温打印部分之间改变。当打印照片等的图像时，可能会在打印介质上打印的图像中出现浓度不均匀，从而降低了打印质量。

使用这种喷墨头的喷墨打印机的一些或所有喷墨头易于遭受排出故障，这是由于喷嘴被异物阻塞、由于气泡妨碍了供墨通路，或者由于喷嘴表面的湿度水平（润湿性）的变化等。特别地，在高速打印的情况下，当使用其上安装有对应于记录材料完整宽度的多个喷嘴的整行式喷墨头时，出现的一个重要问题是，在这多个喷嘴中确定发生排出故障的那个喷嘴，提供对应于故障喷嘴的图像部分的补偿，以及在喷墨头的恢复过程中考虑该补偿。使用这种喷墨头的喷墨打印机可能出现这样的情况，即其中从每个相应喷嘴排出的墨的量会随着喷墨头中温度的改变而变化，并且所打印的图像的浓度不可靠。在涉及整行式喷墨头的情况下，抑制由于所排出的墨的量的变化而可能导致的图像的劣化是特别重要的。

鉴于上述重要因素，长久以来提出了多种类型的用于检测不排出墨的时间、补偿排出失败的方法、控制方法和设备以及多种用于控制墨排出量的方法，包括电属性检测、热属性检测、光属性检测等。

在电属性检测技术方面，JP11879877（19771003）公开了一种在墨排出源中检测是否正在排出墨的方法。根据该文献，当通过给墨提供热能来从喷嘴排出墨时，电阻的阻抗值响应于加热器所产生的热量而改变的导体被放置于这样一个位置，即从该位置可以检测由加热器所发射的热，以及通过检测导体的阻抗值的变化量来检测温度。取决于对应于它们的阻抗值变化量的温度变化，暂停向加热器施加排出信号。JP93382（19820108）公开了另一种在墨排出源中检测是否正在排出墨的方法，在诸如硅基板等的同一个支撑上提供电热换能器（加热器）和隔膜型温度传感器，并且被配置为膜的温度传感器被覆盖在电热变换器的阵列区域。加热器的阵列区域被完全包含在温度传感器的阵列区域内，而温度传感器的阵列区域又作为加热器阵列的覆盖而被放置，由此提高了检测以及温度控制的精度和响应度，可以快速地检测排出故障。上述文献还公开了在墨水喷出源检测墨水喷出状态的方法。根据该方法，在由从电热转换体产生的热量使电阻值变化的位置排列导体部，检测与导体部温度相关的变化的电阻值的变化量，进而根据该温度变化，中止向电热转换体施加喷出信号。

由于无论有无峰值数据都在每个峰值时刻存储所有电阻值，因此存储器内的电阻值数据变多。另外，在解析该电阻值数据时，需要确认所有电阻值数据，根据温度有无上升来确定被加热的喷嘴的程序。之后逐渐开始不喷判定。另外，虽然在温度不上升时判断为“无峰值数据”，但在有峰值数据时，即使峰值器因断线等产生故障的情况下，仍仅判定为“无峰值数据”，不能判定为“加热器故障”。JP12639093（19930527）公开了根据假负载电阻（dummy resistor）的电阻值进行喷墨头的分级，并且根据分级改变确定是否已经发生排出故障的条件。保护喷墨头免受热量过度升高，并且执行排出故障的高精度检测。JP2007155727（20070612）电压输出电路具有第一开关元件及第二开关元件，第二开关元件获取温度传感器两端的电压，检测导体阻抗值变化量。

在光属性检测技术方面，通过细喷嘴喷洒细墨滴进行记录还存在一些不稳定性。例如，喷嘴中喷墨孔被污物、粉尘堵塞或墨汁浓稠使墨滴喷不出来，或喷嘴中加热墨汁的加热器脱离，使墨滴喷不出来，或其他各种各样的原因使喷嘴中的喷墨孔被墨滴封住，而使墨滴喷不出来，这样沿主扫描（串行扫描）方向会出现类似白杠等现象。这就存在制造出有缺陷图像的可能。作为检测墨滴飞溅的方法，JP1327989（19890124）公开了设置配置在记录头的喷出口列两端附近的发光元件与受光元件的组合，通过检测所喷出的记录液的装置判断各喷出口的记录液喷出状况。JP2940490（19900213）公开了用于使从整行型喷墨记录头的墨水喷出状态相同的结构。根据该结构，其具有氢化非晶硅、CCD等作为光传感器的检测装置（读取头）和设定装置，上述检测装置用于检测是否已喷出墨水，上述设定装置基于由上述检测装置检测时的驱动条件进行头的设定。JP7958293（19930406）公开了为了检测记录物、得到无图像欠缺的图像，在检测用纸上记录预定图案，用读取装置读取这些预定图案，检测异常记录元件。检测到异常后，移动要加载在异常记录元件上的图像数据，将该图像数据重叠在其他记录元件的图像数据上来进行记录补足。

在热属性检测技术方面，JP11617792（19920508）公开了一种通过根据在特定能量被施加到喷墨头的加热器时所出现的温度变化确定检测墨残余量的门限值，来检测喷墨头的温度属性的技术。在 JP31409397（19971114）中公开了一种检测喷墨头的墨排出状态的检测方法，其中与不允许墨排出的热上升的水平相当地测量温度升高和温度降低，并且在与打印操作的定时不同的定时上测量喷墨头的温度上升和温度降低，与预备的墨排出有关。如果墨排出发生故障，则测量到喷墨头的温度上升和温度下降，根据打印状态监视步骤暂时获得喷墨头的热属性，并且根据测量的比较结果确定是否正从喷墨头正确地排出墨。JP2006169381（20060619）温度检测电路获取在没有电流流入加热器的状态下由对应于记录头的加热器的温度传感器所检测的第一温度数据，以及在电流流入加热器的状态下获取加热器的第二温度数据。基于第一和第二温度数据获得用于校正温度传感器所检测的温度数据的校正数据。基于校正数据校正温度传感器所检测的温度数据，解决喷墨记录装置难以识别故障喷嘴、难以检测多喷嘴的排出故障的问题。

温度检测元件的灵敏度由于以下因素而改变：由在墨排出时产生的热的影响引起的、温度检测元件的电阻值的时间变化；或者通过重复墨排出操作引起的、用于保护打印元件的保护膜的状况的变化。这意味着温度检测元件的检测温度根据打印元件的使用而改变。JP2006170246（20060620）公开了用于检测正常排出时的温度下降以检测来自打印头的墨排出的失败的方法，在正常排出时，在检测温度达到最高温度的时刻后经过了预定时间之后出现温度下降速率改变的点，但在排出失败时没有出现这种点。因此，通过检测特征点的有无来判断墨排出状况。此外，在生成墨排出所用的热能的打印元件的正下方设置温度检测元件，并且作为用于检测特征点的有无，并通过温度变化的微分处理来将检测特征点检测为峰值。JP2018062260（20180328）中设置多个温度检测元件，其与多个加热器相对应设置；以及检查电路，其被配置为基于通过使用多个温度检测元件所获得的温度检测结果来检查多个喷嘴的墨排出状况；检查单元，其被配置为通过以下操作来使打印头检查墨排出状况：从打印头的多个喷嘴中选择作为墨排出状况的检查对象的喷嘴，为了检查所选择的喷嘴而设置用于检查多个温度检测元件中的与所选择的喷嘴相对应的温度检测元件的温度检测结果的阈值，并且使用检查电路和所设置的阈值；即使温度检测元件的灵敏度由于打印元件的使用而改变，也可以正确地判断墨排出状况。

2. 喷射控制（驱动控制）技术

（1）温度驱动控制技术

为了防止排墨量根据墨温而变化，一种抑制排墨量变化的温度保持控制方法为，打印头在打印开始之前被加热到给定温度，并且在打印期间进行调整以保持打印头中的温度。

例如，JP19317791（19910801）公开了一种通过 PWM 控制将打印头维持在高于周围温度的温度以在宽的温度范围抑制排墨量变化的同时来打印的喷墨打印设备。然而，当打印如拍照图像这样的高质量图像时，在打印期间打印头所达到的最高温度可能超过所保持的打印头温度，并且排墨量可能改变。当打印需要少量加热器驱动计数的文本数据等的打印数据时，最高打印头温度保持相对较低，而打印头被保持在高温。JP32600793A（19931130）提出了一种预先设置可以减小排墨量的变化宽度的温度，并且通过加热打印头衬底将打印头温度调整到参考温度的方法。在以低分辨率打印时，加热器驱动计数减少，在打印期间打印头达到的最高温度降低。JP2002314596（20021029）包括计时器、控制装置、温度传感器；计时器对在记录头的图像记录动作中，即进行连续的图像的记录的中途使记录动作中断后，重新开始记录动作进行图像记录动作的场合的记录中断时间进行计时；温度控制是进行不使墨水排出到设于记录头的电热变换体的程度的加热，控制装置在重新开始记录动作之前根据由计时器检测出的记录中断时间的长度进行记录头的温度控制。解决现有喷墨记录装置墨水排出量变小，浓度下降，导致图像品质劣化的问题，提供一种记录装置及其控制方法，其可抑制中断时间的长度导致变化的渗润等因素。

综上所述，当基于高于打印期间打印头实际所达到的最高温度的参考温度来执行温度保持控制时，可以减轻排墨量变化时的墨浓度不均匀。如果基于低于打印头实际所达到的最高温度的参考温度来执行温度保持控制，则打印头温度变化大，并且在输出图像中出现墨浓度不均匀。

US20070940013（20071114）提出确定部件预测打印头在打印中达到的最高温度并基于最高温度确定目标温度，调整部件将打印头的温度调整到目标温度。其可在进行打印头温度保持控制时抑制功耗的增加，并降低由排墨量的变化所引起的墨浓度的不均匀。JP2008176711（20080707）表示正在形成图像时分别检测多个墨排出口阵列的温度并基于所检测到的温度来改变基本分配，能防止打印头温度达到或超过预定的温度。JP2009033110（20090216）提出一种喷墨打印头恢复方法，该方法能够有效地执行从打印头的喷嘴口排出不用于图像打印的墨的预排出，从而将墨排出性能维持在良好状态。具体而言，该方法中先将打印头中的墨加热至第一温度，在该第一温度下执行第一预排出。然后，当墨温度降至低于第一温度的第二温度时，执行第二预排出。喷墨打印设备加热单元将打印头中的墨加热至第一温度，在第一温度下执行从喷嘴口排出不用于图像打印的墨的第一预排出，当检测单元检测到打印头中的温度降至低于第一温度的第二温度时，执行从喷嘴口排出不用于图像打印的墨的第二预排出。通过从打印头的喷嘴口排出不用于图像打印的墨而有效地进行预排出以维持墨排出性能处于良好状态。

此外，为了解决由打印头的温度而引起的墨排出量变动的问题，众所周知的方法是将打印头维持在高温以控制变动。例如，JP2005163685（20050603）中公开的打印设备，通过采用与打印所需要的墨量有关的信息（打印占空）以及与打印头的温度和供给至打印头的墨的温度之间的温度差有关的信息，来估计排热效果。基于该估计来推定打印头的温度变化，并且确定维持打印头的温度所需要的加热电力，从而将打印头的温度调整到特定范围内。然而，当打印占空高时，即当排出量相对于单位打印区域大时，由于经喷嘴排出的墨的温度低于打印头的温度，使影响排出量的喷嘴周围的墨的温度降低。因此，当将打印头的温度维持恒定时，墨排出量和墨排出速度可能变动，必须根据打印占空来设置打印头的温度。JP2008102406 涉及的喷墨打印设备加热控制单元将打印头加热至根据由计数单元计数出的计数值的增加而升高的目标温度。即使在打印占空高时，也能控制打印头的温度并使要排出的墨的排出量稳定，从而打印高质量图像。

（2）脉冲驱动控制技术

喷墨打印设备通过采用单脉冲驱动控制方法和双脉冲驱动控制方法来试图保持喷射量尽可能稳定。

1）单脉冲驱动控制方法。

对于通过气泡形成进行的墨喷射方法，可以使用单一加热脉冲（称为单脉冲）完成脉冲宽度的调制。具体地，可以通过改变单脉冲的脉冲宽度来改变要喷射的墨的量。然而，该系统不能提供所喷射的墨的量的变化，而所喷射的墨的量的变化可以应对作为打印头处的温度变化的结果而发生的波动。因此，在这种情况下，问题是使用单脉冲的脉冲宽度调制系统仅以小的控制宽度控制所喷射的墨的量，打印头中的油墨温度会随着打印操作继续而上升。因此，在单脉冲驱动控制中，如果希望在尽可能宽的温度范围内稳定喷射量，最好在打印开始时即在常温时将驱动电压设置得尽可能低。这是因为更低的电压可以使得热通量被设置得更低，减小脉冲宽度变化对喷射量的影响从而可能精确地执行喷射量的控制。

喷射量的稳定可以通过同时改变脉冲电压和脉冲宽度以单个脉冲来实现（称为单脉冲控制）。这样的喷射量控制方法在 JP2000312571（20001012）和 JP2003081345（20030324）中被公开。在具有加热器的喷墨打印设备中，更长的时间间隔内施加更低的电压脉冲时的喷射量比在更短的时间间隔内施加更高的电压脉冲时的喷射量更大。这是因为更长时间间隔内施加更低的电压脉冲使得被加热到气泡形成温度的油墨区因为热传导而得到更广泛的扩展，而快速地施加高压只加热非常靠近加热器的区域，这导致气泡立即产生，导致更小的喷射量。JP2000312571（20001012）和 JP2003081345（20030324）中描述了一种喷射控制方法，利用其喷射特性，并且其中当希望增加喷射量的时候，降低驱动电压并加宽（拉长）脉冲宽度，当希望减少喷射量的时候，增加驱动电压并缩小脉冲宽度。

2）双脉冲或多脉冲驱动控制方法。

双脉冲或多脉冲驱动控制在喷射量控制和驱动电压之间的关系方面也有类似的趋势。双脉冲驱动控制保持驱动电压为一个恒定的值，而不考虑油墨温度。取决于这种恒定值被设置得相对较高或较低，喷射量控制的精度和打印速度发生变化。双脉冲驱动控制随着温度的升高逐渐减小预加热脉冲的宽度，以保持喷射量在预定的范围内。因此，喷射量控制可在一个从该开始温度到预加热脉冲宽度变为零的温度的温度范围内被执行。如果驱动电压被设置得相对较低，从加热器到油墨的热通量很小，因此预加热脉冲宽度的变化对喷射量几乎没有影响，从而能够进行相应的更精确的喷射量调节。而且，由于预加热脉冲宽度在开始温度相对较长，因此喷射量的控制可在一个直到预加热脉冲宽度变为零的温度的宽温度范围内被执行。

JP322892（19920110）中披露了一种双脉冲驱动控制技术，其为每次油墨喷射施加两个电压脉冲，并根据打印头的温度逐级控制脉冲宽度，以稳定油墨的喷射量。该喷墨打印设备的控制电路根据温度设置用于喷墨的脉冲信号的脉冲宽度。施加到加热器中的能量是通过改变脉冲宽度而同时保持驱动电压恒定来调节的。其使用分频加热脉冲调制脉冲宽度，其所使用的墨喷射控制序列，以预定周期间隔提供预加热脉冲以加热墨，但是仅加热到不喷射墨程度的温度，此后提供喷射墨所使用的主加热脉冲，按照记录头的温度改变驱动信号的波形；当记录头的温度超过预定范围时，选择固定的驱动信号波形，使得喷墨量稳定，温度影响小。在该文献中，为了维持喷射恒定量的墨，控制预加热脉冲的脉冲宽度。在低温环境下，设置的脉冲宽度大于在常温时所使用的脉冲宽度。当在低温执行该控制序列时，可防止所喷射的墨的量被减少，并且可以喷射稳定量的墨。另外，施加预加热脉冲以升高喷射加热器周围的墨的温度，从而降低墨的黏度。此外，作为使用预加热脉冲所进行的加热的结果，在施加主加热脉冲时，可以喷射所期望量的墨。

由于要求打印机的高速化、高精细化，打印机的记录头谋求高密度、多喷嘴化，在驱动记录头中的加热器时，从记录速度的角度，要求同时高速地驱动尽可能多的加热器。为了高速地进行记录，希望同时驱动尽可能多的加热器，从多个喷嘴同时喷射墨水，因此一般是以时间分隔驱动多个加热器喷射墨水的时分驱动。在该时分驱动中，把多个加热器分隔在由相邻配置的加热器构成的多个块中，时分驱动使得在各块内不会同时驱动 2 个以上的加热器，通过抑制流过加热器的电流的总和，而不需要一次供给大电力。

JP2000001164 中记载的加热器的驱动电路，通过针对每个记录元件分别设置的电流源和开关元件，以恒定电流驱动加热器。依据该结构，不依赖于伴随着加热器的驱动数增加的基板外部的电压降的变动，能够始终以恒定电流驱动加热器，从而解决了由于向加热器的投入能量变动引起的问题。JP2002348724（20021129）中记录头设有多个开关电路、恒流源及电流控制电路，开关电路对各个相对应的记录元件的通电进行控制，克服在现有高密度化的加热器排列间隙中，由于不能够排列双极晶体管，与加热器的布线加长，加热器基板面积与以往驱动方式的加热器基板的面积相比有显著增大的问题。该专利提出的是一种即使增加记录元件的同时驱动数量，也能够进行高速而且稳定记录的，不增大加热器基板的面积，并抑制成本上升的记录头以及具备该记录头的记录装置。这又是一种以恒定电流驱动各记录元件，可以调整该恒定电流值，能够在各记录元件上施加均匀能量的记录头。JP2008024157（20080204）中脉冲宽度控制单元用于当与打印头中的墨的黏度有关的温度等于或低于预定温度时，使预加热脉冲的宽度小于当温度高于预定温度时所使用的预加热脉冲的宽度。对于低温环境下墨黏度的增大，可获得适当的墨再填充时间，打印速度与图像质量一起提升。

此外，近年来，喷墨打印设备在多功能性方面的使用已经增加，并且对能够在各种打印介质上打印各种图像的能力需求也在不断增加。需要高精度和高可靠性地控制喷射量，同时又要求在低成本普通纸上高速打印单色文本图像，需要减小驱动脉冲宽度。在这些情况下，传统的喷墨打印设备很难同时满足用户的两方面需求，即图像质量和打印速度。

在申请号为 JP2006108069 的专利申请中，设定装置根据选择装置所选择的打印模式和捕获装置所捕获的油墨温度信息来设定要被施加到加热器的脉冲。其允许用户根据应用从多种给出了不同需求优先级的打印模式中进行选择，可满足用户在图像质量和打印速度两方面的要求。

9.2　惠普热气泡式喷墨打印技术的专利技术发展情况

为了解惠普热气泡式喷墨头相关技术领域的发展情况，本节主要对喷头结构技术发展脉络、喷头加工工艺技术发展脉络、喷头驱动控制技术发展脉络和喷射效果控制技术发展脉络进行分析。

9.2.1　喷墨头结构技术发展状况

本小节主要针对惠普热气泡式喷墨打印技术中喷墨头结构的加热电阻元件、流体通道、电连接、腔室结构、处理热变化、热喷墨打印盒以及打印头杆的技术发展脉络进行梳理和分析。

1. 加热电阻元件技术发展状况

(1) 多个加热元件

加热元件是热气泡式喷墨打印头结构中最为重要的部件，且为了提高喷射效率，在每个墨水腔室设置多个加热元件的技术涉及的也比较多。如 1988 年申请的 EP88310572，使墨水预热到预先选定的控制温度，以便对墨水的黏度进行控制，电阻加热器由若干单元组成，每个单元包含一个或多个相邻电阻加热器，每个单元单独控制，并以周期性方式施加电脉冲；选择到相邻单元的脉冲之间的相位差，以最小化来自邻近墨腔的墨流路径部分的流体动力背压，这样可以最大限度地减小喷墨孔附近电阻加热器受到的空化力。2001 年申请的 US20010975802，通过设置多个加热元件，提高了打印机的速度。2003 年申请的 US20030666749A，能够将气泡从墨水供给路径移动到所需位置或方向，从而避免墨水在喷射室中阻塞，处理器根据气泡运动模式以低于墨水喷射所需强度的强度给每个墨水喷射室中的各个电阻器通电，以便从墨水供给通道的表面除去气泡，并且防止墨水从喷射室喷射，提高供墨装置或打印墨盒的性能和可靠性。2004 年申请的 US20040789040，电阻器包括分开式电阻器，优化了电阻器各部分长度和宽度，还优化了电阻器与流体喷射腔室的端壁之间的间隙，当在相对较宽的频率范围内操作时，使得设备能够产生具有恒定滴径的高质量图像。该装置可被操作以每秒 18000 点的频率打印，使得当该装置以每秒 60 英寸的速度打印时，该装置可产生分辨率为每英寸 300 点的图像，从而使得当在相对宽的频率范围内操作时，设备能够以更高的打印或吞吐量速度进行操作。2012 年申请的 US201214374162，包括具有主执行器的喷墨喷嘴和位于同一喷射室中的至少一个外围执行器，当喷墨喷嘴处于空闲状态时，主执行器和外围执行器都被激活以喷射至少一个墨滴，当喷墨喷嘴未处于空闲状态时，只有主执行器被激活以喷射墨水滴，通过激活主执行器和外围执行器喷射的墨滴和仅激活主执行器产生的墨滴具有相同的滴重和滴速。

（2）电阻元件布置、保护

在打印过程中，每秒数千次地重复喷射过程，崩塌的蒸气泡具有损坏加热元件的不利影响，蒸气泡的重复崩塌导致对涂布加热元件的表面材料的气蚀损坏，数百万的崩塌事件中的每一个使涂层材料脱落，一旦油墨渗透涂布加热元件的表面材料并且接触热的、高压电阻器表面，很快会发生电阻器的快速腐蚀和物理破坏，从而使得加热元件失效。基于此，对于加热电阻元件的布置方式和防护技术应运而生，1982 年申请的 US19820403824，电阻加热器通过导体提供电压脉冲，由此产生的热量蒸发空腔中的工作流体，从而在膜下形成气泡，当气泡中的压力上升时，膜膨胀并变形成油墨保持腔，油墨中产生的压力脉冲导致一个或多个墨滴从喷墨打印头上表面的孔中喷出，墨水本身不用于驱动气泡；而是公开了一种双流体系统。在工作流体中热产生气泡，使膜膨胀并使膜另一侧的墨水从喷墨孔排出，工作流体通过柔性膜与油墨分离，因此能够体现为高分子量的非反应性流体，从而延长了电阻加热器的工作寿命。1983 年申请的 EP83306269，板是通过镍电铸形成的，孔覆盖在非导电屏障上，该屏障决定了其形状，在其表面上产生氧化物介电钝化层，并且通过标准薄膜技术在层上沉积电阻器和供给导体，在电阻器和导体上施加第二钝化层，用于电绝缘和气穴保护，在第一钝化层上附加图案化间隔层，以限定油墨流动的毛细管通道，并增加电阻器之间的水力阻抗以防止串扰。打印头由一个背衬板完成，背衬板包含墨水，提供墨水供给端口并关闭毛细管通道，油墨气泡由加热器在钝化层上产生，油墨由分离器供给，分离器具有在加热器之间引入液压阻抗的屏障。1995 年申请的 US19950568208，覆盖钝化材料和电阻器的空化屏障，消除或最小化了由于油墨气泡溃灭的动量而对电阻器、绝缘体和钝化膜造成的机械损伤，具有更高的热效率；由电阻器产生的热能不会被钝化层和其他界面层降低，通过绝缘层在基板上形成包含金等贵金属的导电层，在导电层上形成包括电阻器、钝化层和空化屏障的分级结构。2015 年申请的 CN201580083546，该装置具有位于基板上的电阻器，在电阻器上设置有一个覆盖层，流体层包括围绕电阻器形成喷射室的表面，覆盖层位于电阻器和喷射室之间，薄膜覆盖射流层的表面以形成喷射室和位于喷射室中的外套层的一部分，当流体含有侵蚀性墨水化学成分时，薄膜保护流体层不受喷射室中流体引起的分层和分解的影响，薄膜对电互连提供防潮保护，从而提高电互连的可靠性。

除了对电阻元件进行保护，对于电阻元件的布置方式的技术也有所涉及。例如，1987 年申请的 US19870125433A，具有喷嘴、喷嘴内的加热元件和墨水井，墨水井的厚度在承载喷嘴和加热元件的刚性基板的厚度内，后者是通过在基底上沉积而产生的，墨水井与喷嘴直接相邻，避免了空化问题、墨水湍流对元件的破坏，防止热量流入由喷嘴和墨水孔之间的小孔形成的镍悬臂梁，电阻层被图案化的导电层短路，防止磨损和化学侵蚀的保护装置也可防止镀镍时短路。1991 年申请的 US19910657343A，电阻加热器元件、其 X-Y 电气互连和紧密相邻的供墨端口集成在给定的打印头基板表面上或其内，具有最大的填充密度和最小的流体串扰，在将喷墨孔板与底层打印头基板分离的打印头阻挡层内形成供墨通道。1996 年申请的 US19960639021，电阻加热元件用于从打印头喷射墨水，在带有加热元件的独立膜上限定介电层，以及在加热元件附近限定油墨喷射孔，打印机在较低的开机能量下工作，同时保持较高的点火频率，允许在给定温度下获得较高的吞吐量。2013 年申请的 EP13889243 提出了一种非晶金属电阻器，堆叠件通过减少加热所需的能量来实现加热频率的提高，在导体上涂上钝化层，以防止油墨与导体接触。非晶薄金属膜具有稳定的化学、热和机械性能，施加非晶薄金属电阻器至绝缘基底，施加与非晶体薄金属电阻器电连通的导体，并施加钝化层至导体。

（3）电阻元件形状

电阻元件最基本的形状为矩形，而为了提高加热效率，针对电阻元件的形状的技术也有所涉及。1994 年申请的 EP9430520 中，喷墨打印头在薄膜基板中具有供墨口，该开口与沉积在基板上的加热器电阻器中的中心开口轴向对准，油墨供给口还与沉积在基板上的阻挡层中形成的喷射室对准，阻隔层位于加热器电阻器的上方和周围，供墨口与阻挡层上的孔板中的孔板开口对准，轴对称性地设置半圆形加热器电阻器、矩形或其他形状的加热器电阻器。2010 年申请的 CN201080068210，热电阻器结构包括并联耦接并且具有不一致宽度的多个电阻元件，每两个电阻元件之间存在间隔，薄膜空穴层形成在电阻元件和间隔上方，从而使得脊形成在每个电阻元件上方并且沟道形成在每个间隔上方，空穴层形成从电阻元件传输热量的成核表面，以在腔中蒸发流体并从腔中喷射液滴。2011 年申请的 US201113978571，该方法使得能够以简单且经济的方式制造喷射机构，使得当液滴接触被喷射液滴的介质时，液滴在介质上产生的标记是圆形的，从而提高图像质量，该方法能够在精确指定的位置精确地打印或分配墨水，该方法能够使得当由于电阻器的加热而形成的气泡塌陷时，气泡不会在电阻器上塌陷。2011 年申请的 CN201180068831 中，环形加热电阻器包括电阻段和导电段，电阻段形状为矩形，电阻段彼此分离，导电段相对于电阻段交错，电阻段和导电段一起形成近似真环的假环，提高喷射效率。2011 年申请的 EP11869559A 中，加热元件包括环形主体，主体的内边缘和外边缘中的至少一个限定起伏表面轮廓，当向环形加热电阻器施加电流时，电阻器的加热效果沿电阻器主要部分的长度通常是均匀的，因此通过电阻器主要部分的中心有效地限定了标称电流路径，并且提高了加热元件的效率，加热元件通过保持电阻器的高长宽比来有效地管理温度梯度。由于内缘与外缘之间的距离在电阻主部的相对端或附近往往大于沿电阻主部的圆形路径的某些位置，因此减少了在相对端出现导致电阻损坏和电阻失效的可能。

2. 流体通道技术发展状况

（1）流路形成

为了实现墨水的快速流动，提高热气泡打印效率，惠普公司关于流体流路形成的技术也进行了研究。例如早期，1987 年申请的 US19870083761，装置包括叠加在基板上的阻挡层，其具有用于引导来自连接的储存器的墨水流的馈送通道，加热元件通常位于通道的中央，孔板覆盖在阻挡层上，孔径或喷嘴具有一个中心点，该中心点在通道的一个侧壁的方向上从加热元件的 Y 中心点偏移，偏移量垂直于通道中的墨水流，通过提供喷嘴与加热元件的不对准，总液滴体积偏差为 3 或 4 倍。1989 年申请的 US19890357915，打印头孔板中的开口与打印头薄膜基板构件上的传感器元件精确对准，其中具有开口的阻挡层与换能器元件对准，并且位于与金属种子层相邻的薄膜基板构件上，在金属种子层和阻挡层上镀有金属孔层并延伸到其中的开口中以形成收敛孔开口，该开口与阻挡层中的开口和薄膜基板构件上的换能器元件对齐。

进入 20 世纪 90 年代，喷墨打印头中出现了一种改进的墨水储存器和蒸发室之间的墨水流动路径。例如，1992 年申请的 US19920862086，提供了打印头包括具有多个墨水孔的喷嘴部件，在具有外缘的基板上形成多个薄膜电阻器，每一个薄膜电阻器靠近一个相关联的孔，用于蒸发一部分油墨并将其排出。流体通道通向用于与墨水罐连通的每个孔，流体通道允许油墨围绕基板的第一外缘流动并接近孔，流体通道包括多个墨水通道和多个蒸发室，每个蒸发室都与墨水孔和薄膜电阻器相关联，油墨通道和蒸发室的阻挡层位于矩形基板和包含孔阵列的喷嘴构件之间，基板包含两个线性阵列的加热器元件，阻隔层中的油墨通道具有通常沿着基板的两个相对边缘流动的油墨入口，使得沿着基板边缘流动的油墨能够进入油墨通道和蒸发室，墨水能更快地流动，相邻蒸发室之间的串扰最小化。1999 年申请的 US19990368320，电阻器产生振动，通过孔板将墨滴从喷射室排出，入口和出口导管通过液压连接到腔室中，出水管的形成与出水口无关，墨滴排出后残留在油墨中的振动被进出口导管中的液体从喷孔中排出，通过简单的布置，打印机可以在不振动的情况下以更高的速度运行。1999 年申请的 US19990384814，打印头包括形成在薄膜层上的孔层、基板、多个具有供墨孔的薄膜层和基板上的开口，开口提供通过基板到供墨孔的油墨路径，孔层限定多个喷墨室，每个喷墨室具有喷墨元件和喷嘴，薄膜层包括场氧化层。由于整个结构是整体式的，所以打印头精度可以制造到非常精确的公差，它在高工作频率下吸收喷墨元件的热量，提供足够的喷墨室的再填充速度，最小化相邻喷墨室之间的串扰，容忍墨水中的颗粒，提供高印刷分辨率，使喷嘴和墨水能够精确对准弹射室，提供了一个精确和可预测的喷射轨迹。

随着宽阵列打印头技术的出现，相关的流路技术也进行了发展，例如，1998 年申请的 US19980070864，提供宽阵列打印头，提高打印质量，刚性基板具有分别从具有较大和较小面积的顶层和底层延伸的开口，在顶层形成的开口小于底层。2001 年申请的 US20010781941，由陶瓷或硅制成的基板包含两个区域，分别连接到油墨供应器和包括喷射电阻器的油墨喷射机构，基板包含两个区域之间的孔，以允许墨水从供应器流到喷射机构，通过采用多孔基板来减少或承受油墨回流到喷射室中的塌陷，通过减少在打印介质中移动的重量，可以实现更快打印。2002 年申请的 US20020135162，在基板的表面上形成的腔室层具有位于表面的流体槽上的不连续性，流体从流体槽流向腔室层，使得流体从腔室层喷出，腔室层限定了关于流体喷射器的腔室，其中流体从流体槽流向要从中喷射的腔室，腔室层具有不连续性，其中该不连续性位于流体槽上方。2011 年申请的 CN201180075688，分配器具有打印头，打印头限定了一组用于喷出液体的孔和包括一组流体通道的歧管，其中每个流体通道相对于打印头具有不同的角度，一组槽中的每个槽耦合到歧管的流体通道中的一个，以将流体从流体通道引导到孔，其中每个槽具有不同的几何形状，管由一组聚合物、金属和陶瓷中选择的材料制成，分配器通过气泡吹扫组件将流体从孔中喷射产生的任何气泡和流体温度升高产生的气泡输送到一组流体容器，以防止流体输送组件堵塞。2012 年申请的 CN201280072868，装置具有在基板上形成的薄膜层，即油墨供给孔层；在薄膜层上形成室层，该薄膜层限定了通向油墨喷射室的单个流体通道，流体槽通过薄膜层中的单个大墨水供给孔延伸穿过基板并进入室层，薄膜层的大颗粒容限薄膜延伸伸入基板和腔室层之间的槽中，其中延伸包括指状薄膜突起，从而防止长颗粒在通向流体腔室的通道入口前面的搁板区域沿长度方向沉降，以防止大颗粒阻止流体进入流体喷射装置中的流体腔室，从而提高喷墨打印机的整体打印质量。

惠普公司随后发展了模制打印棒（即打印头）技术，由于多个打印头模具通常沿整体机壳的长度端对端排列，机壳上设有流体直接通过的通道，因此实现了更小的打印头模具和更紧凑的模具电路，无须在硅基片上形成印刷液通道，模制打印棒技术中也涉及相应的流体通道技术，例如，2013 年申请的 CN201380076069 中，打印条具有多个打印头模具，其被模压成细长的整体外壳，模具通常沿一段外壳端对端排列，壳体上设有一个通道，流体通过该通道直接进入模具，每个模具都有一个薄模，每个薄模都有一个模条，每个模具都设有多个孔，这些孔与通道相连，使得印刷液从通道直接流入这些孔，通道位于每个模条的侧面；CN201380076081 中，模压调整了打印头模具的尺寸，以便进行外部流体连接，并将模具连接到其他结构上，结构具有打印头微器件，打印头微器件嵌入由通道形成的成型（即单片成型）中，该通道允许流体直接流向微型装置，微器件的流体流道直接连接到通道，通道具有暴露于微器件的外表面的开放通道，导体连接到微型装置的电端子并嵌入模塑件中。2013 年申请的 CN201380076065 中提出了压缩模制的流体通道，该方法可以降低喷墨打印头模具和晶圆的成本，即使在模具尺寸减小的情况下，该方法也能够通过将流体输送通道从模具卸到结构的模制体上，从而减小模制体的尺寸，提高进行外部流体连接的机会，同时提高打印质量和速度。2013 年申请的 CN201380076066 中提出了模制流体流动结构，每个模条都有一个入口，流体通过该入口进入模条，前部有一个孔，流体通过该孔从模条中排出，模条设置在托架上，每个模条的前部朝向托架，材料部分被模制在每个模条周围，而不覆盖模条前部的孔口，开口部分形成于入口，模条从托架上拆下，一组模条被分成打印条。将多个打印头模条按图案排列在打印条的载体上；在全基板喷墨打印机中可以使用较小的打印头模具，流体流道形成在多个打印头模具周围的材料部分中，使得流道与进入每个模具的流道接触，在使用转移模塑工具模塑模具周围的部分的同时，将通道模塑到该部分中。2015 年申请的 CN201580078590 中，装置具有流体喷射模具，流体喷射模具包括一个用于分配流体的喷嘴，该流体喷射模具有一个与一个喷嘴流体连通的端口，以接收由一个喷嘴传送的流体，支撑歧管耦合到流体喷射模具，并包括一个通道通过以将流体传递到一个端口，一个通道具有流体接触面，支撑歧管包括一个与流体接触面隔开的凹陷结构，通道的形成有助于流体通过通道到达流体喷射模具的喷嘴进行分配。2013 年申请的 CN201380076071，该结构具有嵌入在印刷电路板中的微器件或打印头模具，印刷电路板包括一个通道，流体通过该通道流向微器件，印刷电路板的导体连接到微型装置上的导体，微器件包括直接连接至通道的流体流道，通道包括暴露于微器件的外表面的开放通道，微器件包括微器件条，微器件条黏在形成板中的通道的开口的槽中。

（2）流路中设置其他结构

为了更好地调节流路中的墨水流量，通常会在流路中设置调节部件以及悬梁结构。关于调节机构，例如，1982 年申请的 US19820419299，喷墨打印机的打印头具有一个包含打印墨水的储存器和另一个包含稀释剂的储存器，油墨和试剂通过毛细管通道供给到具有加热电阻器以在流体中产生压力脉冲的混合室，从混合室出口处的喷嘴产生墨滴，毛细管通道有插入阀，通过切换来控制油墨和稀释剂的相对量，通过改变阀门的开启时间，来改变溶液的强度以获得特定的印刷密度。1996 年申请的 US19960648238，打印头具有连接到发射室的墨水通道，通道被分为腔室，腔室由墨水通道连接，柱塞延伸穿过通道，在打开和关闭位置之间移动，柱塞根据腔室中的环境压力变化移动到打开位置，以便墨水流过通道。关于悬梁结构，例如，1987 年申请的 US19870125433，具有喷嘴、喷嘴内的加热元件和墨水井，防止热量流入由喷嘴和墨水井之间的小孔形成的镍悬臂梁。2003 年申请的 US20030430645，在基板的两个相对表面上分别设置有开口和薄膜，膜具有悬臂和浮动部分，这些部分由与开口流体连通的间隙隔开，使得浮动部分位于开口上方，并且悬臂部分由基板支撑，通过将打印头中的胶片分为浮动部分和悬臂式部分，提高打印分辨率和打印头的可靠性，以避免损坏，通过调整浮动段和悬臂段之间的间隙宽度来控制流体的排放，使打印头获得更大的喷射潜力。

此外，为了防止流路中的气泡影响喷射，流路中也会设置过滤器等部件，关于这方面的技术惠普公司也都有所涉及。例如，2003 年申请的 US20030386284，打印头组件的滤膜表面和油墨容器元件的检修表面之间面对面接触，用打印头组件关闭腔室开口，通过提供具有第一平面和第二平面的基板来制造打印头，在第一平面上形成流体喷射元件和包括腔室的流体喷射孔层，并且在第二平面上形成通过基板的滤膜和进料槽，通过储液室开口将油墨容器元件插入储液室，提供集成的打印头组件，将集成打印头组件连接到主体上。2005 年申请的 CN200580015060，载体具有限定空腔的主体，主体具有两个表面，主体的一个表面支撑覆盖腔体一侧的过滤器，另一个表面支撑覆盖腔体另一侧的过滤器，在空腔的两个表面之间插入用于流体流动的倾斜屏障，流体经由入口流入下腔，并经由出口流出上腔，凹腔表面之间的倾斜屏障增加了通过过滤器的墨水流量，而不会增加喷墨头的尺寸以容纳更大的过滤器，或增加过滤器的压降。

(3) 循环流路

为了防止喷墨打印头中的墨水堵塞，更好地去除流体喷射装置内收集的气泡和颗粒，涉及墨水循环的流路循环技术应运而生。例如，2003 年申请的 CN03152217，复式槽流体循环系统，使流体通过基板循环，基板具有形成在基板两侧的一对开口，使得开口与开口连通，液滴喷射元件形成在基板具有开口的一侧，开口适于使流体通过基板循环。2010 年申请的 CN201080068294，组件具有形成在下基板中的流体槽，形成在腔室层中的 U 形流体通道设置在上基板的顶部，在槽和槽之间形成流体供给孔，流体喷射元件设置在通道的端部，在通道的另一端设置有泵元件，以使流体水平地通过通道并垂直地通过流体供给孔循环；该组件允许流体在空闲时间内循环并使组件处于活动状态，从而防止喷墨打印头中的墨水堵塞，以合理的成本提供高打印质量。2011 年申请的 CN201180073806，装置具有沿相对基底侧具有细长流体槽且由基底中心区域分离的模具基底，封闭腔的内柱与相应的槽相关联，并由中心区域分隔，流体通道延伸穿过中心区域以流体方式分别耦合封闭腔的内部柱，泵执行器设置在每个封闭腔中，用于将流体从一个槽泵送至另一个槽，在喷墨打印系统中设置槽到槽的循环，通过将液体从一个槽循环到另一个槽，可以减少墨水的堵塞。2011 年申请的 CN201180035607，微流体控制系统具有耦合到流体储存器的流体通道，流体执行器不对称地位于通道内，以产生具有不相等惯性特性的通道的长边和短边，流体驱动器产生向通道两端传播的波，并产生单向净流体流，控制器选择性地激活流体执行器以调节通过通道的单向净流体流量。2015 年申请的 CN201580079447，流体再循环通路具有多个液滴发生器，这些液滴发生器并入液滴发生器通道中，在液滴发生器通道中设有多个喷嘴，其中喷嘴的数量至少与液滴发生器的数量相同，喷嘴包括至少两个不同的喷嘴，喷嘴发射至少两种滴重不同的流体，两种不同的液滴包括第一液滴和第二液滴，其中第二液滴包括相对高于第一液滴的液滴。2017 年申请的 CN201780077423A，装置具有嵌入在可模塑材料中的流体喷射模具，在流体喷射模具内设置多个流体驱动器，模塑材料中定义的若干冷却通道与流体喷射模具热耦合，流体执行器包括流体喷射模具内的多个流体再循环泵，以在流体喷射模具的多个喷射室内再循环流体，流体喷射模具的喷射室内的流体再循环泵循环的流体存在于冷却通道内，冷却通道输送冷却液，其中冷却液从流体喷射模具中传递热量，在流体喷射模具和冷却通道之间提供一定量的可模塑材料。

其中，关于流体循环技术中，涉及很多结构类似但有细微区别的循环泵。如图 9-2 所示，2010 年申请的 CN201080069861，具有流体再循环通道 203 和放置在再循环通道内的液滴发生器，流体槽 202 与再循环通道的每一端流体连通，压电流体执行器 206（即流体泵）不对称地位于再循环通道内，以使流体从流体槽流过再循环通道和液滴发生器并返回到流体槽，再循环通道中的非活动部件阀将流体向一个方向流动，再循环通道包括粒子容限结构，粒子容限结构是指放置在印刷流体路径中以防止粒子中断油墨或印刷流体流动的屏障对象，在流体循环通道内为液滴发生器提供流体循环，减少喷墨打印系统中的墨水堵塞。2015 年申请的 CN201580075016，设置了两个液体喷射室，防止了排液装置中的油墨堵塞，减小了流体喷射室之间的串扰，防止气泡等颗粒通过流体循环通道进入流体喷射室。2015 年申请的 CN201580079489，装置 200 具有与流体槽连通的第一流体喷射室 202，并且包括第一液滴喷射元件 204，第二流体喷射室 203 与流体槽连通，并包括第二液滴喷射元件 205，流体循环路径 220 与第一腔室和第二腔室连通，在流体循环路径内提供流体循环元件 222，流体循环路径包括与第一腔室连通的第一部分 230 和与第二腔室连通的第二部分 232。2015 年申请的 US201515747966，装置 200 具有一组液滴喷射元件 206、208，包括位于一组流体喷射室 202、204 内的液滴喷射元件，流体循环通道 218 在具有流体供给槽 212 的通道的第一端 224 处于流体连通中，并且在通道的第二端 226 处于与流体喷射室的流体连通中，通道内设有流体循环元件 220，气泡消散结构 240 位于流体喷射室外部的通道内。

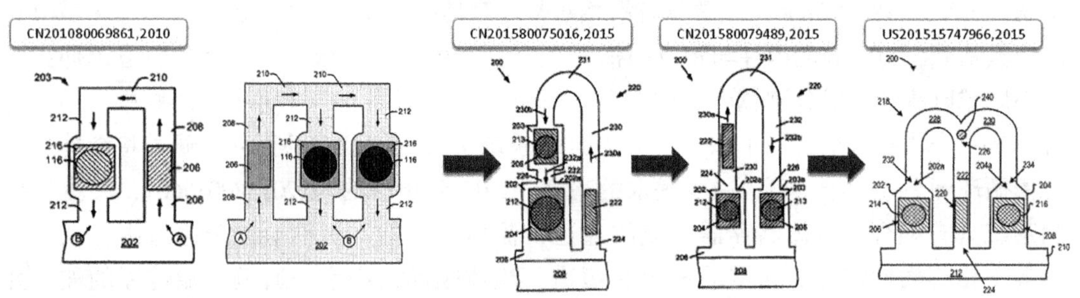

图9-2　流体循环技术

3. 电连接技术发展状况

（1）柔性电路

柔性电路在一个接一个的引线键合过程中顺序地热键合，以对准薄膜电阻器基板上的导电迹线，导电迹线为基板上对应的多个加热器电阻器提供电流路径，并且这些电阻器用于加热喷墨打印头中对应的多个油墨储存器，基板安装在头部构件上，引线互连电路延伸到头部构件的所选表面上，光束引线电路弹性地从所选择的表面向外突出，使得热喷墨打印头可以与相邻打印机外壳表面上的匹配连接器进行牢固的、可移动的电接触。例如，1985 年申请的 US19850801034，提供具有电阻加热器元件和与其连接的相应导电引线的薄膜电阻基板，以及提供具有与打印头基板上的导电引线的间距相匹配的具有光束引线的互连电路的步骤。1987 年申请的 US19870037289，在挠性电路和打印头之间提供柔性引线框架构件，引线框架构件具有多个导电引线，其相对于互连的最终平面以预定角度延伸，在互连过程中，这些引线通过该预定角度被弹簧偏置，以在由引线框架互连的单个互连平面中的两个构件之间提供良好的压缩电接触。为了防止柔性电路脱落，1991 年申请的 US19910737623，使得柔性电路被固定在喷墨头本体上，以抵抗来自主体的剥离；还公开了一种锁紧装置，用于确保锁紧电路的平整度和均匀接合。1992 年申请的 US19920862667，改进了导体配置，用于将基板上的电极连接到打印头上的导体，以连接到外部电源，提供多个导体，每个导体形成于喷嘴部件和加热元件之间的绝缘层中，并选择性地连接到电极，在附接到喷嘴部件的背面的基板上形成多个薄膜电阻器，每个薄膜电阻器位于靠近相关联的孔的位置。通过向基板上的一个或多个电极施加信号，选择性地使电阻器通电。在喷嘴部件和电阻器之间的绝缘层中形成多个导体，每个导体通过通孔连接到基板上的相关电极，每个导体都与一个电阻器相连，并与其中一个电极相连。

进入 20 世纪 90 年代，柔性电路随着喷墨头结构的改进也进行了改进，出现了柔性胶带自动键合电路，喷嘴板使用自动引线键合器直接键合到 TAB 电路上形成特殊痕迹。1993 年申请的 US19930062976A，在打印头组件中，喷嘴板使用商用自动引线键合器直接键合在 TAB 电路上形成的特殊痕迹上，自动键合器将每个加热器基板与相关的喷嘴板对准，并将基板上的电极与形成在 TAB 电路上的相应引线键合，在自动键合器将基板与喷嘴板对齐的过程中，基板自动与 TAB 电路上的引线对齐。1994 年申请的 US19940319892，油墨通道将储存器与油墨喷射室连接，并且包括连接至储存器和次级通道的主通道，每个喷射室的单独入口通道将二次通道连接到喷射室，以允许其高频重新填充，基板上的第一电路连接到加热元件，墨盒上的第二电路连接到第一电路，用于以预定频率向点火元件发送加热信号，一半的喷射室位于基板的一个边缘，而另一半位于基板的另一个边缘，基板上的解复用电路允许仅通过 52 个互连垫提供所有 300 个喷射室的驱动信号和寻址信号，基板上的电路连接至腔室中的加热元件，减少了互连的数量，结构简单。1995 年申请的 US19950375046，提高了焊盘和打印机电极之间互连的可靠性，打印墨盒的接触垫形成在柔性带上，等间距接触垫中的每一个是与相邻的正方形隔开最小距离的正方形，以向每个接触垫提供最大面积，接触垫仅沿着塑料打印墨盒主体的侧面（主体通常是平的）布置在柔性带上，以避免接触垫位于主体的凹陷中间部分，在用于形成主体的注射成型过程中发生凹陷。

（2）互连结构

为了提高电气互连的可靠性，对于电气互连的相关技术也进行了研究。例如，1996 年申请的 US19960726574，在均匀的高阻导电层上形成低阻导电层，低阻导电层被遮蔽和蚀刻以限定主接触点，多个导体在主接触点和相应的使用点之间延伸，每个导体具有不同的尺寸，并且相对于相邻导体定位，以在主接触点和使用点之间提供相等的电阻，用于将主接触点与多个使用点电连接。1997 年申请的 US19970893775，打印墨盒主体具有侧面连接的柔性带电路，带有两组独立的打印机接触垫，所述打印机接触垫以行和列的形式布置在打印墨盒主体的凹槽的两侧，并且在空间上提供交错的设计布局。这种行和列间隙最小化设计，允许在柔性带上形成的导电迹线垂直于长度方向的中心线，并且在接触垫的行之间延伸，然后在长度方向上延伸至打印头电极接触区域窗口。等间距设置的多个接触垫中的每一个是与相邻接触垫相隔最小距离的正方形，以向每个接触垫提供最大面积，使得接触垫和打印机电极之间即使存在相对较大的错位，仍然保持适当的电接触，提高了接触垫和打印机电极之间互连的可靠性。2001 年申请的 US20010932123，其提供了一种具有多个电气互连的装置，该电气互连装置延伸穿过基板，以将电信号通过基板传送到安装在基板正面的结构，因此，不必将电信号路由到基板的正面来将信号传送到该结构，从而简化了信号的路由并减少了在正面进行路由所需的空间表面。一个结构可以耦合到多个电气互连，以便沿着冗余路径将电信号通过基板传输到结构，从而在其中一个电气互连发生故障时提高电气互连的可靠性。

随着打印头技术的发展，电气互连的结构也随着打印头的结构有所改进，以更好地实现与头部件的电连接，其中主要涉及导体迹线的电气连接相关技术，例如，2005 年申请的 CN200580026659，电子装置包括与介电层接触并与至少一个电阻器电耦合的基板和电触点，包括电耦合到电触点的基板载体，包围电触点的聚合物和布置在电触点上的基本平面薄膜，包括基板和与介电层接触并与至少一个电阻器电耦合的电接触件、基板载体、包围电接触件的聚合物，提高了喷墨装置的可靠性，在不降低喷墨装置制造成品率的前提下，提高了打印机的打印质量。2009 年申请的 CN200980161870，启用与打印头基板更容易连接的侧连接方式以进行电信号传输，基板具有通过其中心形成的墨槽和槽侧的集成电路，并且穿过墨槽的导体迹线提供槽侧的集成电路之间的电通信，导体迹线嵌入在基板上形成的 SU8 孔板层中，SU8 孔板层包括形成在基板上的腔室层、形成在腔室层上的层压 SU8 顶层和形成在顶层上的层压 SU8 盖层，导线穿过墨槽，在槽侧集成电路之间提供电气通信，由于交叉槽导体迹线提供了简化的导体迹线布线，通过更直接的布线穿过墨槽，而不是沿着墨槽布线到基板的端部，降低了基板的尺寸和成本。2014 年申请的 CN201480078851，将微型器件放置在印刷电路板的前部上，单个单片模塑件被模塑在围绕微器件的印刷电路板上，通过切割和锯穿印刷电路板的后部而形成到印刷电路板后部中的微器件的通道，并进入微器件以打开微器件中通向该通道的流体通道，锯片穿过印刷电路板的后部插入微型装置，由于多个打印头模切条嵌入印刷电路板正面的模压件中，通过印刷电路板背面的通道直接向模切条的通道供应印刷液，印刷电路板被配置成与用于进行流体和电气连接的模条尺寸一起增大，从而使得能够使用更小的模条并且降低成本。2015 年申请的 CN201580082481，打印头具有多个模压成可模压基板的喷墨条，二次模压的喷墨条形成打印头模具，多个导线键将喷墨条电耦合到侧连接器，其中侧连接器将喷墨条电耦合到打印设备的控制器，并且包括印刷电路板（PCB）侧连接器，PCB 侧连接器模压在可模压基板中，侧连接器包括嵌入可模塑基板中的引线框架。2017 年申请的 CN2017080092512，包括电路插入器的电路有助于流体模具和外部连接控制器之间的电气接口更好地布线，在不干扰设备与电气元件的电耦合的情况下，焊盘和模压面板之间的间隙较小。

（3）宽幅打印头电连接

进入 21 世纪，惠普打印机也逐步向宽幅打印机发展，与此相适应地也出现了涉及宽幅打印头电连接的相关技术。例如，2000 年申请的 US20000648564，涉及宽幅打印头电连接，包括载体和多个打印头模具，喷墨打印头组件具有带基板的载体和电路，安装在基板一侧的几个打印头模具与电路电连接，基板具有第一侧和第二侧，使得电路布置在基板的第二侧，打印头模具分别安装在基板的第一侧并与电路电耦合，基板为打印头模具提供支持，而基板和电路一起容纳到打印头模具的流体和电气布线。2001 年申请的 US20010924879，打印头由安装在刚性基板内表面上的多个墨水喷射器形成，同时通过基板上提供的孔突出，电接触设置在与喷墨喷嘴共用的喷墨器的表面上。2001 年申请的 CN01813341，打印头结构具有墨滴发生器阵列，墨滴发生器阵列连接到打印头结构中的 FET（高效场效应晶体管）电路阵列，电源线的接地母线在焊盘和场效应管电路之间电连接，总线沿场效应管电路的纵向延伸，部分覆盖在有源区上，该驱动电路被构造成补偿电力迹线的寄生电阻，有源区延伸到接地母线下方，使得接地母线和 FET 电路阵列占据较窄的区域，从而获得成本较低的薄膜子结构。2001 年申请的 US20010783411，在载体的两侧上设置的电路具有用于接收各个打印头模具的开口，多个电连接器具有连接在电路的各个电触点和打印头模具之间的导线，电路设置在载体的第一侧和第二侧，多个电连接器分别电耦合到电路和打印头模具中的一个。2003 年申请的 US20030439403，阵列打印头具有形成在单个单片基板上的薄膜墨滴发生器的大阵列，使用多路复用装置来减少寄生电阻和输入引线的数量，基板最初是图案化和蚀刻的，并且多路复用设备随后被连接，单个单片基板具有低的热膨胀系数。

（4）打印头模具电连接

进入 21 世纪，惠普的打印头技术主要发展为打印头模制件。例如，2002 年申请的 US20020262406 提供了一种模具，其被配置为耦合到流体喷射头模具芯片，以允许在模具芯片上的多个接触垫周围模制保护材料，模具包括被配置为覆盖所述接触垫的成型表面，其中成型表面被配置为在成型期间支撑保护材料，并使保护材料成型，并且至少一个侧部从成型表面延伸，其中，侧部被配置成在成型期间包含保护材料，模具用于保护导线和电触点不受流体污染。随着打印头模制技术发展，针对打印头模具的电连接也申请了一系列专利，2012 年申请的 CN201280072869，该电路实现尺寸最小化，使打印头更小，成本更低，同时保持了一个可靠和高效的打印头，电路形成用于电气连接的导体迹线，以有助于避免在槽中形成气泡的方式穿过槽，从而提高打印机的可靠性、打印质量和操作速度，电路具有放置在槽的第一侧和第二侧上的电路部件，许多导体迹线沿着几何平面作为槽的第一侧和第二侧的部分穿过槽。其中一个导体迹线的路径穿过尺寸大于该槽的另一个尺寸的槽，其中该导体迹线的路径包括穿过该槽的路径中的方向变化，导体迹线的数目包括第一和第二导体迹线。2014 年申请的 CN201480081649，组件具有一个模压单元，模压单元具有暴露在模压单元的前部的打印头模具和模压单元的后部的通道，以将打印流体输送到打印头模具，印刷电路板附在成型单元的后部，每个模具和印刷电路板之间固定有一个电气连接单元，键合线在每个模具上的键合垫之间电连接，键合垫固定在成型单元中暴露的 PCB 上，使印刷电路板受到保护，不受墨水和印刷液的腐蚀，墨水和印刷液供应到打印头模具，以保持打印头组件的结构和电气完整性。

4. 腔室结构技术发展状况

（1）结构方面

为了更好地实现热气泡喷射，提高喷射效率，惠普公司在对压力室结构方面的研究也比较多。例如，1985 年申请的 US19850806294，提供了一个细长的供墨槽，用于向基板上的多个加热器电阻器供应墨水，油墨从该狭槽垂直流过基板，然后沿孔板和阻挡层构件中的预定油墨流动路径横向流向加热器电阻器上方的油墨储存器，薄膜电阻器基板中，提供了一个细长的供墨槽，用于向基板上的多个加热器电阻器供应墨水，电阻加热器元件围绕细长槽的外围隔开，并连接至相应的位置，基板构件表面的顶部设有导体，阻挡层和孔板构件安装在导体的顶部，并且包括用于接收来自细长槽的墨水的油墨储存器。油墨储存器与加热器元件对齐，并带有出口孔，用于接收来自加热器元件的热能并将墨水喷射到打印介质上。

1992 年申请的 US19920862086，打印头包括具有多个墨水孔的喷嘴部件，在具有外缘的基板上形成多个薄膜电阻器，每一个薄膜电阻器靠近一个相关联的孔，用于蒸发一部分油墨并将其排出，流体通道通向用于与墨水罐连通的每个孔，流体通道允许油墨围绕基板的第一外缘流动并接近孔，流体通道包括多个墨水通道和多个蒸发室，每个蒸发室都与墨水孔和薄膜电阻器相关联。1999 年申请的 US19990386032，喷墨打印头的孔板包括限定多个孔板和凹槽的平板，凹槽从喷墨打印头的供墨槽区域延伸到位于供墨槽区域之外的靠近喷射室的气泡收集区域，每个凹槽在靠近供墨槽区域的边缘处具有最大凹陷，并且在远离供墨槽区域边缘朝向喷射室的点处具有最小凹陷，孔板还包括设置成与供墨槽区域和喷射阻力成直线的槽以及从供墨槽区域的边缘延伸到与供墨槽区域相邻的喷嘴的其他槽，提供一种能够控制顶板上的气泡的喷墨打印头，以便于将气泡从加热元件区域移动并促进小气泡的组合，收集并引导气泡远离关键区域，避免形成较大的气泡，从而永久阻止墨水到达喷射室。2007 年申请的 US20070880984，打印头具有限定搁板区域的基板，以及形成在基板上的一组液滴生成器，每一液滴发生器包括一个喷射室和一个进料通道，该进料通道在搁板区域和喷射室之间建立印刷流体的连接，通道有两个独立的入口，即由岛状部隔开的通道，通道布置在喷射室内，用于单独输送液体；基板包括流体进料孔，液滴发生器设置在进料孔周围。2009年申请的CN200980160707A，打印头具有支撑喷嘴下方的气泡膨胀室内的喷射元件的桥梁，在靠近桥梁的位置设置一对横向供墨通道，在桥梁的相对侧将通道隔开并位于桥梁的相对侧以定义桥梁的宽度；中央供墨通道通过喷射器元件和桥梁与喷嘴同轴，馈送通道和中央通道连接在桥梁下方的油墨储存器和腔室之间。打印头有助于高速喷射墨滴，并通过提高重新填充率而避免与高黏度墨水相关的黏性阻力，而不会在喷墨过程中对回吹产生不利影响，从而提高墨水从打印头喷射的速度。2013年申请的CN201380076081，模压调整了打印头模具的尺寸，以便进行外部流体连接，并将模具连接到其他结构上，从而能够使用更小的打印头模具和紧凑的模具电路，结构具有打印头微器件，打印头微器件嵌入由通道形成的成型（即单片成型）中，该通道允许流体直接流向微型装置，微器件的流体流道直接连接到通道。2013年申请的CN201380076067，模槽选自由底部转移模槽和顶部转移模槽组成的组，轮廓是从一组直线轮廓、锥形轮廓和曲线轮廓中选择的。2018年申请的CN201680085056，流体喷射装置具有膜，膜包括喷射室的第一列、喷射室的第二列和分流壁，分流壁将第一列喷射室与第二列喷射室物理分隔开，在每个喷射室中提供多个执行器，基板包括从每个喷射室延伸穿过基板的各个孔，改进的流体喷射装置消除了喷射室各列中喷射室之间的串扰。

（2）腔室内布置屏障等结构

为了减少对电阻器的空化损伤，在腔室中会设置屏障结构，以增加头部使用寿命。例如，1983年申请的US19830490683，孔板的表面与基板隔开，以将墨水保持在通过孔板喷出的表面和基板之间，孔板设置在电阻加热器的对面，两个L形屏障被布置以提供在基板和孔板之间供给油墨的毛细管通道，屏障的作用是使油墨通过供给通道吸入，其速度沿电阻器的外围而不是中心，当油墨气泡在电阻器上或电阻器附近塌陷时，油墨的内表面会形成一个圆形运动，从而形成气泡，气泡的进一步崩塌导致旋转速度增加。1987年申请的US19870057573，提供一种包括三个壁的三面屏障结构与热喷墨打印头中使用的电阻器一起提供，在距离电阻器不到25μm的地方放置该结构可延长电阻器的使用寿命，由两个壁组成的两个势垒结构与间距小于25μm的电阻器相关联，也提高了电阻器的寿命。1988年申请的EP88310139，多个油墨推进元件和喷嘴，用于向打印介质发射一定量的墨水；油墨由油墨供给通道供给至油墨室的油墨推进元件，供给通道中有一个收缩，油墨推进元件包括电阻加热元件，油墨供给通道的一端设置有一对相对的突起，在增压室和通道之间形成收缩；突出物是尖锐的或圆形的，油墨推进元件设置在通道下方的平面内，油墨推进元件在通道平面下方5~40μm。1993年申请的US19930072298，打印头具有多个墨水推进元件，每个元件具有电阻元件，电阻元件形成在基板的顶面上，并布置在单独的液滴喷射室中，一个公共的油墨供给通道以流体方式连接到基板下方的油墨储存器以接受油墨的流动，并以流体方式连接到屏障入口通道，多个柱分别与油墨推进元件相关联，并沿着与屏障入口通道相对的油墨供给通道的边缘定位，柱以等于系统的最小尺寸的量隔开，并且尽可能靠近公共墨水供给通道放置，以便将污染物颗粒保持在喷射室外部和公共墨水供给通道区域中。1994年申请的US19940282243，打印头包括两个油墨供给通道，耦合到几个油墨喷射室中的一个，腔室具有阻挡层，一个或多个油墨供给通道在油墨源处具有宽尺寸入口，在其中一个油墨喷射室处具有窄尺寸出口，屏障层岛将第一供墨通道和第二供墨通道分开，岛上有一个面向墨水喷射室的平面壁面，第一进料通道具有阻挡层的S形壁，并且具有平滑地收敛到窄尺寸出口的宽尺寸入口。1997年申请的US19970921217，固定室由屏障封闭，具有支撑电阻器和喷嘴的底座，包围屏障的供墨通道包括一对由一定宽度隔开的收缩投影，收缩投影以在两个边缘处以等角度弯曲的形式分开，具有特定弯曲的屏障可防止喷嘴喷射时回流。2001年申请的US20010942475，锥形结构穿过喷射室的孔延伸，并且加热电阻器被放置在锥形结构的底部周围，锥形结构在不减少待喷墨水滴重的情况下，提高了喷射室的再填充速度，在保持油墨上的高毛细管力的同时，允许喷射出相对较大的液滴，因此提供了一个快速填充腔室的方法。

腔室内除了设置屏障，以防止空化现象的产生，也会设置如止回阀、阻隔结构等以调节液体流量或阻挡气泡。例如，2015年申请的EP15890888，打印头具有一个电阻器，该电阻器位于喷射室中，用于接收电子电流，使电阻器加热并从打印头喷出打印机液滴，光刻制造的止回阀位于喷射室中，光刻制造的止回阀可打开以允许向喷射室中填充打印机流体，并且可关闭以至少部分地密封打印机流体管路，以消除由电阻器加热所引起的打印机流体的回流，由于使用光刻制造的止回阀，降低了打印头的工作温度并减少了排气量，从而提高了打印头的效率。2012年申请的US201213977104，气泡阻碍结构防止气泡进入供墨槽，气泡通过与喷射室相关联的喷嘴排放到大气中，可以消除油墨输送系统中不必要的气泡的形成，提高印刷速度，从而有效地实现喷墨喷头的性能，以较低的成本提高喷墨打印机的打印质量，可防止油墨堵塞和喷墨喷嘴性能变差。

（3）腔室的可移动部件

为了更好地控制腔室内液体的流量，出现了在腔室内设置可弹性变形的控制阀的技术，以减少油墨回流，减少了油墨回流到墨腔造成的能量损耗，从而提高了打印头的热效率。例如，1995年申请的US19950548837，打印头上设有喷嘴，该喷嘴与形成在基座中的发射室连通，允许与发射室连通的通道内的油墨的流动由可移动的阀部件控制，阀部件的结构使得其一端固定在通道的基座或后表面上，并且其另一端在所述通道中可自由移动，阀门部件在内层中使用热膨胀系数大于外层材料的材料，并且通过加热介于两层之间的加热元件时，阀部件会向外层翘曲以关闭通道。1996年申请的US19960675366，打印头内装有阀门装置，用于调节打印头内的墨水流量和压力，阀门装置包括一个阀门构件，阀门构件包括一个弹性可变形的瓣阀，瓣阀一端整体连接到油墨通道的表面上，位于油墨通道中，邻近一个喷射室，该瓣阀可偏转进入和离开一个位置，以调节进出墨室的墨水流量和压力。1997年申请的US19970787534A，喷墨打印头具有第一表面和第二表面的半导体层基板，并且在半导体层基板上形成热执行器，墨水喷射室被设置到与热执行器相对应的位置，热执行器通过与导电构件连接的相应开关装置来控制，开关装置与阀部件配合，当借助于开关装置的操作向热执行器提供电源时，墨滴从墨喷射室喷出。1996 年申请的 US19960647347，当两个流体沿不同方向流过通道时，简化了喷射室内的流体混合，打印系统包括连接到基液供应的流体通道和连接到着色剂浓缩液供应的流体通道，每个流体通道都与一个单独的油墨喷射室进行流体通信，通过短暂打开位于每个流体通道内的微孔，将适量的基液和着色剂浓缩液输送到燃烧室，液体在燃烧室中混合，然后作为具有所需光密度的单个墨滴喷射出来，具体通过变形阀选择性地切换通过各个通道的流体流动，流向燃烧室的流体量由阀门调节，并由加热器加热，每个阀门的两个表面的热膨胀系数是不同的。

（4）腔室形状、大小

对于腔室的形状、大小方面，1996 年申请的 US19960692209，打印头的每个喷嘴具有通过油墨供给通道与再填充通道连通的喷射室和喷射电阻器，进纸通道的长度不同，导致电阻元件与进纸通道错开距离，并且为了平衡印刷元件之间的流体动力学，沿着进纸通道的长度有两个收缩，第一收缩与喷射室相邻，并且在喷射期间充当扩散器，第二收缩与再填充通道相邻，并且减缓进料通道再填充过程。对于较长的进墨通道，第二收缩较宽，而对于较短的进墨通道，第二收缩较窄，第二收缩较窄的宽度通过不同的量来减缓再填充，以平衡印刷元件之间的流体动力学。1998 年申请的 US19980179362，打印头部分在基板和喷嘴之间使用屏障层，喷嘴包含通过限流器与增压室通信的墨水喷射室，喷嘴具有一组孔和槽，基板具有两个线性排列的喷墨加热器元件，每个孔口都与一个腔室和喷射元件以及一个带增压室的凹槽相连接，使用至少一个凹槽将墨水从墨水罐供应到包括墨水喷射室的流体通道，使得墨水供应中的异物被凹槽过滤掉，从而不会阻塞流体通道，基板和喷嘴构件之间的阻挡层包含通过限流器与增压室通信的墨水喷射室。1999 年申请的 US19990335858，在基板上提供一层具有外表面的光刻胶材料，使其暴露于不同的辐射强度以限定不同深度的环形部分，移除被环形部分包围的部分以限定孔和限定与通过移除环形部分和基板之间的层部件来构造孔板，将油墨输送到第一腔室的通道可以被配置成相对于孔板中的另一个通道更深或更浅。2000 年申请的 US20000523238，打印头具有通过孔板层延伸至设置在形成在基板上的薄膜中的油墨通电元件的喷射室，通电元件通电时，喷射室产生的墨滴重量不同于另一通电元件通电时烧制室产生的墨滴重量，为喷射室提供高效地产生不同滴墨量的能力，从而实现高速印刷。2001 年申请的 US20010876470A，通过提供具有不同开口几何形状的供墨口以补偿墨滴发生器的不同距离，从而允许墨水尽可能快地重新填充室，从而实现打印头喷嘴的快速喷射，在基板中形成的墨滴发生器的柱状组，与通过基板的一部分形成的供墨槽的内边缘具有不同的距离，每个生成器都包括相关联的供墨口，这些供墨口将发生器以流体方式连接到插槽，这些开口具有不同的开口几何形状，用于补偿发电机的不同距离。2012 年申请的 US201213977104A，喷射室具有室底板，带有与室底板相对的孔口，以及加热元件，室底板的一个区域的外形被形成为限定延伸进入室底板的腔，基于对液滴喷射、喷射室再填充和/或室寿命的期望影响，来选择腔的形状、大小、位置和定向。

5. 处理热变化的结构技术发展状况

在热气泡打印过程中，由于加热电热阻的运用使得头组件处于持续发热中，为了保持稳定的工作温度和均匀的打印质量，通常需要设置处理热变化的结构，以使得热变化趋于稳定，防止头组件长期处于加热状态使得头组件使用寿命减短。

最初的调节热变化的方式并没有使用冷却部件。例如，1989 年申请的 US19890295630A，喷射器的温度由薄膜温度测量电阻器测量，该薄膜温度测量电阻器与产生从喷射器喷射的液滴的薄膜喷射电阻器共同放置在基板上，喷射器的加热是通过一个低水平的电流通过喷射电阻器来完成的，冷却是在不使用风扇的情况下通过延迟打印过程来完成的，或者通过仅在打印过程中减慢打印速率来减少打印过程中的热负荷。这种方式对于调节温度效率不高，因此，随后的发展中采用了设置冷却部件的方式。例如，1990 年申请的 US19900593443，墨盒使用电阻器组件从墨盒中喷射墨水，为了控制电阻器产生的热量，提供了一个冷却系统，冷却系统包括一个油墨通道，该油墨通道位于电阻器基板附近，通道由墨盒中的一个腔室提供墨水，油墨通过通道与基板接触，产生冷却效果。1991 年申请的 US19910694185，为墨盒提供墨水冷却，以允许在低温下操作；在喷墨打印墨盒中有多个喷射电阻器，墨盒具有位于基板背面的有效热交换器，所有流经喷射室的油墨都通过热交换器，换热器的几何形状使得打印头基板吸收的几乎所有残余热都转移到油墨中，油墨在流经热交换器时的压降足够低，不会对油墨在墨盒中的流动产生不利影响。

上述的冷却系统虽然可以起到冷却作用，但系统设置比较复杂，为了简化结构，以及更好地适应不同头组件结构，对于冷却系统的结构也进行了改进。例如，1992 年申请的 US19920863521，打印头具有喷嘴，墨水通过喷嘴喷射到主体上，每个喷嘴具有用于加热和喷射墨水的电加热装置，通过热沉装置保持打印头的冷却，热沉装置包括相变材料，相变材料在打印头热能存在时改变状态，相变材料布置在与打印头热交换关系的主体上。1997 年申请的 US19970964583，采用换交热器作为过滤器，打印头的使用寿命更长，打印头不受颗粒物的影响，降低了成本，提高了质量，喷墨元件形成在基板的表面上，热交换器与基板热接触并且具有油墨通过的路径。1998 年申请的 US19980033504，打印头具有两层黏合材料，第一层放置在第二表面、流体供给通道和暴露的薄膜区域上，第二层放置在第一层黏合材料上的金属层上，薄膜层包括消能元件和流体进料槽，薄膜区域包括一组散热片，散热片包括布置在暴露薄膜区域上的二氧化硅，提供有效的电阻冷却。1999 年申请的 US19990459999，打印头具有设有金属散热片的金属散热层，金属散热层防止存在于基板中的化学元素或化合物迁移到薄膜层中，通过提供优异的打印质量来改进喷墨打印。2000 年申请的 CN00108717，硅衬底携带薄膜层，该薄膜层限定供墨喷射器的供墨孔，在基板的相对表面上，油墨孔向进给孔提供油墨，进给孔形成在悬在基板上形成搁板的薄膜层的一部分中，薄膜层可以包括压电或电阻元件，电阻加热器元件下方的热层形成热沉，能够实现有效的散热。2002 年申请的 CN02143596，加热单元与墨体流体连通，以产生热量来加热墨体，当加热元件使墨体达到预定温度时，在墨体内形成蒸气泡以喷射墨滴，加热元件与散热结构热连通，热元件产生的热量从加热元件转移到散热结构中，以将热量从加热元件传递到墨体，墨体起到“无限”散热器的作用，从而增强散热能力。

除了设置相应的冷却结构，也会采用流路来实现冷却，例如，1996 年申请的 US19960692905，只考虑进墨口的面积，确保最佳的油墨流入墨腔，最大限度地减少了由于提供了从电阻器中提升溃灭气泡的动量而对电阻器造成的损坏，从而使气泡的最终溃灭点从电阻器中移开；喷墨打印头具有墨水入口，其限定了墨水流入腔室的入口流动区域，入口流动区与腔室相邻，并对进入腔室的油墨流动提供区域限制。1996 年申请的 US19960748726，具有喷墨打印头的导墨管，其增加了流经基板的背面并流入喷墨室的墨水的速度，油墨通过基板背面的速度增加，导致基板上的热量被很大程度地去除，这种增加的油墨速度是通过在靠近基板背面的地方提供窄的油墨导管开口来实现的。1998 年申请的 US19980071141，印刷装置包括外壳、具有前表面（其上形成喷墨室）且具有后表面的基板、具有接近基板后表面的远端的油墨导管，外壳和基板限定到墨水喷射室和与墨水流动路径连通的气泡积聚室的墨水流动路径，使得倾向于将积聚在墨水流动路径中的气泡移动到气泡积聚室中，通过这种设置方式，提供更好的打印头冷却来克服热问题，避免打印头附近的气泡积聚而使打印头缺少墨水，并为远离打印头的空气积聚提供足够的容积。2001 年申请的 US20010046459，印刷机头模具与基板之间由黏结剂形成的接头，能可靠地承受应力和温度变化，随着喷墨量的增加，印刷速度也随之提高。2006 年申请的 CN200680013892，流体喷射组件包括第一层和位于第一层侧面的第二层，第二层具有与第一层的侧边相邻的侧边，包括限定侧边上的流体室的屏障、形成在流体室中的液滴喷射元件和延伸在流体室和屏障之间的热传导路径，屏障中的热量被传递到通过流体路径供给的流体中，在不影响打印头操作的情况下增强屏障中的热量传递。2017 年申请的 CN201780077423，具有嵌入在可模塑材料中的流体喷射模具，在流体喷射模具内设置多个流体驱动器，模塑材料中限定的若干冷却通道与流体喷射模具热耦合，流体执行器包括流体喷射模具内的多个流体再循环泵，以在流体喷射模具的多个喷射室内再循环流体，流体喷射模具的喷射室内的流体再循环泵循环的流体存在于冷却通道内，冷却通道输送冷却液，其中冷却液从流体喷射模具中传递热量，在流体喷射模具和冷却通道之间提供一定量的可模塑材料，流体喷射模具的一部分暴露在其中一个冷却通道中，流体喷射模具的表面可以暴露在冷却通道中，使流体喷射模具的废物转移更加有效，换热器用于减少或消除印刷过程中由流体循环泵产生的废热引起的热缺陷。

6. 热喷墨打印盒、笔盒技术发展状况

自 1992 年以来，惠普公司申请了一系列关于热喷墨打印盒的专利，这种打印盒结构也称为笔盒，实质上是一种打印头。这种打印头结构提供了一种改进的喷墨打印头中的墨水储存器和蒸发室之间的墨水流动路径，油墨通道和蒸发室的阻挡层位于矩形基板和包含孔阵列的喷嘴构件之间，基板包含两个线性阵列的加热器元件，喷嘴构件中的每个孔与蒸发室和加热器元件相关联，阻隔层中的油墨通道具有通常沿着基板的两个相对边缘流动的油墨入口，使得沿着基板边缘流动的油墨能够进入油墨通道和蒸发室。

使用上述墨水流动路径，基板中不需要孔或槽来将墨水供应到阻挡层中位于中心的墨水歧管，因此减少了形成基板的制造时间，对于给定数量的加热器元件，可以使基板面积更小，衬底也比具有槽的衬底更不易碎，简化了衬底的处理，硅衬底的整个背面可以通过穿过它的墨流来冷却，改善了稳态功耗。US19920862669 中，激光烧蚀聚合物喷嘴构件具有优于传统电铸孔板的使用特性，并且可以容易地固定在聚合物基板上或与聚合物基板一起形成。US19920864896 中，喷嘴部件位于包含油墨储存器的本体上，并且通过本体与喷嘴部件的后表面（喷嘴部件的后表面包围基板）之间的密封件密封本体，流体通道在油墨储存器和基板的背面之间连通。US19930062976 中，喷嘴板直接接合在柔性带自动键合电路上形成的特殊迹线，自动键合器将每个加热器基板与相关的喷嘴板对准，并将基板上的电极与形成在标签电路上的相应引线键合。US19930131808 中，具有喷嘴部件、基板、主体和热膨胀抑制元件，防止在加热后本体和喷嘴部件冷却时喷嘴部件从阻挡层分层。US19950398849 中打印头通过在喷嘴背面和打印墨盒主体之间围绕基板形成油墨密封件，使每个喷嘴与墨水储存器主体黏合地密封，减少了胶封过程中喷嘴堵塞的发生。US19960687000 中，孔板具有喷嘴，喷嘴通过墨水喷射室耦合到墨水储存器，根据喷墨信号，墨水通过喷嘴喷出，传感器具有加速器，该加速器包括悬臂簧片单元，簧片单元位于谐振腔的中心，以便将簧片单元与油墨隔离，其设置在靠近每个喷射室的位置，以检测油墨喷射的压力波并产生相应的波信号，通过在喷墨墨盒完全清空之前生成警告来优化图像的打印质量，以便重新填充或更换墨盒，持续监控打印头性能的质量。

7. 打印头杆/模/棒/管芯技术发展状况

2000 年起，惠普开始使用打印头模/管芯（Printhead Die）的概念，该结构相对于之前的紧凑式喷头结构有很大的不同，专利 CN1297815A 公开了一种打印头管芯，包含一个喷墨打印头，该打印头可靠近打印介质工作，该打印头带有一个喷嘴层，其中形成多个喷嘴，用于响应激励信号，选择性地喷射液体；该打印头还包括：一个具有上表面的支撑体，该上表面形成一个钻孔凹槽，该凹槽用于容纳液流喷射基板；一个密封剂，它至少部分封闭该液流喷射基板的一部分，该密封剂是模制成型的，与喷嘴层形成一个平面；形成的该平面具有如下优点：减小轨道误差的影响，可通过打印系统的清洁机构有效地清洁打印头，消除了打印头墨水泄漏的问题。专利 US2003081059 中公开了一种打印头模具，其包括：载体，包括基板和连接到基板的第一表面的子结构；多个打印头管芯，每个打印头管芯安装在基板的第二表面上，基板的第一表面包括表面变形，并且子结构通过黏结剂连接到第一表面。专利 US20050117001 中公开了一种打印头组件，包括载体，所述载体具有限定在其中的流体歧管，使得所述流体歧管包括第一腔室和第二腔室，多个打印头模具，每个打印头模具安装在载体上并与流体歧管的第一腔室和第二腔室中的至少一个连通；流体输送组件，与载体连接，包括第一腔室和第二腔室，流体互连件将流体歧管的第一腔室与流体输送组件的第一腔室和流体歧管的第二腔室与流体输送组件的第二腔室流体连接。之后惠普采用了模制或模塑的方式形成打印头结构，例如专利 CN105377560A、CN105142916A 和 CN105142910A，均涉及模制流体流路结构，区别在于模制的步骤不同。CN105377560A 中的模制流体流动结构包括嵌入模制件中的微设备，所述模制件具有在其中的通道，流体可穿过该通道而直接流动到所述设备中和/或流动到所述设备上。CN105142916A 的模制流体流动结构中的每个打印头包括单个打印头芯片，其具有两行喷射室和对应的孔口，打印流体通过孔口从喷射室喷出。模制件中的通道将打印流体供应至每个打印头芯片；实际的喷墨打印头芯片通常是形成于硅衬底上的复杂的集成电路（IC）结构；在每个喷射室处形成于衬底上的热喷射器元件或压电喷射器元件被致动，以从孔口喷出墨或其他打印流体的液滴或料流。导体由保护层覆盖并且附接到衬底上的电气端子，其将电信号载送到喷射器和/或打印头芯片的其他元件；而制造打印杆的方法，包括：将多个打印头芯片薄片在载体上布置成用于打印杆的图案，每个芯片薄片具有入口和带有孔口的前部，流体可通过入口进入芯片薄片，流体可以穿过孔口从芯片薄片分配，并且芯片薄片布置在载体上，而每个芯片薄片的前部面向载体；在每个芯片薄片周围模制材料的主体，而不覆盖芯片薄片的前部上的孔口；在入口处形成在主体中的开口；从载体移除芯片薄片；以及将芯片薄片的组分离成打印杆。专利 CN105142910A 中公开的印刷电路板流体流动结构和用于制造印刷电路板流体流动结构的方法包括：在打印头电路板中形成通道；将微装置安装到通道中，使得流体能够通过通道直接流动到微装置；和将印刷电路板中的导体连接到微装置上的导体；形成通道和将微装置安装到通道中包括：形成穿过印刷电路板的槽，该槽具有的厚度大于微装置的厚度；和将微装置胶黏到每个槽中；每个微装置包括微装置薄片，且制造方法还包括：跨过每个槽施加隔障；在每个槽中将薄片抵靠隔障安置；使黏结物在薄片周围流动以将薄片胶黏到槽中；将印刷电路板导体结合到薄片上的电气端子；和将覆盖每个槽的隔障移除；将印刷电路板导体结合到薄片上的电气端子包括：使印刷电路板导体在每个槽中露出；然后将露出的导体直接结合到薄片上的电气端子。

9.2.2　喷头加工工艺技术发展脉络

本小节主要针对惠普热气泡式喷墨打印技术中喷墨头制造的对准、层结构加工以及头组装工艺的技术发展脉络进行梳理和分析。

1. 对准工艺

在热气泡喷墨打印头的加工工艺中，最重要的一环是喷嘴孔板与加热元件是否对准，否则无法准确喷射。1987 年申请的 EP87303785 中提出了一种单片热喷墨打印头，这种整体结构使得页宽阵列热喷墨打印头成为可能，单片结构可以通过标准集成电路和印刷电路处理技术制造，镀镍工艺在电阻器顶部构造喷嘴，从而消除黏附和对准问题；刚性基板支撑柔性悬臂梁，电阻器构造在该悬臂梁上，悬臂梁与油墨本身一起缓冲气泡坍塌时空化力的影响，从而提高电阻器的可靠性，因此墨水直接从背面经过电阻器从刚性基板的厚度的井中供给，孔结构通过自对准的两步镀覆工艺构造，从而产生复合孔形喷嘴，整体式打印头允许更平滑的墨水供应。

1989 年申请的专利 US35791589 提出了具有自对准孔板的喷墨打印头和制造该打印头的方法，其中打印头的孔板中的开口与打印头的薄膜基板构件上的换能器元件精确对准，该整体式热喷墨打印头具有集成喷嘴和墨水通道，其中具有开口的阻挡层与换能器元件对准，并且位于邻近金属种子层的薄膜基板构件上，金属喷嘴层被镀在金属种子层上并且在阻挡层上延伸到其中的开口中以形成收敛的孔开口，该开口与阻挡层中的开口和薄膜基板构件上的换能器元件对准。由于换能器元件和金属孔板层都与阻挡层中的开口精确对准，所以换能器元件和金属孔板层被称为“自对准”。

1992 年申请的专利 US19920864890 提出了一种形成喷墨头的打印方法，包括以下步骤：在条带材料中形成多组孔；孔是使用分步重复激光烧蚀工艺形成的，其中掩膜装置在条带上限定孔的图案，并且条带经受掩蔽的激光辐射；在条带材料上形成多个导电迹线；导电迹线具有终止于孔组附近的第一端，并且具有终止于远离孔组的位置的第二端，用于连接到墨水打印机；形成通向每个孔的流体通道，流体通道用于与储墨器连通，允许墨水靠近孔流动；流体通道也是使用分步重复激光烧蚀工艺形成的；将多个基板固定到条带上，每个基板与多个组内的一组孔口相对，每个基板包含墨水喷射元件，每个墨水喷射元件与孔口中的一个相关联以产生一定量墨水从相关的一个孔中喷出，流体通道形成位于基板和孔之间；然后将导体的第一端连接到基板上的相应电极。

1993 年申请的专利 EP93302603 中提出的热喷墨打印机的打印头包括具有至少一个折叠装置的柔性基板，折叠装置允许基板的第一部分折叠在第二部分上，折叠装置可包括间隔开的穿孔完全穿过基板延伸，或者，间隔开的槽状凹陷或孔仅在中间延伸穿过基板，利用折叠装置，两个基板部分可以折叠成彼此重叠，在基板部分的表面上形成至少一个墨滴喷射室，并且穿过基板部分形成至少一个墨水入口孔；当两个部分相互折叠时，部分与墨滴喷射室流体连通，至少一个墨水出口孔穿过第二基底部分形成，即在折叠装置的与激光烧蚀的墨水入口孔相对的一侧上形成，墨水出口孔定位成与墨滴喷射室流体流动连通；当对折叠装置进行光烧蚀时，可以同时形成墨水入口孔、墨水出口孔和折叠装置的穿孔。在实践中，这通过使用合适的掩膜和单次蚀刻暴露于激光能量来完成，通常在形成孔之前，在基板上形成薄膜电阻器，因此当掩膜相对于电阻器对准时，通过掩膜曝光形成的所有孔将处于适当的对准状态。

1995 年申请的专利 US19950551266 中提出了一种大面积喷墨打印头，用于喷墨打印机的页宽打印头采用拉伸配合的柔性电路，其具有连接到柔性电路上的基准压痕的孔，设置在热稳定绝缘材料块上的加热器电阻器被精确地连接到位于块上的基准特征，基准特征安装在基准压痕上，以准确地将孔口对准加热器电阻器。

2000 年申请的专利 US20000628383 中提出了用于热喷墨打印头的自定位孔板结构，打印头具有非均匀厚度的电铸孔板，其具有通过电铸的孔。该电铸孔板具有薄的区域和厚的区域，厚区域限定了薄区域的投影。打印头还具有打印头模具，其包括基板上的换能器，每个换能器与孔板的一个孔匹配，打印头还在基板上具有阻挡层，该阻挡层被开发以限定墨水通道和墨水腔室，用于将墨水输送到换能器。当孔板在组装期间连接到打印头模具时，孔板上的凸起与阻挡层上的定位器啮合，以将孔板和打印头模具保持在适当位置，使得每个孔对准相应的换能器。

2. *层结构加工工艺*

由于加热元件在墨水腔室或墨水通道中的布置结构，加热元件会出现因接触墨水而导致的损伤，所以喷头加工时加热元件上需要设置保护结构。

对于加热电阻层，1989 年公开的专利 US4862197A 中提出加热电阻器形成在绝缘基板的一个区域上，并且相对大的区域电触点形成在绝缘基板的相邻区域上，在导电迹线图案上形成阻挡层，在一个区域上限定加热电阻器，并且该层中的小通孔在大面积电触点和导电迹线图案之间提供电通路，并因此提供电流驱动路径；小通孔提供阻挡侧壁区域和导电迹线图案区域的最小暴露，因此改善了器件可靠性和制造产量，并且还改善了与打印头的电接触，还可以使阻挡层与导电迹线材料横向共同延伸，从而留下可用于金属覆盖层连接到形成在导电迹线材料侧面的大面积接触垫的微小区域的迹线材料。2001 年公开的专利 US6183067B1 中提及一种喷墨打印头和用于集成致动器和喷射室的制造方法，包括将致动器和墨水喷射室集成在单个半导体基板上，集成过程利用绝缘体上的半导体（SOI）技术，致动器形成在基板的一个表面上，通常是硅基板，并且喷射室与致动器对准，晶体管的电开关装置沿着表面形成，并用于单独地寻址致动器，在形成集成结构之后，供应歧管可以附接到集成结构，用于在喷射操作之后补充流体墨水，流量控制机构如阀，可以结合在歧管和喷射室之间。2000 年公开的专利 US6054011A 中用于喷墨打印的打印头包括孔板，其上黏合有金属层、油墨阻挡层和位于金属层和阻挡层之间的黏合促进剂，黏合促进剂将金属层黏合到阻挡层，黏合促进剂包括有机硅烷、聚丙烯酸或聚甲基丙烯酸；在制造印刷头的过程中，将黏合促进剂施加到孔板上，并且通过施加压力和热量将孔板、阻挡层和黏合促进剂黏合在一起。2001 年公开的专利 US6331049A 为一种具有不同厚度钝化层的打印头，其具有不同厚度的钝化层，钝化层在墨水排出元件上相对较薄，以减少排出墨水所需的能量，钝化层在衬底的其他区域上相对较厚，特别是提供电路等的那些区域，电路上增加的厚度防止电容耦合等。

对于墨水通道，1995 年公开的专利 US5387314A 中提及利用化学微机械加工在热喷墨打印头中制造墨水填充槽，利用光刻技术、化学蚀刻、等离子体蚀刻或其组合，可以在衬底中精确地制造墨水填充槽，这些方法可以与激光烧蚀、机械磨蚀或机电加工结合使用，以去除所需区域中的附加基底材料。墨水填充槽被适当地配置成通过延伸部分以为越来越高的打印头操作频率提供所需体积的墨水，这导致搁架长度减小并因此减少了赋予墨水的流体阻抗。精确的蚀刻延伸部分以可控制地将其与打印头的其他元件对准。2001年公开的专利US2001002135A1中提及了一种制造用于喷墨打印头的微机械供墨通道的方法，包括使用一系列蚀刻工艺步骤形成的打印头的喷墨打印盒，两个蚀刻步骤工艺的第一次蚀刻包括湿化学蚀刻，接下来是干蚀刻工艺，两个蚀刻步骤从晶片的背面连续地开始。该制造工艺提供了若干优点，包括墨水供给通道的精确尺寸控制，设置在打印头中的喷墨器的更大的包装密度和更高的打印速度，与传统打印头相比，减少了制造打印头所需的时间。2003年公开的专利US2003095166A1中提供一种使用激光辅助蚀刻工艺在基板中形成歧管的方法和具有这种基板的打印头的部分结构。为了通过基板形成歧管，基板在面向墨水容器的一侧具有打印头部分结构和相对的换能器支撑件，基板的换能器支撑件使侧面与蚀刻剂接触，并且借助于激光束照射与蚀刻剂接触的基板的侧面，以蚀刻照射区域来限定歧管的第一部分，然后穿过基板以形成连接到第一部分的歧管的第二部分。2004年申请的专利US20040834777中提供了一种制造微型射流结构的方法，所述方法包括：在基材上设置层叠薄膜，层叠薄膜包括绝缘层和来源层；有选择地蚀刻层叠薄膜，从而暴露出部分基材和部分绝缘层；在暴露的基材及暴露的绝缘层上设置牺牲层；在来源层上电镀腔室层；去除牺牲层，从而形成微型射流腔室；在腔室层和绝缘层的暴露部分上有选择地电镀具有预定表面性能的层；以预定图案在微型射流腔室中设置第二牺牲层；在第二牺牲层的预定部分上和在具有预定表面性能的层上有选择地电镀喷嘴层；去除第二牺牲层，形成具有限定于其内的孔的喷嘴层，从而使流体至少可进入微型射流腔室或可从微型射流腔室中排出。

对于喷嘴板，2003年公开的专利US2003011659A1中提供了一种制造用于喷墨打印机的打印头的液滴板的方法，所述液滴板与承载在基板上的热传感器流体连通，包括以下步骤：在基板上沉积第一层第一介电材料，在第一层介电材料中形成空腔，从而形成围绕热换能器的发射室，用牺牲材料填充空腔，沉积第二层第一介电材料，通过第二层沉积的介电材料形成喷嘴，和通过将牺牲材料和第一、第二层的第一介电材料同时暴露于溶解牺牲材料的化学物质来去除牺牲材料。2005年公开的专利US2005240299A1中提供一种激光加工流体路径的方法，该加工工艺包括：使用激光在基板的第一表面中形成第一槽，所述第一槽的深度小于所述基板的厚度；使用激光器减小第一槽的侧壁上的碎片，所述激光器的能量密度小于用于形成第一槽的能量密度，以便熔化侧壁上的碎屑；使用激光在基板的第二表面中形成第二槽，第二槽与第一槽对准并穿过基板延伸到第一槽，以形成穿过基板的连续路径。专利US2007084824A1中采用硅蚀刻的热喷墨打印头处理，使用坚固的掩膜蚀刻热喷墨打印头的沟槽部分的方法，鲁棒掩膜精确地限定待蚀刻的衬底表面的区域并且保护相邻的液滴发生器部件免受暴露于硅蚀刻剂的损害；使用一些材料作为掩膜，该材料也用于图案化层中，用于在基板上产生液滴发生器部件，掩膜部件在基板上的放置与液滴发生器部件的制造同时发生，从而最小化了产生硅蚀刻剂掩膜的时间和费用。2008 年公开的专利 US2008085476A1 中提供的制造具有干膜光致抗蚀剂层的流体喷射装置的方法，包括在基底上提供阻挡层和孔层，在孔层的基本平坦的表面上层压光致抗蚀剂层，在孔层中形成孔口，以及在光致抗蚀剂层中形成沉孔，在光致抗蚀剂层中形成沉孔，包括在沉孔内暴露出孔层的基本上平坦的表面的一部分。

3. 喷墨头组装工艺

在喷墨头的安装工艺中，电连接是重要的一环。1987 年公开的专利 US4635073A 中提及一种新的和改进的热喷墨打印头及其制造方法，其中电路在一个接一个的引线接合工艺中顺序地热耦合到薄膜电阻器基板上的对准的导电迹线，这些迹线为基板上的相应的多个加热电阻器提供电流路径，并且这些电阻器用于加热热喷墨打印头中的相应的多个墨水储存器。1991 年公开的专利 US5016023A 中提及了一种大型可扩展阵列热喷墨笔及其制造方法，其中多个单独的薄膜喷墨打印头（每个包括孔板）选择性地间隔并固定到其中具有供墨口的绝缘基板上，所述供墨口供应墨水；打印头汇流线和集成电路驱动器—解码器封装，可以相对于打印头以平面方式安装并且电互连以驱动打印头，各个打印头可以安装在单一的绝缘支撑和墨水供给结构上，例如陶瓷基板，并通过印刷或丝网电引线互连到基板外的热气泡喷射驱动电路；这些引线可以以受控图案铺设在陶瓷基板的表面上，并用于将打印头上的焊盘与上述基板外驱动电路和电源互连，还可以将集成电路封装安装在相对于打印头以平面布置切割在陶瓷基板的槽中。

在制造热气泡式喷墨打印头的过程中，一般是在绝缘或半导体衬底上进行制造。首先在硅或玻璃衬底表面上形成表面绝缘层（例如二氧化硅（SiO_2）），然后在二氧化硅绝缘层的表面上沉积一层电阻材料（如钽铝（TaAl）），接下来采用传统的光刻法在电阻材料形成的电阻材料层表面上形成导电迹线图案。

为制造复合式热气泡喷墨打印头，通常在铝迹线材料和加热电阻器区域的暴露表面上进行沉积，沉积材料包括二氧化硅（SiO_2）、氮化硅（Si_3N_4）、碳化硅（SiC）或上述包括氮氧化硅（SiO_xN_y）的绝缘材料的复合物等表面介电材料；介电材料沉积步骤完成后，施加聚合物阻挡层材料并在其后光刻图案化，通过光刻图案化步骤限定了墨滴喷射室的尺寸；最后，将喷嘴板固定到阻挡层材料层的顶部。在制造过程中，墨滴喷射室允许围绕加热电阻器并与之同轴对准，且喷嘴孔也相对于墨滴喷射室的中心和加热电阻器的中心同轴对准。

上述制造过程需要切割基板，且在切割时需要防止基板的损伤，其制造过程效率低、成本高。1993 年公开的专利 US5194877A 提出了利用电铸的方式批量制造多个金属衬底的工艺，在该工艺中使用由形成在绝缘或半导体衬底上的金属图案或者形成在金属衬底或金属层上的绝缘图案组成的可重复使用的心轴；然后在金属基板的表面上形成绝缘的薄膜层、电阻薄膜层和导电材料的薄膜层，从而对正在形成的多个热喷墨打印头限定加热电阻器和引入导体；然后，在绝缘层、电阻层和导电层的表面上限定阻挡层，从而在先前形成的加热电阻器上围绕限定出多个墨滴喷射室；接着将多个喷嘴板分别固定到正在形成的每个打印头中的阻挡层上；最后，通过剥离将多个金属基板从心轴上移除，而不需要切割基板，并且可以利用在心轴上的适当掩膜在每个金属基板中形成供墨孔。进一步地，在电铸过程中金属基板还设置有断裂突片线，其与上述薄膜层和孔板中的断裂图案对准，以这种方式各个薄膜电阻器型打印头便可以容易地断开和彼此分离。

2000 年公开的专利 US6045215A 中提及了一种高耐久性墨盒打印头及其制造方法，其中提供一种基板，包括喷墨器系统、阻挡层和孔板，其底面由元素贵金属制成。使用通过组合巯基氧硅烷聚合物和三烷氧基硅烷偶联剂制备的黏结剂将金、铂和/或钯固定到阻挡层上，为了实现固定，将巯基三烷氧基硅烷施加到孔板的底表面上，然后用水处理该板以产生巯基氧硅烷聚合物，巯基氧硅烷聚合物也可在输送到板之前形成，然后将偶联剂施加到聚合物上，从而产生黏结剂，接着使用该黏结剂将孔板连接到阻挡层，结果，生产出具有改进的结构完整性的独特打印头。

对于整体式打印头，还包括打印头管芯。2002 年公开的专利 EP1221375A2 中提及形成用于热喷墨打印头的孔板的方法包括使用可光成像聚合物和光刻法来形成其中具有限定图案的孔的塑料孔板，在光刻步骤期间，使用基底来支撑可光成像聚合物层（其最终成为孔板），这保持了聚合物层的结构完整性，该方法允许孔的尺寸、间隔和成形的高精度。同一年公开的专利 US6409307B1 中公开了共面安装用于喷墨打印头组件的打印头模具，该喷墨打印头组件包括具有非平面表面和多个黏结剂量的基板，每个黏结剂量设置在基板的非平面表面上，多个打印头模具各自通过一个黏结剂量黏附到基板的非平面表面上，至少一种黏结剂量的厚度与另一种黏结剂量的厚度不同，使得黏结剂量的厚度补偿基材的非平面表面，因此，黏结剂量支撑打印头模具并在打印头模具之间建立基本上共面的关系。2003 年公开的专利 US20030081647A1 中提出了用于形成管芯封装的方法，接触管芯组件的接口区域，保持接口区域不含绝缘材料，该方法在模具组件的部分周围分配可流动的绝缘材料。2013 年公开的专利 CN103052508A 中提出了一种组装宽阵列喷墨打印头组件的方法，包括：将喷墨核芯附连到核芯携载器，从而使得所述喷墨核芯上的沟槽与延伸穿过所述核芯携载器的倾斜锥形通道流体连通；将排线附连到所述核芯携载器以形成核芯组件；将多个所述核芯组件以背靠背的交错构形附连到构架，从而使得所述核芯组件横跨所述构架的基本部分延伸，并且每个核芯组件的排线延伸到所述打印头的一侧；其中，在所述多个核芯组件中的所述倾斜锥形通道与所述构架中的歧管开口流体连通。

9.2.3 喷头驱动控制技术发展状况

在现有热气泡式喷墨打印技术发展过程中，提高画质、实现高速打印，同时延长零件的寿命、节省电力、使电路动作稳定等，一直是本领域技术人员期望通过对硬件、软件进行控制来达到的目的。

1. 控制驱动技术

在驱动控制这一方面，惠普公司于 1981 年申请了首个专利 US19810292841，通过使用前驱脉冲以足够低的速率预热电阻器，避免附近的墨水产生气泡，即电阻器的温度保持在沸腾温度以下。前驱脉冲之后是成核脉冲，成核脉冲非常快速地将电阻器加热到接近油墨的过热极限，使气泡在油墨中生成。如此形成的气泡非常迅速地生长，其尺寸取决于前驱脉冲加热的墨水量。在气泡的生长阶段，电阻器两端的电压通常会降低到零，因为在这段时间内传给油墨的热量无效，维持电流会导致电阻器过热。在典型配置中，电阻器约为 3Ω，前驱脉冲的脉冲幅值约为 0. 3A，脉冲宽度约为 40s，成核脉冲的脉冲幅值约为 1A，脉冲宽度约为 5s。还可以使用许多其他控制气泡形成的方案，如脉冲间隔调制或脉冲高度调制。在这种方法中，前驱脉冲的大小从成核脉冲开始之前的约 0. 5A 的初始值减小到约 0. 2A。前驱脉冲的形状作为时间的函数变化，这将电阻保持在大约恒定的温度，从而在成核之前优化了墨水中的能量分布，同时减小了所需的成核脉冲宽度，增强成核的可重复性。

1987 年申请了专利 US19870077552，提出了一种热喷墨打印头温度控制器。当感测到的温度超过设定值时，打印机托架速度会降低，以使打印头冷却。喷墨温度控制系统包括控制器，该控制器包括打印机托架驱动器并且包括耦合至打印头的打印驱动电路。控制器响应于由滑架驱动器驱动的滑架的位置，产生电脉冲，以从打印区域中的热喷墨打印头喷射墨滴，并停止电脉冲到打印区域之外。温度传感器检测喷墨打印头的温度，并且电路响应该温度传感器以控制控制器的托架驱动。后者将托架速度降低直到感测高于预定的温度，以允许打印头冷却，从而将喷墨打印头的温度保持在预定温度。

1991 年申请了专利 US19910652965，用于热喷墨和热打印机的温度控制器，在闭环系统中使用带有温度传感器和低能耗非打印脉冲，减少打印点尺寸的波动，从而减少打印暗度和颜色的变化。通过使用低能量的非打印脉冲来控制温度，这些脉冲会加热打印头而不会排放墨水。基于打印头的能量传递特性和打印数据内容的开环控制可以与以不同响应时间运行的闭环结合使用。

1993 年申请了专利 US19930014301，降低热喷墨打印头的驱动能量，同时保持始终如一的高打印质量，该打印机系统具有一个热喷墨打印头，该打印头具有多个响应于墨滴喷射脉冲的墨滴喷射电阻器。控制器施加脉冲组图案的脉冲序列，该脉冲组图案的脉冲序列具有一系列脉冲，当施加到所选择的喷墨电阻器上时，该脉冲序列引起各个液滴的喷射。脉冲在时间上足够紧密地间隔开，以使得随后发射的液滴在飞行中结合而形成单个液滴，该液滴的体积取决于所施加的脉冲组的脉冲数。控制器降低脉冲组中第二个及后续脉冲的驱动能量。

1995 年申请了专利 US19950376320，启用能够维持喷嘴速度的数据传输。打印机元件包括：柔性电路限定了多个导电路径，每个导电路径耦合到喷嘴电路中的相应一个。多个喷射开关各自通过多个导电路径中的相应一个耦合到相应的加热电阻，并且多个缓冲器每个都耦合到多个喷射开关的子集。存储器存储每个打印头喷嘴的点数据，该数据从存储器输出到相应的一个打印头喷嘴的喷嘴电路。两个电路选择存储器的一部分以将点数据输出到多个缓冲器，并且从触发开关的每个子集中选择一个触发开关，该触发开关响应于在多个缓冲器中存储的点数据。柔性电路、喷嘴电路和存储器电连通，并连接到打印杆，以限定打印头喷嘴的全页阵列打印头。

1998 年申请了专利 US19980162369，补偿打印头到介质的间距和打印头扫描速度的变化。

2002 年申请了专利 US20020284688，提出了一种喷墨打印机中的打印方法，涉及使用打印面罩改变每个打印喷嘴的喷射频率，以喷射高频率的墨滴。通过为墨滴内的颜色迁移提供补偿，能够获得高质量的文本、线条和图像，并消除过热。改变每个打印喷嘴的喷射频率，以使用打印掩膜喷射高频墨滴。

2003 年申请了专利 US20030695508，提出了一种电源调整系统，如果它不符合所需的打印头开启能量，则具有打印机可变的脉冲宽度调制控制信号以生成差值电压调节输出，使得打印设备的打印头成为动力的设备以最佳的打印头开启能量工作，从而防止打印设备的打印质量下降并提供长的打印头寿命。系统具有电压调节电路，该电压调节电路产生差信号作为差电压以调节电源的电压输出。如果打印机的脉冲宽度调制控制信号与所需的打印头开启能量不对应，则打印机会改变脉冲宽度调制的控制信号以生成调整输出的差电压。输出的调整使设备的打印头以最佳的笔打开能量运行。

2000 年后，惠普公司在驱动控制方面主要集中于程序流程方法的改进，对硬件电路的研究很少。

2. 驱动电路技术

在驱动电路这一方面，1988 年申请了专利 US19880285836，该电路包括解码器，用于在多路复用环境中接收加热器电阻的地址。当寻址加热电阻器时，解码器的输出通过一对反相器进行电平转换，并传输到 PMOS 驱动器的栅极，该驱动器将能量传递给加热电阻器。PMOS 驱动器响应施加到电阻器的驱动器输出电压的电压电平。模拟或数字比较器形式的反馈电路将驱动器输出电压与参考电压进行比较。比较器的输出信号通过电平转换器反馈为反相器输出，该反相器输出施加到 PMOS 驱动器的栅极。逆变器输出调整驱动器输出电压，以将加热器电阻器两端的电压保持在一定水平，该水平将所需的能量传递给电阻器。通过在喷射脉冲信号之前向加热电阻器施加电加热脉冲信号来实现喷射室中墨水的预热。加热脉冲可以采取多种形式中的任何一种，如方波脉冲、斜波、指数曲线等，或者这些形式中任何一种的重复组合。类似地，加热脉冲可以在喷射脉冲之前的很宽的时间间隔内发生，甚至可以转变为喷射脉冲而不返回零。加热脉冲和喷射脉冲之间的时间间隔越大，通过传导等从墨水中产生的热量损失就越大。通常，可以通过几个完全不同的预热脉冲来获得所需的预热效果，例如，在喷射脉冲之前几十微秒的大矩形脉冲，或者在喷射脉冲之前几微秒相应地较小的斜坡预热脉冲。

1993 年申请了专利 EP93118300，提供更有效、更便宜的技术，以单独控制施加到加热电阻器的功率。电路包括双极 NPN 晶体管，该双极 NPN 晶体管的一端连接到加热电阻器，而第二端连接到用于加热电阻器的返回路径。电路在晶体管的第三端保持恒定电压。保持恒定电压的电路包括连接在晶体管的第二和第三端子之间的二极管。电阻器连接在第二电流源和晶体管的第三端子之间。另外，申请的专利 US19930167595，涉及温度控制电路，包括耦合到温度水平检测器的热传感器。发生器产生的加热脉冲持续时间不足以使墨水喷射。脉冲发生器在需要时提供更长的脉冲持续时间以沉积墨水。逻辑电路连接到检测器和脉冲发生器。当检测到的温度未超过阈值时，电路输出预热脉冲。第二逻辑电路连接到第一电路和脉冲发生器。它输出预热脉冲和喷射脉冲以沉积墨滴。专利 US19930118104 提出，用于喷墨打印机头驱动器的双极集成电路，在驱动器的发射极节点和控制电压线之间连接有热电阻，使用集成电路，使驱动电路的硅面积最小化，因为它不需要驱动晶体管之间的隔离域，并且只需要较低的电流。该电路包括几个级联的双极晶体管；每个晶体管的集电极连接到直流电压源，其基极连接到地址线，发射极通过加热器电阻连接到控制电压线。

1996 年申请了专利 US19960589073，允许使用有限数量的驱动线驱动磁头，并允许使用廉价的基板，减少成本的消耗。打印头在墨嘴附近有多个墨腔。每个腔室包括两个电阻器元件，当它们被电流驱动时，会导致墨水加热并从喷嘴中喷出。每个腔室中的一个电阻器连接到行选择线和接地层（GND）。第二电阻器连接至选通线和接地线。每个电阻器大约具有喷射施加到其上的墨水所需的功率的一半。因此，仅驱动一个电阻的喷嘴不会喷射墨水。如果两个电阻器同时通电，则能量足以喷射墨水。

2003 年申请了专利 US20030379396，基于动态存储器的集成电路射墨单元包括加热电阻、驱动晶体管和存储仅为该加热电阻用的发射数据的动态存储器电路。还公开了集成电路发射阵列，它包括：分成发射单元的多个发射组的多个基于动态存储器的发射单元，每一个发射组具有多个发射子组；向发射单元提供激励数据的数据线；向发射单元提供控制信息的控制线；以及多条发射线，用来向发射单元提供激励能量，其中一个发射组的所有发射单元都从唯一一条发射线接收激励能量。

2004 年申请了专利 US20040789189，流体喷射装置包括多个流体喷射单元，每个流体喷射单元是可控的，以便导通在电源电压与参考电压之间的电流。在多个流体喷射单元的一个组中，多达全部流体喷射单元都被配置成在一个时间段内是导通的。当导通时，每个流体喷射单元具有相应的流体喷射电压。反馈电路被配置成提供一个反馈电压，它基本上等于正在导通的流体喷射单元上相应的流体喷射电压的平均值。

2000 年以后惠普在电路方面的研究均是针对控制、流程的配合电路，对基本电路的改进不多。

9.2.4 喷射控制效果技术发展状况

本小节主要针对惠普热气泡式喷墨打印技术中喷射控制效果的减小空化损伤、减少串扰、提高分辨率以及提高打印速度的技术发展脉络进行梳理和分析。

1. 减小空化损伤（气穴损坏）技术

在采用热气泡喷墨打印技术时，气泡坍塌期间会发生气穴损坏，从而影响电阻器的使用寿命，因此在对热气泡喷墨打印技术研究过程中，使得空化损坏最小化，以提高电阻器使用寿命是研究的一项重要技术。

惠普公司对于减小空化损伤的研究也有所涉及。例如，1982 年申请的 US19820443711 中，电阻器具有圆形导电区域，中心溅射在硅衬底上金属玻璃的电阻区域上，当通过导体施加电流脉冲时，在电阻器的中心产生冷点，在该冷点处油墨中产生环形气泡，气泡在溃灭时解体，从而随机地将所产生的声波冲击分布在打印头电阻器的表面上，使空化损伤最小化。1983 年申请的 EP83306269 中，在其表面上设置氧化物介电钝化层，并且通过标准薄膜技术在层上沉积电阻器和供给导体，在电阻器和导体上施加第二钝化层，用于电绝缘和气穴保护。1983 年申请的 EP83306265 中，利用墨水的二次蒸发来最小化对打印头电阻器的气穴损坏，打印头电阻器包括用于发热的电阻部分和用于在所述电阻部分冷却后存储热量的存储部分，电流脉冲的停止通过硅衬底的热传导使电阻层迅速冷却，存储层在初始气泡塌陷后，散热更慢，使得其温度足以产生二次油墨汽化，并且所述电阻器与流入的油墨接触。1983 年申请的 US19830490683 中，屏障的作用减少了对电阻器的空化损伤，并增加了头部的使用寿命，孔板的表面与基板隔开，以将墨水保持在通过孔板喷出的表面和基板之间，孔板设置在电阻加热器的对面，两个 L 形屏障被布置以提供在基板和孔板之间供给油墨的毛细管通道；当油墨气泡在电阻器上或电阻器附近塌陷时，油墨的内表面会形成一个圆形运动，从而定义气泡，气泡的进一步崩塌导致旋转速度增加。1984 年申请的 EP84302524 中，一种电阻加热器包括两个间隔的电阻元件，其由一个间隙隔开，使得油墨气泡的空化发生在该间隙上，从而使电阻元件的损坏最小化。1985 年申请的 US19850801169 中，具有包括收敛开口的外部孔板层和具有与收敛开口对准的油墨储存器的内部层，并且包括一个或多个用于将油墨传送到收敛开口的收缩墨流端口，用于减少组件中气穴和“喘气”的端口和收敛开口。1987 年申请的 EP87303785 中，具有喷嘴、喷嘴内的加热元件和墨水井，墨水井的厚度在承载喷嘴和加热元件的刚性基板的厚度内，墨水井与喷嘴直接相邻，避免了空化问题、墨水湍流对元件的破坏。1994 年申请的 EP94305204 中，几何布局提高了打印头墨水喷射效率，并最大限度地减少了加热器电阻器上的气穴磨损，很少有回流墨水供给通道，提高了重新填充率，这是因为使用了单独的墨水供给通道和单独的孔口开口。1995 年申请的 US19950568208 中，在导电层上形成包括电阻器、钝化层和空化屏障的分级结构，覆盖钝化材料和电阻器的空化屏障消除或最小化了由于油墨气泡溃灭的动量而对电阻器、绝缘体和钝化层造成的机械损伤，具有更高的热效率，由电阻器产生的热能不会被钝化层和其他界面层降低。2001 年申请的 US20010975802 中，打印头具有由柔性膜分离的两个腔室，电阻器诱导不同的压力波将膜弯曲到腔室中，使得膜将波传输并阻尼到腔室中，提高了打印机的速度，减少了电阻腐蚀现象。

2. 减少串扰技术

在执行热气泡喷墨过程中，喷射器之间的流体串扰是影响打印质量的重要因素。喷射器阵列通过短的再填充通道连接到公共的充满流体的腔室，该腔室靠近喷射器并且从中喷出墨水以在液滴之后重新填充喷墨喷射器或喷出墨滴，当从一个喷射器喷射墨水时，在腔体中产生力的干扰，这会干扰附近其他喷射器中的墨水，此外，在从喷射器喷射墨水之后，在腔室内的墨水流以重新填充该喷射器可能会干扰其他附近喷射器中的墨水。

为了提高印刷质量，减少串扰是热气泡喷墨打印技术中经常涉及的技术。例如，1982 年申请的 US19820443980 中，为了防止喷孔之间发生串扰，令孔板包括集成墨水分配歧管和作为屏障的集成液压分离器，其中多个集成液压分离器的设置用于抑制孔之间的串扰。1982 年申请的 US19820444108 中，具有包含至少一个喷嘴的喷嘴板，用于控制喷墨液滴的喷射，喷嘴板还包含至少一个排水孔，用于从喷嘴板的外表面除去墨滴，排水孔连接到具有低于环境压力的压力以帮助从外表面吸取墨滴的蓄能器；喷嘴板还包含隔离器孔，隔离器孔连接到再注满腔以帮助耗散墨水中的干扰能量，以减少多发射器头中发射器之间的流体串扰。1983 年申请的 US19830490753 中，一种用于脉冲射流装置的喷嘴板，通过增加非喷射孔来改善喷射液滴的质量，这些孔口可以作为流体蓄能器和压力扰动的调谐或非调谐吸收器，以优化液滴质量并减少相邻液滴发生器之间的流体串扰，每个喷射器通过喷嘴板中的相关喷嘴喷射墨滴，喷嘴板包括与每个喷嘴相邻的至少一个非排放孔，至少一个非喷射孔是可能未激活的喷射器，喷嘴板具有与周围大气接触的顶面，并且非排放孔形成开口，该开口是以喷嘴为中心的环形环的一部分，孔板的横截面向喷嘴板上表面的开口方向收敛。1984 年申请的 US19840588016 中，多个细长的隔离槽与喷墨孔相邻，并与喷墨孔进行流体连通，以防止相邻孔之间的串扰，槽的尺寸使墨水在其中形成弯液面，弯液面随着墨水被强制通过每个孔而增大或收缩。1992 年申请的 US19920862086 中，打印头包括具有多个墨水孔的喷嘴部件，在具有外缘的基板上形成多个薄膜电阻器，薄膜电阻器中的每一个用于蒸发油墨的一部分并将其排出，基板包含两个线性阵列的加热器元件，喷嘴构件中的每个孔与蒸发室和加热器元件相关联，阻隔层中的油墨通道具有通常沿着基板的两个相对边缘流动的油墨入口，使得围绕基板边缘流动的油墨能够进入油墨通道和蒸发室，附近蒸发室之间的串扰最小化。1992 年申请的 US19920862086 中，印刷系统包括油墨贮存器和具有多个独立烧制室的基板，基板外围的外缘靠近喷射室，墨水通道把储液罐和喷射室连接起来，墨水通道包括主通道和辅助通道，通道沿基板的外缘传递油墨，减少了串扰。

3. 提高分辨率

1998年申请的US19980033504，打印头具有两层黏合材料，第一层放置在第二表面、流体供给通道和暴露的薄膜区域上，第二层放置在第一层黏合材料上的金属层上，提供更高的打印密度、更高的分辨率，并提供有效的电阻冷却。1999年申请的US19990384814，整个结构是整体式的，打印头可以制造到非常精确的公差，它在高工作频率下吸收喷墨元件的热量，以最小的回流提供足够的喷墨室的再填充速度，最小化附近喷墨室之间的串扰，提供高印刷分辨率，使喷嘴和墨水能够精确对准喷射室，提供了一个精确和可预测的喷射轨迹。1999年申请的US19990293286，冷却电阻器或其他能量耗散元件，从完全集成的喷墨打印头中喷射墨水，确保增强残余热量从基板传导到打印墨盒内的周围流体；具有延伸到基板上的热分散器，以便将残余热充分传导到基板表面，在薄膜层的集合体中集成热分散器，允许修改流体进料孔布置，以提高打印头喷嘴在不导致喷嘴故障的情况下承受流体中颗粒的能力，提高了印刷分辨率、落料重复率，降低了产品成本。2000年申请的US20000640283，紧凑型打印头上的高密度墨滴发生器在便携式低成本包装中提供高性能打印，并提高打印头的有效分辨率，通过向多个墨滴发生器中的每一个提供薄膜电阻器，可将打印头的热偏移等问题最小化，从而提高热效率。在打印头基板上以每平方毫米打印头基板包括10个生成器的密度形成具有薄膜电阻器的多个墨滴发生器，墨滴发生器沿平行和横向间隔的轴排列成四个交错轴组。2003年申请的US20030613471，一行喷嘴沿着平行于轴的打印线与另一行喷嘴错开或偏移，因此提供更高的分辨率；且因为可以沿着垂直于轴的线打印的每英寸点数增加，从而提高了喷墨打印系统的打印质量。2003年申请的US20030430645，通过将打印头中的胶片分为浮动部分和悬臂式部分，提高打印分辨率和打印头的可靠性，以避免损坏；通过调整浮动段和悬臂段之间的间隙宽度来控制流体的排放，使打印头获得更大的弯曲潜力；从而可配置全幅型打印头。

4. 提高打印速度

1992年申请的US19920862086提出了一种印刷系统，提高分辨率和打印质量，减少了串扰，增加吞吐量，该印刷系统包括油墨储存器和具有多个独立烧制室的基板，基板外围的外缘靠近喷射室，墨水通道把储液罐和喷射室连接起来，墨水通道包括主通道和辅助通道，主通道沿基板的外缘传递油墨。1999年申请的US19990364278，打印头具有改进的操作效率和提供优异热稳定性的内部结构，并且使用加热电阻器，由于降低电流要求和打印头工作温度而提高电效率，打印速度快，图像质量好。2013年申请的CN201380076071，该结构允许喷墨打印机利用要开发的基板宽打印条组件来提高打印速度和降低打印成本，该结构可以使用更小的打印头模具和紧凑的模具电路，从而降低基板宽喷墨打印机的成本，该结构具有嵌入在印制电路板中的微器件或打印头模具。2013年申请的CN201380076081，模压调整了打印头模具的尺寸，以便进行外部流体连接，并将模具连接到其他结构上，从而使得能够使用更小的打印头模具和紧凑的模具电路，以降低全基板喷墨打印机的成本，该结构允许喷墨打印机利用基板宽度的打印条组件，以提高打印速度和降低打印成本。2004 年申请的 US20040789040，电阻器包括分开式电阻器，优化电阻器各部分长度和宽度，还优化了电阻器与流体喷射腔室的端壁之间的间隙，当在相对较宽的频率范围内操作时，使得设备能够产生具有恒定滴径的高质量图像，该装置可被操作以每秒 18kHz 或 18000 点的频率打印，使得当该装置以每秒 60in 的速度打印时，该装置可产生分辨率为每英寸 300 点的图像，从而使得当在相对宽的频率范围内操作时，设备能够有更高的打印或吞吐量速度。

9.3　其他重要公司热气泡式喷墨打印技术的专利技术发展情况

针对热气泡式喷墨印刷技术，西尔弗布鲁克研究股份有限公司、施乐公司、理光公司、三星公司等也都有所研究，本节将着重介绍其他几个重要公司关于热气泡式喷墨头技术的发展路线并对重点专利进行分析。

9.3.1　西尔弗布鲁克研究股份有限公司技术发展状况

在对热气泡喷墨技术的检索过程中，发现西尔弗布鲁克研究股份有限公司对喷墨打印技术也进行了很多研究，申请量也很多，西尔弗布鲁克研究股份有限公司对打印技术的研究主要涉及微机电喷墨技术（Micro Electro Mechanical Inkjet，MEMJET）。在对西尔弗布鲁克研究股份有限公司的专利技术进行分析的过程中，发现其最先涉及的是机械式的喷墨控制方式，热气泡喷墨技术是在佳能和惠普两大巨头的基础上，结合其自身的发展模式发展而研究的，下面对西尔弗布鲁克研究股份有限公司的热气泡式喷墨技术的发展进行分析。

1. 早期喷头技术

（1）喷嘴尖端油墨加热技术

1996 年申请的 EP96911651，在使用加热器驱动电路驱动加热器时，接触喷嘴尖端的油墨被加热，经对流作用迅速把热量传到整个油墨弯液面上。在温度升高时，油墨表面张力的降低足以使油墨从喷嘴中流出。在预定的时间用加热器控制电路关断加热器，并且降低温度使表面张力增大，油墨靠自身动量从喷嘴中连续流出。表面张力和喷嘴的滞流阻力使油墨墨滴“收缩”，并从油墨主体上分离。油墨墨滴随后流到记录媒体上。按需投放的加热机构在低功率下操作，使得采用变更的 CMOS 工艺的单片多喷嘴打印头结构可以实现，打印头可以包括额外的容错，以便提高成品率、器件寿命以及可靠性。

（2）机械式驱动喷墨技术

1998 年申请的 JP2000502942，喷墨打印机喷嘴在由流过它的电流加热时，由热致动器弯曲的运动喷射墨滴。其中喷嘴腔室壁通过热弯曲整体地或远程地致动以在喷嘴处产生墨滴，或者在热致动器将挡板移动到打开喷嘴的情况下允许墨水在循环压力下形成液滴，或者热致动器解锁磁性翻盖，允许其通过磁脉冲移动以产生墨滴。

2000 年申请的 AU4091300，墨水由叶片或活塞从喷射喷嘴腔中喷出，而机电致动器使叶片或活塞向喷射喷嘴腔方向移动，从而使墨滴从喷射喷嘴腔喷出。将激励脉冲施加到热执行器上，以显示位于墨腔内的柱塞，以特定的平均速度从静止位置移动到喷墨位置。通过施加小于先前激励脉冲宽度的脉冲，以低于先前平均速度的平均速度将柱塞从喷墨位置移动到初始位置。

2000 年申请的 AU2002304993A 提出了一种具有热传导途径的热弹性喷墨激励器，它是一种用于在喷墨打印机组件中使用的热喷墨激励器，包括热传导装置，其被设置成实现预定负压力分布以便于小滴形成。在优选方案中，热传导装置包括诸如铝的很高热传导材料的薄层，其位于非热传导被动弯曲层的中间。激励器的总的冷却下来的速度并因此被动弯曲材料返回到其静止位置的速度，可通过在制造期间控制热传导层到激励器的加热器的接近程度来控制。

2001 年申请的 US20050107799，利用热致弯曲致动器装置的液体部分的基本工作原理，提供了一种喷墨结构，该结构包括喷嘴室，该喷嘴室通常填充有墨水，以便围绕具有升高的边沿的墨水喷嘴形成弯液面。喷嘴室内的墨水借助于墨水供给通道再补给。墨水借助于热致动器从喷嘴室内喷出，热致动器刚性连接到喷嘴叶片上。热致动器包括两个支臂，且底部支臂互连到电流源上，以便进行底部支臂的传导加热。当需要从喷嘴室内喷射墨滴时，加热底部支臂，以便使得这个支臂相对于顶部支臂快速膨胀。快速膨胀又导致叶片在喷嘴室内快速向上运动。这个初始运动导致喷嘴室内的压力明显增大，这又使得墨水流出喷嘴之外，导致弯液面起泡。接着，切断通向加热器的电流，从而使得叶片开始返回其初始位置。这导致喷嘴室内的压力明显降低。喷嘴边沿外侧的墨水的向前动量形成一个颈部，并断开弯液面，从而形成弯液面和墨水泡。该墨水泡随着叶片向其休止状态返回而持续向前，到达墨水打印介质上。然后弯液面返回到初始位置，将墨水穿过叶片吸入喷嘴室内。喷嘴室的侧壁形成孔，叶片位于该孔中，且它们之间具有小的间隙。

2. 热气泡式喷墨头

2002 年申请的 US20020302644，在热喷墨打印头中，包括多个喷嘴和对应于每个喷嘴的一个或多个加热器元件 10。每个加热器元件被配置成将打印头中的泡形成液加热到其沸点以上的温度，以在其中形成气泡。泡的产生导致可喷射液（如墨）滴通过对应喷嘴的喷射，以实现打印。所述打印头包括小于 10μm 厚的结构 2，其上结合了喷嘴。配置成至少一个环的形式的悬置元件的至少一个相应的加热器元件 10，加热器元件 10 仅在一侧上被支撑且在其相对侧上是自由的，这样它构成了悬臂，加热器元件 10 处于悬梁的形式，且其被悬挂在至少一部分泡形成液之上，如图 9-3 所示。加热器元件 10 以这种方式被配置，而不是像在由各个制造商如 Hewlett Packard、Canon 和 Lexmark 制造的现有打印头系统中那样形成基片的部分或被嵌入基片中。这构成了西尔弗布鲁克研究股份有限公司与其他公司喷墨技术之间的显著差异。

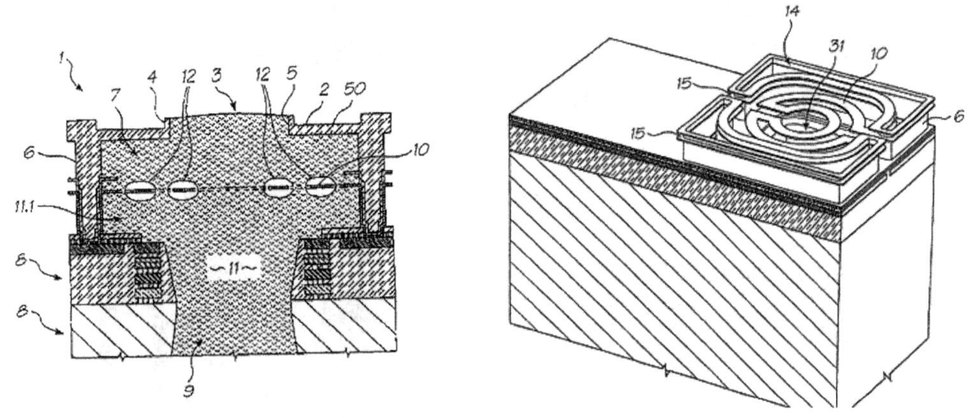

图9-3　西尔弗热气泡喷头示意

这个特征的主要优点是避免其他喷头结构中所发生的对围绕加热器元件 10 的固体材料的不必要加热。该结构的喷头有助于气泡 12 产生的仅有能量是被直接施加到要被加热的液体的能量，液体为墨。

可喷射液滴的喷射是由泡形成液中气泡的产生而导致的，泡形成液是与可喷射液相同的液体。所产生的泡导致可喷射液中的压力的增加，这迫使液滴通过相关的喷嘴喷出。泡是通过对与墨热接触的加热器元件进行焦耳加热而产生的。被施加到加热器上的电脉冲具有短持续时间，典型地小于 2μs。由于液中的储热，在加热器脉冲被关断之后泡膨胀几微秒。当蒸气冷却时它进行再凝结，从而导致泡坍缩。泡坍缩于由墨的惯性与表面张紧的动态相互作用所确定的点。在西尔弗布鲁克研究股份有限公司的相关技术专利中，这样的点被称为泡的“坍缩点”。

（1）悬梁加热器的布置方式

加热器元件 10 的布置方式有两种：一种是加热器元件 10 被悬置在墨 11 内，如图 9-4 所示，从而使该液体包围元件，气泡 12 将完全在元件 10 周围形成，如 2002 年申请的 US20020302644 专利中的布置方式。

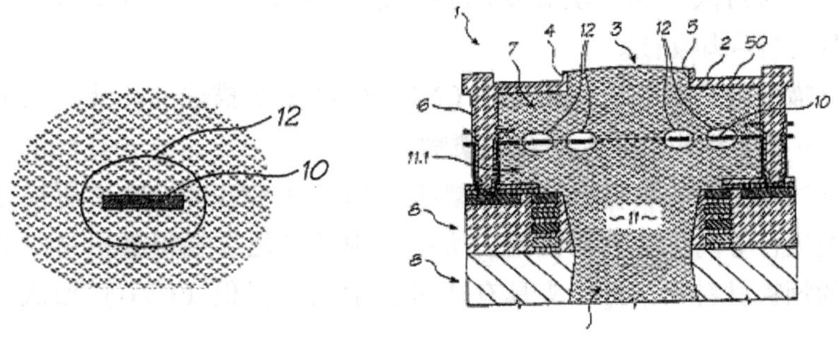

图9-4　悬梁加热器（一）

另一种是加热器元件 10 被悬置在墨 11 的表面，如图 9-5 所示，这样该液体仅在

在不同层中形成的加热器元件，如 2005 年申请的 US20050534829 中所描述的，如图 9-9 所示，室 7 中的加热器元件 10.1 和 10.2 相对于彼此具有不同的大小，加热器元件 10.1、10.2 相对于彼此被确定大小，以便于它们可以实现二元加权的墨滴体积，可以使具有不同的、经二元加权的体积的墨滴通过特定单位 1 的喷嘴 3 而喷射。墨滴体积的二元加权的实现由加热器元件 10.1 和 10.2 的相对大小来确定。与墨 11 接触的底部加热器元件 10.2 的面积为顶部加热器元件 10.1 面积的两倍。当电驱动能量作用于相应的加热器元件时，在流体中形成蒸气泡，导致腔室中的压力增加，从而通过喷射口喷射流体。控制器单独驱动各个加热器元件，以便于从喷嘴 3.1、3.2 排出加权墨滴体积。

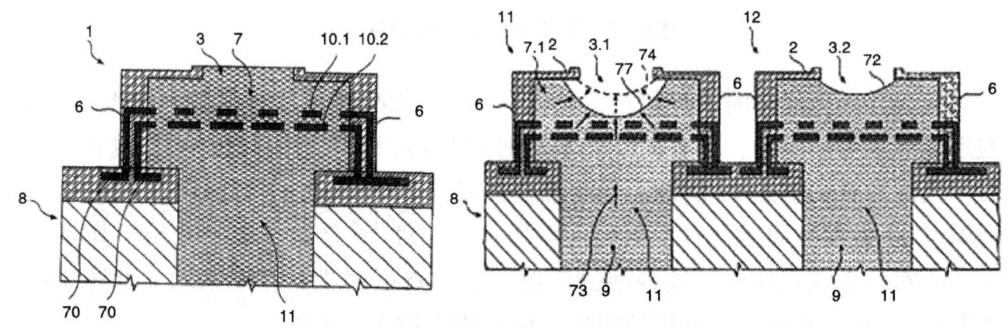

图9-9 形成于不同层中的悬梁加热器

（3）热气泡喷墨头的应用

2004 年申请的 US20040760254，一种页宽打印头组件，包括主体部分、集成电路和墨水分配部件。每个集成电路都有喷嘴，用于将墨水输送到经过的打印介质。油墨分配部件包括两层，第一层将油墨从主体部分的通道引导至每个集成电路，第二层连接至第一层以接收和固定每个集成电路。打印头组件可以容易地在打印机单元的标准主体内使用，并且以确保一致的高速打印的方式构造。2004 年申请的 CN200480044653，具有可拆卸墨盒的壁挂式打印机，利用可移动的页宽打印头消除了打印头在纸张上的扫描，从而使得能够执行高速打印。该打印机体积小巧，同时提供高质量的图像，增强了易用性。该装置在打印介质上具有打印引擎。用于容纳发动机的主体适于悬挂安装在垂直表面上。墨盒单元具有可移动的页宽打印头，用于在一张纸上打印，其中用于墨水处理和存储的储存器向打印头提供墨水。2004 年申请的 US20040760254 用于喷墨打印机中的页宽喷墨打印头，提供了一种打印头集成电路。所述打印头集成电路包括：①形成于基板正面的多个喷嘴，喷嘴成排排列，沿基板纵向延伸，每个喷嘴具有各自的喷嘴入口；②沿基板背面纵向延伸的多个供墨通道。每个供墨通道被配置成从背面向至少一个对应的喷嘴入口行供墨。此外，每个油墨供应通道沿其长度被一个或多个横向桥打断。横向桥向打印头集成电路提供横向强度。这种新型芯片降低了在油墨通道中混合不同颜色油墨的风险。2000 年申请的 JP2000605028，一种页宽喷墨打印机，包括：打印头组件，具有使用 MEMS 技术形成的喷墨喷嘴、腔室和热弯致动器的细长页面宽度阵列；并且，打印头组件被构造和布置成使得在没有强制性热交换系统的情况下在平衡操作条件下发生足够的散热。每个打印头模块通过传递墨水的一个分配模制件来接收墨水。10个模块毗连在一起形成一个完整的8寸打印头部件，适用于在不需要打印头沿页宽进行扫描移动的情况下打印A4纸。打印头自身是模块化的，因此可以配置完整的8寸打印头阵列以形成任意宽度的打印头。在此前的可更换打印头组成的页宽打印头中，打印头的每个部件都固定地附着于其他部件，组装过程复杂且装置不易拆解。2004年申请的专利文献AU2004314459中设计了新的外部壳体，其使得打印模块和驱动电子器件等能够以可拆卸的方式安装于外部壳体中；进一步地，在外部壳体中打印模块能够相对壳体进行运动，运动方向是从喷嘴到打印介质的打印流体传送方向，且外部壳体在该运动方向上能够约束打印模块的位置。

9.3.2　施乐公司技术发展状况

施乐公司在惠普和佳能两大公司研究的基础上进行了对热气泡式喷墨打印头的研究。热按需喷墨打印头有两种常规结构，一种是液滴在与墨水通道中的墨水流动平行的方向上从喷嘴推进，施乐公司称为“边缘或侧面射击器”（edge or side shooters），另一种是在垂直于泡沫产生加热元件表面的方向上推动来自喷嘴的液滴，施乐公司称为“屋顶射击器”（roofshooter），两者的根本区别在于液滴喷射的方向，侧面射击器配置在具有加热元件的基板的平面中喷射液滴，而屋顶射击器将液滴喷射出具有加热元件的基板的平面并沿与其垂直的方向喷射，实际上这就是我们常说的侧喷式和顶喷式结构。

值得说明的是，2011年之前施乐公司的研究除涉及热气泡喷墨打印技术，还涉及声学喷墨打印技术和固态油墨喷墨打印技术，2011年之后主要涉及相变油墨喷墨打印、压电喷墨打印以及热气动（TPA）喷墨打印技术。

1. 喷头结构

早期施乐公司分别申请了两种构造即侧喷式和顶喷式热喷墨打印头，其中1986年公开的专利US4601777A中提出了一种用于热喷墨打印头的侧面喷射器装置及其制造方法，每个打印头由两个对齐并黏合在一起的部件组成：第一部分是基本上平坦的基板，其表面上包含加热元件和寻址电极的线性阵列；第二部分是具有至少一个各向异性地蚀刻在其中的凹槽的基板。当这两个部分是用作供墨歧管结合在一起时，在第二部分中还形成线性阵列的平行凹槽，使得凹槽的一端与歧管凹槽连通，而另一端敞开以用作墨滴排出喷嘴；通过在硅晶片上产生多组加热元件阵列及其寻址电极并在预定位置放置对准标记，可以同时制造许多打印头，在第二硅晶片中产生相应的多组通道和相关的歧管，在第二硅晶片中在预定位置蚀刻对准开口，两个晶片通过对准开口和对准标记对准，然后黏合在一起并切割成许多单独的打印头；1988年公开的专利US4789425A提出了屋顶喷射器“roofshooter”，其指出液滴沿垂直于加热元件表面的轨迹和位于打印头顶部的喷嘴推进，这种配置通常被称为“屋顶射击器”，每个打印头包括硅加热器板和流体引导结构构件，加热器板具有与寻址电极相关的线性阵列的加热元件，以及与加热元件阵列平行的细长的墨水填充槽，结构构件包括至少一个凹腔、多个喷嘴以及凹腔内的多个平行壁，这些壁限定了用于将墨引导到喷嘴的各个墨通道，凹腔和填充孔彼此连通并在打印头内形成墨水容器；该顶喷式专利申请是在惠普公司于 1985 年公开的专利 US4502060A 和佳能公司于 1986 年公开的专利 US4568953A 的基础上进行的研究，并做出了改进。此后施乐公司的研究致力于提高分辨率、耐用性、喷射效率，这些改进在侧喷式和顶喷式热喷墨头上均适用，但以侧喷式为主。

1993 年公开的专利 US5208605A 中提出通过改变喷孔的尺寸以提高分辨率。1998 年公开的专利 US5790152A 中提出通过改变加热元件的数量以喷出不同尺寸的液滴，并采用各自包括加热元件的空腔，每对空腔共用一个孔，孔通常与每对中的第一腔对齐，第二腔通过交叉通道与孔连通，每个喷射器中的加热元件最终由控制电路控制，通过选择器，其中对应于特定喷射器中的特定空腔的加热元件被激活，墨水可以从其中之一空腔或两者发射；在任何情况下，墨水将通过孔口排出，使得任何数量的墨水将落在纸张上的单个预选位置，因此空腔中的一个或两个加热元件的激活影响从孔中的单个液滴中发出的墨水量，当两个腔体中的加热元件基本上同时被激活时，“双剂量”的墨水通过孔口形成单个液滴，相反，如果腔中的一个或另一个加热元件被激活，则只有活化腔中的墨水将通过孔口排出，因此通过激活一个或两个加热元件，控制打印头的系统可以控制通过孔的液滴中的墨水量，从而可以控制由这种液滴产生的点的尺寸。

为保护加热元件不受损，提高喷墨头的耐腐蚀性能，1998 年公开的专利 US5729261A，提出设置保护层结构，其中通过将通道板和加热板黏合在一起来形成热喷墨元件，电阻器和电连接形成在加热器板中，形成聚酰亚胺层以覆盖加热器板以保护电气元件，同时为加热器和墨水流动旁路提供凹坑结构，在聚酰亚胺层的表面上形成钽膜以保护该层免受腐蚀性墨水的影响；耐油墨膜也可以是无定形碳或氮化硅，从而通过用耐油墨膜涂覆可光成像聚合物的表面，使得喷墨打印头具有改进的抗油墨腐蚀性的能力。多色喷墨打印是潮流趋势，1998 年公开的专利 US5850234A 中提出了一种多色侧面热喷墨头，打印头包括上通道基板，该上通道基板结合到下加热器基板，该下加热器基板形成有凸缘，该凸缘延伸超过通道基板的后表面，通道基板具有形成在其后表面中并邻近加热器硅表面的延伸部分的墨入口，墨水容器通过墨水歧管将墨水带到打印头，墨水歧管密封在暴露的硅表面上并且靠着墨水入口的侧面；另外在后表面上形成墨水入口使得能够构造具有两排喷嘴的紧凑型多色侧面打印头，即具有通过墨水入口设计实现的改进操作，该墨水入口设计提供了增加打印头的墨水冷却和减少打印头的气泡截留功能，这种改进的打印头提高了操作喷射效率。

流体通路结构是喷墨头中的重要结构，为减少通路中的气泡和杂质并提高喷射效率，2001 年公开的专利 US6199980B1 中提供了一种高效的流体过滤装置，用于从流动的流体中过滤不需要的污染物，如流入喷墨打印头的墨水，高效流体过滤装置包括具有第一侧和第二侧的大致扁平构件，以及从第一侧到第二侧穿过扁平构件形成的一系列流体流动孔，流体过滤装置还具有一系列柱构件，柱构件限定围绕每个流体流动孔的槽部分，柱构件和槽部分围绕每个孔布置，以便有效地防止流动的流体中的气泡和污染物阻止流体从第一侧流到第二侧。1998 年公开的专利 US5818485A 中提出了一种热喷墨打印机的墨水循环系统，其通过打印头连续移动油墨，防止在非打印期间油墨在喷嘴处增稠或干燥，其中通过在打印头的各种内部部分中形成墨通道而建立通过打印头的连续墨通道；墨水流过形成在上基板中的通道，通过不喷射喷嘴区域，并通过其中设置墨加热电阻器的通道离开，墨水进入在上基板中形成的通道并且通过形成在下基板中的通道离开，油墨可以通过形成在喷嘴板中的喷嘴喷射或者直接从在所需喷墨区域形成弯液面的凹槽喷射；油墨流动要求在油墨流动的方向上建立负压力梯度，使得油墨在其移动时不会在喷嘴或开口槽处渗出，所需的压力由压力头提供，该压力头包括与泵操作相关联地相对于打印头移动的供墨容器，以建立所需的压力梯度。2004 年公开的专利 US20040008242A1 中提出了一种具有带整体过滤器的通道板的喷墨打印头，整体过滤器包括多个过滤元件或齿，它们朝向中间层延伸，过滤齿设置在墨水储存器和横流通道之间的墨水流动路径上，以便在墨水到达墨水流动通道之前过滤墨水，整体过滤器的过滤齿在它们之间限定多个开口，开口的尺寸或相邻过滤齿之间的间隔距离控制整体过滤器的颗粒公差，过滤齿可以以各种构型布置，从而提供最小的油墨流动阻力。2007 年公开的专利 CN1994746A 中提出了喷墨喷口叠摞外部歧管的结构，墨喷口外部的墨歧管包括歧管主体，具有一个或多个墨腔室和布置在将墨腔室连接到各自墨储槽上的孔口；以及黏结剂层，具有用于将墨腔室连接到喷口叠摞的一个或多个孔口，黏结剂层覆盖并密封歧管内的墨腔室，并提供与歧管的流体连通。2008 年公开的专利 US20080156768A1 中提出了制造具有流体并联的多个通道的内部模具过滤器的方法，其中内部过滤器包括下基板和上基板，通过将凹槽蚀刻到上基板和/或下基板的表面中和/或在一个或多个中间层中来形成流体通道，在流体通道之间延伸的过滤器孔通过蚀刻流体连接流体通道的第二凹槽而形成，可以实施两组或更多组的一个或两个中间层以提供额外的过滤器通道和/或孔，每组可以连接到单独的流体源和/或单独的微流体装置；在另一个内部过滤器中，入口通道和出口通道以及过滤器孔形成在相同的上基板或下基板上。

为实现宽幅打印，页宽阵列式喷墨头应运而生，该类型喷墨头能够适用于侧喷式和顶喷式。1991 年公开的专利 US4985710A，该专利提出了一种页宽打印头，用于热喷墨打印装置，页宽打印头由多个子单元组成，每个子单元由加热器基板与次级基板结合而成的组合基板形成，其中加热器基板具有加热器元件阵列和蚀刻的供墨槽的结构，次级基板具有一系列间隔开的供墨孔开口，该一系列间隔开的供墨孔开口与供墨槽连通；装配时将子单元与相邻子单元对接，从而形成长度等于一个页宽长度的对接子单元阵列。

1992 年公开的专利 US5160945A 中提出了一种侧喷式页宽和顶喷式页宽热气泡式喷墨打印头，包括侧喷式页宽热气泡式喷墨打印头和顶喷式页宽热气泡式喷墨打印头两种形式。侧喷式页宽热气泡式打印头包括两种不同的结构，其中第一种结构为，打

理步骤更少的处理步骤，所得到的芯片是热稳定的并且可以在更高的逻辑电压下操作。2011 年公开的专利 US20110298871A1 中公开了利用柔性电路上的浮凸触点的电互连，其中打印头具有：喷口叠层，其具有喷口阵列；换能器阵列，其布置在喷口叠层上，使得每个换能器均对应于喷口阵列中的一个喷口；柔性电路衬底，其邻近换能器阵列布置，使得柔性电路衬底上的接触焊盘电连接至换能器阵列中的至少一些换能器，柔性电路衬底被模压，使得接触焊盘从柔性电路衬底的平面伸出。制造打印头的方法包括：形成具有喷口阵列的喷口叠层；将换能器阵列布置在喷口叠层上，使得换能器阵列中的每个换能器均对应于喷口阵列中的一个喷口；模压具有接触焊盘的柔性电路衬底，使得接触焊盘从柔性电路衬底的平面伸出；布置柔性电路衬底，使得接触焊盘电连接至换能器阵列中的至少一些换能器。2013 年公开的专利 US20130147878A1 中提出了减少柔性电路基板上芯片中的电弧跟踪，以完成柔性电路基板的电连接。

（4）喷墨控制

2011 年之前施乐公司关于热气泡喷墨打印技术的控制技术研究主要在于喷墨的驱动控制技术上，1998 年公开的专利 US5742307A 中提出了一种电热定制热喷墨加热器元件的方法，通过在变化的脉冲宽度下通过不同量的电阻器元件施加能量来改变由多晶硅形成的喷墨加热器元件的电阻，在高达 50V 的电压下施加脉冲电流达 1s 的总脉冲宽度会使电阻减小多达制造值的 30% 或更多。2006 年公开的专利 US20060082608A1 中提出改变驱动信号，对加热元件采用不同的点火波形进行驱动以此提高喷射效率。

9.3.3 理光公司技术发展状况

日本理光公司在惠普和佳能两大公司研究的基础上进行了对热气泡式喷墨打印头的研究，理光公司的热气泡喷墨打印机也分为顶喷式和侧喷式，两种类型同步发展，并致力于对记录图像灰度的改进，而改进的方面主要涉及热气泡喷墨打印头的结构，包括加热元件、流体通路和喷墨控制。

1. 加热元件

1977 年，理光公司申请了顶喷式热气泡喷墨打印头的结构，JPS5451837A 中提出为了注入良好的墨滴并通过使带有加热元件的墨液室中的墨液中产生气泡从而防止墨滴落，在注入墨滴后使气泡淬灭，在加热元件上施加电压时，在发热部件中产生的热量在墨液中产生气泡，该气泡增加了墨液腔中的压力，导致微小的墨滴喷出；当在加热元件上施加电压给珀耳帖效应元件组施加指定电压时，墨水液室内的压力下降，试图连续喷出的墨水滴落回去，从而避免了墨水滴落现象，与此同时喷出的墨滴量相对应的墨水由补充泵补充。而后为实现不同液滴尺寸的喷射，理光公司在加热元件的布置上进行不同的改进。

（1）顶喷式

1990 年公开的专利 JPH02295752A 中提出采用不同数量的加热元件、改变加热元件与喷孔的距离以及不同的驱动操作的结构和方式以喷射不同的液滴尺寸。其中该屋顶射击型记录头包括孔和加热元件，加热元件设置在与通向孔的油墨排出路径成直角的表面上，在提供加热元件的表面上产生热能以在液体室中的墨水中产生气泡，与边缘射击型记录头相比，屋顶射击型记录头能够更有效地将由于产生气泡产生的力传递给喷射到记录纸上的墨滴；记录头包括大致圆形的孔口和四个加热元件，每个加热元件具有大致矩形的形状，四个加热元件各自具有与通向孔口的墨水排出路径大致成直角的传热表面，每个孔口设置四个加热元件，并且四个加热元件的中心大致位于孔口的中心，加热元件可以由驱动器独立驱动；控制机构根据关于灰度记录的请求驱动这四个加热元件的所有可能组合，从而从喷嘴排出不同尺寸的墨滴，即四个加热元件各自具有基本相同的热容量，并且可以选择驱动加热元件的四种组合中的任何一种；在偏离孔口中心的位置处设置四个加热元件，这四个加热元件具有基本相同的热容量，且中心偏离孔口的中心，所产生的墨滴的尺寸主要取决于从被驱动的加热元件的表面到孔的中心的距离。

2005 年公开的专利 JP2005193446A 中的液滴排出头具有形成在液体流路内的排出孔，排出孔由第一排出口和第二排出口构成，第一排出口形成在第一排出口形成壁的收缩部分，第一排出口形成壁对应于安装在基板上的第一加热器，第二排出口形成在第二排出口形成壁的收缩部分，第二排出口形成壁对应于第二加热器；且第二加热器围绕第一排出口形成壁设置，通过对第一和第二加热器进行不同的驱动操作可以排出小液滴和大液滴。

（2）侧喷式

对于侧喷式热气泡喷墨打印头，理光公司同样对加热元件采用不同的布置方式和/或驱动操作以实现不同液滴尺寸的喷射。1995 年公开的专利 US5420618A 中提出一种通过使用多个控制电极控制液滴尺寸的喷墨记录方法和装置，该喷墨记录头包括至少一个用于喷射墨水的喷嘴，加热层和接地电极以及电连接到加热层的多个控制电极，以及热能作用部分，该热能作用部分形成在加热层中与喷嘴相对应，用于加热墨水并引起状态转变，以便当对至少一对接地电极和控制电极上施加电压时从喷嘴喷射墨水。接地电极在热能作用部分的区域内电连接到加热层，并且控制电极在热能作用部分的区域外电连接到加热层。

2013 年公开的专利 JP2003136729A 中提出了一种通过改变记录介质上的点直径来实现灰度记录（即多级记录）的记录方法，该记录方法通过改变所产生的气泡的大小，从而改变喷出的液滴的大小，进而能够改变记录介质上的点直径以及基于点直径对记录的灰度进行调制。具体操作中，利用热能作用部件对引入至液体腔室的记录液体加热以产生气泡，热能作用部件包括两个加热单元，两个加热单元具有不同的加热能力，其中一个加热单元的加热能力被设定为是另一个加热单元的加热能力的两倍。

2004 年公开的专利 JP2004299280A 中提出了一种具有可移动构件的液体喷射头，喷射头包括用于喷射液体的喷射口、多个液体通道、将相邻液体通道彼此分开的通道隔膜、具有加热体的元件基板、可移动构件以及尖端调节部和变形调节部。其中，元件基板的自由端朝向尖端调节部和变形调节部，用于对可移动构件进行调节，实现可移动构件的可移动部分移位，进而在液体通道的上游侧中断液体通道；变形调节部横跨通道隔膜，可以增加每个通道隔膜的刚度，同时降低相邻液体通道间彼此的干涉。

2005 年公开的专利 JP2005305828A 中提出了一种用于在喷墨记录头中记录半色调图像的方法，该方法包括：在喷墨记录头中拓宽从喷射口喷射的墨量的可变范围，并且在喷墨记录头中记录具有高灰度级和高质量的半色调图像。喷墨记录头的第一加热器和第二加热器形成在与喷射口连通的墨水流动通道中，两者可以独立地驱动；流动分离壁形成在第一和第二加热器之间，流动分离壁用于将墨水流动通道分成平行布置的第一和第二墨水流动通道。喷墨记录时，首先对第一加热器施加电压使墨水发泡，喷射相对少量的墨滴，然后以相同的电压波形同时驱动第一和第二加热器，喷射相对大量的墨滴。由于在第一墨水流动通道中的墨水流和第二墨水流动通道中的墨水流之间没有中断，因此通过选择性地驱动第一和第二加热器使墨水流路通道中的墨水发泡，可以调整从喷射口喷出的墨滴量。

2. 流体通路

为提高喷射效率，对喷射腔室和流体通路进行设计以便形成气泡，2008 年公开的专利 JP2008100484A，其公开了与液滴排出部分的液滴排出口连通的液体腔室，用于排出液滴并向液体施加热能。液体腔室包括用于向液体腔供应液体的液体供应端口，用于在液体腔室中产生热能的加热电阻器，用于形成液体腔室的分隔壁；并且，在由面向分隔壁的液体室的切线和加热电阻器形成的角度之后连续减小的形状的曲面连续增加到 90°；该液滴喷射头提供形成气泡以进一步减少非活跃区以形成具有优异喷射特性和高质量图像，该结构和方式对侧喷式和顶喷式热气泡喷墨打印头均适用。

之后公开的专利 JP2008194982A 中公开了一种墨水循环通路，其中液体供应构件具有液体循环通道，液体循环通道内部液体沿着液体喷射头的喷嘴的排列方向循环，供应口将液体供应到液体循环通道，在液体循环通道的纵向端部形成从液体循环通道排出液体的排出口；液体循环通道由主干通道和用作连通端口的窄连通通道组成，与液体喷射头的公共液体腔侧的公共液体腔连通，窄连通通道的宽度窄于主干通道，并且供给口侧和排出口侧的部分形成得比中心更深；通过循环流动在液体供给过程中排出气泡，循环流动包括从头部向后流动的气泡，同时防止液体被丢弃到外部，并且消除诸如由于循环压力引起的半月面破裂的不利影响。

3. 喷墨控制

使加热元件的热容量不同的方法包括：第一种方法是将输入驱动脉冲的电压改变为驱动控制机构，以实现加热元件的不同热容量；第二种方法是改变各个加热元件的脉冲宽度，以达到相同的目的；第三种方法是进行图案成形，以形成不同尺寸的加热元件。而影响喷墨记录灰度即喷出不同液滴尺寸的因素包括：加热元件的数量，从加热元件到孔的距离，输入驱动脉冲的电压，输入驱动脉冲的宽度，输入驱动脉冲的定时等。